《化工过程强化关键技术丛书》编委会

贺高红　大连理工大学，教授

李小年　浙江工业大学，教授

李鑫钢　天津大学，教授

刘昌俊　天津大学，教授

刘洪来　华东理工大学，教授

刘有智　中北大学，教授

卢春喜　中国石油大学（北京），教授

路　勇　华东师范大学，教授

吕效平　南京工业大学，教授

吕永康　太原理工大学，教授

骆广生　清华大学，教授

马新宾　天津大学，教授

马学虎　大连理工大学，教授

彭金辉　昆明理工大学，中国工程院院士

任其龙　浙江大学，中国工程院院士

舒兴田　中国石油化工股份有限公司石油化工科学研究院，中国工程院院士

孙宏伟　国家自然科学基金委员会，研究员

孙丽丽　中国石化工程建设有限公司，中国工程院院士

汪华林　华东理工大学，教授

吴　青　中国海洋石油集团有限公司科技发展部，教授级高工

谢在库　中国石油化工集团公司科技开发部，中国科学院院士

邢华斌　浙江大学，教授

邢卫红　南京工业大学，教授

杨　超　中国科学院过程工程研究所，研究员

杨元一　中国化工学会，教授级高工

张金利　天津大学，教授

张锁江　中国科学院过程工程研究所，中国科学院院士

张正国　华南理工大学，教授

张志炳　南京大学，教授

周伟斌　化学工业出版社，编审

"十三五"国家重点出版物
出版规划项目

国家出版基金项目
NATIONAL PUBLICATION FOUNDATION

中国化工学会 IESC

化工过程强化关键技术丛书

中国化工学会 组织编写

离子液体纳微结构与过程强化

Nano-micro Structure of Ionic Liquid in Process Intensification

张锁江　等编著

化学工业出版社
·北京·

《离子液体纳微结构与过程强化》是《化工过程强化关键技术丛书》的一个分册。本书以离子液体纳微结构为核心开展过程强化研究，从纳微结构计算模拟方法及结构设计、预测和调控出发，阐述了离子液体纳微结构强化反应、分离、电化学、材料合成等过程，是一本全面介绍离子液体纳微结构调控与过程强化的专著。

本书涉及计算化学、物理化学、化学工程、材料科学、生物学等许多基础学科和应用学科，是多学科交叉的研究成果。本书可为从事化工、化学、材料、能源、环境等领域新技术开发的科技人员及高等院校相关专业的师生提供参考。

图书在版编目（CIP）数据

离子液体纳微结构与过程强化／张锁江等编著.
—北京：化学工业出版社，2020.6（2024.4重印）
（化工过程强化关键技术丛书）
ISBN 978-7-122-36408-1

Ⅰ．①离… Ⅱ．①张… Ⅲ．①离子-液体-超微结构-研究②离子-液体-化工过程-研究 Ⅳ．①O646.1②TQ02

中国版本图书馆CIP数据核字（2020）第040733号

责任编辑：成荣霞 杜进祥　　　　　文字编辑：向 东 张瑞霞
责任校对：杜杏然　　　　　　　　　装帧设计：关 飞

出版发行：化学工业出版社（北京市东城区青年湖南街13号 邮政编码100011）
印　　装：北京建宏印刷有限公司
710mm×1000mm 1/16 印张20½ 字数407千字 2024年4月北京第1版第2次印刷

购书咨询：010-64518888　　售后服务：010-64518899
网　　址：http://www.cip.com.cn

定　　价：298.00元

作者简介

　　张锁江，男，1964 年 11 月生，中国科学院院士，中国科学院过程工程研究所研究员，中国化工学会副理事长，中国化工学会离子液体专业委员会主任。

　　1994 年于浙江大学化学系获博士学位，之后进入北京化工大学作博士后，1995 年获日本文部省奖学金与小岛和夫教授合作开展研究，1997 年受聘于日本三菱化学公司，2001 年到中国科学院过程工程研究所工作，2008 年起先后任中国科学院过程工程研究所常务副所长、所长，2017 年起任中国科学院大学化工学院院长，2019 年起担任中国科学院绿色过程制造创新研究院筹备组组长。

　　主要从事离子液体与绿色过程研究，突破了离子液体规模制备、工艺创新和系统集成的难题，实现了多项绿色成套技术的工业应用。担任 *Green Energy and Environment*(GEE)、《过程工程学报》主编，*IEC Res*、*Green Chem* 等国际期刊编委。创办全国离子液体会议及亚太离子液体大会，并多次应邀做大会学术报告。获国家自然科学二等奖、中国科学院科技促进发展奖、侯德榜化工科技成就奖等。

丛书序言

　　化学工业是国民经济的支柱产业，与我们的生产和生活密切相关。改革开放 40 年来，我国化学工业得到了长足的发展，但质量和效益有待提高，资源和环境备受关注。为了实现从化学工业大国向化学工业强国转变的目标，创新驱动推进产业转型升级至关重要。

　　"工程科学是推动人类进步的发动机，是产业革命、经济发展、社会进步的有力杠杆"。化学工程是一门重要的工程科学，化工过程强化又是其中的一个优先发展的领域，它灵活应用化学工程的理论和技术，创新工艺、设备，提高效率，节能减排、提质增效，推进化工的绿色、低碳、可持续发展。近年来，我国已在此领域取得一系列理论和工程化成果，对节能减排、降低能耗、提升本质安全等产生了巨大的影响，社会效益和经济效益显著，为践行"绿水青山就是金山银山"的理念和推进化工高质量发展做出了重要的贡献。

　　为推动化学工业和化学工程学科的发展，中国化工学会组织编写了这套《化工过程强化关键技术丛书》。各分册的主编来自清华大学、北京化工大学、中北大学等高校和中国科学院、中国石油化工集团公司等科研院所、企业，都是化工过程强化各领域的领军人才。丛书的编写以党的十九大精神为指引，以创新驱动推进我国化学工业可持续发展为目标，紧密围绕过程安全和环境友好等迫切需求，对化工过程强化的前沿技术以及关键技术进行了阐述，符合"中国制造 2025"方针，符合"创新、协调、绿色、开放、共享"五大发展理念。丛书系统阐述了超重力反应、超重力分离、精馏强化、微化工、传热强化、萃取过程强化、膜过程强化、催化过程强化、聚合过程强化、反应器（装备）强化以及等离子体化工、微波化工、超声化工等一系列创新性强、关注度高、应用广泛的科技成果，多项关键技术已达到国际领先水平。丛书各分册从化工过程强化思路出发介绍原理、方法，突出应用，强调工程化，展现过程强化前后的对比效果，系统性强，资料新颖，图文并茂，反映了当前过程强化的最新科研成果和生产技术水平，有助于读者了解最新的过程强化理论和技术，对学术研究和工程化实施均有指导意义。

　　本套丛书的出版将为化工界提供一套综合性很强的参考书，希望能推进化工过程强化技术的推广和应用，为建设我国高效、绿色和安全的化学工业体系增砖添瓦。

中国科学院院士：

中国工程院院士：

化学工业是国民经济发展的支柱产业之一，然而其高能耗、高污染和高物耗的问题严重制约着化学工业的可持续发展。通过过程强化可以提高化工生产效率、降低能耗、减少污染，是解决上述一系列问题和实现可持续发展的有效手段之一，也是国内外化工界长期奋斗的目标，近年来更加受到重视。

化工过程强化的方法有很多种，其中介质强化是最有效的手段之一。对于介质强化而言，认识纳微结构强化的机理与机制是化工过程强化技术的关键，也是化学工业转型升级的突破口。目前大多数化工过程涉及气液、液液、气液固等多相复杂反应及分离体系，但仍限于传统的静态、离线、宏观的研究模式，无法实现在纳微层次上深入解析反应和传递行为。将化工研究从现有的宏观静态"三传一反"推进到纳微（米）层次研究水平，实现传统化工过程的根本性突破，是摆在国内外化工科学家面前的科学难题。与纳米、生物、材料等新兴学科相比，介质纳微结构强化研究尚未获得足够的重视，在理论和应用方面都没有提升到应有的高度。非常规介质，如离子液体应用于化工过程，已显示出绿色、高效的特性，模拟计算揭示了强化的微观机制，并获原位实验验证。

离子液体经过几十年的创新发展，从初期的探索研究，经历了科学基础研究爆发，目前已发展到工业化实践的阶段，引起了学术界、工业界及各国政府的高度关注，成为化工过程强化的国际科学前沿和研究热点。特别是近年来对离子液体纳微结构科学本质的认识不断深入，逐步形成了从最初的氢键到"乙键"的科学认识，并进一步揭示了离子团簇形成机理及调控机制，进而提出了"准液体"新概念，将离子液体从三维深入到零维、一维、二维，形成了离子液体化工过程强化的科学基础。

本书以离子液体纳微结构强化化工过程为核心，从与化工过程相关的纳微结构计算模拟方法及结构设计、预测和调控出发，阐述了离子液体纳微结构强化反应、分离、电化学、材料合成等过程的研究进展，并结合国内外最新研究成果，对一些典型应用实例进行分析和讨论，为建立从分子工程微观世界到化学工程宏观世界之间不同尺度的关联性，提供新思路和新方法。

本书是化学工业出版社组织专家、学者编写的《化工过程强化关键技术丛书》中的一个分册，由中国科学院过程工程研究所（以下简称中科院过程工程所）张锁江院士组织撰写，并提出撰写思路和提纲。根据离子液体纳微结构特点及强化过程应用，本书分为七章。第一章 绪论，撰写人员：中科院过程工程所张锁江院士、李垚助理研究员；第二章 离子液体纳微结构模拟计算，撰写人员：北京化工大学于光认教授、刘志平教授等；第三章 离子液体纳微结构强化反应过程，撰写人员：河北科技大学张娟副教授、中国人民大学牟天成副教授、北京林业大学薛智敏副教授、中科院过程工程所张瑞锐副研究员等；第四章 离子液体纳微结构强化分离过程，撰写人员：中科院过程工程所董海峰研究员、石春艳副研究员、张瑞锐副研究员等；第五章 离子液体纳微结构强化电化学过程，撰写人员：北京化工大学陈咏梅教授、中科院过程工程所钱伟伟助理研究员等；第六章离子液体纳微结构强化材料合成，撰写人员：北京工商大学王轶博副教授、中科院过程工程所韩丽君副研究员；第七章 未来展望，撰写人员：中科院过程工程所张锁江院士、姚晓倩副研究员。

本书是国家重点基础研究发展计划项目：离子液体介质强化反应过程节能的新原理（2015CB251401）；国家自然科学基金重大研究计划重点项目：离子液体介尺度结构/界面的形成机制及调控规律（91434203）；国家自然科学基金杰出青年基金项目：面向绿色化工的分子热力学和系统集成（21425625）；国家自然科学基金优秀青年基金项目：绿色催化反应过程（21422607）；国家自然科学基金重大研究计划培育项目：离子液体－水体系的介尺度结构和催化机制（91534116），离子液体固液界面介尺度结构的形成机制和电场调控（91534109）等多项成果的结晶，在此衷心感谢国家科学技术部、国家自然科学基金委员会等大力资助！

本书涉及计算化学、物理化学、化学工程、材料科学、生物学等许多基础学科和应用学科，是多学科交叉的研究成果汇集，可为变革传统化工过程提供理论知识，促进化工过程强化技术的发展及应用，并提高理论深度。本书可为从事化工、化学、材料、能源、环境等领域的科技人员及高等院校相关专业的师生提供参考。

在此谨向所有参与本书编著及核校的人员表示感谢！限于撰写人员的水平学识，本书有不足之处，敬请广大读者不吝赐教！

编著者

2020 年 5 月

目 录

第一章

绪　论

第一节　离子液体简介及其纳微结构认识历程

一、离子液体简介

离子液体是一类完全由正负离子组成的室温液体物质，可看作是离子的一种特殊存在形式[1]。NaCl 等传统高温熔融盐，由于阴阳离子对称性好、离子半径小，能够靠静电力牢固地结合在一起，所以具有较高的熔点；而离子液体阴阳离子体积较大、对称性较差，难以形成有序的排列，从而导致了其较低的熔点。离子液体通常由有机阳离子和无机或有机阴离子构成，根据有机阳离子母体的不同，可将离子液体分为主要的四类，分别是咪唑盐类、吡啶盐类、季铵盐类和季鏻盐类，常见的离子液体阴阳离子类型如图 1-1 所示。

由于离子液体完全由离子组成，所以具有特殊的结构和内部作用。传统观点认为，离子液体黏度大且其随着温度和尺寸呈现变化等特殊性质的本质原因在于离子液体内部阴阳离子之间的静电相互作用。但随着科学研究的进步，在采用各种实验手段和计算方法对离子液体的结构和性质进行研究后发现，离子液体中的氢键作用也非常重要[2]。目前通常认为，离子液体中阴阳离子的相互作用是由多种作用力，包括静电力、氢键、范德华力以及极化作用等因素共同作用的结果，其中范德华力（包括诱导力、色散力以及偶极 - 偶极作用）和氢键作用都不能忽略[3]。

离子液体中特殊的离子间相互作用决定了其独特的物理化学性质，与常规分子溶剂和高温熔融盐相比，离子液体展现出极低的蒸气压、宽泛的液程、良好的溶剂特性、适中的导电和介电性质，并具有催化性能、酸性、配位性、手性等其他特点，在化工、冶金、能源、环境、材料、生物、电化学和储能领域展现了巨大的应用潜力，有望替代传统的重污染介质并取代传统工艺[4]。据分析，离子液体有望取代广泛使用的约 300 种有机溶剂（全球年排放 1.7 亿吨，价值 60 亿美元），包括苯（致癌）、甲醛（破坏免疫功能）、二硫化碳（易燃易爆）等。BASF 公司开发了使用离子液体的脱酸工艺，脱除效率提高了 80000 倍[4]。离子液体也展现对包括纤维素在内的多种生物质原料良好的溶解能力，有望取代已应用一个多世纪的纤维黏胶工艺（使用 30 多种试剂，包括大量酸碱，污染重、能耗高），相关研究的引领者 Rogers 教授获得"美国总统绿色化学挑战奖"[5]。离子液体被认为是化学化工领域的新一代绿色介质 / 材料，有形成新产业技术革命的潜力。但目前对离子液体微观本质、构效关系和反应 - 放大规律的研究还有所欠缺，成为离子液体大规模工业化的瓶颈问题。

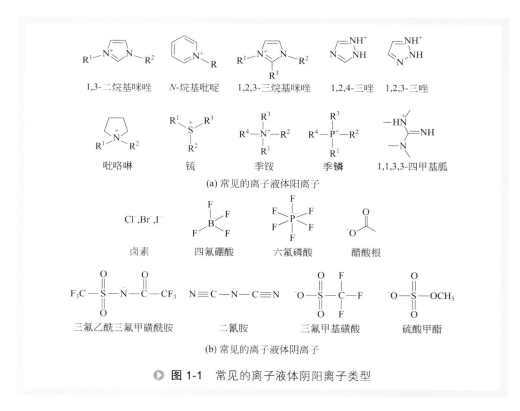

(a) 常见的离子液体阳离子

(b) 常见的离子液体阴离子

◉ 图 1-1　常见的离子液体阴阳离子类型

二、离子液体结构认识历程

离子液体的发展已经历了近百年的历程。20 世纪 20 年代，Paul Walden 报道发现首个离子液体乙胺硝酸盐（[C₂H₅NH₃][NO₃]，熔点为 13 ～ 14℃），由氨基乙烷和浓硝酸发生中和反应后生成[6]。1934 年，Graenacher 申请了一项关于 N- 乙基吡啶氯盐的专利[7]。这种盐的结构中包含比较常见的吡啶阳离子，它的熔点接近 118℃，在常温下是固态。1951 年，Hurley 和 Wier[8] 为了寻找温和的电解条件，把 N- 烷基吡啶和 AlCl₃ 放在一起加热，由此他们开创了第一代离子液体——氯铝酸盐离子液体。1975 年，Osteryoung 课题组[9] 在 Bernard Gilbert[10] 的帮助下解决了提纯问题，他们重新合成了 [Bpy]Cl/[Bpy][AlCl₃] 离子液体，并深入研究了它的物理化学性质，尤其是它的电化学性质。1982 年，Wilkes 和 Hussey[11] 通过半经验分子轨道计算了大约 60 种杂环阳离子，借助计算预测，他们成功合成了 1,3- 二烷基咪唑氯铝酸盐（[Emim]Cl/AlCl₃）新型离子液体。该离子液体熔点较低，黏度较低，较吡啶类离子液体更加稳定。1992 年，Wilkes 和 Zaworotko[12] 合成了一系列新型离子液体，它们的阳离子结构主要是 1,3- 二烷基咪唑，阴离子分别为 $[CH_3CO_2]^-$、$[NO_3]^-$ 和 $[BF_4]^-$。这些离子液体不易吸水，性质十分稳定，并且拓宽了阴离子的范围。在此工作基础上，Bonhote 等[13] 和 Grätzel[14] 使用了更多阴离子，例如 $[CF_3SO_3]^-$、$[N(CF_3SO_2)_2]^-$ 等，相继合成了一系列疏水性更强的咪唑类离子液体，这一类离子液体基本不吸水，并且电化学性能更佳。此后，科研工作者开发出更多的离子液体，拓展到更加广泛的研究领域，除了最早的电化学，离子液体在有机合成、催化、溶解分离等领域也都开始崭露头角[15, 16]。

离子液体引起学术界的重视始于 20 世纪 90 年代，相关的离子液体科研论文数量于近年开始飞速增长。2003 年，国际离子液体著名专家 Robin D. Rogers 和 Kenneth R. Seddon 教授就在 *Science* 杂志上发文指出：离子液体代表了未来溶剂的发展方向。由此以来，离子液体的科研工作已由初步探索走向深入研究，许多重要的微观现象被发现，重要理论被提出。图 1-2 是与离子液体相关的论文近 30 年的发展史，框内标注了这些研究在认识离子液体结构方面的进展。在最早的离子液体被合成出来时，科学家就认为其结构为非凝聚态的离子化合物。之后，科学家进一步提出了氢键网络是其重要结构因素，同时离子对在界面上会产生有取向的堆积。进入 21 世纪后，人们发现阴阳离子并不总是以离子对的形式结合在一起，比如离子液体中被发现具有团簇等不均匀结构，随后大量团簇方面的研究广泛开展。尤其对于离子液体溶液体系，在离子缔合与溶剂化效应的共同作用下，体系内部存在着离子、离子簇、超离子以及胶束等纳微结构，这些结构对传递、分离、催化等过程具有重要影响。2011 年，两亲型离子液体的纳微结构被广泛研究。之后，三维空间上的离子液体纳微结构成了热点。目前，在离子液体纳微结构方面，科学家的共识是，离子液体在纳微尺度上呈现出局部不均一结构，在更大尺度上展现出连续均匀的特点[17]。

宏观性质取决于微观本质。通过对离子液体纳微结构的研究，可以从本质上揭示阴阳离子的结构和相互作用对其物理化学性质的影响，从而实现根据应用定向对离子液体结构进行设计和优化。传统的观点认为离子液体与高温熔融盐的区别只是呈现液态的温度不同，离子液体也是完全电离的电解质；也有其他传统观点认为离子液体也属于分子液体。上述认识无法解释许多实验现象，如离子液体可溶解纤维素[5]，也可与水形成多相结构[18]；又如宏观上看似均匀的离子液体在纳微和流场尺度上呈现出不均质结构[19]。对离子液体体系认识不系统和不全面已成为发展离子液体理论和相关技术的瓶颈。总结最近十年的研究发现，离子液体是从超分子（离子对，离子簇）到介观（氢键网络，胶束团簇和双连续形态）长度尺度的结构溶剂，了解这种结构是揭示其复杂的物理化学性质和动态行为的关键（见图1-3）。因此，建立基于离子液体的氢键作用及纳微团簇结构的构效关系，在原子/分子水平上实现对离子液体体系性质的定向调控，对离子液体的工业应用具有重要意义。

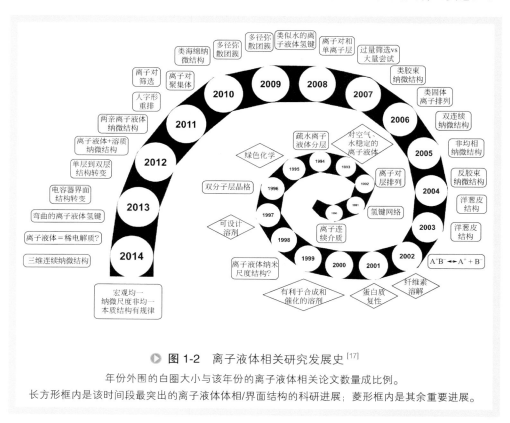

▶ 图1-2　离子液体相关研究发展史[17]

年份外围的白圈大小与该年份的离子液体相关论文数量成比例。

长方形框内是该时间段最突出的离子液体相/界面结构的科研进展；菱形框内是其余重要进展。

三、离子液体不同尺度上的纳微结构

1. 离子对

离子对是离子液体中最小的重复单位，因此，可以根据离子对结构和"游离"

的单个阴阳离子浓度描述局部的离子液体微结构。有确切证据表明，离子液体能以离子对的形式蒸发，这表明离子对的结构同样存在于体相中。从历史上看，这个 20 世纪初就被提出的物理化学概念对于研究水溶液电解质溶液以及库仑流体的临界条件或相变是非常重要的，它将一对分散在水中的带相反电荷的离子作为一个单位处理。因为离子液体代表无限浓缩或无溶剂的离子溶液，所以在这个体系中会出现严密（或紧密）接触的离子对。离子对的概念已经被广泛使用来对离子液体进行计算研究。

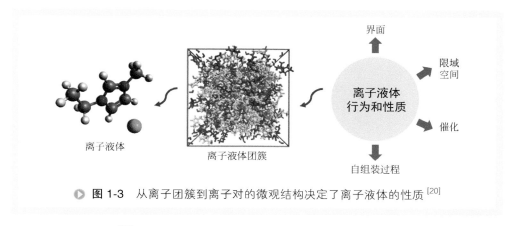

● **图 1-3**　从离子团簇到离子对的微观结构决定了离子液体的性质[20]

　　Izgorodina 等[21] 使用从头计算方法研究了 [C$_4$mim]Cl 离子对，分子轨道结果表明，Cl$^-$ 通过库仑相互作用稳定在 [C$_4$mim]$^+$ 环平面的上方或下方（见图 1-4）。由于氢键作用，阴离子分布在阳离子环平面中的某些位置，特别是在 C2 前面的位置也是比较稳定的结构。有趣的是，相对于理想的氢键排列，这些氢键相对较长（> 2.5Å，1 Å=10^{-10}m），且非线性（<165°）。计算结果表明，两种构象都存在，因为离子对中减少了静电吸引力使得其他氢键驱动的结构形成。红外光谱数据与此一致，氢键构象异构体的存在解释了阴离子 - 阳离子相互作用的吸收峰出现了振动红移。

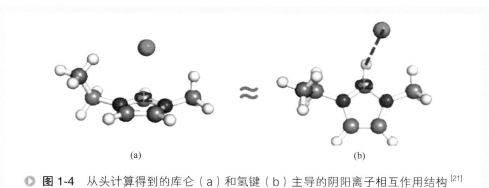

(a)　　　　　　　　　　(b)

● **图 1-4**　从头计算得到的库仑（a）和氢键（b）主导的阴阳离子相互作用结构[21]
库仑相互作用使阴离子位于咪唑环上方或下方，而氢键使阴离子与H2发生相互作用。

2. 氢键网络结构

Evans 等 [22] 首先提出了离子液体中具有明确的氢键结构。他们研究了 EAN（乙胺硝酸盐）类离子液体中气体溶解度与温度的函数关系，发现稀有气体、甲烷等从环己烷相转移到 EAN 中有着和水环境类似的负的焓和熵值。这导致他们假定离子上的质子供体和受体位点形成类似于水分子之间的三维氢键网络（见图 1-5）。这一假设解释了 Evans 及其同事之前在 EAN 中检测到阳离子和非离子表面活性剂胶束之间的特殊结构，这种溶剂氢键被认为是诱导驱动稀溶剂中发生两亲自组装的必要相互作用。

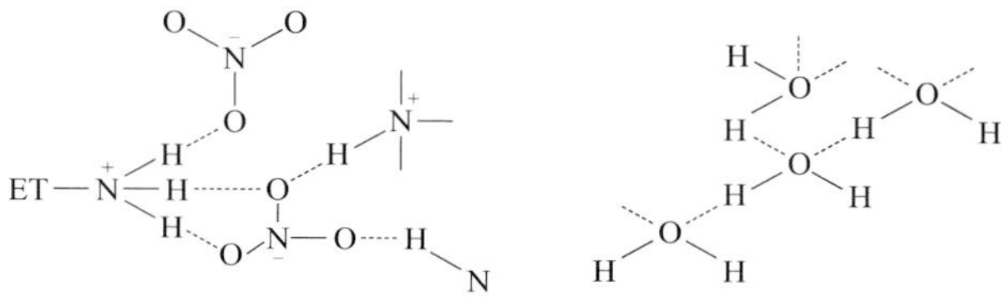

(a)　　　　　　　　　(b)

▶ 图 1-5　Evans 等 [22] 提出的 EAN 中的氢键网络模型和水中的氢键网络
虚线表示氢键。

2009 年 Ludwig 等证实了质子型离子液体中的氢键存在 [23]。他们测量了 EAN、PAN（硝酸丙基铵）和 DMAN（二甲基硝酸铵）在 $30 \sim 600 cm^{-1}$ 区域的远红外光谱，可激发分子液体中的氢键弯曲、拉伸和振动模式，并且做了补充的密度泛函（DFT）计算，使谱图能归纳到特定的氢键相互作用。在每个质子型离子液体中，不对称和对称伸展之间的频率差约为 $65 cm^{-1}$，表明一定的氢键强度。测得的峰位和频率差与纯水的远红外光谱一致。这使得作者做出质子型离子液体中存在氢键网络的判定，虽然该网络不是四面体，但结构上仍然类似水。在后续报道中作者继续使用 DFT 计算量化了质子型离子液体中氢键相互作用的强度。发现三甲基硝酸铵（一个氢键供体）每个离子对的能量比四甲基硝酸铵（无氢键供体）高约 49kJ/mol，这归因于形成单个阴离子 - 阳离子氢键。值得注意的是，这个值是水中氢键的两倍以上（约 22kJ/mol），表明它们在已建立的氢键模型中可归为具有"中等"到"强"程度的氢键。

在早期结构研究中，咪唑离子液体中的氢键很有争议。这是因为这些离子液体中氢键对离子对的贡献很难从库仑相互作用中分离出来。此外，若使用其他定义氢键的常规标准，一些离子液体可能仅形成 C—H---O 型氢键，这在文献中曾引起争议。目前，人们普遍将烷基咪唑离子液体称为阳离子 - 阴离子相互作用（虽然阴离子 - 阴离子氢键也存在）。这已经通过各种实验（FTIR，NMR，拉曼光谱，X 射线或中子散射）和模拟技术得到证实。最近的工作已经强调了氢键时间尺度对离子液体性质的重要性，这一发现应该对其他类型的离子液体同样适用。值得注意的是，带有手性中心或小直径卤化物阴离子的咪唑阳离子可以建立像质子型离子液体一样的三维氢键网络。

有趣的是，最近的光谱研究提供了氨基酸型离子液体中的离子型氢键的证据。这表明，在某些特定结构的离子液体中，氢键不仅可以在离子之间形成，而且可以稳定单个离子的构象。这提供了离子液体形成氢键的有力证据。质子型离子液体和氨基酸型离子液体都可形成导致典型流体性质的氢键网络。为了实现这一点，离子液体中氢键供体和受体位点的数量必须接近相等，并位于空间上可接近位置。然而，与分子液体相比，离子液体氢键作用有一些差别。与常规的氢键通过增加内聚和诱导相互作用使液体更加结构化不同，离子液体中的氢键似乎促进了定向相互作用，这是因为离子液体中拥有和固体中类似的静电作用力，可以在库仑晶格中诱导形成缺陷，这会促进产生更大尺度的规整排列，例如形成离子簇或两亲结构。

3. 纯体系和混合体系离子簇

最近，已经有许多类似的尝试将离子液体体相结构描述为（净中性或净电荷）离子簇或聚集体的形状。早期的相关工作基本都在 Dupont 有影响力的综述[24]中进行了总结，他们假设离子液体形成一个聚簇的超分子结构来维持一个三维氢键网络。Chen 等对离子液体中最近的一些团簇研究进行了回顾[20]。然而，体相中离子簇的概念必须要谨慎地表达，因为目前来看还没有确定的离子簇的标准，区分离子对和离子簇往往很随意。

电喷雾电离质谱（EI-MS）一直是用于表征离子簇模型的主要技术，其中体相结构被描绘成一片具有多个分散聚集体的区域。许多课题组都进行了氨基酸类离子液体的 EI-MS 实验，并根据高质量/电荷比片段推断出簇的存在。这些论文提供了许多阴阳离子相互作用或离子缔合的定量数据或半经验参数，结论比较合理。Wakeham 等基于 X 射线反射率（XRR）、和频发生光谱（SFG）和中性碰撞离子散射光谱（NICISS）数据，提出质子型离子液体 - 空气界面存在离子团簇。类似的，在氨基酸类离子液体体相中也已经报道有簇出现[25]。

Lopes 等通过 MD 模拟计算了汽化数据的摩尔焓值，说明了阳离子烷基链长度对离子液体体相结构的影响[26]。离子液体中的带电区域不是均匀分布的，而是形成类似离子通道的连续三维网络，这些区域与不带电荷的区域共存。对于短烷基链（C_2），在（连续）极性网络内形成小的球状烃"岛"。增加烷基链长度后（C_6、C_8 和 C_{12}），阳离子烷烃基团能够以双连续的海绵状纳米结构互连。丁基侧链（C_4）是这两种溶剂形态之间转变的间隔。相关过程如图 1-6 所示。

Hardacre 等已经发表了许多关于离子液体形成团簇的文章，这些文章通过 EPSR 模拟和中子衍射实验来研究烷基类离子液体中的结构[28, 29]。使用的氢/氘同位素取代的效果类似分子溶剂和质子型离子液体。衍射光谱的 EPSR 拟合可以阐明咪唑类离子液体中的局部离子 - 离子分布，如图 1-7 所示。这些模型中的结构排列显示出明显的电荷排序，这类似于某些物质晶体状态的结构，并且阳离子和阴离子的外层电荷分布类似交替的"洋葱皮"结构。在这些研究中使用的是短烷基链的离子液体，如 [C₁mim]⁺ 阳离子，所以不能称作两亲性的团簇结构。因此，离子液体体相结构主要由静电决定，在静电的作用下，阴阳离子不太容易分开。然而，图 1-7（d）～（f）所示的局部离子排列也是非常重要的，因为在体相结构特征峰出现的同时，这种结构随着烷基链长度的增加仍然存在 [图 1-7（a）～（c）]。而极性带电区域中的结构基本不受增加的阳离子两亲性影响。

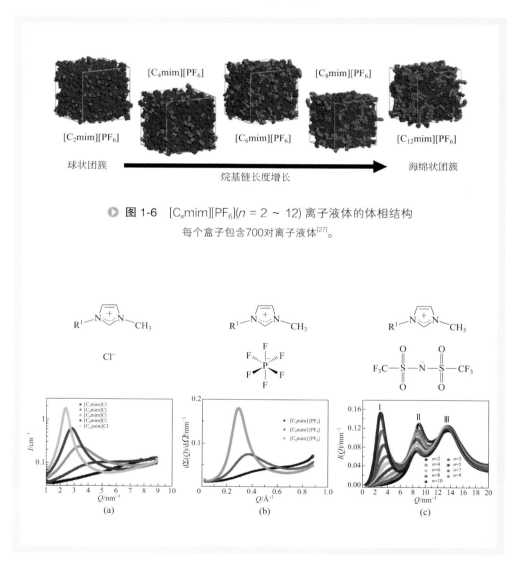

🅞 **图 1-6** [CₙmimＩ[PF₆](n = 2 ~ 12) 离子液体的体相结构

每个盒子包含700对离子液体[27]。

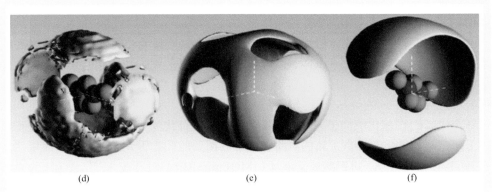

▶ 图 1-7　$C_n$mim 离子液体的纳微结构

最上从左至右依次是[$C_n$mim]Cl、[$C_n$mim][PF$_6$]和 [$C_n$mim][NTf$_2$]的化学结构。中间从左至右依次是
[$C_n$mim]Cl（ n=3,4,6,8,10 ）、[$C_n$mim][PF$_6$]（ n=4,6,8 ）和 [$C_n$mim][NTf$_2$]（ n=2～10 ）的X射线衍射
和SAXS/WAXS谱图[30]。最下面是由半经验模型求得的[$C_n$mim]$^+$在三种阴离子周围的分布[31]。

第二节　离子液体纳微结构调控及过程应用

　　离子液体的特殊结构在许多应用中有关键作用。离子液体及其混合溶剂在化工过程中会经常用到，可以通过匹配和尝试不同的离子液体离子或官能团来调控性能。而溶剂的性质和功能受溶液中离子簇影响很大，这需要更深入地了解离子液体与其团簇的构效关系，以及如何利用它们来实现技术进步。在之后的内容中，我们将重点介绍离子液体纳微结构在过程工程和传递工程方面的影响和应用，认识清楚离子液体化学性质和簇结构能为兑现离子液体的应用潜力提供科学基础。

一、离子液体纳微结构强化反应过程

　　许多研究表明，离子液体的纳微结构可以强化各类有机化学反应。在离子液体参与催化反应时，离子液体的作用大致可以分为两类：一类是作为绿色反应溶剂。利用其对反应底物及有机金属催化剂特殊的溶解能力，使反应在离子液体相中进行，同时又利用它与某些有机溶剂互不相溶的特点，使产物进入有机溶剂相，这样既能很好地实现产物的分离，又能简单地通过物理分相的方法实现离子液体相中催化剂的回收和重复利用。另一类是功能化离子液体，即离子液体除了作为绿色反应介质外，同时也用作反应的催化剂。如利用离子液体固有的 Lewis 酸性来催化酯化反应、烷基化反应、异构化反应、醚化反应等；或有目的地合成具有特殊催化性能的催化剂。在离子液体参与的这些反应中，离子液体不仅作为绿色反应介质或催化

剂，而且由于其结构的"可设计"性，选择合适的离子液体往往可以起到协同催化的作用，使得催化活性和选择性均有所提高。

在目前已有的离子液体催化均相反应报道中，最值得关注的是离子液体催化 C_4 烷基化反应，相关工艺已进入中试阶段。氯铝酸离子液体因其良好的酸强度，率先被国内外许多学者和公司用于催化 C_4 烷基化反应的研究。卢丹等 [32] 对离子液体催化异丁烷与 2- 丁烯的烷基化反应开展了一系列研究，为高性能 C_4 烷基化催化剂的设计合成、C_4 烷基化清洁工艺的开发以及其他强酸催化的石油化工、生物化工和煤化工工艺的清洁化，提供了新的思路和基础数据。他们的研究结果表明，1- 甲氧基乙基 -3- 甲基咪唑溴 / 氯铝酸离子液体（[MOEmim]Br/AlCl$_3$）在 AlCl$_3$ 摩尔比为 0.75 时酸性最强，催化烷基化反应效果最佳。在反应温度 35℃、异丁烷与 2- 丁烯体积比 10：1 的反应条件下催化烷基化反应，可得到 C_8 选择性为 66.6% 的烷基化油，其催化效果远比非醚基功能化氯铝酸离子液体的催化效果好很多，且可以循环使用。

二、离子液体应用于分离转化过程

离子液体最有前途和被寄予厚望的应用之一就是用于生物质处理或催化制造生物燃料，包括纤维素、木材、木质素等在内的大型生物质分子可通过离子液体在温和条件下溶解和再生。尽管许多文献指出氢键是纤维素在离子液体或分子溶剂中溶解的原因，但最近对实验和模拟数据的综述指出了疏水相互作用的重要性 [33]。纤维素本身具有两亲的结构基团，并且纤维素中的疏水缔合使晶体结构在溶液中也能保持稳定。事实上，纤维素在离子液体中成功溶解的每个例子都是通过其中一种离子（通常是阳离子）的两亲性来实现的。正如本文所述，离子液体中的疏水性（疏溶性）相互作用的特征是离子簇聚集，导致体相内或界面处产生明确的纳米结构排列。因此，理解清楚离子液体簇聚集可以更好地说明离子液体溶解纤维素 / 生物质的过程，以及是否可以通过离子液体溶剂构建不同类型的纤维素结构（见图 1-8）。在这些过程中离子液体也产生了明显的生物学特征，因为两亲性离子液体似乎抑制微生物生长，降低了生物燃料生产的效率。Ruegg 等通过基因工程设计了对咪唑离子液体耐受的微生物来避免这种问题 [34]。

离子液体对于温室气体比如二氧化碳的捕获，也具有很好应用前景。目前这一领域正在开展许多重大研究工作，旨在减少由于人类活动造成的二氧化碳排放，改善全球变暖趋势。离子液体目前已广泛应用于从燃煤发电站的烟气分离 CO_2 的处理技术开发。在基础研究中，许多物理化学实验和理论论证都说明离子液体分离 CO_2 可行，目前面临的挑战是调整离子反应性，自组装和二氧化碳捕集选择性，使该技术可以扩大规模并在经济上可行。

主要的分离方案有以下两种：一种是与 CO_2 反应的离子液体处理技术或物理溶解 CO_2 的离子液体技术（常压下）。化学捕获 CO_2 有一定前景，因为离子液体的阴阳

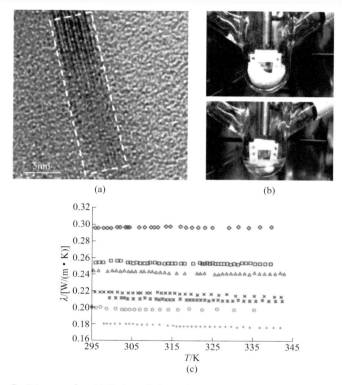

● 图 1-8　离子液体在一些应用过程中体相和界面的纳微结构

（a）透射电镜下微晶纤维素在[Amim]Cl中的结构[35]；（b）纯离子液体[P$_{2,2,2,2}$][Bnlm]在70℃下和在 0.15bar（1bar=10^{5}Pa）CO$_2$中[36]；（c）七种离子液体EtAN（蓝，◇）、EAHS（红，□）、EAN （绿，△）、PAN（紫，×）、EASCN（蓝，※）、BAN（橙，○）及BASCN（蓝，+）的热导 率和温度的关系[37]

离子可以容易地用氨基官能化，从而导致比单分子溶剂如单乙醇胺获得更好的 CO$_2$ 反应化学计量。这种方法会导致溶剂黏度大幅增加，但这可以通过破坏氢键网络的 抗衡离子克服，或者通过限制在高度弯曲的纳米结构中避免形成氢键来克服。另一 种更有意思的方法是使用在溶解 CO$_2$ 后改变相态（固体→液体）的苯并咪唑 - 离子 液体。这可以使溶剂的熔化热量用于从吸收剂中最大限度地释放 CO$_2$。与化学捕集 不同，CO$_2$ 的物理分离通常难以实现，因为它通常选择性地与其他气体组分混合， 并且溶剂必须具有在烟道混合物中于分压下储存大量气体的能力。

三、电环境和磁环境下的离子液体纳微介质

电化学体系或电化学过程均涉及电极 / 电解液 / 电化学活性物质之间的界面电 荷转移过程，其性能很大程度上取决于所使用电解质的性质。离子液体具有的导电

性、低挥发性、不燃、电化学窗口宽等优异特性，可替代原有水和有机溶剂作为电解液，将电化学带入了崭新的时代。近年来，离子液体在超级电容器、锂离子电池、金属电沉积、生物传感器、电化学还原 CO_2 等课题中的应用，取得了重要成果。

　　磁场对离子液体的影响可以分为两部分。一是常规离子液体在磁场下的性质改变。对于常规离子液体，在磁场下的黏度是降低的，磁场强度越大，黏度越小。而且针对不同的离子液体，磁场对黏度的影响（δ 值）也不相同。但是有研究表明，磁场对黏度的影响是随着离子液体的结构不同呈规律性变化的，具体影响机理主要是磁场破坏了离子液体原来的氢键网络结构，从而使离子液体的黏度降低，故氢键越强的离子液体，受到磁场的相对影响就越强。二是磁性离子液体。它是一种新型的功能化离子液体，因其自身阳离子或阴离子带有对磁场有感应的基团，使其除了具备优良的热稳定性、挥发性低、溶解性好、液程宽以及可回收性之外，还能够在外加磁场作用下产生一定的磁化强度。正是由于磁性离子液体的这些特性，使其在萃取分离、反应催化以及碳纳米管复合材料等领域有着广泛的应用价值。磁场对磁性离子液体黏度的影响可以理解为磁性离子液体是带弱磁性的小球，在强磁场作用下，小球与小球之间存在吸引的磁力作用，故离子液体在流动过程中黏度增大。

第三节　总结与展望

　　毫无疑问，离子液体独特的纳微结构为其革新现有过程工艺或开发全新的工程应用提供了极其广阔的发展空间。然而迄今为止，大多数离子液体的应用仍局限于实验室或者小试阶段。离子液体具有阴离子和阳离子两种组成结构，由带电荷和不带电荷的基团组成，而离子液体自组装成离子簇的能力赋予离子排列规律性。在纳微尺度以上的体相上，离子液体具有均相结构。因此，可将离子液体看作是在纳米尺度上不均匀，但整体基本连贯的流体。实验和理论方法的最新进展已经展示了离子液体结构研究中前所未有的成果和发现，为进一步研究离子液体纳微结构及其影响提供了契机。相信在不久的将来，一个跨尺度的离子液体纳微结构的图谱将会建立，进而推动离子液体相关应用的飞速发展。

参考文献

[1] Earle M J, Seddon K R. Ionic liquids. Green solvents for the future. Pure Appl Chem, 2000, 72(7): 1391.

[2] Dong K, Zhang S, Wang J. Understanding the hydrogen bonds in ionic liquids and their roles in properties and reactions. Chem Commun, 2016, 52(41): 6744-6764.

[3] Dong K, Liu X, Dong H, Zhang X, Zhang S. Multiscale studies on ionic liquids. Chem Rev, 2017, 117(10): 6636-6695.

[4] Rogers R D, Seddon K R. Ionic Liquids: Solvents of the future? Science, 2003, 302(5646): 792.

[5] Swatloski R P, Spear S K, Holbrey J D, Rogers R D. Dissolution of cellose with ionic liquids. J Am Chem Soc, 2002, 124(18): 4974-4975.

[6] Walden P. Molecular weights and electrical conductivity of several fused salts. Bull Acad Imper Sci, 1914, 8: 405-422.

[7] Graenacher C. Cellulose solution: US, 1943176. 1934-01-09.

[8] Hurley F H, Wier T P. The electrodeposition of aluminum from nonaqueous solutions at room temperature. J Electrochem Soc, 1951, 98(5): 207-212.

[9] Chum H L, Koch V, Miller L, Osteryoung R. Electrochemical scrutiny of organometalic iron complexes and hexamethylbenzene in a room temperature molten salt. J Am Chem Soc, 1975, 97(11): 3264-3265.

[10] Gale R, Gilbert B, Osteryoung R. Raman spectra of molten aluminum chloride: 1-butylpyridinium chloride systems at ambient temperatures. Inorg Chem, 1978, 17(10): 2728-2729.

[11] Wilkes J S, Hussey C L. Selection of cations for ambient temperature chloroaluminate molten salts using MNDO molecular orbital calculations. No. FJSRL-TR-82-0002. Frank J Seiler Research Lab United States Air Force Academy Co, 1982.

[12] Wilkes J S, Zaworotko M J. Air and water stable 1-ethyl-3-methylimidazolium based ionic liquids. J Chem Soc, Chem Commun, 1992(13): 965-967.

[13] Bonhote P, Dias A P, Papageorgiou N, Kalyanasundaram K, Grätzel M. Hydrophobic, highly conductive ambient-temperature molten salts. Inorg Chem, 1996, 35(5): 1168-1178.

[14] Grätzel M. Dye-sensitized solar cells. Journal of Photochemistry and Photobiology C: Photochemistry Reviews, 2003, 4(2): 145-153.

[15] 王均凤, 张锁江, 陈慧萍, 等. 离子液体的性质及其在催化反应中的应用. 过程工程学报, 2003, 3(2): 177-185.

[16] 顾彦龙, 石峰, 邓友全. 室温离子液体: 一类新型的软介质和功能材料. 科学通报, 2004, 49(6): 515-521.

[17] Hayes R, Warr G G, Atkin R. Structure and nanostructure in ionic liquids. Chem Rev, 2015, 115(13): 6357-6426.

[18] Liu X, Zhou G, Huo F, Wang J, Zhang S. Unilamellar vesicle formation and microscopic structure of ionic liquids in aqueous solutions. Journal of Physical Chemistry C, 2015,

120(1): 659-667.

[19] Wu X, Liu Z, Huang S, Wang W. Molecular dynamics simulation of room-temperature ionic liquid mixture of [Bmim][BF$_4$]and acetonitrile by a refined force field. Phys Chem Chem Phys, 2005, **7**(14): 2771-2779.

[20] Chen S, Zhang S, Liu X, Wang J, Wang J, Dong K, Sun J, Xu B. Ionic liquid clusters: structure, formation mechanism, and effect on the behavior of ionic liquids. Phys Chem Chem Phys, 2014, 16(13): 5893-5906.

[21] Izgorodina E I, MacFarlane D R. Nature of hydrogen bonding in charged hydrogen-bonded complexes and imidazolium-based ionic liquids. J Phys Chem B, 2011, 115(49): 14659-14667.

[22] Evans D F, Chen S H, Schriver G W, Arnett E M. Thermodynamics of solution of nonpolar gases in a fused salt. Hydrophobic bonding behavior in a nonaqueous system. J Am Chem Soc, 1981, 103(2): 481-482.

[23] Fumino K, Wulf A, Ludwig R. Hydrogen bonding in protic ionic liquids: Reminiscent of water. Angew Chem Int Ed, 2009, 48(17): 3184-3186.

[24] Dupont J. On the solid, liquid and solution structural organization of imidazolium ionic liquids. J Brazil Chem Soc, 2004, 15(3): 341-350.

[25] Wakeham D, Niga P, Ridings C, Andersson G, Nelson A, Warr G G, Baldelli S, Rutland M W, Atkin R. Surface structure of a "non-amphiphilic" protic ionic liquid. Phys Chem Chem Phys, 2012, 14(15): 5106-5114.

[26] Canongia Lopes J N, Costa Gomes M F, Pádua A A H. Nonpolar, polar, and associating solutes in ionic liquids. J Phys Chem B, 2006, 110(34): 16816-16818.

[27] Canongia Lopes J N A, Pádua A A H. Nanostructural organization in ionic liquids. J Phys Chem B, 2006, 110(7): 3330-3335.

[28] Bradley A E, Hardacre C, Holbrey J D, Johnston S, McMath S E J, Nieuwenhuyzen M. Small-angle X-ray scattering studies of liquid crystalline 1-alkyl-3-methylimidazolium salts. Chem Mater, 2002, 14(2): 629-635.

[29] Christopher H, McMath S E J, Mark N, Daniel T B, Alan K S. Liquid structure of 1, 3-dimethylimidazolium salts. Journal of Physics: Condensed Matter, 2003, 15(1): S159.

[30] Triolo A, Russina O, Bleif H J, Di Cola E. Nanoscale segregation in room temperature ionic liquids. J Phys Chem B, 2007, 111(18): 4641-4644.

[31] Triolo A, Russina O, Fazio B, Triolo R, Di Cola E. Morphology of 1-alkyl-3-methylimidazolium hexafluorophosphate room temperature ionic liquids. Chem Phys Lett, 2008, 457(4): 362-365.

[32] 卢丹, 赵国英, 任保增, 江振西, 张锁江. 醚基功能化离子液体合成及催化烷基化反应. 化工学报, 2015, 66(7): 2481-2487.

[33] Medronho B, Romano A, Miguel M G, Stigsson L, Lindman B. Rationalizing cellulose (in) solubility: reviewing basic physicochemical aspects and role of hydrophobic interactions. Cellulose, 2012, 19(3): 581-587.

[34] Ruegg T L, Kim E M, Simmons B A, Keasling J D, Singer S W, Soon Lee T, Thelen M P. An auto-inducible mechanism for ionic liquid resistance in microbial biofuel production. Nat Commun, 2014, 5: 3490.

[35] Luo N, Lv Y, Wang D, Zhang J, Wu J, He J, Zhang J. Direct visualization of solution morphology of cellulose in ionic liquids by conventional TEM at room temperature. Chem Commun (Camb), 2012, 48(50): 6283-6285.

[36] Seo S, Simoni L D, Ma M, DeSilva M A, Huang Y, Stadtherr M A, Brennecke J F. Phase-change ionic liquids for postcombustion CO_2 capture. Energy Fuels, 2014, 28(9): 5968-5977.

[37] Murphy T, Varela L M, Webber G B, Warr G G, Atkin R. Nanostructure–thermal conductivity relationships in protic ionic liquids. J Phys Chem B, 2014, 118(41): 12017-12024.

第二章

离子液体纳微结构模拟计算

第一节 引言

　　离子液体有别于传统溶剂的根源在于其由阴阳离子构成，强静电作用决定了其蒸气压低、黏度大等基本特性；同时离子液体又不像高温熔盐那样阴阳离子皆为简单球形，而是具有丰富的形状以及不同的电荷离散形式，因此氢键、色散等其他作用力与静电作用之间达成很微妙的平衡，这才构筑出离子液体体系极其丰富的纳微结构，奠定了其可设计可调控以及在过程强化中得以应用的基础。

　　所谓纳微结构（nanoscale structure），是指在分子结构（如化学分子式即为其主要表征形式）的基础上，由各种不同作用力之间的微妙平衡达成，在宏观均相（未形成宏观尺度的相界面）中形成的分子尺度以上（空间上从纳米到几十纳米，即数个到上百个分子间聚集）的独特有序结构。在文献中与其相近的描述还有微相分离（microphase separation）、介观尺度（mesoscale）、自组装（self-assembling）、局部有序（local ordering）、异质性（heterogeneity）等。这些独特的纳微结构对离子液体的物理化学等性质产生重要影响，从而促成了离子液体在过程强化中的应用。

　　离子液体中的纳微结构，可以通过诸多实验技术间接表征，包括但不限于 X 射线散射（small and wide angle X-ray scattering, SAXS/WAXS）和中子散射（small angle neutron scattering, SANS），核磁共振（NMR）、拉曼（Raman）和红外（IR）、电喷雾电离质谱（electrospray ionization mass spectrometry, ESI-MS）、电子自旋共振（electron spin resonance, ESR）、介电弛豫谱（dielectric relaxation spectroscopy,

DRS）、动态光散射（dynamic light scattering, DLS）、荧光光谱（fluorescence spectra）、光场克尔效应（optical Kerr effect, OKE），以及过量体积、过量焓、热容、黏度、电导率等宏观性质的测量。这些实验技术研究使我们对离子液体纳微结构的认识不断深化，但也存在样品纯度不够、条件控制困难以及结果阐释分歧等不足；而近年来随着高性能计算的普及和模拟技术的进步，为我们提供了自下而上的新视角，即直接从分子原子的结构出发预测离子液体的性质以及发现新现象和揭示微观机理，成为上述实验技术不可或缺的补充。

　　本章旨在介绍出现于离子液体及其混合体系中，既有别于分子流体也不同于熔盐体系的独特纳微结构，以及此类结构对其宏观性质的影响和潜在的应用价值。我们着重阐述计算机模拟（包括量子力学计算和分子模拟）在该领域的发现，当然必要时也会给出一些实验分析和结果。

　　第二节简单介绍了常见的量子力学计算和分子模拟方法，特别是通过分子力场介绍了离子液体中存在的不同特性的相互作用及其描述。第三节给出纯离子液体中的纳微结构及它们对离子液体性质的影响。在第四节中，我们将给出离子液体和其他溶剂混合体系的纳微结构及它们对该混合体系性质的影响。在第五节中，我们将给出离子液体相关的一些界面行为和性质。最后，用一段结束语，来给出目前计算机模拟在研究离子液体纳微结构中存在的问题和未来发展的方向。

　　限于笔者水平和本书宗旨，我们并不准备在本章对模拟技术做全面深入的介绍，也无法完全厘清离子液体的纳微结构与其性质之间复杂的影响规律，本章之目的是为读者打开一扇窗，透过它可以更加深入地理解离子液体中独特的纳微结构，并为其应用导向的调控提供新的思路。

第二节　纳微结构的计算模拟方法

　　众所周知，原子是构筑物质的基本单元，而原子又由原子核和电子构成，一般说来，物质的物理性质不涉及原子内部的明显变化，而化学性质则伴随着原子间电子的相互转移。针对这两种不同尺度，历史上也发展出不同的计算模拟方法。前者的基本单元为原子或结构相对稳定的分子（没有键的生成或断裂，但可以有构型变化），其分子之间的作用方式和运动规律可以通过经典力学描述，因此称作分子力学（molecular mechanics, MM），在此基础上开展的模拟一般称为原子层次的分子模拟（atomistic molecular simulation）；后者则涉及原子核与电子的运动规律，必须通过量子力学（quantum mechanics, QM）才能描述，其计算的出发点只是若干基本物理常数以及体系所包含的原子种类、数目和它们之间的连接方式，所以又称作从头计算（ab initio）和第一原理计算（first principle）。虽然 QM 方法的预测性是原理性的，但在实践中受到计算资源的极大限制，目前只能对很小的体系进行足够准确的预测。

对于离子液体的计算模拟，由于纳微结构的形成主要来自分子间非共价作用（non-covalent interaction, NCI），如氢键和色散等，采用分子模拟开展的研究成为主流。而分子模拟计算的出发点是分子间的相互作用力，通常称之为分子力场（force field），即描述这些作用的数学函数及其参数。离子液体由阴阳离子构成，与分子流体相比，其相互作用力存在一定的特殊性，因此 QM 层次的计算也非常重要，一则用于深入研究阴阳离子团簇间的相互作用，二则用于分子力场参数的优化。另外由于分子模拟的基本单元是原子，受计算能力所限，目前大部分模拟处理的原子数一般在 10^3 到 10^6 数量级，空间尺度不超过 100nm，时间尺度上一般不超过 1μs；为了跨越这些尺度上的限制，在全原子的基础上又发展出粗粒化（coarse grained, CG）方法，即将相对稳定的原子集合作为一个整体来处理，而忽略其内部细节（自由度）。这对处于介观尺度的纳微结构研究非常有效，但选择何种集合作为整体单元，并确定这些单元间的相互作用参数成为一个新的难题，因此无论在理论架构还是软件开发上，目前 CG 方法都远没有前两种方法成熟。

本小节将对上述两种方法做简要介绍。有兴趣的读者可以参考量子力学和分子模拟 [1,2] 有关教科书和专著。

一、量子力学方法

作为 20 世纪最伟大的物理成就之一，量子力学揭示了微观粒子的运动规律，成为研究原子、分子和凝聚态物质的基础理论。如前所述，在理论上量子力学可以不借助于任何经验参数"从头"预测出体系的性质，但在实际计算中必须引入适当近似才能求解。根据求解方式的不同，量子力学方法大体可分为基于波函数（wave function）的分子轨道方法（molecular orbital, MO）和电子密度泛函理论（density functional theory, DFT）。

1. 分子轨道方法

量子力学的核心任务就是求解薛定谔方程或考虑了相对论效应的狄拉克方程。由于微观粒子的波粒二象性，与经典力学不同，量子力学求解得到的不是粒子在任意时刻的精确位置和动量，而是用于表征其出现概率的波函数。由于电子和原子核质量上的巨大差异，一般情况下求解过程中可以做变量分离，称为玻恩-奥本海默近似（Born-Oppenheimer approximation）。这样电子的运动仅与原子核的位置相关，通过电子的波函数不仅可以获得势能面（potential energy surface, PES），即体系能量与原子核位置之间的关系，而且还可以通过 AIM 理论（quantum theory of atoms in molecules, QTAIM）等进行后续分析，获得诸如电子密度、电势面、键序等重要信息。然而即使在 BO 近似下，多电子体系也无法获得解析解，必须借助于数值求解，一般都基于 Hartree-Fock（HF）方法。其假设每个电子处于原子核与其他电子共同形成的一个有效场中，这样将多电子薛定谔方程化为单电子薛定谔方程，但是该场又决定于其他电子的波函数，因而必须通过自洽场（self-consistent field, SCF）迭代来求解。实际计算中多电子波函数被表示为单电子波函数（即分子轨道）的 Slater 行列式（Slater determinant，SD），而分子轨道为基函数（basis functions）的线性组合。这些基函数被称为基组（basis sets），利用变分原理对能量求极小值即可确定这些系数。显然采用更大的基组能够获得更低的能量，无限增大基组所能达到的能量极小值称为 HF 极限。

由于单电子近似未能正确考虑运动中电子之间的相互作用，所以以 HF 极限同薛定谔方程的真实解存在着系统偏差，通常称之为电子相关能（electron correlation）。为了弥补此系统偏差，又建立起一系列校正方法，包括 n 阶 Moller-Plesset 微扰理论（MPn），其一阶近似为 HF；以及采用多个 Slater 行列式的组态相关（configuration interaction, CI）方法和耦合群（coupled cluster, CC）方法等。这些方法在提高 HF 计算准确度的同时也增加了对计算资源的需求，如对于采取 N 个基组描述的体系，HF 对计算资源占用的标度（scale）为 N^4，而 MP2 为 N^5，更准确的方法如 MP4 和全组态相关方法（full CI）则高达 N^7。

由于 HF 方法中最耗时的计算为双电子积分，如对其采取某些近似（比如仅考虑价电子，忽略一些积分项），即可大大提高其计算速度，此类方法称为半经验分子轨道方法（semi-empirical MO）。所谓半经验，是指为了弥补该近似造成的误差，需要采用一些来自从头计算或关联实验数据得到的经验参数。这一方法的源头可以追溯到 20 世纪 30 年代用于定性分析的 Hückel 分子轨道理论，但直到 1965 年 Pople 等提出的 CNDO（complete neglect of differential overlap）才成为比较有效的定量方法，之后又发展出一系列 NDO 半经验方法。目前常用的有 MNDO（modified neglect of diatomic overlap）、AM1（austin model 1）和 PM3（parameterization method 3）等。半经验分子轨道法的最大优势是计算速度较快，因此可处理更大的体系。

2. 密度泛函理论

密度泛函方法基于 Hohenberg 和 Kohn 于 1964 年提出的 HK 变分原理，他们认为体系基态的性质完全决定于其电子的空间密度分布，采用变分法求能量的极小值即可确定出电子密度。次年 Kohn 和 Sham 受 HF 自洽场方法的启发，导出了 KS 方程，求解该方程可以得到 KS "轨道"，但该轨道不同于 HF 中的分子轨道，至今二者之间的关系尚不明了。求解 KS 方程的关键是采用某种近似方法确定其中的"交换 - 相关"（exchange-correlation, XC）泛函，由此衍生出一大批不同的 DFT 方法。最简单的近似是局部密度近似（local density approximation, LDA），引入密度的一阶导数后得到广义梯度近似（generalized gradient approximation, GGA）可以有效改进计算结果。一般通过简单体系如惰性气体原子的数据来优化泛函的形式和参数，比较著名的如 Lee、Yang and Parr（LYP）、PW86（Perdew-Wang 1986）、PW91（Perdew-Wang 1991）和 PBE（Perdew-Burke-Ernzerhof）等。而引入二阶导数项得到 Meta-GGA，如 BR（Becke and Roussel）和 B95（Becke 95）等。进一步引入 HF 交换并采用经验内插得到混合 GGA 泛函（hybrid-GGA），如 B3LYP 就设定了三个经验的加权系数，获得了较好的计算效果。2000 年以来，该思路被进一步精细化，比如 ωB97X 和 M062X 都引入了数十个经验系数。但 DFT 方法共有的一个重大缺陷是不能很好描述长程色散作用（接近 r^{-6} 衰减），因此在研究弱相互作用时需要做色散校正（dispersion correct），其中最成功的为 Grimme 提出的经验校正方法。这些泛函包括色散校正在目前广泛使用的量化计算软件包如 Gaussian09 中都已经实现。

DFT 方法最大的优势是随着体系增加，计算复杂程度的增加远小于波函数方法，在算法优化的情况下，甚至可以实现 $N\lg(N)$ 标度。因此 DFT 可以用于研究较大的体系，比如近年来越来越受到重视的从头计算分子动力学（ab initio molecular dynamics, AIMD），基本原理就是通过 DFT 方法计算体系原子之间的相互作用力，从而无需经验拟合的力场参数。

值得一提的是，DFT 与前述的波函数方法不同，目前在理论上尚无一种能提高其计算准确度的方法，后者可以通过不断增加电子相关能的校正项和外推基组无限逼近理论上的"真实值"，如 CCSD(T)/CBS 的计算结果一般可作为标准值来评价其他量化计算的结果。对某类体系很成功的泛函对另一类体系则未必准确，因此在选择泛函及对应的基组之前，一般需要对所研究体系的典型分子进行计算和比较。对于离子液体，Izgorodina 等[3] 设定了包含 236 个离子对的 IL-2013 集，以 CCSD(T)/CBS 为标准，比较了多种泛函和基组得到的相互作用能。

3. 量子力学方法主要解决的问题

作为揭示微观粒子世界最有力的理论工具，通过量子力学计算可以获得很多实验上难以获得的信息，其中最基本的就是 PES。PES 定量描述了位置变化时原子体系能量变化的规律，它不仅提供了分子力场最主要的数据源，还能借助统计热力学建立起重要的基础热力学数据库，如标准生成自由能、标准生成焓、标准熵和标准热容（当然受计算能力所限，目前尚局限于气体和晶体），这在药物设计中已经得到应用。

如果借助过渡态搜索算法得到包含所有过渡态的 PES，就可以对化学反应的历程进行推断和预测，进而用于研究催化反应的机理。而通过对称适应微扰理论（symmetry-adapted perturbation theory, SAPT）等能量分割分析（energy decomposition analyses），还能够将分子间的相互作用分为静电、交换、诱导、色散等作用项，从而对不同分子间作用的不同特性展开研究。

通过引入电 / 磁场、原子位置等扰动，计算波函数、能量或者某平均值对扰动的响应，可以得到许多相关的分子特性和各类光谱，如电 / 磁偶极矩、极化率、红外和拉曼谱及核磁共振谱等。除此以外，借助 AIM 理论还可以对波函数和电子密度做进一步分析。如通过布局分析（population analysis）获得分子表面的静电势能面（electrostatic potential, ESP），基于电子在空间的密度做拓扑分析（topology analysis）确定所谓键临界点（bond critical point, BCP）的位置，都是目前研究氢键等弱相互作用的必备手段。

二、分子模拟

1. 分子模拟的基本原理

如前所述，分子模拟不考虑电子的运动，而原子之间的作用通过分子力场的变化来描述。当分子，特别是极性分子相互靠近时，其电子的分布会有显著变化，这也可以通过所谓的极化力场描述。分子模拟的理论基础是统计力学，体系的宏观性质是微观性质（相空间）的统计平均，因此统计力学最核心的函数是配分函数，需要获得满足一定宏观条件（如同样的分子数 N、体积 V 和能量 E）的微观状态的分布概率。通过配分函数就建立起了原子微观尺度上的性质和体系宏观性质（如焓、温度、压力、密度、黏度等）之间的内在关联。统计力学有严格的理论基础，但即使引入相关近似也只能对非常简单的体系如硬球流体得到近似的解析解，分子模拟则避免了这些数学困难，通过数值方法获得相空间的充分取样，再进行统计平均即可。根据取样方法的不同，目前有两种模拟方法，即分子动力学（molecular dynamics, MD）方法和 Monte Carlo（MC）方法。

MD 是一种确定性方法，通过分子力场计算体系势能以及每个原子受到的力，基于经典力学求解运动方程，从而得到每个原子的动量和位置随时间的演化进程，获得相空间的取样，在达到平衡以后就可以计算感兴趣的性质。MC 是一种通过重要性抽样的方法计算积分或统计平均的随机方法。该方法在整个相空间上不断产生随机构型，利用满足细致平衡（detailed balance）的接受-拒受法则得到符合 Boltzmann 分布的系综，实现了重要性抽样。MD 的优势是可以计算时间相关性质如扩散系数、热导率等，而且易于并行化，因此近年来发展比较快，已经形成了相对成熟的软件包，如 CHARMM、AMBER、NAMD、Gromacs 和 Lammps 等。

由于参与模拟的粒子数相对于真实宏观体系的摩尔级仍然太小，因此在模拟宏观体系时需采用周期性边界条件（periodical boundary condition, PBC），将模拟盒子在整个空间上无限复制来消除小样本引起的边界效应。分子模拟中最耗时的计算就是粒子间能量或作用力的计算。为了减小计算强度，通常采用相互作用的截断，截断带来的误差则需要进行尾部校正，但对于长程静电作用，截断部分需要专门的长程算法如 Ewald 和 PPPM 等。在算法优化后，分子模拟的计算复杂性可以接近线性标度。

分子力场是分子模拟的出发点，因此合理的参数非常重要。然而力场参数本质上是经验的，因此必然有一定的适用范围，如 AMBER 和 CHARMM 针对蛋白质体系的模拟，OPLS 针对有机小分子液相的模拟，而 TraPPE 针对化学工程中相平衡的模拟（适用温度扩展到非常温），CLAYFF 用于黏土表面的模拟等。由于离子液体体系不同于上述体系，以静电作用为主导，因此部分参数也需要针对性优化。经过十几年的发展，目前离子液体的分子力场不仅能够较准确地预测离子液体的热力学和输运性质，而且已经形成了一套半自动的开发流程，为新型离子液体的自下而上的设计以及探讨纳微结构的机理都奠定了坚实基础，我国科学家在该领域也做出了较突出的贡献 [4~6]，下面对此做简单介绍。

2. 离子液体的分子力场

开发分子力场的核心是以原子为基本单元，通过选择恰当的数学函数以及优化参数，以便能描述分子体系之间的相互作用能，即前文提到的 PES。显然力场优化不仅需要单个分子，也需要分子团簇的 PES——这可以借助高精度 QM 计算或者光谱等实验技术获得。而分子内和分子间的相互作用一定程度上可以解耦，比如成键原子之间运动的能量级别较原子之间色散作用高 2 到 3 个数量级，因此可以分别处理从而大大降低处理问题的自由度。根据不同运动方式各自的特点，目前大部分分子力场都采用了大同小异的函数形式，以 AMBER 为例，其函数表达式如下：

$$U = \sum_{\text{bonds}} K_r(r-r_0)^2 + \sum_{\text{angles}} K_\theta(\theta-\theta_0)^2 + \sum_{\text{torsions}} \frac{K_\phi}{2}[1+\cos(n\phi-\gamma)] +$$

$$\sum_{i=1}^{N}\sum_{j=i+1}^{N}\left\{4\varepsilon_{ij}\left[\left(\frac{\sigma_{ij}}{r_{ij}}\right)^{12}-\left(\frac{\sigma_{ij}}{r_{ij}}\right)^{6}\right]+\frac{q_i q_j}{r_{ij}}\right\} \tag{2-1}$$

式中，U 表示系统的总势能；第一行为分子内作用，包括键拉伸项、键角弯曲项和二面角扭曲项；K_r、K_θ、K_ϕ 分别表示键参数、键角参数、二面角参数；r_0 和 θ_0 分别表示平衡键长和键角，通常采用 1 至 3 个余弦函数优化二面角的转动；第二行为分子间相互作用，用二体的对势（pair potential）表示，分别是以 Lennard-Jones（LJ）描述的色散项和静电项；ε_{ij} 表示 LJ 相互作用阱深；σ_{ij} 表示两原子相互作用为零时的距离；r_{ij} 表示两原子间距离；q 表示电荷。

早期的分子力场优化完全基于 PES，尽管采用了比式 (2-1) 形式更复杂的数学函数，但对液相性质模拟的效果一直不佳。这是因为分子间作用对液相性质影响更大，而其存在明显的多体效应，即三个分子间的总能量并不等于两两对势相加的总和。研究表明，即便对最简单的惰性气体，多体效应也占到能量的约 10%。20 世纪 70 年代末 Jorgensen 提出直接通过液相性质，如密度、蒸发焓、水合能等来优化分子间参数，获得了很好的效果，这也是 OPLS（optimized potential for liquid simulations）名称的来源。因此式 (2-1) 中的对势并非微观意义上的二体作用，而是所谓有效对势（effective pair potential）。

开发分子力场需要权衡三个问题，即准确度、计算成本和兼容性，因为一般情况下前一个与后两个是很难兼顾的。对于离子液体，目前广泛使用的力场如 CLaP[7] 和 LHW[4] 都具有很好的兼容性，如参数可移植并与前人力场相匹配，而采用式 (2-1) 函数形式也为大部分模拟软件所支持等。其准确度则依赖于针对性的参数优化，以研究最多的咪唑类阳离子为例，第一步根据 AMBER 力场选取原子类型，如图 2-1（a）所示，其上有四种类型的氢原子：HC 是普通烷基链上的氢，H1为与咪唑环（有芳香性）相邻之甲基上的氢，而 H4 和 H5 为咪唑环上的两种氢。如此区分氢原子，其一是因为氢原子束缚电子能力很差，其色散作用受相邻甚至次邻原子影响很大，因此在不同分子中的可移植性较差；其二 NMR 的化学位移结果也表明咪唑阳离子上存在多种不同的氢。图 2-1（b）则显示了对应联合原子（united atom, UA）力场的类型，甲基和亚甲基的内部自由度很小，这种粗粒化很容易实现，但也显著降低了模拟的原子数，从而降低计算成本。

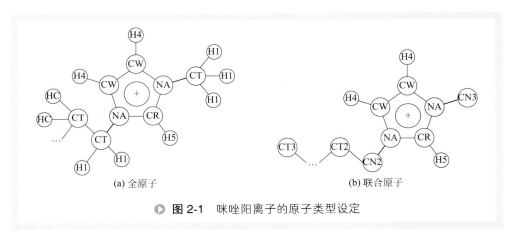

(a) 全原子　　　　　　　　　　(b) 联合原子

图 2-1　咪唑阳离子的原子类型设定

第二步确定键长、键角及其力常数，一般均可通过对单个离子的中等强度 QM 计算获取，必要时借助晶体 XRD 和红外拉曼等振动频率做适当调节。事实上，式 (2-1) 采用的简谐函数很难重现真实的振动频率，但分子模拟最关心的分子平动、转动以及分子内二面角的扭曲等，其能量级别与热运动的 kT 相当，而较分子内的振动小一个数量级，因此无需选择更复杂的函数形式深度优化。一般来说，分子模拟中最重要的分子内作用是二面角的转动能垒，如果参数不当，会造成构型分布的变化，对离子液体中的纳微结构影响很大。

第三步优化分子间作用参数，除了氢原子，其他原子的 LJ 参数可移植性较好，基本可以沿用现有力场。值得注意的是，AMBER 和 OPLS 力场的 LJ 参数非常接近，基本可以通用，但与 CHARMM 明显不同，最好不要混用。

阴阳离子之间的静电作用在式 (2-1) 中采用位于原子中心的点电荷描述，目前的通用方法是尽力重现分子表面的静电势（electrostatic potential, ESP），最常用的是 AMBER 中的 RESP（restrained electrostatic potential）。但原子电荷的数值随着分子构型以及相邻分子的变化而有所变化，对于离子液体，由于阴阳离子接近时存在显著的极化效应和电荷迁移，使得这个问题比分子流体更为严重，具体表现在早期的离子液体力场预测的自扩散系数较实验值小 1 ~ 2 个数量级，明显高估了阴阳离子之间的相互作用。从物理的角度应该引入极化作用项（其简略介绍可参见下文），但会导致计算量增大几倍，而且极化作用项的数学表达和参数也均需要针对性优化。

采用离子对而非单一离子的 ESP 来拟合原子电荷，这样得到的每种离子上的总电荷的绝对值小于 1，可以理解为极化作用的平均效应。然而离子对一般有多个构型，不同构型得到的电荷差异很大，显然采用更接近凝聚态的构型拟合电荷更能反映该平均效应，如 QM 得到的双离子对 [6] 和 AIMD 模拟的晶体或液相 [8] 都能得到较好的效果。不过因为计算过程仍然比较烦琐，目前很多研究都采用了十分简化的方案，即直接在原有单离子拟合得到的电荷上乘一个 0.7 ~ 0.9 的系数，即所谓 scaling[9]，也获得了不错的模拟结果。

第四步是优化分子内重要的二面角参数，这些参数对于分子构型的分布非常重要，需要通过高精度的 QM 计算扫描二面角获得能垒曲线来拟合。需要指出的是，式 (2-1) 中的 cos 项所描述的并不是二面角能垒曲线，因为二面角受所谓 1-4 作用的影响非常大，因此当调整了原子电荷、LJ 参数或者 1-4 作用项系数以后，原则上都需要重新拟合二面角参数。

上述就是开发非极化分子力场的基本步骤，目前已经是非常成熟的方案，针对数量众多的阴阳离子，特别是功能化离子液体，文献上可能尚未发表相关力场参数，这时就有必要借助上述手段自行开发。

如上所述，极化力场能够显示处理原子电荷在不同微环境中发生的变化，而且增加了一个诸如极化率这样的新参数，因此理论上可以获得比非极化力场更好的模拟效果。对于离子液体，Voth 小组 [10] 最早报道了极化力场对 [Emim][NO$_3$] 模拟结果的改进，但没有对更多离子液体开展研究。Borodin 小组 [11] 开发的 APPLE&P 极化力场（atomistic polarizable potential for liquids, electrolytes & polymers）和 Salanne[12] 提出的极化离子模型（polarizable ion model, PIM）在离子液体模拟方面取得了较好效果，一般认为对近距离的结构以及动力学研究采用极化力场结果更加可靠。但极化力场引入了新的函数，不仅显著增加了计算成本，也需要相应 MD 软件包支持。

最近 McDaniel 和 Yethiraj 等 [13,14] 对离子液体开发了从头计算力场（ab initio

force field），虽然该力场参数众多，函数形式也相当复杂，但其特点是完全基于DFT 量化计算，借助对称适应微扰理论（symmetry-adapted perturbation theory, SAPT）对总能量拆分以分别优化参数，因此无需任何经验参数。从已报道的结果来看，该力场预测功能相当强，计算成本虽然较经典分子力场高出数倍，但远低于AIMD 模拟，其不足之处是开发和使用难度都较大，短期内很难成为离子液体研究的主流。

力场的另外一个扩展方向是粗粒化，即选取更多的原子作为基本处理单元，从而大幅减少自由度，同时拓展模拟的空间和时间尺度。粗粒化方法包括自上而下（top-down）和自下而上（bottom-up）两大类。前者直接借助相关实验数据优化得到半经验的参数，如在生物膜模拟领域被广泛使用的 MARTINI 力场。后者一般从原子层次的分子力场出发，通过二者模拟性质的匹配获取粗粒化参数。其常用方法有 3 种，基于平均力位能（potential of mean force, PMF）的循环波尔兹曼反演（iterative Boltzmann inversion, IBI）和蒙特卡洛反演（inverse Monte Carlo, IMC）、基于匹配 CG 单元之间作用力的 FM（force matching）以及基于熵的相对熵最小化（relative entropy minimization, REM）方法。对于离子液体，Wang 和 Voth 等 [15] 基于 FM 建立的多尺度粗粒化（multi-scale coarse grained, MS-CG）、Laaksonen 小组 [16] 基于 IBI、Aluru 小组 [17] 基于 REM 都开展了粗粒化模拟，普遍认为其 CG 力场中有必要显式描述静电相互作用，最近 Uhlig 等 [18] 还引入了极化作用项。但目前离子液体的 CG 力场还局限于少量离子液体，涉及的阳离子皆为咪唑类，阴离子则皆近似球形，因此大规模应用尚待时日。

3. 分子模拟的过程

分子模拟研究基本可分为以下三个步骤：

① 建立初始构型　主要任务是建立原子的初始位置和速度，确定力场参数以及根据需要设定模拟的条件如温度、压力、界面和外场等。现阶段最常用的方法是利用辅助软件将指定数目的各组分完全随机地放入模拟盒子之中，初始构型一般选取为常见的晶体结构，例如四面体、六面体、八面体等，将各组分放置于各晶格点上以避免获得的初始构型存在两个或多个离子重叠的现象。

② 平衡阶段　相对于最终需要获得的构型，初始构型并非处于热力学的稳定状态，因此需要经过相当长的平衡过程，其具体需要的时间取决于所关心性质的相关时间，严格意义上需要对数据进行科学的统计分析，但实践中通常通过监测整个体系的势能、密度、体积等性质的变化，其数值趋于某一数值并在一定范围内涨落即可认为体系达到平衡。

③ 抽样阶段　MD 模拟得到的原始数据是任意时刻的粒子位置和速度，通常需要以一定的频率导出并存储（dump），其文件称为轨迹（trajectory）。轨迹包含了非常丰富的信息，但需要做进一步分析才能获得与真实宏观世界的关联，这些分析

统一称作后分析（post-analysis）。

4. 分子模拟方法主要解决的问题

通过统计力学建立的微观和宏观性质之间的关系，许多热力学性质可以通过系综平均直接获得，最典型的如模拟体系的体积（对应宏观密度）和能量（对应宏观蒸发焓），后者包括动能和势能，还可以细分为静电、色散等分项贡献，进一步探讨纳微结构的来源和机理。通过这些平均值的涨落可以求取诸如热容、等温压缩性和等压膨胀性等热力学一阶响应系数。压力较为复杂，包括分子速度带来的动能部分和分子间作用力带来的势能部分，还可细分为二维的应力张量。最难获得的是和体系熵相关的自由能，因为在统计力学中自由能对应的是配分函数，可以理解为分布函数在整个相空间的积分，并非一个统计平均值。因此求取体系的自由能需要采用特殊的模拟手段，其基本思想也是将自由能变为系综的平均值，常用的方法如热力学积分（thermodynamic integration）、Widom 测试粒子（Widom test particle）、加权直方图分析（weighted histogram analysis method, WHAM）和 Bennett 接受率法（Bennett acceptance ratio, BAR）等。

分子模拟获得的重要信息是微观结构，最常使用的是径向分布函数（radial distribution function, RDF），表征的是以某一原子（或质心等）为中心，另外一个原子在其周围的局部密度随二者距离变化的函数。RDF 比较容易计算，因此广泛用于微观结构分析中，结合恰当定义的角度分析，通常用于分析氢键的强弱和方向性。对 RDF 积分能够得到配位数（coordination number），常被用于研究分子周围的溶剂化现象。经傅里叶变换通过 RDF 可以得到静态结构因子（static structure factor），如果计算出所有原子的 RDF，通过加权可以计算得到 X 射线散射或中子散射的谱图，这样与实验现象建立起直接联系，被用于检验力场以及分析离子液体中纳微结构的来源。除了 RDF，还可以通过空间分布函数（spatial distribution function, SDF）更直观地研究中心分子周围其他原子在三维空间的分布情况。除此之外，当然还可以通过定义各种序参数（order parameter）深入挖掘微观特性，以及团簇分析（cluster analysis）研究纳微尺度上聚集的细节。

因为 MD 模拟的轨迹本质上是一个多维的时间序列（time series），因此统计中许多工具可以得到应用，目前被经常使用的是时间相关函数（time correlation function, TCF）。如速度相关函数不仅反映了分子运动的细节如笼子效应（cage effect）等，通过 Green-Kubo（GK）积分即可得到自扩散系数，这在理论上与通过均方位移（mean square displacement, MSD）对时间斜率得到的完全等价。而通过应力分量的 TCF 积分可以得到剪切黏度，类似的还可以计算出电导率、热导率等输运性质，这类方法的基础是线性相应理论，统称为平衡分子动力学（EMD）方法。虽然一般 TCF 衰减很快，但其涨落一直存在，这就为通过 GK 积分得到稳定数值带来很大实际操作上的困难，如对于离子液体的黏度（通常不小于几十厘泊），实践表明需要上百纳秒的模拟才能获得统计上可靠的数值。因此又发展出一类非平衡模拟（NEMD）方法用于计算输运性质，该方法近年来发展很快，但理论基础不如 EMD 那样完善。

总之量子力学和分子模拟方法已经成为相当成熟的、研究物质微观结构 - 宏观性质之间关系，进而进行定向分子设计的有力工具。早期的分子模拟仅限于物理学家和化学家的理论研究（如对简单流体的分子模拟）。随着计算机能力的稳步提升以及商业利益和市场需求的推动，目前的分子模拟科学已广泛地应用于实际的复杂体系，研究各种各样的复杂问题，如药物设计、生物传感、催化反应、表面改性等。从事这一领域研究的小组已经从最初的物理和化学家，延伸到化学工程师以及工业部门，其中化学工程师已经成为该领域的中坚力量，事实上近年来大部分算法的改进都出自化学工程师之手；工业部门也逐渐认识到其巨大的潜力及其可能带来的利润，越来越多地将分子模拟应用于生产实践。由于计算成本和实验成本的比值逐年下降，而前者甚至可以获得更高的准确度，一些国际大型化工企业如 BP、Dow 和 DuPont 等，在过程设计中已开始用计算代替实验来获取某些性质。

通过接下来的章节，读者也可以进一步体会到，在离子液体纳微结构的研究中，模拟技术起到了至关重要的作用。

第三节　纯离子液体的纳微结构

离子液体中之所以出现纳微结构，与阴阳离子本身的结构和作用力特性密切相关。首先是其尺寸，以 1- 丁基 -3- 甲基咪唑四氟化硼酸盐（[Bmim][BF$_4$]）为例，从图 2-2 可以看出，离子液体中一个离子对的一维尺寸已接近 1nm，几十到几百个阴阳离子即可形成所谓纳微结构。其次阴阳离子之间具有不同特性的相互作用，如 [Bmim]$^+$ 的咪唑环与阴离子 [BF$_4$]$^-$ 间以静电作用为主，而 [Bmim]$^+$ 烷基链之间以色散作用为主，二者的强弱和作用距离差异很大，而且因为烷基链和咪唑环之间通过共价键相连，这两种作用必将同时存在而无法分割。因此在离子液体，特别是烷基链足够长的离子液体中，形成纳微尺度上的结构是很普遍存在的现象，其根源在于阴阳离子本身较大的尺寸及阴阳离子间不同特性相互作用间的竞争与合作。

研究离子液体的纳微结构，可以采用光谱表征的手段，例如 IR、Raman 光谱、NMR、X 射线衍射、中子散射等；计算机模拟作为研究体系微观状态及宏观性质的工具，包括量子力学和分子模拟，也是研究离子液体纳微结构的强有力手段，目前已经被广大研究者采用。关于离子液体的结构，最近 Hayes 等 [19] 已经给出了较全面的综述，但更偏重于实验表征。如图 2-3 所示，离子液体在微观上包括不同尺度上的作用／结构，如从最简单的离子对，到更加复杂的氢键网络／离子簇、纳米簇，由于氢键结构／作用在离子液体中的独特性，本节将用一个小节来讲述氢键及其网络的形成。离子液体中的纳微结构形成以后，其形式可以通过离子簇／纳米簇的形式存在，如图 2-2 所示，一个离子对几乎已经在纳米尺度，因此，我们将不再细分离子簇与纳米簇，采用一小节给予介绍。最近，张锁江小组发现离子液体中的氢键作用与静电作用存在很强的耦合关联，因此与分子流体中的传统氢键存在显著区别，鉴于此他们[20]提出了 Z- 键的结构概念，将在后面章节中介绍。离子液体纳微结构对离子液体宏观性质的影响，将在这些小节中给予穿插讲述。关于离子液体的纳微结构，Dong[21,22]、Chen[23]、Hayes[19] 和 Hunt[24] 等已经进行了非常全面深入的综述，本节在内容上对他们的综述重新进行了整合，有兴趣的读者可以进一步阅读原文。

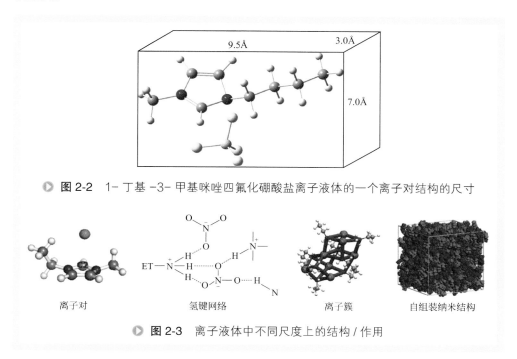

▶ 图 2-2　1- 丁基 -3- 甲基咪唑四氟化硼酸盐离子液体的一个离子对结构的尺寸

离子对　　　　　　氢键网络　　　　　　离子簇　　　　自组装纳米结构

▶ 图 2-3　离子液体中不同尺度上的结构／作用

一、氢键及其网络

1. 离子液体中的氢键的定义

氢键的结构和定义如图 2-4 所示，连接电负性原子的氢原子叫氢键供体，是质子化的，电负性原子叫质子供体，含有孤对电子的原子叫质子受体。氢键具有部分共价键的特征，例如具有方向性、作用强（作用能 1 ～ 40kcal/mol，1cal=4.2J），使得质子和质子受体之间的距离小于它们的范德华半径之和。氢键通常存在于水或极性溶剂中，但在离子液体中更加普遍，而且作用更强，对离子液体性质造成强烈影响。

量子力学计算（QM）、分子模拟（MD/MC）、波谱分析（例如 FTIR、NMR、Raman 光谱、X 射线衍射、中子衍射等）已经证明离子液体中存在着广泛的氢键作用。而且这种氢键作用很强，对离子液体性质有重要的影响。Ludwig 等[25] 估算离子液体中的氢键作用在 30 ~ 50kJ/ mol，这占了阴阳离子作用能的 10% ~ 16%。对于离子液体中的氢键，大量研究者开展了研究，例如 Dong[21,26]、Ludwig[25,27]、Hunt[24,28]、Izgorodina 等 [29] 的研究。

在离子液体中，通常是阴离子上含有孤对电子的原子与阳离子上的氢原子间形成氢键作用，为了区别于传统的氢键作用、离子型氢键，有研究者把离子液体中的氢键称为双离子氢键（doubly ionic H-bond）[24]。与这些不同的称谓相比，理解清楚离子液体中氢键作用的特征更加重要，接下来，我们将给出一些氢键研究的代表性结果。

D，电负性的原子，如N、O、F
H，氢原子
A，含有孤对电子的原子，如N、O、S、Cl、F等
D—H　共价键
H┄┄A　氢键
∠DHA > 90°
H┄┄A 的距离小于H原子和A原子的范德华半径之和

▶ 图 2-4　氢键的结构和定义

2. 离子对或离子簇中的氢键

对于一个离子对或由少量阴阳离子组成的离子簇而言，阴阳离子间通常会形成多个氢键作用。图 2-5 给出了 1,1,3,3- 四甲基胍乳酸盐离子对的不同稳定构象，标出了阴阳离子间的氢键作用 [30]，从图中可以看出阴阳离子间形成了多个氢键作用。

图 2-6 给出了烷基胺磷酸盐、醋酸盐和苯磺酸盐离子对中的氢键作用，阴离子上含有孤对电子的氧原子和阳离子上的质子形成了氢键作用，氢键作用能在 31.8 ~ 138.1kJ/mol[31]。

图 2-7 显示了在 B3LYP/6-31+G* 水平上优化得到的 [Emim][BF$_4$] 离子簇的结构（阴 / 阳离子个数分别为 2、3、4、5），虚线给出了氢键网络图，阳离子交替排列形成层状结构，平均距离为 5.10Å，阴离子夹在两层之间，但并没有位于咪唑环的上部，而是靠近 C$_{2/4/5}$-H 基团，形成柱状结构，两个 B—B 之间的平均距离为 5.70Å。

[Emim][BF$_4$] 的液相红外光谱图与密度泛函计算模拟的红外结果如图 2-8 所示，从图中可以看出，计算模拟结果能够很好地与液相红外结果吻合，这说明图 2-7 中给出的离子簇结构能够较为真实地反映实际离子液体中的结构，即离子液体中存在

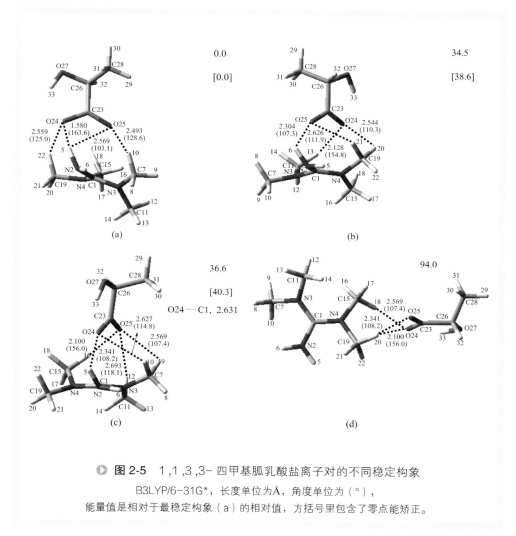

图 2-5 1,1,3,3- 四甲基胍乳酸盐离子对的不同稳定构象

B3LYP/6-31G*，长度单位为Å，角度单位为（°），
能量值是相对于最稳定构象（a）的相对值，方括号里包含了零点能矫正。

着离子簇和氢键网络结构。

Cremer 等 [32] 采用 ^{1}H NMR 证实了烷基咪唑离子液体中存在氢键作用，不同阴离子对氢键作用的影响不同，从图 2-9 中 C_2-H 和 $C_{4/5}$-H 上 ^{1}H NMR 光谱可以看出，阴离子的存在都导致化学位移向低位移动，而且体积小的、碱性大的、配位强的阴离子向低位移动得多，而体积大、酸性强、配位差的阴离子向低位移动得小，例如 Cl$^-$ 的 C_2-H 和 $C_{4/5}$-H 氢的化学位移分别是 9.9 和 7.9，而 [FAP]$^-$ 的化学位移分别是 7.4 和 6.5。这表明随着阴离子体积增大，原子电荷趋于分散，和阳离子之间的氢键作用变弱。

上面仅仅给出了几个例子，但是我们必须清楚的是，离子液体中阴阳离子间的氢键作用是普遍存在的，而且作用还很强。

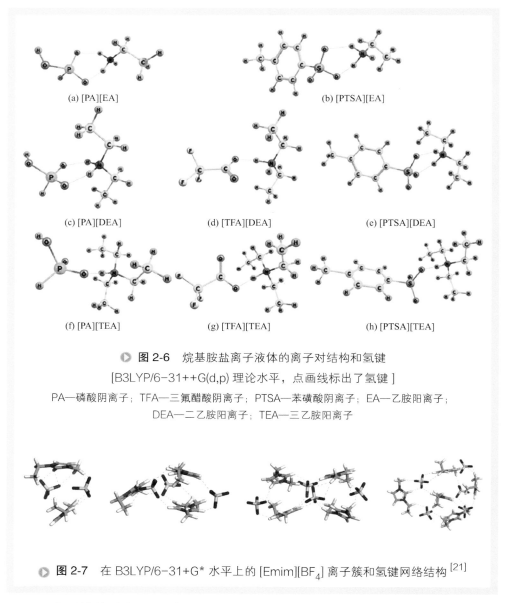

(a) [PA][EA]　　　　　　　　　　(b) [PTSA][EA]

(c) [PA][DEA]　　　(d) [TFA][DEA]　　　(e) [PTSA][DEA]

(f) [PA][TEA]　　　(g) [TFA][TEA]　　　(h) [PTSA][TEA]

▶ 图 2-6　烷基胺盐离子液体的离子对结构和氢键

[B3LYP/6-31++G(d,p) 理论水平，点画线标出了氢键]

PA—磷酸阴离子；TFA—三氟醋酸阴离子；PTSA—苯磺酸阴离子；EA—乙胺阳离子；
DEA—二乙胺阳离子；TEA—三乙胺阳离子

▶ 图 2-7　在 B3LYP/6-31+G* 水平上的 [Emim][BF$_4$] 离子簇和氢键网络结构[21]

3. 离子液体液相或晶体中的氢键

离子液体中的氢键使得离子间排列呈现一定的方向性。波谱表征表明离子液体中的氢键可以在三维空间延伸，形成一个三维空间的氢键网络结构，这些氢键网络对单个阴阳离子的构象起到了稳定作用，从而影响离子液体的性质。1- 乙基 -3- 甲基咪唑氯盐离子液体晶体的 XRD 结果表明[33]，该离子液体晶体呈现正交晶型，阴阳离子形成了层状结构，阳离子垂直于 c 轴，每个阴离子和三个阳离子作用，每

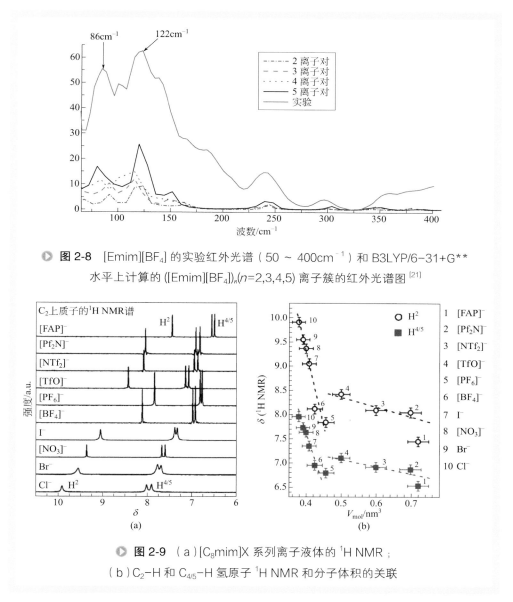

图 2-8 [Emim][BF$_4$] 的实验红外光谱（50 ～ 400cm^{-1}）和 B3LYP/6-31+G**
水平上计算的 ([Emim][BF$_4$])$_n$(n=2,3,4,5) 离子簇的红外光谱图[21]

图 2-9 （a）[C$_8$mim]X 系列离子液体的 ^{1}H NMR；
（b）C$_2$–H 和 C$_{4/5}$–H 氢原子 ^{1}H NMR 和分子体积的关联

个阳离子同时和三个阴离子作用，氯离子与咪唑环上的氢原子形成了氢键作用。Ludwig 等[34]对硝酸乙胺盐（[EtNH$_3$][NO$_3$]）、硝酸丙胺盐（[PrNH$_3$][NO$_3$]）、硝酸二甲胺盐（[DmNH$_3$][NO$_3$]）进行了远红外表征，结果在 30 ～ 600cm^{-1} 波段发现了氢键的伸缩和弯曲振动模式。

如图 2-10 所示，咪唑六氟化磷酸盐离子液体的单晶 X 射线衍射结果表明，在该离子液体中，存在着两种堆积结构：π- 堆积（阴离子和咪唑侧链相连）和阴阳离子交替排列的柱状堆积。在这些单体结构中，阳离子和阴离子之间离子通过 C—H---F

的氢键方式连接在一起，呈现有规律的排列。在阴离子为卤素的离子液体（如 Cl⁻、Br⁻）中，也发现阴阳离子通过 C—H---X（X=Cl⁻，Br⁻）氢键连接在一起，并形成三维的氢键网络结构。

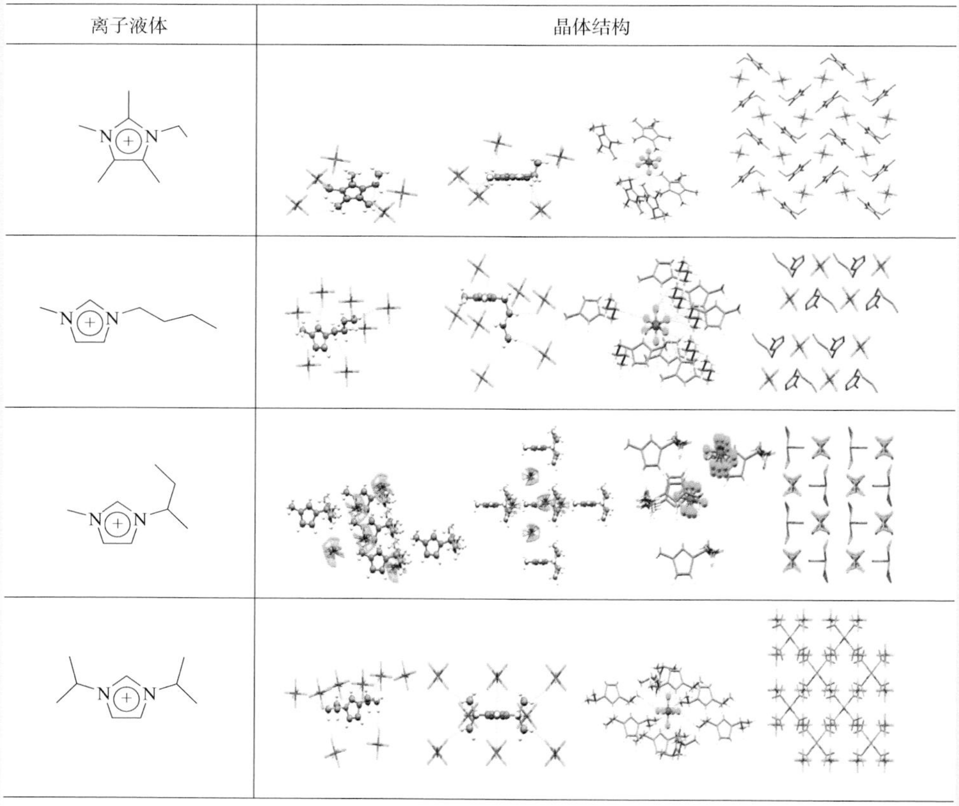

离子液体	晶体结构

▶ 图 2-10　几种咪唑六氟化磷酸盐离子液体的单晶 X 射线衍射[21]

对离子液体的大量研究结果表明，阴离子中带有负电荷的原子或含有孤对电子的原子与阳离子上的氢原子形成强的氢键作用。下面以咪唑六氟化磷酸盐离子液体为例[4]说明。在 1-丁基-3-甲基咪唑六氟化磷酸盐离子液体中，阴离子上的氟原子与咪唑阳离子上不同氢原子之间的点点径向分布函数如图 2-11 所示。从图中可以看出，氟原子与咪唑阳离子环上的氢原子（H4、H5）和烷基链上的氢原子（H1）均形成了氢键作用，而且氟原子与 H5 之间的相互作用最强，其次是 H4、H1，而与 HC 的作用已非常弱，其 RDF 的第一极大值分别为 2.23Å、2.53Å、2.70Å。

如果离子液体结构中含有—NH₂，将会形成非常强的氢键作用，例如含有—NH₂ 的咪唑离子液体、胍盐离子液体（图 2-12）[35]。

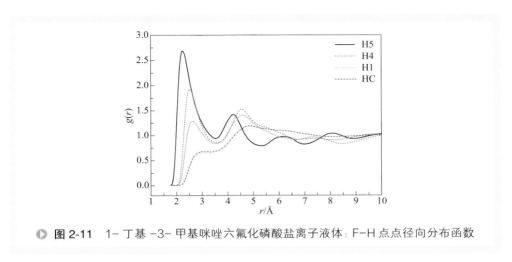

● **图 2-11** 1- 丁基 -3- 甲基咪唑六氟化磷酸盐离子液体: F—H 点点径向分布函数

仅以胺丙基 - 丁基 - 咪唑四氟化硼酸盐离子液体为例, 它的结构如图 2-12（a）所示。通过 MD 模拟, 与—NH₂ 形成氢键作用的阴离子的统计结果如表 2-1 所示。

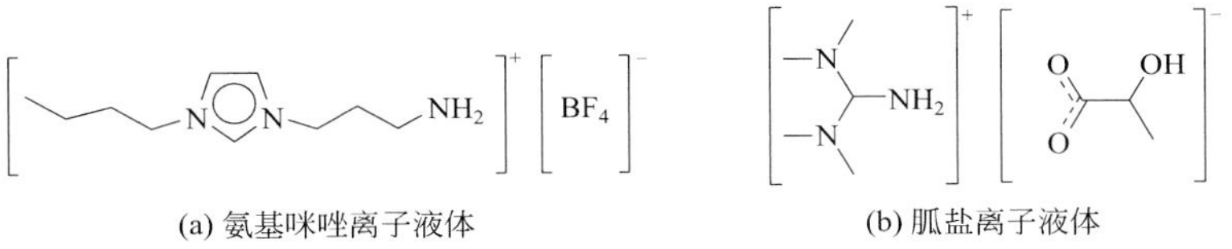

(a) 氨基咪唑离子液体　　　　　　　　　　　(b) 胍盐离子液体

● **图 2-12** 含有—NH₂ 的功能化离子液体

表2-1　[APbim][BF₄]中和氨基形成氢键作用的阴离子统计[35]

—NH₂ 配位数①	0	1	2	3	4	5	6
[BF₄]⁻ 数目	37.6	72.6	57.7	19.4	4.4	0.3	0.0
([BF₄]⁻ 数目 / [BF₄]⁻ 总数目)/%	19.6	37.8	30.1	10.1	2.3	0.1	0.0
—CH₃ 配位数②	0	1	2	3	4	5	6
[BF₄]⁻ 数目	129.4	53.1	8.8	0.7	0.0	0.0	0.0
([BF₄]⁻ 数目 / [BF₄]⁻ 总数目)/%	67.4	27.6	4.6	0.4	0.0	0.0	0.0

①同时和一个阴离子作用的—NH₂ 个数。
②同时和一个阴离子作用的—CH₃ 个数。

从表 2-1 可以看出, 在 [APbim][BF₄] 中, 有 80.4% 的阴离子与—NH₂ 发生了氢键作用, 同时和两个以上的—NH₂ 发生氢键作用的阴离子数目占到了 42.6%, 可见在这类氨基功能化咪唑离子液体中，绝大部分的阴离子都与—NH_2发生了作用。在[APbim]$^+$中，终端—CH_3和—NH_2拥有相似的化学环境，但是只有32.6%的阴离子和—CH_3发生了氢键作用，5.0%的阴离子同时和两个以上的—CH_3发生了氢键作用。这种有—NH_2参与的阴阳离子间作用在一定程度上揭示了这类氨基功能化咪唑离子液体具有更高黏度的微观本质原因。

4. 氢键对离子液体性质的影响

离子液体中的氢键作用被发现影响离子液体的热稳定性。Fedorova等[31]计算了烷基胺磷酸盐、醋酸盐和苯磺酸盐离子对中氢键形成的Gibbs自由能变化，如表2-2所示。从表2-2可以看出，所有的Gibbs自由能变化均为负值，表明氢键形成是一个自发的过程，而且自由能变化的幅度磷酸盐 < 醋酸盐 < 苯磺酸盐，这与它们热稳定性的顺序是一致的，他们认为氢键作用能越大，热分解温度越高。

表2-2　烷基胺盐离子对中氢键形成的Gibbs自由能变化
[B3LYP/6-31++G(d,p)，298K，常压]

作用形式	EA(乙胺盐) /(kJ/mol)			DEA（二乙胺盐） /(kJ/mol)			TEA（三乙胺盐） /(kJ/mol)		
	PA	TFA	PTSA	PA	TFA	PTSA	PA	TFA	PTSA
AH+B ⟶ A—H---B	−17.3	−26.8	−17.8	−15.6	−23.0	—	−5.8	—	—
AH+B ⟶ A$^-$---BH$^+$	−3.3		−9.3	−5.8	−16.0	−17.6	−0.4	−10.5	−13.2

注：PA，磷酸盐；TFA，三氟醋酸盐；PTSA，苯磺酸盐。

离子液体中的氢键作用是阴阳离子之间强相互作用的主要原因之一，而阴阳离子之间的作用强弱和离子液体的黏度有一定的关联，如表2-3所示，胍盐离子液体中离子对间的作用能比咪唑类离子液体强，而胍盐离子液体的黏度也比咪唑类离子液体的黏度大很多[30]。

表2-3　阴阳离子作用能与黏度

离子液体	作用能 / (kJ/mol)①		黏度 /cP②
	B3LYP/6–31G*	MP2/6–31G*	
[Tmg]L	−468.1 [−430.6]	−479.4 [−428.7]	415.4 (318K)
[Bmim][BF$_4$]	−415.5 [−363.8]	−419.1 [−363.4]	50.5 (313K)
[Bmim][PF$_6$]	−385.0 [−335.8]	−392.2 [−338.5]	92.3 (313K)
[Bmim][CF$_3$BF$_3$]	−380.9 [−340.7]	−393.7 [−341.9]	49.0 (298K)

离子液体	作用能 / (kJ/mol)[①]		黏度 /cP[②]
	B3LYP/6–31G*	MP2/6–31G*	
[Bmim][CF$_3$SO$_3$]	−371.1 [−350.3]	−395.9 [−355.0]	90.0 (298K)
[Bmim][(CF$_3$SO$_2$)$_2$N]	−346.5 [−321.3]	−369.2 [−330.4]	52.0 (298K)

①方括号里的数值考虑了 BSSE 矫正。

② 1cP=10^{-3}Pa・s。

　　离子液体中，除了阴阳离子之间存在分子间氢键，阴离子或阳离子内部也可能存在分子内氢键，而且这种氢键作用会影响离子液体的黏度和电导率。例如，在季鏻氨基酸盐离子液体中，氨基酸阴离子内部的分子内氢键的数目被发现与离子液体黏度成正比，而与电导率成反比，如图 2-13 所示 [36]。

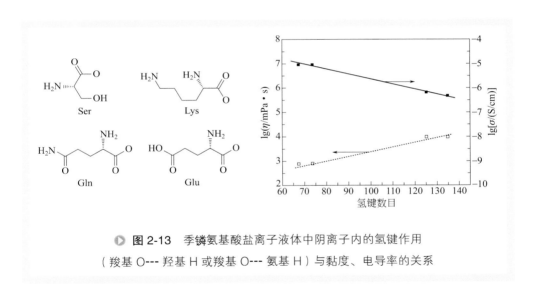

图 2-13 季鏻氨基酸盐离子液体中阴离子内的氢键作用

（羧基 O--- 羟基 H 或羧基 O--- 氨基 H）与黏度、电导率的关系

二、纳米簇（离子簇）/集聚

1. 离子对

　　离子液体的阴阳离子组成离子对，关于离子对的结构已经在氢键部分给予了论述，如图 2-5、图 2-6 所示。对于在离子液体中是否有大量的离子对存在，还有较多争论，可能是因为不同的离子液体中确实存在不同的结构特点。早期对硝酸乙胺盐的介电谱（dielectric spectroscopy）研究 [37] 表明，该离子液体由离子对和自由的

阴阳离子共同组成，离子对大约占了 8%，其中 298K 时这些离子对的寿命大约在 $10^{-10}s$。对 [Emim]X（X=Cl⁻, Br⁻, I⁻）离子液体进行多核 NMR 表征，表明离子液体中存在离子对，这些离子对通过氢键作用形成一种类分子的中性分子结构。Gebbie 等[38]认为 $[C_4mim][NTf_2]$ 是由阴阳离子配对形成的一个网络结构，自由阴阳离子的存在形式较少，就像在水中大量的是水分子，只有少量的 H_3O^+ 和 OH⁻。

然而，一些其他的研究却否定了人们对离子液体中存在离子对的认识。最近对非质子性离子液体（咪唑盐、吡啶盐、季铵盐、锍盐、吡咯烷盐）和质子性离子液体（硝酸乙铵、硝酸丙铵）的介电谱研究没有发现任何离子对形成的信号[39]；该方法能够检测出离子液体在皮秒 - 纳米范围内的动力学行为，因此，纵然存在离子对，但离子对的寿命应该小于皮秒尺度。Lynden-Bell[40] 对离子液体的模拟表明，阳离子 - 阳离子、阴离子 - 阴离子、阳离子 - 阴离子这类离子对作用在离子液体中并不是主要的作用形式，离子对通常是不稳定的，因为在一个离子的第一溶剂化层会存在多个其他离子，这使得两个离子间的相互吸引作用很弱。离子液体的蒸气压由离子液体的电离度决定，离子对是中性的，不利于增加电离度，因此，如果离子液体中含有大量离子对或其他中性种类，将会降低电离度，这样离子液体就不是"好"离子液体，蒸气压也会增加。然而大多数离子液体是蒸气压可以忽略不计的"好"离子液体，因此，离子液体中的离子对应该很少，通常一个离子周围的第一溶剂化层内会存在很多电荷相反的其他离子，离子分布相对均一，不会形成单一的离子对。

Umebayashi 等[41]用 N- 甲基咪唑和乙酸反应制备了拟质子性离子液体，拉曼光谱表征表明，离子液体中的离子浓度只有 1%，但奇怪的是，该离子液体具有很高的质子电导率，这暗示了离子液体中可能存在"超离子"结构。

从目前的研究结果看来，不同离子液体的结构存在差异，离子对在不同离子液体中存在的比例以及寿命可能也不一样。当把离子液体溶于一些分子型溶剂时，往往有助于离子对的形成。

2. 离子液体中的纳米簇/离子簇和集聚

关于离子簇 / 纳米簇 / 集聚等与离子对的区别，并没有严格的定义，包括离子簇和纳米簇的区别，因为如图 2-2 所示，一个离子对本身已经几乎在纳米尺度上。这里，我们把比离子对更大的离子团簇定义为纳米簇或离子簇，我们下面的讨论有时候是比较混乱的，时而纳米簇，时而离子簇，时而离子集聚，我们并不去区分纳米簇、离子簇或离子集聚的区别，而是简单地引用了作者们最初采用的名字。笔者认为，严格区分它们并无大意义。

Kennedy 等[42] 采用 电 喷 雾 离 子 化 质 谱（electrospray ionization mass spectrometry, ESI-MS）检测到乙铵硝酸盐离子液体中存在离子簇单元（aggregates），如图 2-14 所示，乙铵硝酸盐离子液体中主要存在的离子簇是 $C_8A_7^+$（C，乙铵阳离子；A，硝酸根阴离子）。

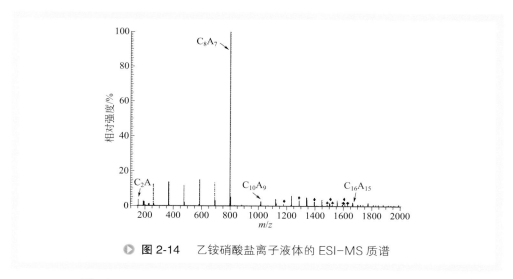

图2-14　乙铵硝酸盐离子液体的 ESI-MS 质谱

Ludwig[43] 采用量子力学计算，从热力学熵、焓和吉布斯自由能，计算、分析了乙铵硝酸盐在气相中的稳定离子簇种类，同样得出 $C_8A_7^+$ 是最稳定的离子簇结构的结论。离子簇形成过程中的能量变化和吉布斯自由能变化如图2-15所示。

从图2-15可以看出，从作用能（焓）和熵的角度，$C_8A_7^+$ 都是最稳定的离子簇种类。根据图2-15中离子簇 C_nA_{n-1} 形成过程的自由能变化，Ludwig 计算了相对于 $C_8A_7^+$ 的其他离子簇种类的相对数量，发现 $C_8A_7^+$ 占有绝对的数量。

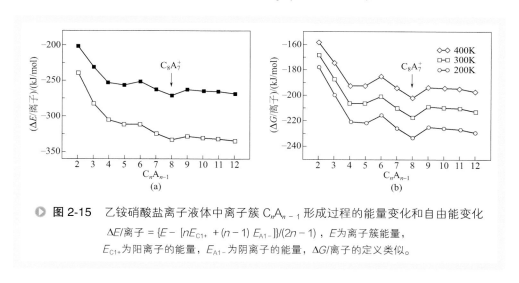

图2-15　乙铵硝酸盐离子液体中离子簇 C_nA_{n-1} 形成过程的能量变化和自由能变化

$\Delta E/$离子 $= \{E - [nE_{C1+} + (n-1)\ E_{A1-}]\}/(2n-1)$ ，E 为离子簇能量，E_{C1+} 为阳离子的能量，E_{A1-} 为阴离子的能量，$\Delta G/$离子的定义类似。

Lopes 等[44] 首先通过全原子 MD 模拟了不同长度烷基链的离子液体 $[C_n\text{mim}][PF_6]$，通过阴离子与咪唑环质心之间的 RDF 发现其形成的三维网络骨架（极性网络）非常稳固，基本不受碳链长度影响；末端碳原子之间的 RDF 的峰当 $n=2$ 时非常微弱，而当 n 超过 4 即形成明显的峰，说明形成了明显的非极性区域集聚。图 2-16 显示了烷基链在不同 n 时离子液体中的三维分布，很明显，$n=2$ 时非极性烷基链被区域性分散在极性网络中，$n=4$ 时开始部分联通，$n=6$ 时已经形成了非极性区域的连续相。虽然类似的结构之前在分子模拟[45]和 CG 模拟[46]中也有所报道[45,46]，但他们首先通过全原子模拟明确指出当烷基链足够长时在离子液体中形成了双连续微相（bicontinuous microfacies）。通过计算结构因子 $S(Q)$，他们进一步发现在 $0.4 \sim 0.5\text{Å}^{-1}$ 出现一个小峰，对应的相关长度为 $1 \sim 2\text{nm}$，两年后该结构通过 Triolo 等 SAXS 的实验结果[47]得到证实，虽然目前对散射实验中 1Å^{-1}（$1\text{Å}=0.1\text{nm}$）以内出现的前峰（prepeak）亦称首锐散射峰（first sharp diffraction peak, FSDP）的确切微观来源尚存在争议，但由于非极性基团在阴阳离子形成的极性网络间不断聚集，最终在离子液体中形成纳微结构已经成为研究者的共识[48]，其形态一般认为是海绵状（sponge-like），这也彰显了分子模拟的强大预见性。

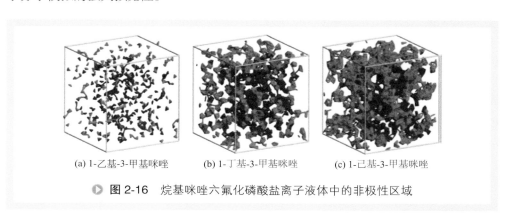

(a) 1-乙基-3-甲基咪唑   (b) 1-丁基-3-甲基咪唑   (c) 1-己基-3-甲基咪唑

▶ 图 2-16　烷基咪唑六氟化磷酸盐离子液体中的非极性区域

其后大量的分子模拟和散射实验都证实，对于众多由阴阳离子组成的离子液体，只要有足够长的烷基链，也都出现了这种介观层次的双连续微相，包括烷基咪唑、烷基吡啶、烷基吡咯、哌啶、烷基铵和烷基膦等阳离子，以及卤离子、$[PF_6]^-$、$[BF_4]^-$、$[NO_3]^-$、$[HSO_4]^-$、$[TfO]^-$、$[CF_3SO_3]^-$、$[SCN]^-$ 和 $[NTf_2]^-$ 等阴离子。目前见诸报道的形成此类纳微结构的最少碳链长度为两个，即在质子型离子液体硝酸乙胺（ethylammonium nitrate, EAN）的散射结构因子中发现 $q=0.66\text{Å}^{-1}$ 出现了 FSDP[49]，对应的相关长度约 9.7Å。

对于存在非烷基链的功能化离子液体，情况有所不同。如 Russina 和 Triolo[50]报道了 $[C_6\text{mim}][NTf_2]$ 和烷氧基链 $[C_1OC_2OC_1\text{mim}][NTf_2]$ 离子液体的 SAXS/WAXS 结果，发现后者的 FSDP 消失了 [图 2-17（a）]。Lopes 等通过细致的分子模拟[51]分析，发现其原因是烷氧基本身有较强的极性，导致该侧链倾向于向咪唑环弯曲形成类蝎子的构型，如图 2-17（b）所示，咪唑环上的 CR/CW 与侧链末端 O（或对应烷基链上的 C）之间的距离分布清楚地表明烷氧基折向咪唑环，有别于烷基链在极性网络之间的聚集，导致了 FSDP 的消失。对于烷基胺和烷基膦类离子液体，也发现类似的情况。因此要形成中程有序（intermediate range order, IRO）的纳微结构，要保证阴阳离子至少有一个是明显两亲的（amphiphilic），这种集聚的来源与传统表面活性剂很相似，虽然没有水分子的存在。

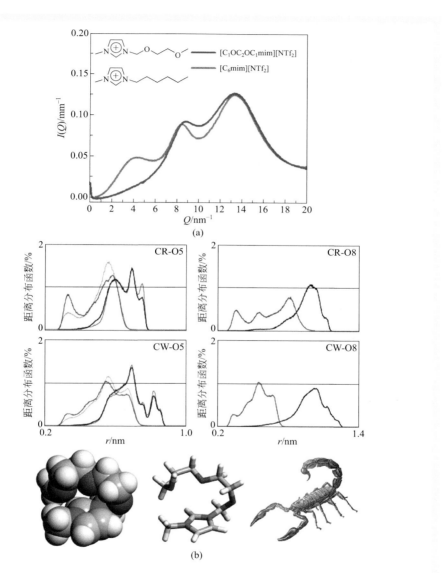

(a)

(b)

▶ **图 2-17** 咪唑阳离子烷基链被烷氧基取代以后 SAXS/WAXS 散射图的变化（a）和分子模拟得到的烷氧基阳离子的典型构型（b）

另外一类功能化是氟代，由于氟代甲基和甲基性质差异很大，研究者们推断引入氟代烷基链后，在离子液体中除了极性、非极性区域之外，有可能形成新的介观区域，即由普通离子液体的双亲（biphilic）扩展为三亲（triphilic）。Greaves 小组[52]通过 SAXS/WAXS 散射实验研究了丁胺辛酸盐（butylammonium octanoate, BAO）及其对应氟代的丁胺全氟辛酸盐（butylammonium pentadecafluorooctanoate, BAOF）证实上述推断，如图 2-18（a）所示，BAO 在低 Q 区的单峰在 BAOF 中分裂为两个，多出一个 0.75 Å^{-1} 的肩峰。随后 Margulis 小组[53]应用全原子模拟进行了细致分析，发现二者的氢键网络非常相似，仅仅因为氟代体积更大而略有扩张。通过计算不同基团之间的 RDF 对结构因子 $S(Q)$ 的贡献，他们认为该肩峰来源于如图 2-18（b）所示的微观结构，即正好表征了阳离子烷基链和阴离子氟代烷基链之间的距离，其大约为氟代烷基链之间距离的一半，与 SAXS/WAXS 散射图非常一致。类似的三连续微相在其他氟代离子液体中也有报道，如最近 Rauber 等[54]发现二氰胺四烷基膦阳离子上较长烷基链被氟代以后，其 SAXS 散射图上出现相关长度达 20～30 Å 的低 Q 峰，他们推断可能出现了不同于普通离子液体的层状结构（lamellar），但目前尚无相关的模拟研究。

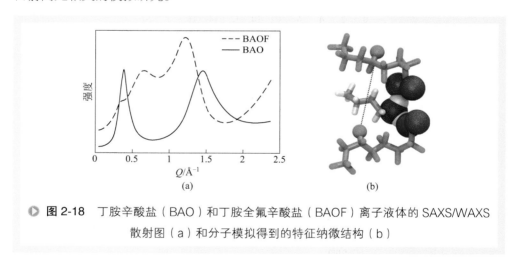

图 2-18 丁胺辛酸盐（BAO）和丁胺全氟辛酸盐（BAOF）离子液体的 SAXS/WAXS 散射图（a）和分子模拟得到的特征纳微结构（b）

值得指出的是，外界条件如温度、压力、外加电场等均会影响离子液体中的离子簇／纳米簇结构，具体可以参阅 Hayes 等的综述文章[19]。

三、Z-键

1. Z-键的定义及离子液体中的 Z-键

离子液体由带正电荷的阳离子和带负电荷的阴离子组成，因此，不同于传统分子型有机溶剂，阴阳离子间存在很强的静电作用，正是由于这种强的静电作用，Dong 和 Zhang 等 [20] 提出了一种新型的氢键作用：Z- 键。

不同于图 2-4 中所示的传统氢键作用模式，即 D—H---A（D 为电负性原子；D—H 形成共价键；A 为含有孤对电子的原子；H---A 之间形成氢键，距离小于它们范德华半径的和；∠D—H---A 大于 90°），在离子液体中，阴离子上含有孤对电子的原子与阳离子上氢原子之间的氢键作用，耦合了阴阳离子之间的强静电作用，从而形成了一种新型的氢键类型：Z- 键，即 +[D—H---A]⁻，D 是阳离子上的电负性重原子、A 是阴离子上含有孤对电子的重原子、+ 代表阳离子上的正电荷、− 代表阴离子上的负电荷。通常离子液体中的这种氢键呈现出"之"形结构（zig-zag），这是它们被称为 Z- 键的原因。

传统氢键、离子型氢键和 Z- 键在几何结构上的比较如图 2-19 所示；它们的能量特点列于表 2-4，表中给出了分子间作用能的组成，同时也给出了氢键结构的具体几何参数。

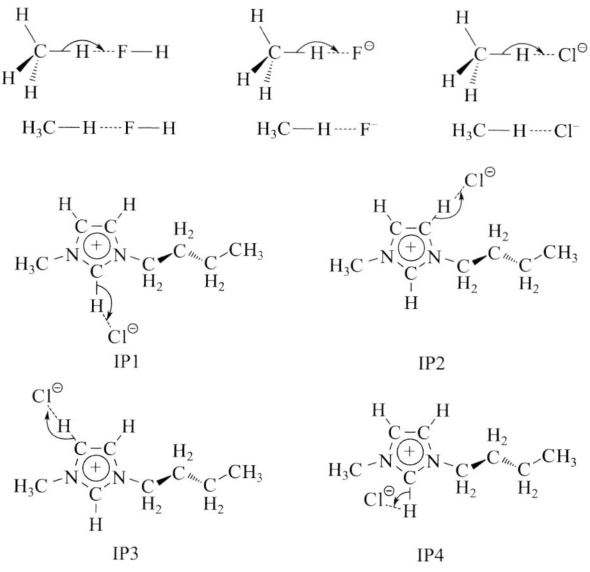

▶ 图 2-19　分子 − 分子型氢键、分子 − 离子型氢键和离子 − 离子型 Z- 键

Z-键以1−乙基−3−甲基咪唑氯盐离子液体为例，IP1～IP4为该离子对的几个稳定构型，几何优化的理论水平为MP2/6−311+G(d,p)；其他为MP2/6−311+G(3df,2p)。

从图 2-19 可以看出，分子 - 分子型氢键、分子 - 离子型氢键和离子 - 离子型 Z- 键在几何上有一个明显的区别是，前两者的∠D—H---A 约为 180°，即这三个原子呈线形排列，而在 Z- 键中，∠D—H---A 小于 180°，这源于阴阳离子间强的静电作用的影响。

表2-4 不同氢键类型中的几何和能量参数[1]

氢键类型	R_{D-H}	$R_{H\cdots A}$	ΔR	$\angle D-H\cdots A$	E_{SAPT}	E_{Elst}	E_{Ind}	E_{Disp}	E_{Exch}	E'_{Elst}	NCT
$H_3C-H\cdots F-H$	1.085	2.662	0	180	-1.4	-1.2	-0.2	-1.9	2.1	13	0.031
$H_3C-H\cdots F^-$	1.108	1.855	0.023	180	-26.3	-40.4	-35.0	-16.2	75.7	40	0.023
$H_3C-H\cdots Cl^-$	1.09	2.665	0.015	180	-11.5	-12.0	-11.0	-8.5	22.7	35	0.02
IP1	1.126	1.899	0.046	159	-397.1	-434.8	-63.7	-37.8	179.7	75	0.247
IP2	1.104	1.991	0.024	148	-358.0	-400.3	-55.7	-36.0	163.6	77	0.215
IP3	1.105	2.012	0.025	150	-362.8	-405.2	-56.7	-40.6	166.7	77	0.211
IP4	1.076	2.693	-0.004	74	-407.7	-470.6	-63.3	-54.3	199.8	78	0.241

①距离单位为 Å；角度单位为°；能量单位为 kJ/mol；R_{D-H}，共价键 D—H 的长度；$R_{H\cdots A}$，形成氢键的重原子 A 与 H 原子的距离；ΔR，共价键 D—H 形成氢键前后的长度变化量；E_{SAPT}，总的分子间作用能；E_{Elst}，分子间静电作用能；E_{Ind}，分子间诱导作用能；E_{Disp}，分子间色散作用能；E_{Exch}，分子间 Pauli 排斥作用能；E'_{Elst}，静电作用的百分比，%；NCT，分子间电荷转移（原子电荷单位）。

从表 2-4 可以看出 Z- 键与其他类型氢键的几个不同点：

与其他氢键相比，Z- 键导致原有共价键 D—H 的长度被拉长得更明显，这说明 Z- 键的作用更强；Z- 键中分子间的作用能要比其他氢键高 2 个数量级，这定量地说明了 Z- 键的作用更强，而且静电作用能在 Z- 键作用中占的比例明显比其他类型的氢键要高；Z- 键引起了分子间的电荷转移，而其他氢键中表现不明显，其他离子液体中也发现了明显的离子间电荷的转移（如表 2-5 所示）[30]。

表2-5 离子液体中离子对间的电荷转移（原子电荷单位）

离子液体	Δq	
	B3LYP/6-31G*	MP2/6-31G*
[Tmg]L	0.158	0.140
[Bmim][BF$_4$]	0.096	0.081
[Bmim][PF$_6$]	0.088	0.078
[Bmim][CF$_3$BF$_3$]	0.087	0.075
[Bmim][CF$_3$SO$_3$]	0.077	0.068
[Bmim][(CF$_3$SO$_2$)$_2$N]	0.082	0.081

因此，可以看出，与其他类型的氢键相比，离子液体中的 Z- 键作用要明显强

很多。

这种 Z- 键能够通过红外光谱检测到，D—H---A 的伸缩振动被指定在 150cm^{-1} 以下 [34]。

2. Z- 键与物性之间的关系

Thar 等 [55] 采用拟弹性中子散射（quasi-elastic neutron scattering）发现咪唑离子液体中有两个时间尺度上的动力学：快速动力学（<0.3ps）和慢速动力学（5 ~ 10 ps），其中慢速动力学和长程静电作用相关，而快速动力学和 Z- 键相关的极化和电荷转移有关系。

离子液体中的 Z- 键能够促进 CO_2 羧基化反应 [56]，活化环氧化合物 C—O 键，其中 Z- 键诱导 O，而静电吸引攻击 C。

Z- 键在生物体系中也起到关键作用。例如，离子液体溶解纤维素的过程，既与离子液体中的静电作用有关，也与离子液体中的 Z- 键有关，是这两者的共同作用 [57]。有研究者发现离子液体可以稳定 DNA[58]，其中，阳离子往往和 DNA 的主链作用，是和磷酸根基团的静电作用与 DNA 碱性基团氢键作用的耦合；而阴离子主要和胞嘧啶、腺嘌呤、鸟嘌呤形成氢键作用。

Gao 等 [59] 用三维手性的阴离子 $[Zn(HCOO)_3]^-$ 制备了 $[NH_4][Zn(HCOO)_3]$，其中 $[NH_4]^+$ 无序地分布在该有机框架的螺旋通道中，但是可以通过调整温度来让 $[NH_4]^+$ 呈现有序分布，这与该体系中的 Z- 键有关。

四、小结

目前文献上关于纯离子液体纳微结构的研究最多，鉴于笔者有限的学力和见识，本节仅对离子液体中普遍存在的结构特征及起源做了挂一漏万的介绍，主要包括离子液体中特殊的氢键和 Z- 键、离子簇和双连续微相的形成等。其要点是：离子液体由阳离子和阴离子组成，因此静电和氢键作用共同主导形成了非常强的极性网络结构，如果这时离子上同时存在足够尺寸的憎极性（polar-phobic）基团，典型的如烷基链和氟代烷基链，就能促成纳米以上级别的连续微相生成，这也是离子液体的独特性质以及为强化反应、分离等过程提供必要微环境的根源。

第四节　离子液体混合体系的纳微结构

纯离子液体不能直接在实际中应用，因此研究其与其他物质的混合体系十分必要；更重要的是通过加入其他组分，能够改变离子液体的结构与性质，因此在机理研究的基础上，可以利用其他组分有效调控离子液体的性质。

一、离子液体－离子液体体系

两种或多种离子液体可以形成离子液体混合物，从而对离子液体中的微环境进行微调，如 Martins 等报道通过控制两种离子液体的浓度可以调控药物在混合离子液体中形成的晶体形态[60]，从应用角度讲这是一种调控其性质最简单和成本最低的方法，因此近年来引起广泛关注[61,62]。令人颇感意外的是，大部分离子液体混合物的过量体积都非常小，说明离子液体之间的混合非常接近理想混合。但这并非全貌，如早在 2006 年 Arce 等就报道了几种具有同一阴离子却不能完全互溶的离子液体混合物。更为重要的是，其纳米尺度上的局部微观结构远非宏观上的理想混合那样简单，来自阴阳离子不同的形状、大小、电荷分布、官能团的极性／非极性、氢键强弱等诸多因素间的复杂互动，为设计适应特定分离与合成需要的离子液体混合物提供了广阔的空间，而分子模拟由于能够直接获得分子层次的结构信息，在其研究中也具有举足轻重的作用。

Aparicio 小组[63] 研究了 [B$_3$mpy][BF$_4$] 和 [B$_3$mpy][N(CN)$_2$] 混合物，其具有同一阳离子和不同阴离子，也得到了接近理想混合的结论，认为阴离子与阳离子的作用方式在稀溶液和浓溶液中几乎没有差别。他们[64] 最近对几种氨基酸型离子液体混合物开展模拟研究，发现阴离子的分布仅有微小的变化，即使是同一混合物中包含三种阳离子和四种阴离子，都没有发现出现微尺度聚集现象。因为他们研究的离子液体烷基链都较小，因此这些结果表明微相形成的机制主要还是源自非极性基团分布于由阴阳离子形成的极性网络中形成双连续相。

Payal 和 Balasubramanian[65] 研究了 [C$_4$mim][PF$_6$]$_x$Cl$_{1-x}$ 混合物，发现阴阳离子间的 RDF 峰的位置虽然基本不变，但其强度（峰高）明显与浓度相关，对于 Cl$^-$，其在混合物中较纯 [C$_4$mim]Cl 更强，而 [PF$_6$]$^-$ 则正好相反，弱于其在纯 [C$_4$mim][PF$_6$] 中。说明由于二者与阳离子的作用位置相同，而 Cl$^-$ 与阳离子的作用更强，所以在混合物中 Cl$^-$ 会取代部分 [PF$_6$]$^-$ 的位置。这一点通过图 2-20 的空间分布（SDF）更能直观说明，图（a）中 Cl$^-$ 浓度较低，但其占据了阳离子 C2—H2 周围的分布，因为该处为阳离子与阴离子作用最强的位置，Cl$^-$ 会优先占据。当把 Cl$^-$ 换成 [BF$_4$]$^-$ 以后，结论相近但竞争效应没有前者明显，说明阴离子与阳离子之间相互作用的相对强弱是影响混合物结构的重要因素。另外，研究中没有发现较大尺度的聚集，因此他们认为该混合是分子尺度的混合。Matthews 等[66] 研究了同一阳离子 [C$_4$mim]$^+$ 和六种不同阴离子形成的混合物，也发现阳离子上酸性最强的氢 (H2) 与阴离子形成氢键，因此强配位的阴离子倾向于分布在与阳离子咪唑环共面的区域，而弱配位的阴离子则分布在平面的上下位置，这将导致混合物中的 π-π 堆叠发生微妙的变化。

Kirchner 小组[67,68] 则用从头计算分子动力学（ab initio molecular dynamics，AIMD）

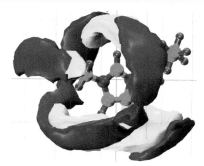

(a) PF$_6$：Cl=75：25　　　　　　(b) PF$_6$：Cl=25：75

图 2-20　阴离子在阳离子周围的空间分布

图中黄色为Cl，蓝色为PF$_6$。

（a）1Å^3 0.0046 个 [PF$_6$] 和0.0138个[Cl]；　（b）1Å^3 0.0138个 [PF$_6$] 和0.0046个[Cl]

方法研究 [Emim][SCN]$_x$Cl$_{1-x}$ 混合物，发现在纯 [Emim][SCN] 中，阴离子上 N 与阳离子咪唑环上几种氢的 RDF 强度的顺序是 H2>H4 ～ H5，但在混合物中其顺序发生了变化 H5 ～ H4>H2；而对于 Cl$^-$，其与阳离子上氢的强弱顺序 RDF 则始终是 H2>H4 ～ H5，与纯 [Emim]Cl 一致。他们利用距离 - 距离二维分布进一步分析，如图 2-21 所示，在纯 [Emim][SCN] 中，阴离子的主要分布为 r_{S-H2} = 0.62nm，r_{N-H2} = 0.22nm，说明 N–H2 为其阴阳离子主要作用方式；而混合物中主要分布为 r_{Cl-H2} = 0.25 nm，r_{N-H2} = 0.59nm，说明 Cl$^-$ 因为配位能力更强，取代了 [SCN]$^-$ 在 H2 附近的分布，导致上述 RDF 的不同变化趋势。而利用距离 - 角度的二维分布进一步发现 [SCN]$^-$ 有咪唑环面内和面上下两种分布形态，其比例在纯 [Emim][SCN] 中为 1.71，而在混合物中显著下降为 1.26。这些结果都说明阴离子与阳离子间作用的相对强弱在调控混合物性质时的重要性。

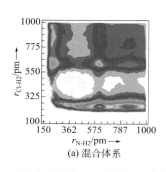
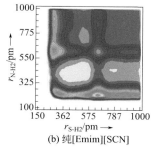

(a) 混合体系　　　　　　(b) 纯[Emim][SCN]

图 2-21　阴离子与阳离子间的距离 – 距离二维分布

Lopes 小组[69] 研究了 [Emim][NTf₂] 和 [C₆mim][NTf₂] 等物质的量的混合物，发现混合物中极性部分（阴离子以及阳离子的头部）间的 RDF 与纯离子液体中均非常相似，比如阴 - 阳离子的 RDF 与 [C₄mim][NTf₂] 中的十分接近，因为该混合物的极性 - 非极性成分的相对比例与 [C₄mim][NTf₂] 完全一样，这一结果说明极性网络的结构主要决定于极性 - 非极性成分的相对比例。另一方面，虽然烷基链末端碳原子的 RDF 与纯离子液体中均非常相似，但 C2 与 C6 的 RDF 明显弱于 [C₄mim][NTf₂] 中 C4 与 C4 的 RDF，说明混合物中非极性微相的结构与纯离子液体仍然有所差别。

最近他们[70] 对含有更长烷基链的离子液体混合物 [Emim][NTf₂] 和 [C₁₂mim][NTf₂] 开展研究，模拟和计算结果都表明，当后者摩尔分数达到 30% ～ 50% 之间时，其结构因子在低 Q 区域（2 ～ 3 nm⁻¹）开始出现前峰（pre-peak），标志着混合物中出现了非极性区域的聚集（图 2-22）。进一步的团簇分布表明，在很低浓度时，由于 C₂ 烷基链太短，而 C₁₂ 含量又太少，只能形成小团簇的非极性区域，如 4% 时团簇大小不到 3；随着 C₁₂ 浓度的增加，大型团簇逐渐形成，浓度 32% 时形成的团簇大小已经很接近模拟的 C₁₂ 的离子对数目，说明更高浓度下非极性区域会演变为除了极性网络之外的第二个连续相。

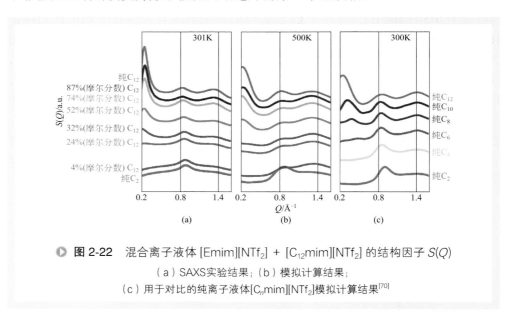

▶ 图 2-22　混合离子液体 [Emim][NTf₂] + [C₁₂mim][NTf₂] 的结构因子 $S(Q)$
（a）SAXS实验结果；（b）模拟计算结果；
（c）用于对比的纯离子液体[CₙmimNTf₂]模拟计算结果[70]

Kapoor 和 Shah[71] 研究了具有同一阳离子和不同阴离子的离子液体混合物，阳离子为 [C₄mim]⁺，阴离子为 [Cl]⁻/[EtSO₄]⁻ 和 [Cl]⁻/[NTf₂]⁻，二者具有符号相反的过量体积，前者为负而后者为正。他们采用分子力场用动力学模拟正确预测出了两种混合物过量体积的差异，发现 [Cl]⁻/[NTf₂]⁻ 体系的 RDF 随浓度的变化明显较 [Cl]⁻/[EtSO₄]⁻ 体系明显，其阳离子与 [Cl]⁻ 的峰高从 10%（摩尔分数）时的 5.5 降低至

90%（摩尔分数）时的 3，说明混合物的结构较纯离子液体发生了变化。

Docampo-Alvarez 等[72]研究了质子型和非质子型离子液体混合物，质子型离子液体乙胺硝酸盐 EAN 是文献报道的能够形成非极性区域烷基碳链最短的离子液体，其与同样短链的非质子型离子液体 [Emim][BF₄] 形成的混合物，虽然从过量性质看该混合物十分接近理想混合，但实验测得的电导率在 EAN 摩尔分数很低时出现增强，而在大于 0.2 后呈现明显负偏离。模拟结果表明，在低浓度下 EAN 形成的氢键在一定程度上扰乱了 [Emim][BF₄] 原有的氢键网络，促成离子扩散加速；而在摩尔分数超过 0.2 以后，EAN 开始形成自己的氢键网络，开始阻碍扩散；当其摩尔分数达到 0.7 以后，原有的氢键网络完全被破坏，体系转变为 EAN 主导。随后他们[73]改变阳离子上烷基链的长度，发现改变质子型阳离子对混合性质影响较大，对 PAN 和 BAN 与 [Emim][BF₄] 形成的混合物，其过量焓数值明显增大，达到 $-3kJ/mol$ 左右。借助 RDF 和空间分布，发现对于短链的 EAN，$[BF_4]^-$ 与 $[NO_3]^-$ 在 $[EA]^+$ 阳离子周围形成竞争分布，而对烷基链较长的 PAN 和 BAN，$[BF_4]^-$ 选择分布在烷基链的末端，因此较少破坏 $[NO_3]^-$ 和 $[EA]^+$ 之间的静电作用，导致混合物更低的能量。

通过在阴离子上引入氟代烷基，能够在离子液体体系中引入新的介观相，即除了极性网络和非极性聚集之外的第三介观相 (triphilic)[53,74]，极大丰富了其微环境。Kirchner 小组[75]则探究了烷基咪唑阳离子 $[C_8C_1im]$ 与氟代烷基咪唑阳离子 $[(C_F)_6C_2C_1im]$ 的混合物是否也能形成第三微相。通过模拟得到结构因子，发现纯 $[C_8C_1im]Br$ 的非极性聚集特征峰在 $Q = 2.7nm^{-1}$ 出现（与 SAXS 实验的 2.9 符合很好），而在 50% 摩尔分数的混合物中则观察到 $2.5nm^{-1}$ 和 $4.5nm^{-1}$ 两个峰，结合 RDF 等其他信息，可以确认体系中出现了来自氟代烷基的新聚集形态。图 2-23 显

0%　　　　20%　　　　40%

50%　　　60%　　　80%　　　100%

▶ **图 2-23**　混合离子液体 $[C_8C_1im][(C_F)_6C_2C_1im]Br$ 的模拟结果

红色：极性区域；蓝色：非极性区域；绿色：氟代区域

示了不同浓度下结构的演变，可见由阳离子头部和阴离子构成的极性网络（红色）在混合物中变化不大，但随着氟代阳离子的增多，烷基链聚集的极性区域（蓝色）逐渐被氟代烷基聚集区（绿色）取代。值得一提的是，由于氟代与非氟代烷基的显著差异，上述两种阳离子形成的混合物往往不能完全混溶，其混溶程度取决于极性网络的稳定程度，因此只有阴阳离子间静电相互作用很强的溴化物，才能够得到完全混溶的具有三个介观微相的混合离子液体。

二、离子液体－水体系

离子液体（即使是憎水性的离子液体）一般都具有非常强的吸水性，因此在实际应用中水是难以避免的杂质；另外，实验表明，少量水就会对离子液体的性质产生较大影响[76]，如黏度下降等，从而为调控其特性提供了一种途径，因此研究水与离子液体的混合物非常必要。这方面的模拟研究大致可分成两大类，一类关注少量水对离子液体性质的影响，另一类关注水作为溶剂时离子液体在其中的聚集。

Hanke 和 Lynden-Bell 最早开展了水和离子液体混合物的 MD 模拟研究[77,78]，他们选择了最简单的原型离子液体 [C_1mim]Cl 和 [C_1mim][PF_6]，二者因为不同的阴离子分别表现出亲水和憎水的特性，这与模拟得到的过量体积和过量内能前者为负而后者为正的结果相符。模拟结果表明，水均是优先与阴离子形成较强的氢键，根据水周围阴离子的配位数，他们推测在较低水浓度时出现了以强氢键结合的 [OH_2Cl_2]$^{2-}$。阴阳离子的扩散系数对水的加入不敏感，直到水的摩尔分数超过 75%；但是转动相关时间（reorientational time）因为水而明显降低。模拟还发现水分子会形成团簇，但在 50% 摩尔分数以下，40% 左右的水分子均未形成团簇而被阴离子缔合。

Voth 小组[79]通过 MD 模拟研究了亲水离子液体 [C_8mim][NO_3] 和水在全浓度范围的混合物，他们提出随着水浓度的增加，混合物完成从极性网络到水网络的转变。随着水的加入，首先因为与阴离子形成氢键造成阴离子间的 RDF 出现分裂（20%）；但此时阴阳离子间的作用，即极性网络还没有被显著改变，仅仅是略微减弱，与此相反的是烷基链之间的作用反而略微增强；当水的摩尔分数达到 80% 附近，他们认为出现一个转折点，体现在水分子间的 RDF 峰出现急剧增加；当更多的水加入，极性网络开始瓦解，阴阳离子被水间隔，而烷基链之间的作用增强，导致阳离子之间聚集成胶束，类似于表面活性剂分子的临界胶束浓度（critical micelle concentration, CMC）。其后他们[80]对三种离子液体 - 水混合物进一步研究，发现较长烷基链更容易导致阳离子聚集，而更亲水的阴离子在低浓度下会阻碍水团簇的形成，同时显著降低水的扩散系数。但他们都没有继续研究胶束的具体形态。

Raju 和 Balasubramanian[81]用 MD 模拟研究了质量分数为 2% 的 [C_4mim][PF_6]

水溶液，他们采用能量分布来研究各种成分之间的相互作用及其对应形态。如图 2-24 所示，在水溶液中阳离子的能量（即阳离子与溶液中其他各组分之间的总能量）升高，因此相对于纯离子液体不稳定；而阴离子正好相反，因为加入水变得更稳定，以此可以解释水溶液中阴离子的扩散有别于纯离子液体，变得快于阳离子。进一步分析阴阳离子间的能量分布发现溶液中存在离子对构型，并估算出 2% 的溶液中约 87% 的离子发生解离。

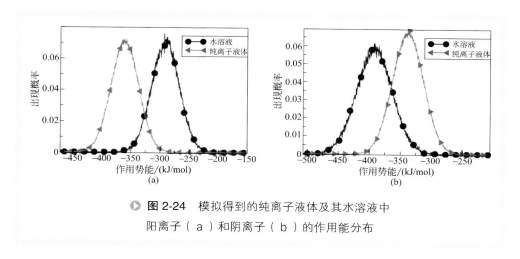

图 2-24 模拟得到的纯离子液体及其水溶液中阳离子（a）和阴离子（b）的作用能分布

Margulis 小组[82] 则模拟了含有 17%（摩尔分数）水的 [C₆mim][PF₆] 混合物，发现水分子屏蔽了阴阳离子间的静电作用，使其平动和转动均加速，即虽然少量水并没有明显改变离子液体的微观结构，但可以有效改变离子液体中的微环境，他们认为这是香豆素 153（coumarin-153）荧光光谱在含水离子液体中发生红移的内在原因。

Kelkar 和 Maginn[83] 用非平衡 MD 模拟了 [Emim][NTf₂] 的剪切黏度及水含量对其的影响。发现在很低水浓度 [460×10⁻⁶（体积分数）或 1%（摩尔分数）] 下，与水分子近距离的阴离子数目几乎与阳离子数目相等且均为 1，随着水浓度的增加，前者几乎保持不变而后者持续下降至 0.4[直到 13800×10⁻⁶（体积分数）或 23%（摩尔分数）]，取而代之的是近距离水分子数目 0.5。这一结果说明水分子优先接近阴离子，但在憎水性的 [Emim][NTf₂] 中很容易发生自聚，虽然在 23%（摩尔分数）的水含量下仍然有近一半的水分子没有形成团簇。该混合物的黏度对于理想混合呈现正偏差，他们认为团簇的形成起到重要作用。Ramya 等[84] 用 MD 模拟研究了 [C₆mim][NTf₂] 水溶液，得到了不同水含量（λ=5～200，为水与离子液体的摩尔比）下不同的分散情况。当水含量较小时，水形成团簇分散在离子液体中；λ=10 时观察到离子液体中出现了水通道；λ=25～50 时出现了明显的分相；当 λ 超过 100 以后，阳离子由于尾部的聚集形成类球形的团簇。

一般通过阴阳离子间的 RDF 来研究其相互作用的强弱，但对于高度稀释的离子液体水溶液，要得到充足的取样势必需要非常大的体系，为了避免巨大而无效（大量水分子与离子距离很远）的计算，可以通过重要性抽样模拟获得平均力位能（potential of mean force，PMF）。Maginn 小组[85]对 5 种不同亲水性的咪唑类离子液体，用 ABF（adapted bias force）方法得到了无限稀释条件下的 PMF，其特点是均出现两个极小值，分别位于 0.3 ～ 0.4 nm 和 0.5 ～ 0.6 nm，经确认这两处极值对应了两种离子接触的形态，这一点与典型的电解质溶液（离子均为球形）明显不同，说明离子液体的阴阳离子靠近时，不会出现一个较稳定的溶剂间隔离子对状态。PMF 的势阱主要决定于亲水性，对于最憎水的 [C₆mim][NTf₂]，其势阱约 -6 kJ/mol，对于最亲水的 [Emim]Cl，势阱约 -1.5 kJ/mol，说明前者更倾向于聚集而后者倾向于解离。PMF 的形状则与阴阳离子的形状有关。

Mendez-Morales 等[86]对不同碳链的阳离子 [C$_n$mim]$^+$ 和不同亲水性的阴离子 Cl$^-$、Br$^-$ 和 [PF₆]$^-$ 组合得到的离子液体开展全浓度范围的 MD 模拟，并重点讨论了速度相关函数等动力学因素。主要发现水分子的状态主要决定于阴阳离子，尤其是阴离子的亲水性，在憎水性的 [PF₆]$^-$ 中，水分子运动较为迅速，也更容易通过自身的氢键形成团簇；而在亲水的卤离子中，其与水之间的相互作用较强，水分子类似于被限制在动态的小笼中来回振动，在低水含量下这一点尤其明显。

Zhong 等[6]更加系统地用 MD 模拟研究了全浓度范围的 [C₄mim][BF₄] 与水体系，采用了他们开发的联合原子力场相当准确地预测出与实验一致的过量体积、过量焓以及扩散系数 D，并且通过 Green-Kubo 积分计算了体系的黏度 η，发现黏度与扩散系数之间不能用 Stokes-Einstein 方程很好地描述，而是在三个不同的浓度区域呈现出不同的规律，两个转折点分别出现在水的摩尔分数为 0.2 和 0.8 左右。以水的扩散系数为例，在低浓度下，其扩散系数基本不变而黏度较理想混合更慢的趋势下降；扩散系数与黏度的关系可以拟合成分数指数的关系，即 D-η^{-t}，对于符合 Stokes-Einstein 的体系，指数 $t=1$；而所研究体系在水摩尔分数为 0.2 ～ 0.8 之间时，$t=0.34$，达到 0.8 以上 $t=0.67$。通过 RDF、SDF 和团簇分析证实了随着水的增加，体系的微观结构出现了三个阶段的变化。在低水浓度溶液中，大多数水分子孤立存在于由阴阳离子相互作用形成的稳定极化网络结构中。在水的摩尔分数为 0.2 ～ 0.8 范围内溶液中，水分子通过自聚逐渐形成水分子簇。水分子簇的大小随溶液中水浓度增加而逐渐增大，弱化了阴、阳离子间的极化网络结构。在摩尔分数超过 0.8 的水溶液中，几乎所有的水分子都联通在一起形成一个大水分子网络，混合物体系逐渐完成由离子液体富集区 (IL-rich) 到水富集区 (water-rich) 的转变。在水富集区，由于阴阳离子间很强的静电作用和咪唑阳离子烷基链的憎水作用共同引起离子液体一定程度的自聚，由于烷基链较短，尚不能形成较大的团簇。模拟表明，当溶液中水的摩尔分数在 0.9 ～ 0.95 范围内时，溶液中离子液体的自聚程度达到最大。

Bernardes 等 [87] 对亲水离子液体 [Emim][EtSO₄] 的水溶液开展全浓度范围的 MD 模拟，对水分子以及阴阳离子的团簇进行了详尽分析，并提出具有不同微观结构特征的四个区域：①隔离水（$x_w<0.5$），标志是水分子占据阴阳离子间的有利位置，尚未形成较大团簇；② 链状水（$0.5<x_w<0.8$），水分子形成多至几十乃至上百的较大团簇，但是尚未渗渝整个系统；③ 双连续系统（$0.8<x_w<0.95$），此时水分子已形成全部联通的网络；④ 隔离离子或小离子团簇（$x_w>0.95$），水分子足够多，已经将离子或离子小团簇分开。他们认为最后这个阶段的结构变化对应了实验观测得到的摩尔溶解焓存在一个极小值 [88]。

此外，文献还报道了其他亲水阴离子与水的 MD 模拟结果，如 Br 离子、I 离子、二草酸根硼酸离子 [bis-(oxalato)borate]，主要结论与上述相似，此处不再赘述。值得一提的是 Maginn 小组 [89] 在模拟几种功能化二氧化碳捕集离子液体时，发现了一个有趣的现象。如图 2-25 所示，他们模拟了三种阴离子：[2CNpyr]⁻ (2-cyanopyrrolide)、[3Triaz]⁻ (1,2,4-triazolide) 和 [PhO]⁻ (phenolate)，结果发现 [PhO]⁻ 很特殊，虽然根据阴离子周围的 SDF，水分子加入后主要分布在阴阳离子之间的区域，但通过阴离子 RDF 可以清楚地看到阴离子之间的距离变小了，其他两种阴离子则没有出现这种现象。仔细分析后他们认为是两个水分子在阴离子间起到了桥接的作用。该作用对离子的扩散也有影响，即其他两种离子液体的扩散系数都随着水的加入而增加，然而 [PhO]⁻ 类在一定水浓度范围反而会降低。无独有偶，

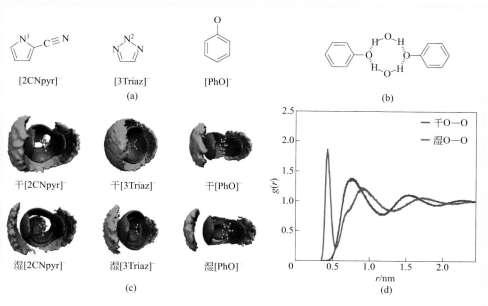

图 2-25 （a）三种阴离子的化学式；（b）[PhO]⁻ 与水的桥接方式示意图；（c）阴离子周围的 SDF，红：阳离子，绿：阴离子；蓝：水；（d）[PhO]⁻ 间的 RDF

他们发现的这一现象对于关注度很高的乙酸根阴离子也适用。

乙酸根阴离子作为很强的氢键接受体，可用于预处理纤维素等普通溶剂难以溶解的生物质，其与咪唑阳离子组成的离子液体 [C$_n$mim][OAc] 的水溶液热力学性质有些反常，即实验观测到当在纯离子液体中加入水时，其密度[90,91] 与黏度[92] 在一定范围内竟然均出现增加。Niazi 等用 MD 模拟了水对 [Emim][OAc] 结构的影响[93]，发现水的摩尔分数小于 70% 时，阴阳离子能保持其极性网络，超过此浓度离子的扩散明显加速，加入的水分子在阴离子周围形成溶剂化层，并降低阳离子间 π-π 堆叠的程度，这些都削弱了其溶解纤维素的能力。Shi 等[94] 结合从头计算优化了水与 AC 之间的相互作用能参数，以获得与实验更加符合的扩散系数，他们认为水分子对离子的扩散有两种相反的效应，一方面因为削弱阴阳离子间的作用能而加速扩散，另一方面与阴离子形成氢键网络会阻碍扩散，其综合效应导致在水摩尔分数 0.4 ~ 0.5 之间扩散系数出现一个极小值。Ghoshdastidar 和 Senapati 则针对上述实验上的反常热力学性质，通过对 [C$_n$mim][OAc] 水溶液的 MD 模拟探究其微观结构上的原因[95]，他们认为阴离子与水之间形成的氢键是关键。如图 2-26 所示，随着水的加入，阴离子与水形成氢键，但其数目在 x_w<0.5 时基本在略小于 2 附近，随浓度变化不大，这是因为每个水分子都有充足的阴离子与其形成氢键，而其自身基本尚没有发生缔合，而完美的—AC—W—AC—W—线形结构正好对应 x_w=0.5；随着水分子数的增多，溶液中逐渐形成双叉结构（bifurcated）的氢键，即相邻的两个阴离子之间有两个水分子与之形成氢键，这会增强阴离子间的相互作用，因此其

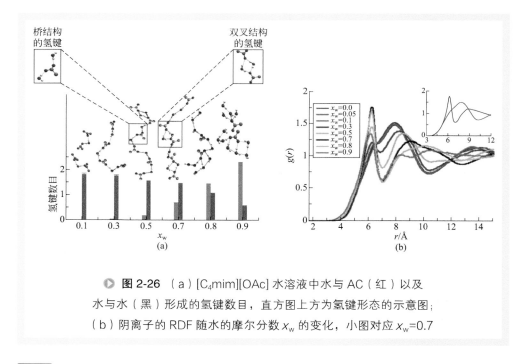

图 2-26 （a）[C$_4$mim][OAc] 水溶液中水与 AC（红）以及水与水（黑）形成的氢键数目，直方图上方为氢键形态的示意图；（b）阴离子的 RDF 随水的摩尔分数 x_w 的变化，小图对应 x_w=0.7

RDF 在 x_w=0.7 ~ 0.8 附近出现最强峰。接着他们将 AC 与另外两种阴离子（三氟乙酸根 TFA 和 BF$_4$）进行了对比模拟 [96]，发现其阴离子 RDF 仅在 AC 体系中随水浓度增加而增强，而且在低浓度水范围，水分子自聚程度也是 AC < TFA < BF$_4$；计算得到的氢键动力学相关时间 AC 是 TFA 的数倍，而比 BF$_4$ 高两个数量级，他们的模拟结果甚至表明 x_w 从 0.3 到 0.5 该相关时间反而增加。Zhou 等的 MD 模拟 [97] 也确认了 AC 离子液体水溶液中由于阴离子 - 水氢键形成的线形结构，但他们重点模拟了低水浓度范围，发现阴离子 RDF 在水的摩尔分数 15% 左右就从单峰分裂为双峰，而后逐渐增强，标志着体系更加有序，计算得到的扩散系数也随水浓度的增加而下降，对应地，他们通过非平衡 MD 模拟得到的剪切黏度在 15% ~ 30% 之间也出现极大值，获得了与实验一致的结果。Hegde 等 [98] 则通过模拟计算了多种序参数，认为 AC 类离子液体水溶液的结构是两种因素共同作用的结果：水和阴离子的作用以及阳离子上烷基链头部的憎水作用。他们的计算结果显示在离子液体摩尔分数为 0.75 时，体系的有序性达到极值，这可以解释实验上在该处出现密度的极大值。

当亲水性阴离子结构比较复杂时，水分子对其组成离子液体微观结构的影响也会因为各种氢键之间的竞争变得相当微妙。Singh 等 [99] 对比模拟了两种胍类离子液体，阴离子分别为苯甲酸和水杨酸，差别仅仅为后者多一个邻位羟基，实验数据显示，后者水溶液的黏度显著高于前者。模拟结果表明，由于后者可以形成相当强的分子内氢键（图 2-27），因此当水分子加入时不像前者那样形成更加致密的氢键网络，从而降低了其黏度。

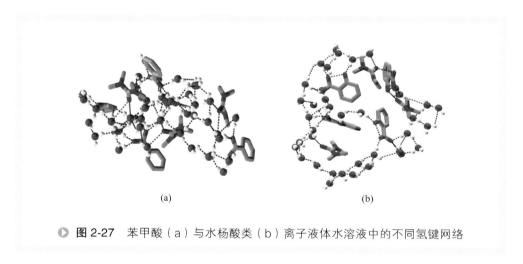

(a)   (b)

▶ 图 2-27　苯甲酸（a）与水杨酸类（b）离子液体水溶液中的不同氢键网络

来自 Ohno 小组 [100] 的实验表明，当两种氨基酸离子液体水溶液混合时，有的会分相得到双水相，表现出特殊的低共溶温度（lowest critical solution temperature，LCST）。最近 Zhao 等 [101] 通过 MD 模拟探讨了其机理，针对相关实验研究他们模拟了赖氨酸 (Lys)、天冬氨酸 (Asp)、谷氨酸 (Glu)、丝氨酸 (Ser) 和丙氨酸 (Ala)

五种阴离子的七种二元组合，通过微观结构分析以及分项能量贡献等，发现侧链含有氨基（—NH$_2$）和羧基（—COOH）的氨基酸阴离子与另外一个阴离子的羧酸根（—COO$^-$）之间形成了很强的氢键，并且随着温度升高其强度增强，从而削弱阴离子与水之间的氢键，引发体系能量升高而分相。基于模拟结果他们给出了设计此类 LCST 体系的建议：①阴离子与水之间具有中等强度的作用，有一定的憎水性；②二者侧链上均有能与 COO$^-$ 形成强氢键的基团；③侧链之间不能有太强作用以确保其与 COO$^-$ 发生作用。

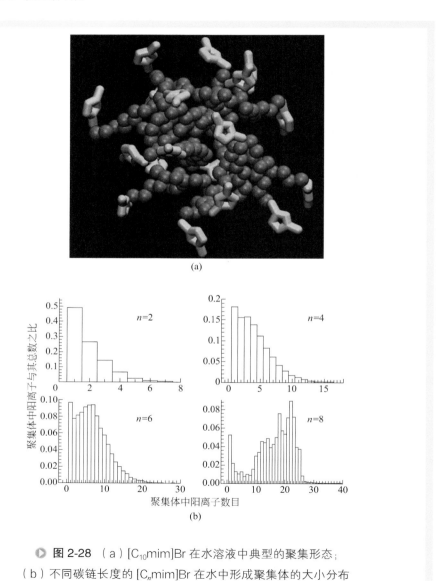

图 2-28 （a）[C$_{10}$mim]Br 在水溶液中典型的聚集形态；
（b）不同碳链长度的 [C$_n$mim]Br 在水中形成聚集体的大小分布

Bhargava 在 Klein 小组的一系列模拟工作[102～108]着重研究了 [C$_n$mim]Br 在水中稀溶液中的自聚行为。他们首先通过 MD 模拟[102]证实 [C$_{10}$mim]Br 在水中可以完全解离，然后对 0.82 mol/L 随机混合的水溶液进行模拟，10 ns 后得到了大小为 16～24 的多分散聚集体（aggregates），并导致阳离子的扩散系数明显降低。该聚集体的结构为似球形 [图 2-28（a）]，通过 RDF 分析可知其形成机理是尾部碳原子之间的憎水作用，因此烷基链倾向于聚集成中心，使带电的咪唑环头部一致朝外，从而利用阴离子和水分子来稳定该聚集体。随后[109]对 n=2～8 的模拟结果如图 2-28（b）所示，只有 [C$_8$mim]Br 能形成像样的聚集体，[C$_6$mim]Br 只能形成小于 10 的小聚集体，[C$_4$mim]Br 可形成零星的小团簇（cluster），[Emim]Br 则基本是均相分散在水中，这与相关实验结果符合很好，虽然模拟采用的浓度远高于实验报道的 CMC。他们也对更长碳链的 [C$_n$mim]Br（n=12～16）开展了研究[103]，发现 [C$_{14}$mim]Br 出现了形态有所差异的聚集体，即烷基链开始互相交叉以促成咪唑环之间的 π-π 相互作用，这一特点在 [C$_{16}$mim]Br 中更加明显 [图 2-29（a）]，同时他们还发现另一种更接近晶体形态的聚集体 [图 2-29（b）、（c）]。上述结果均通过全原子 MD 模拟得到，但一般很难达到几百纳秒的时间尺度，因此他们进一步利用所开发的粗粒化模型（coarse grained，CG），对 [C$_{10}$mim]Br 水溶液开展了长达 500 ns 的 CGMD 模拟[104]，在 0.2 mol/L 的低浓度下得到了与前述全原子模拟类似的多分散球形分散体；但在水质量分数 37% 时发现了规则六角孔的新形态 [图 2-29（d）、（e）]，这也与实验所报道的一致。此外，他们还通过 MD 模拟研究了[106]二价双

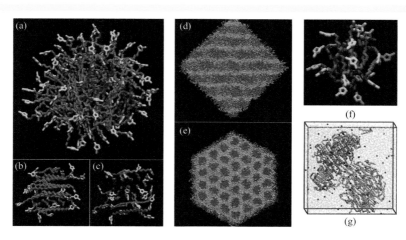

▶ 图 2-29　[C$_{16}$mim]Br 在水溶液中形成的类球形大聚集体（a）和似晶体的小聚集体 [（b）、（c）]；水质量分数 37% 时的 [C$_{10}$mim]Br 用 CGMD 模拟得到的六角孔形态 [（d）、（e）]；双咪唑离子液体 [C$_3$(C$_{10}$mim)$_2$][Br$_2$] 在水溶液中的交联聚集体（f）；羟基功能化离子液体 [HOC$_n$C$_{10}$mim]Br 在水溶液中的薄膜聚集体（g）

咪唑阳离子 [C₃(C₁₀mim)₂][Br₂] 的水溶液中出现交联状的聚集体。Palchowdhury 和 Bhargava 则进一步模拟了 [Cₙ(C₁mim)₂][Br₂] 水溶液，设定咪唑环外侧为甲基，研究两个环中间距碳原子长短的影响[105]，发现只有 $n>3$ 才能形成聚集体，其形态为从中心联结碳原子折叠并与其他阳离子的碳形成非极性内核，使两个咪唑环均在聚集体外侧 [图 2-29（f）]。而他们对羟基功能化离子液体 [HOCₙC₁₀mim]Br 在水中的聚集通过 MD 模拟研究[110]，发现 $n=10$ 时出现了与众不同的薄膜状聚集体 [图 2-29（g）]，其中交错的阳离子烷基链间的色散作用，以及羟基氧与咪唑环上氢之间的氢键对聚集体共同起到稳定作用。Serva 等[111]也通过 MD 模拟重点研究了 [Cₙ(C₁mim)₂][Br₂] 水溶液中的氢键网络，发现 n 增加会降低阴离子在阳离子周围的有序程度，因为在短桥接烷基链（$n=2, 3, 4$）体系中他们观察到了 Br 与两个咪唑环上氢原子共同作用的结构，当 $n>6$ 以后，因为烷基链的结构调整形成憎水区域，而咪唑环也倾向于形成 π-π 堆叠。

Liu 在 Zhang 小组的工作[112,113]进一步扩展了 [Cₙmim]Br 在水溶液聚集形态的研究。他们利用联合原子力场对包含 25 万个原子的大体系 [C₁₂mim]Br 水溶液开展 MD 模拟[112]，在几纳秒内自发形成了多分散的棒状胶束结构 [图 2-30（a）]，并经几十纳秒模拟仍能够稳定存在，其内部为非极性烷基链，外部为咪唑环和阴离子，大小约 100 ～ 150 个离子。模拟对应的浓度为 0.49 mol/L，非常好地契合了 TEM 实验中在 0.27 ～ 0.7 mol/L 观测到的非球形聚集体[114]。其后他们又模拟了 $n=10$ ～ 14 三种浓度的 [Cₙmim]Br 水溶液并成功发现新型的单层囊泡[113] [图 2-30（b）、（c）]，该囊泡为球形，中心有半径约 2 nm 的水核，外围由离子液体自组织形成的类生物磷脂膜所包裹，总半径可达 7 nm。

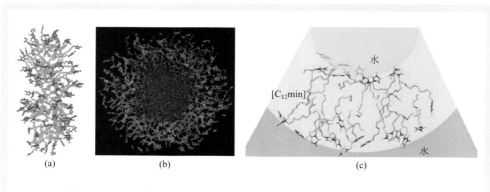

▶ 图 2-30 （a）水溶液中通过 MD 模拟自发形成的 [C₁₂mim]Br 棒状胶束；（b）[C₁₂mim]Br 在水中自发形成的大型单层囊泡；（c）囊泡的结构组成示意图

Migliorati 等[115]用 X 衍射结合 MD 模拟研究了质子型离子液体乙基氯化铵（EAC）与水的稀溶液的微观结构，发现氯离子的溶剂化层平均含有 4.5 个水分子和两个阳离子，其中一至两个水分子起桥接阴阳离子的作用，他们称此类结构为溶剂共享离子对（solvent-shared ion pairs），是离子液体在水溶液中的主要存在状态，虽然即使很稀的溶液（1：200）中仍然有真正的离子对存在。随着铵离子上烷基链增长，水分子更倾向于团聚，使得氯离子周围的水分子达到 7 个，同时由于烷基间的色散作用也发生阳离子间的自聚[116～118]。

三、离子液体－其他分子体系

醇类在某种程度上可视为水的一个氢原子被烷基取代后的同系物，但由于只有一个氢键给体，而随着烷基链的增长形成非极性区，其与离子液体混合后的性质与水溶液区别很大，目前研究较多的是具有直链烷烃的伯醇。早在 2002 年 Lynden-Bell 小组[77]就通过 MD 模拟比较了几种不同极性和缔合能力的溶质在离子液体 [C$_1$mim]Cl 溶解的结构，其中发现甲醇虽然也与 Cl 形成很强的氢键，但其主要分布在咪唑环的 H2 区域，不像水分布在 H4/H5 区域。Lopes 等[119]对水、甲醇、乙腈和正己烷四种物质作为溶质在 [C$_6$mim][PF$_6$] 中进行模拟，主要通过 RDF 开展了更细致的分析，认为溶质的性质与离子液体中形成的极性和非极性区域之间产生的复杂作用，有助于拓展离子液体的应用。Morrow 和 Maginn 则模拟了正丁醇和四种离子液体的混合体系，发现即使摩尔分数为 4% 的离子液体在正丁醇中也不能充分溶解，其以离子对形式存在。他们还借助 RDF 讨论了其局部浓度和出现 UCST 的机理。

Raabe 和 Koehler[120] 通过 MD 模拟研究了 [C$_n$mim]Cl 与乙醇和正丙醇的混合物，发现其过量焓均呈现负偏差，其原因在于醇羟基与阴离子和醇羟基之间都能形成很强的氢键，而与水分子不同，在高浓度醇条件下，醇没有自聚倾向，离子液体的纳微结构对醇分子能够更好地接纳。碳链增长会促使阴离子和醇羟基均在阳离子头部聚集，同时也推进其尾部的非极性聚集，导致分相。Jahangiri 等通过模拟比较了醇类在亲水性不同的 [PF$_6$]$^-$ 和 Cl$^-$ 离子液体中的 RDF 和 PMF 等性质，发现不同组分间相互作用的顺序是：甲醇 -Cl$^-$ > 甲醇 - 甲醇 > 甲醇 -[PF$_6$]$^-$，这导致了二者过量焓的差异。

Mendez-Morales 等也模拟了甲醇和乙醇在 [PF$_6$]$^-$、[BF$_4$]$^-$ 和 Cl$^-$ 与 [C$_6$mim]$^+$ 组成的离子液体中的微观结构[121] 和动力学性质[122]，发现混合的主要推动力是醇类与阴离子间的氢键作用，其强弱顺序与亲水程度完全一致：Cl$^-$ >[BF$_4$]$^-$ >[PF$_6$]$^-$，但对于 Cl$^-$ 他们没有像在之前水溶液的模拟[86] 中发现非极性区域的自聚，也没有发现醇类之间的自聚。在高浓度醇的 [C$_6$mim][PF$_6$] 中发现了醇分子的自聚，但其大小比对应的水分子自聚小。虽然随着这些分子的加入，都会逐渐破坏离子液体的极性网络结构直至其溶解在水或醇中，但他们在整个浓度范围没有观测到醇类的较大团簇，因此他们认为醇类在离子液体中分散得更好；离子液体最后的溶解状态在水和甲醇中主要是离子，而在乙醇中为离子对。另外，醇类纯流体中分子间的取向相关在加入少量离子液体时即被破坏。

Ludwig 小组[123]则结合中红外的 FTIR、DFT 量化计算和 MD 模拟研究了更憎水的离子液体 [Emim][NTf$_2$] 与甲醇全浓度范围的混合物，发现甲醇羟基主要与阴离子上的四个 S=O 基团发生作用，但其强度弱于甲醇与甲醇，与阴离子形成氢键的甲醇数量在其摩尔分数达到 0.8 时达到极大值，此后甲醇自聚为团簇的情形成为主流。他们还用甲醇团簇的 DFT 计算得到的频率，结合 MD 得到的团簇分布进行加权，在低浓度甲醇区非常好地重现了实验上测得的 FTIR 光谱。

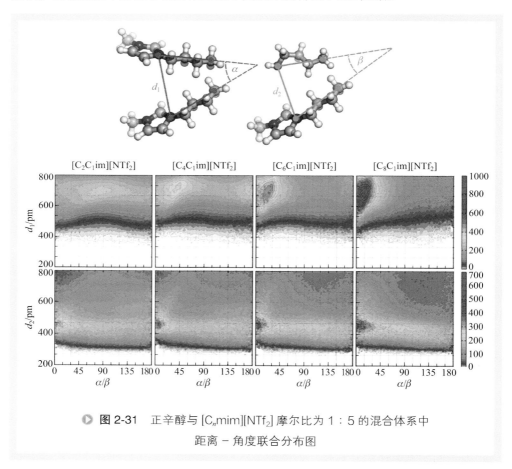

图 2-31 正辛醇与 [C$_n$mim][NTf$_2$] 摩尔比为 1：5 的混合体系中
距离 − 角度联合分布图

Kirchner 小组[124]用 MD 模拟研究了较长链的正丁醇和正辛醇与离子液体 [C$_n$mim][NTf$_2$] 的摩尔比为 1：5 的混合体系，通过 RDF、SDF、取向分布和区域分析（domain analysis）研究醇对离子液体微观结构的影响。发现醇羟基总是出现在极性区域，而其侧链烷基在短链阳离子的离子液体中更容易发生自聚，当阳离子上烷基链增长时，其倾向于分散到阳离子的非极性区域而非自聚。这一图像为定量的区域分析结果所证实：离子液体的极性区形成一个联通的网络（分布数为1），而醇羟基则基本分散在此网络节点附近而没有互相联通。非极性基团的分布与阳离子上烷基链长度密切相关，其中阳离子的非极性区域分布数目随着碳原子数目的增加而迅速下降，$n=12$ 时接近全部联通；而醇上烷基分布的区域数正好相反，并且正辛醇的区域数明显少于正丁醇，但变化更显著。为了获得更细致的微观结构，他们还研究了两种烷基链的距离 - 取向的二维分布，如图 2-31 所示，随着阳离子上烷基链碳原子数的增长，邻近阳离子的烷基链越来越接近平行，说明形成了类胶束结构，醇上的烷基链同样也倾向于与其平行分布。

质子型的烷基铵类离子液体则与上述咪唑类差异很大，如 EAN 与醇类体系，Jiang 等[125] 首先通过散射实验发现在离子液体低浓度区，并且醇类链长超过阳离子一倍时，其结构因子在极低的 q 区（$q < 1$ nm^{-1}）出现额外的散射峰（low q excess，LqE），意味着溶液有强烈的分相倾向。Docampo-Alvarez 等[126] 用 MD 模拟了 EAN 与水、甲醇和乙醇的混合体系，发现这些溶剂在 EAN 中都未发生自聚，因为阳离子也是很强的极性中心。在醇类溶剂中，EAN 阴阳离子极性中心（头部）以及阴离子和阳离子上的烷基（尾部）的 RDF 都出现了很高的峰，说明其发生了明显的自聚。Russina 等[127] 用 MD 模拟结合 X 射线和中子散射研究了 EAN 和甲醇混合体系，也发现铵离子和硝酸根离子在大量甲醇环境中强烈的相互作用，当 EAN 摩尔分数从 0.3 降至 0.14 时，溶液中最大阴阳离子团簇的大小从 25 增加到 100 以上。

另外一种重要的极性溶剂是乙腈，Wu 等[128] 用 MD 模拟了 [C$_4$mim][BF$_4$]，发现在离子液体摩尔分数 0.3 附近时，乙腈分子间的有序分布有所增强，他们认为这是该混合体系非理想性的重要来源。Voth 小组[129] 模拟了 [C$_5$mim][NTf$_2$] 与乙腈的混合物，发现在热力学上表现出接近理想的混合，各组分间的 RDF 也没有随浓度大幅改变；整个浓度范围均未发现乙腈分子的自聚，乙腈在离子液体的分布却具有相当的有序性，即甲基和氰基分布在非极性和极性网络侧，起到桥接两个区域的作用。

对于质子型离子液体，Mariani 等[130] 通过 MD 模拟 EAN 和乙腈的混合物，发现 EAN 中阴阳离子间的相互作用明显强于其各自与乙腈的相互作用，特别是摩尔分数小于 0.2 时，其 RDF 的峰发生急剧变化，同时 EAN 的偏摩尔体积在此区域出现极小值，从纯 EAN 的约 90cm^3/mol 降低到约 80cm^3/mol，说明乙腈的存在挤压了阴阳离子使其变得更紧密，有强烈的聚集和分相倾向。模拟计算得到的结构因子在这个区域也出现了 LqE，并得到 X 射线实验的证实，他们认为这可能是 EAN 类离子液体与亲和度不高的溶剂混合时的常见特性。Campetella 等[131] 则模拟 PAN 和乙腈的混合物，发现了类似的 LqE 特征，加入乙腈并没有显著破坏 PAN 中的极性网络，乙腈主要与阳离子发生作用，但其弱于阴阳离子间的作用。

在典型的化工过程如分离和反应中，界面的重要性不言而喻，而离子液体应用的重要领域，如金属沉积、电化学介质以及润滑等，界面上原子层次的纳微结构也都至关重要。研究界面的实验手段主要有 X 射线反射谱（X-ray reflectivity, XRR）、原子力显微镜（atomic force microscopy, AFM）、和频振动谱（sum-frequency generation, SFG）、X 射线光电子能谱（X-ray photoelectron spectroscopy, XPS）、表面力测定（surface force apparatus, SFA）等。对于模拟，也因为位于界面上的原子身处两种不同的微环境，因此在开展分子模拟研究时更需要注重细节，如截断和长程校正策略及尺寸效应等。本节仍然以模拟方法的研究为主，分别介绍离子液体与真空、气体或其他非互溶溶剂形成的气液和液液界面以及与固体表面形成的固液界面。

一、气液/液液界面

气液界面最重要的表征是沿法线方向的密度分布（density profile），进一步则可计算出电子密度分布（electron density profile, EDP），而后者可以通过 XRR 实验测得[132]。Bhargava 和 Balasubramanian[133] 通过全原子力场模拟了 [C$_4$mim][PF$_6$] 离子液体的真空界面，发现阴阳离子的密度在表面聚集，并交替震荡向体相传导，导致表面的电子密度较体相高出 12%，与 XRR 实验符合非常好。咪唑环上的丁基倾向于沿法线方向指向真空区域，密度最大处的咪唑环倾向于平行法向分布，而最外侧的少量咪唑环则平行于界面。

Voth 小组[134] 比较了极化和非极化力场对 [Emim][NO$_3$] 真空界面的模拟结果，发现采用前者得到的表面张力较后者小 30% 且更接近实验值，但二者模拟得到的微观结构基本一致，其中咪唑环倾向于平行于界面，与 SFG 实验一致。接下来他们又用 CG 力场模拟了[135] 不同长度烷基链对真空界面的影响，随着烷基侧链增长，界面处的密度震荡越来越剧烈并传导到体相完成从单层到多层结构的演化，而烷基链总是沿法线方向向外伸出，导致表面张力下降，当 n=10 时稳定在 60 mN/m 左右。这种因为真空界面诱导形成层状结构的现象，最近由 Margulis 小组[136] 在全原子模拟 [C$_8$mim][C$_8$SO$_4$] 中发现（图 2-32）。他们使用了相对较大的体系（1000 个离子对），该离子液体的体相呈典型的海绵状双连续微相结构，当去掉一个方向的周期性边界条件形成真空界面以后，体系自发演变为约 9 nm 的层状结构，并维持 100 ns 稳定存在。

Paredes 等[137] 则针对同一阳离子的离子液体 [Emim][C$_n$SO$_4$]，研究了阴离子上不同长度烷基链的影响。与前述结果类似，烷基链向外指向真空，咪唑环平行于界

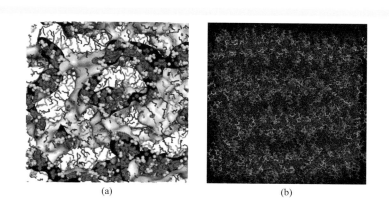

(a)   (b)

📍 图 2-32　真空界面诱导离子液体 [C$_8$mim][C$_8$SO$_4$] 由体相海绵状结构
（a）到层状结构（b）的转变

面。通过二维 RDF 显示界面处阴阳离子间的有序性增强，而 Pensado 等 [138] 模拟发现咪唑阳离子经羟基功能化后会削弱这种界面增强。

Sarangi 等 [139] 模拟了真空中包含 600 个 [C$_4$mim][PF$_6$] 离子对的球形离子簇，如图 2-33（a）所示，其直径约为 5.7nm；图 2-33（b）显示了分别以阳离子环、阴离子和阳离子丁基为中心的数密度曲线，可以看出，阳离子中的丁基链伸向表面的外部，说明其表面一般是疏水性的，而在表面处，阴阳离子的分布也表现出比体系更明显的差别，阳离子聚集在表面处，而阴离子分布比较分散。

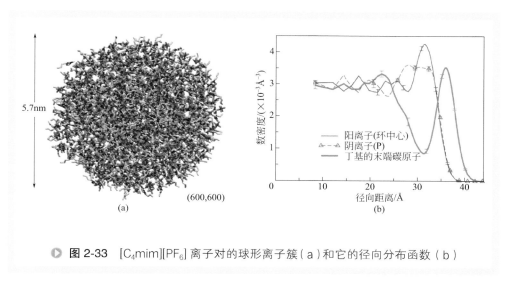

📍 图 2-33　[C$_4$mim][PF$_6$] 离子对的球形离子簇（a）和它的径向分布函数（b）

上述模拟说明具有长烷基链的离子液体与表面活性剂非常相似，Filipe 等 [140] 模

拟了 [C₁₈mim][NTf₂] 在水表面形成的 Langmuir 膜。如图 2-34 所示，当离子液体浓度较低，即如每离子对占用面积为 1.42 nm² 时，虽然离子对展开的面积约为 2.1 nm²，却未能铺满表面，因为只有咪唑环和阴离子与水发生接触，而烷基链均指向真空，导致阴阳离子间明显聚团后漂浮在水中。当每离子对占用面积达到 0.62 nm²，恰好能

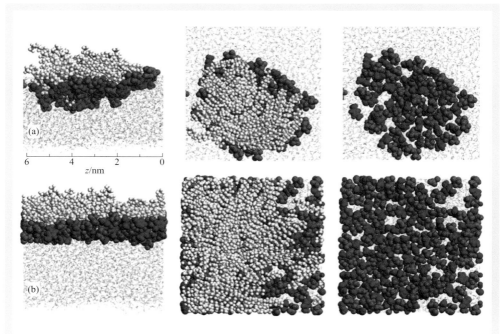

▶ 图 2-34　离子液体 [C₁₈mim][NTf₂] 在水表面形成 Langmuir 膜的结构

图（a）和图（b）对应不同的占用表面积，分别为每离子对 1.42 nm² 和 0.62 nm²

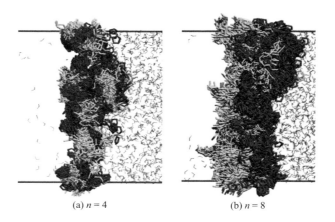

(a) $n = 4$　　　　　　　　(b) $n = 8$

▶ 图 2-35　水与 [Cₙmim][PF₆] 形成的界面上阳离子的取向

黄色为烷基链，蓝色为咪唑环

够铺满表面时，仍然是离子液体的极性部分与水接触，将烷基链与水隔离，有趣的是烷基链并未能完全覆盖咪唑环和阴离子形成的极性层，直到离子液体浓度增加至 0.48 nm² 时，才形成被压缩的致密单层 Langmuir 膜。如果浓度进一步增加则开始形成多层结构。这些模拟结果与实验上测得的表面压和压缩模量的值符合非常好。

最常见的液液界面在水与不互溶离子液体之间形成，决定了萃取过程的效率。Wipff 小组分别对憎水性的 $[C_nmim][PF_6]$（n=4, 8）[141] 和 $[C_4mim][NTf_2]$ [142] 和水形成的界面开展模拟研究。他们在缩放离子总电荷到 0.9 以后成功通过 MD 模拟实现了其混合和分离（mix-demix），着重研究了界面的形态，如图 2-35 所示，对烷基链较长的 $[C_8mim]^+$，阴离子和阳离子的咪唑环（带电的头部）都倾向于聚集在水相，而烷基链倾向于留在离子液体侧；而对于较短的 $[C_4mim]^+$，其烷基则没有明显的取向。

Frost 和 Dai 等[143] 模拟了纳米粒子在离子液体 - 水（IL-water）以及离子液体 - 正己烷（IL-oil）界面处的分布。他们采用了两种模型化纳米粒子，分别是非极性的类烃（NP）和极性羟基化二氧化硅（P），其经 20ns 平衡后的密度分布如图 2-36 所示，很明显，非极性纳米粒子在 IL-water 体系都聚集在界面处的 IL 侧，在 IL-oil 体系则聚集在界面的正己烷侧；而极性纳米粒子在 IL-water 体系完全分布在水中，在 IL-oil 体系则聚集在界面处的 IL 侧。对此分布规律他们通过进一步计算 PMF 获得定量描述。这一模拟结果说明针对不同特性的纳米粒子，可以通过调控离子液体

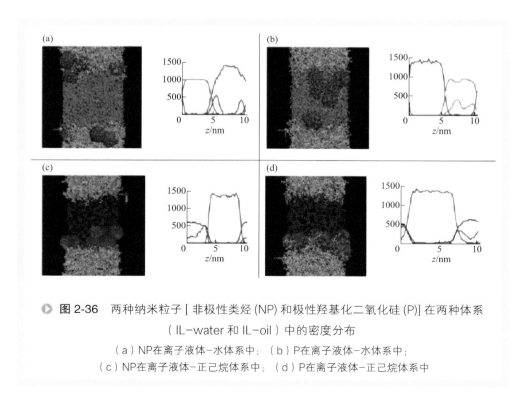

▶ **图 2-36** 两种纳米粒子 [非极性类烃 (NP) 和极性羟基化二氧化硅 (P)] 在两种体系
（IL-water 和 IL-oil）中的密度分布

（a）NP在离子液体−水体系中；（b）P在离子液体−水体系中；
（c）NP在离子液体−正己烷体系中；（d）P在离子液体−正己烷体系中

和其他溶剂的亲和性控制传质的方向。

二、固液界面

离子液体与固体接触时，位于界面处离子受到的作用力与体相非常不同，极大地影响其微观结构和动力学行为，其基本特征是原子密度和电荷密度都会形成明显分层，呈阴阳离子交错的震荡分布，并沿界面法线方向逐渐衰减，经过数个分子层才达到体相的特征。由于固体表面形态各异，其表面原子构成、粗糙度、带电与否等与离子液体中的长程静电、短程范德华以及方向性氢键作用可以形成非常复杂的耦合效应，导致不同研究所得的结论也不尽一致，因此本小节仅列举几个能够体现其固液界面基本特性的例子，有兴趣的读者请参考相关综述和其中所引文献[19,22]。

图 2-37 显示了不同离子液体在不同固体表面法线方向形成的多层震荡结构[144]，两种不同的实验方法 AFM 和 SFA 测得的表面力与距离的关系都明显体现出分层的特性，

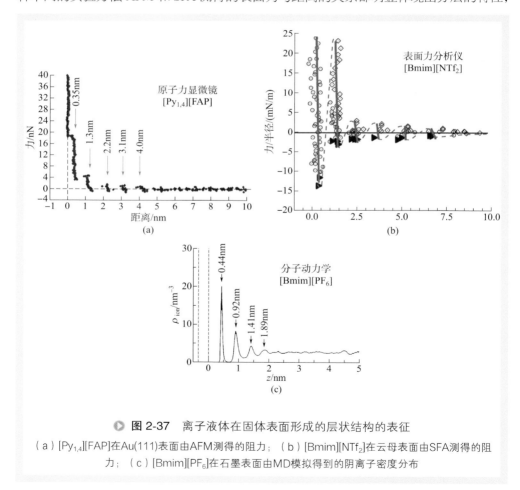

● **图 2-37** 离子液体在固体表面形成的层状结构的表征

（a）[Py$_{1,4}$][FAP]在Au(111)表面由AFM测得的阻力；（b）[Bmim][NTf$_2$]在云母表面由SFA测得的阻力；（c）[Bmim][PF$_6$]在石墨表面由MD模拟得到的阴离子密度分布

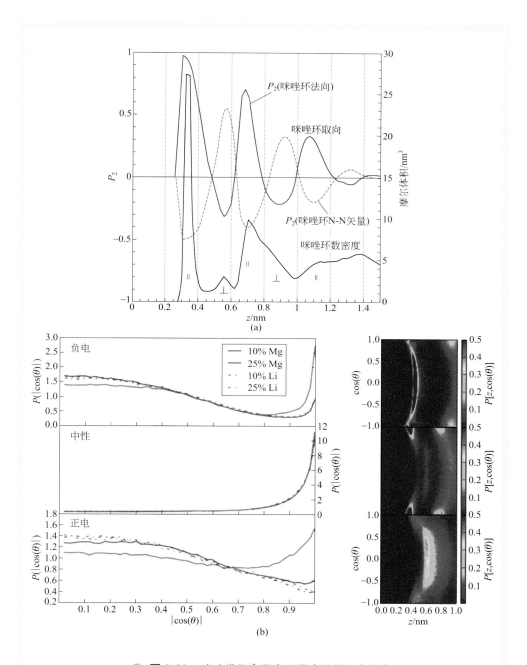

图 2-38 咪唑类阳离子在石墨表面的取向分布

（a）[C₁mim]Cl在中性石墨表面，二阶勒让德函数$P_2(\cos\theta)=1/2(\cos^2\theta-1)$随表面距离的变化关系；

（b）掺杂Li⁺/Mg²⁺的[Bmim][BF₄]在带电石墨表面归一化后的|cos θ|概率分布

θ定义为咪唑环上指定矢量（法线与N-N矢量）与表面法向的夹角

而各层间距与离子的尺寸密切相关，其原因正是 MD 模拟结果所显示的离子分层分布。

离子在最靠近表面的一层数密度最高，往往超过体相的 5 倍以上，非球形离子会形成取向分布以形成更密堆积。这虽然可以通过 SFG 和频谱间接推断，但通过分子模拟则可以获得十分详尽的信息，体现出模拟的优势。如图 2-38（a）[145]中显示了咪唑环法向以及 N-N 矢量与表面法向间夹角的分布，可见咪唑环倾向于平行于石墨表面，而这一结果会因为表面带电以及掺杂金属离子（Li^+/Mg^{2+}）而发生变化。如图 2-38（b）[146]中的角度 - 距离二维分布清楚地表明，不论石墨带负电或正电，阳离子与表面之间不仅发生距离的变化，其平行表面的分布也明显减少，逐渐倾向于垂直表面分布；而当掺杂 Mg^{2+} 超过 25% 时，又会增加平行分布的概率。

这些离子密度和取向分布随表面电荷的变化影响双电层的结构，对超级电容的性能影响巨大。图 2-39 中显示了阴离子分布随石墨表面正电荷增加的演化过程[147]。当表面电荷达到 σ_{max} 时，阴离子在第一层已经对其完全覆盖，继续增加电荷无法吸附更多阴离子，据此可定义表征电荷多寡的比值 $k=\sigma/\sigma_{max}$；根据计算的二维结构因子 $S(k)$ 的极大值，可见在 $k= 0.44 \sim 0.5$ 处开始，意味着出现了吸附量变化引致的二维

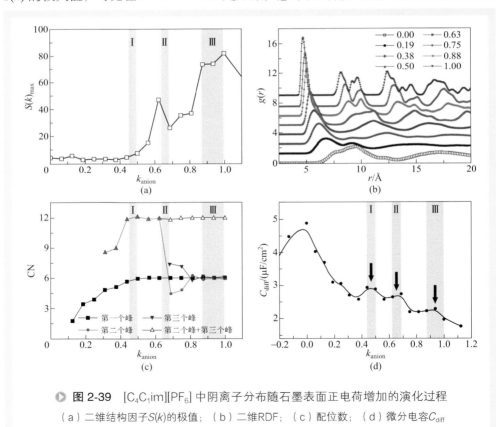

图 2-39 $[C_4C_1im][PF_6]$ 中阴离子分布随石墨表面正电荷增加的演化过程

（a）二维结构因子$S(k)$的极值；（b）二维RDF；（c）配位数；（d）微分电容C_{diff}

k_{anion}为阴离子覆盖率的表征，$k=1$代表阴离子的最大覆盖率

相变，而其在 $k=0.63 \sim 0.69$ 和 $0.88 \sim 1.00$ 出现的极值也意味着结构的变化：前者为 RDF 的第二个峰出现分裂，对应配位数因此出现第三层；后者为分裂的峰逐渐稳定，趋近于完美的二维晶体结构。值得注意的是，上述结构转变正好对应了微分电

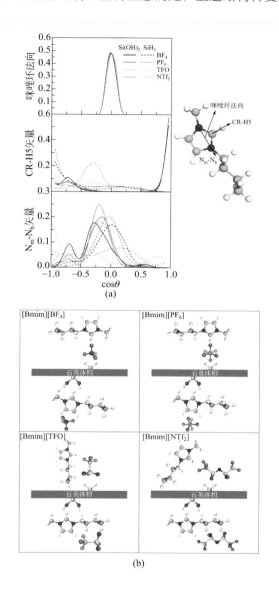

(a)

(b)

▶ 图 2-40 模拟得到的几种离子液体中咪唑阳离子在两种石英

表面 [Si(OH)₂ 羟基化和 SiH₂ 质子化] 的取向分布

（a）矢量定义及其与表面法线夹角的分布；（b）表面取向分布示意图，

各小图上为 SiH₂ 表面，下为 Si(OH)₂ 表面

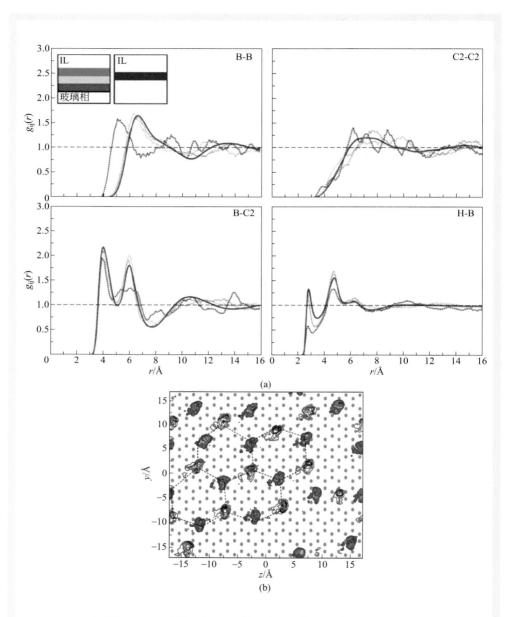

图 2-41 （a）[(OH)C$_2$C$_1$im][BF$_4$] 在距离云母表面不同位置处
（每 0.5nm 一层，蓝色为用于对照的体相）的二维 TRDF；
（b）[C$_4$C$_1$im][PF$_6$] 在石墨表面阴阳离子密度分布等高线，
灰色小圈代表表面碳原子，彩色和黑色等高线分别代表
阴离子和阳离子咪唑环的分布

容的几个极值点，说明在微观层次上研究分层结构对于理解其宏观机理非常有用。

不同表面离子的结构和分布也有所不同，如图 2-40 所示[148]，咪唑阳离子在石英表面最优势的取向为垂直于表面，这与 SFG 推测的 45° ～ 90° 相一致，但对不同阴离子，在不同的表面上，其垂直的方式大不相同。对于羟基化表面，由于其能与阳离子的 H5 形成氢键，使 CR-H5 垂直而 N-N 平行于表面。对于质子化表面，则优先吸附阴离子，因此阳离子的取向决定于阴离子的大小和形状，对于较小的对称性阴离子 [BF$_4$]$^-$ 和 [PF$_6$]$^-$，阳离子取向分布与羟基化表面非常类似；而 [TFO]$^-$ 中 N-N 矢量与表面法线夹角小于 25°，而 CR-H5 几乎随机分布；对于更大的 [NTf$_2$]$^-$，CR-H5 出现一个与指向表面偏离约 17° 的分布。类似的，分子模拟还可以统计出阳离子烷基链以及阴离子在表面的取向分布，这些分布为离子液体在固体表面各种功能实现机理的研究提供了重要的参考。

除了取向分布，距离表面不同位置的离子在与表面平行的二维平面上也可能形成有序分布。如 Lopes 等[149] 将距离云母表面 1.5 nm 的区域划分为三层 [图 2-41（a）]，分别计算了其二维的径向分布函数（tangential radial distribution functions, TRDF），可见最靠近表面的一层的分布与体相有显著区别，对于阴离子其差异尤其明显，这些分布会进一步导致电荷空间分布的差异，从而影响其充放电性能。而 Kislenko 等[150] 则绘制了表面密度分布的等高线 [图 2-41（b）]，表明阴阳离子在固体表面的吸附决定于表面的原子结构，该图显示阴阳离子在石墨表面被局域化，形成了有缺陷的二维六边形晶格，其尺寸大约为石墨碳原子晶格的四倍。

Yokota 等[151] 设计了一个由富勒烯规则排列形成的表面，发现离子液体的分布与类石墨的平面表面差别巨大，如图 2-42 所示，阴阳离子依次分布在由富勒烯之间形成的空位上，形成十分有序的二维晶体化结构。这表明表面粗糙度的重要引导

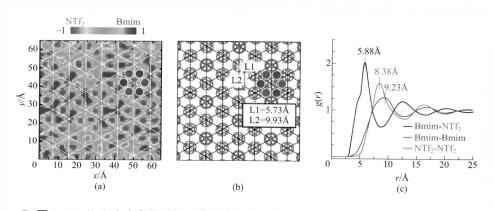

▶ **图 2-42** （a）在由富勒烯规则排列成的表面（6.5nm×6.5 nm）上 [Bmim][NTf$_2$] 的平均密度分布；（b）表面富勒烯的结构和阴阳离子位置示意图；（c）[Bmim][NTf$_2$] 体相模拟的径向分布函数

作用，与体相阴阳离子间距比较发现，表面形成结构中不同种电荷离子的间距更近，而同种电荷的间距更远，因此能量更低，促成了该结构的形成。这一模拟结果说明能够通过固体的表面结构来调控离子液体在其上吸附的形态。

第六节 总结与展望

综上所述，离子液体由于内生的双亲性，存在阴阳离子和非极性烷基链这两种基本单元，且因为活泼氢原子带来的颇具特色的氢键作用，以及远较普通溶剂强烈的极化效应，最终在这类溶剂中形成了可调控的微相环境，会强烈地影响其他分子在其中的形态和分布，在强化化工反应分离和材料导向合成中都具有十分重要的应用前景。而分子模拟作为一种日益成熟的科学手段，不仅能够从准确的分子力场预测如密度、能量、黏度等与宏观性质对应的系综平均性质，还能够直接获得详尽的微观结构信息，以及分子体系随时间演化的动力学性质，必将与红外光谱、NMR、X 射线衍射等诸多实验表征手段一起，为深入研究离子液体结构 - 功能之间的内在联系打下坚实的基础。

限于笔者水平，本章只是对离子液体相关体系纳微结构在模拟方面的研究做了一个粗浅回顾。许多重要的研究内容，如动力学异质性、带电表面的双电层结构、限制空间中的离子液体以及生物分子在离子液体中的结构等等，在本节中暂未涉及，希望读者见谅。

参考文献

[1] Allen M P, Tildesley D J. OUP Oxford: Computer Simulation of Liquids: Second Edition, 2017.

[2] Frenkel D, Smit B. Understanding Molecular Simulation: From Algorithms to Applications. Elsevier Science, 2001.

[3] Zahn S, MacFarlane D R, Izgorodina E I. Phys Chem Chem Phys, 2013, 15: 13664-13675.

[4] Liu Z P, Huang S P, Wang W C. Journal of Physical Chemistry B, 2004, 108: 12978-12989.

[5] Liu X, Zhang S, Zhou G, Wu G, Yuan X, Yao X. Journal of Physical Chemistry B, 2006, 110: 12062-12071.

[6] Zhong X, Fan Z, Liu Z, Cao D. J Phys Chem B, 2012, 116: 3249-3263.

[7] Lopes J N C, Deschamps J, Padua A A H. Journal of Physical Chemistry B, 2004, 108: 2038-2047.

[8] Mondal A, Balasubramanian S. J Phys Chem B, 2015, 119: 11041-11051.

[9] Doherty B, Zhong X, Gathiaka S, Li B, Acevedo O. J Chem Theory Comput, 2017, 13: 6131-6145.

[10] Yan T Y, Burnham C J, Del Popolo M G, Voth G A. Journal of Physical Chemistry B, 2004, 108: 11877-11881.

[11] Borodin O. Journal of Physical Chemistry B, 2009, 113: 11463-11478.

[12] Salanne M. Phys Chem Chem Phys, 2015, 17: 14270-14279.

[13] Choi E, McDaniel J G, Schmidt J R, Yethiraj A. Journal of Physical Chemistry Letters, 2014, 5: 2670-2674.

[14] McDaniel J G, Son C Y, Yethiraj A. Journal of Physical Chemistry B, 2018, 122: 4101-4114.

[15] Wang Y T, Izvekov S, Yan T Y, Voth G A. Journal of Physical Chemistry B, 2006, 110: 3564-3575.

[16] Wang Y L, Lyubartsev A, Lu Z Y, Laaksonen A. Phys Chem Chem Phys, 2013, 15: 7701-7712.

[17] Moradzadeh A, Motevaselian M H, Mashayak S Y, Aluru N R. Journal of Chemical Theory and Computation, 2018.

[18] Uhlig F, Zeman J, Smiatek J, Holm C. Journal of Chemical Theory and Computation, 2018, 14: 1471-1486.

[19] Hayes R, Warr G G, Atkin R. Chem Rev, 2015, 115: 6357-6426.

[20] Dong K, Zhang S, Wang Q. Sci China-Chem, 2015, 58: 495-500.

[21] 董坤. 离子液体氢键及其对物化性质的影响. 北京: 中国科学院过程工程研究所, 2013.

[22] Dong K, Liu X, Dong H, Zhang X, Zhang S. Chem Rev, 2017, 117: 6636-6695.

[23] Chen S, Zhang S, Liu X, Wang J, Wang J, Dong K, Sun J, Xu B. Phys Chem Chem Phys, 2014, 16: 5893-5906.

[24] Hunt P A, Ashworth C R, Matthews R P. Chem Soc Rev, 2015, 44: 1257-1288.

[25] Wulf A, Fumino K, Ludwig R. Angew Chem Int Edit, 2010, 49: 449-453.

[26] Dong K, Zhang S J, Wang J J. Chem Commun, 2016, 52: 6744-6764.

[27] Stange P, Fumino K, Ludwig R. Angew Chem Int Edit, 2013, 52: 2990-2994.

[28] Matthews R P, Welton T, Hunt P A. Phys Chem Chem Phys, 2015, 17: 14437-14453.

[29] Izgorodina E I, MacFarlane D R. J Phys Chem B, 2011, 115: 14659-14667.

[30] Yu G G, Zhang S J. Fluid Phase Equilib, 2007, 255: 86-92.

[31] Fedorova I V, Krestyaninov M A, Safonova L P. J Phys Chem A, 2017, 121: 7675-7683.

[32] Cremer T, Kolbeck C, Lovelock K R J, Paape N, Wolfel R, Schulz P S, Wasserscheid P, Weber H, Thar J, Kirchner B, Maier F, Steinruck H P. Chem Eur J, 2010, 16: 9018-9033.

[33] Dymek C J, Grossie D A, Albert V F, Adams W W. J Mol Struct, 1989, 213: 25-34.

[34] Fumino K, Wulf A, Ludwig R. Angew Chem Int Edit, 2009, 48: 3184-3186.

[35] Yu G R, Zhang S J, Zhou G H, Liu X M, Chen X C. AIChE J, 2007, 53: 3210-3221.

[36] Zhou G H, Liu X M, Zhang S J, Yu G G, He H Y. J Phys Chem B, 2007, 111: 7078-7084.

[37] Weingartner H, Knocks A, Schrader W, Kaatze U. J Phys Chem A, 2001, 105: 8646-8650.

[38] Gebbie M A, Dobbs H A, Valtiner M, Israelachvili J N. Proc Natl Acad Sci, 2015, 112: 7432-7437.

[39] Daguenet C, Dyson P J, Krossing I, Oleinikova A, Slattery J, Wakai C, Weingartner H. J Phys Chem B, 2006, 110: 12682-12688.

[40] Lynden-Bell R M. Phys Chem Chem Phys, 2010, 12: 1733-1740.

[41] Doi H, Song X, Minofar B, Kanzaki R, Takamuku T, Umebayashi Y. Chem Eur J, 2013, 19: 11522-11526.

[42] Kennedy D F, Drummond C J. J Phys Chem B, 2009, 113: 5690-5693.

[43] Ludwig R. J Phys Chem B, 2009, 113: 15419-15422.

[44] Lopes J, Padua A A H. Journal of Physical Chemistry B, 2006, 110: 3330-3335.

[45] Urahata S M, Ribeiro M C C. Journal of Chemical Physics, 2004, 120: 1855-1863.

[46] Wang Y T, Voth G A. J Am Chem Soc, 2005, 127: 12192-12193.

[47] Triolo A, Russina O, Fazio B, Triolo R, Di Cola E. Chem Phys Lett, 2008, 457: 362-365.

[48] Russina O, Triolo A, Gontrani L, Caminiti R. J Phys Chem Lett, 2012, 3: 27-33.

[49] Atkin R, Warr G G. J Phys Chem B, 2008, 112: 4164-4166.

[50] Russina O, Triolo A. Faraday Discuss, 2012, 154: 97-109.

[51] Shimizu K, Bernardes C E S, Triolo A, Lopes J N C. Phys Chem Chem Phys, 2013, 15: 16256-16262.

[52] Shen Y, Kennedy D F, Greaves T L, Weerawardena A, Mulder R J, Kirby N, Song G H, Drummond C. J Phys Chem Chem Phys, 2012, 14: 7981-7992.

[53] Hettige J J, Araque J C, Margulis C J. J Phys Chem B, 2014, 118: 12706-12716.

[54] Rauber D, Zhang P, Huch V, Kraus T, Hempelmann R. Phys Chem Chem Phys, 2017, 19: 27251-27258.

[55] Thar J, Brehm M, Seitsonen A P, Kirchner B. J Phys Chem B, 2009, 113: 15129-15132.

[56] Sun J, Han L J, Cheng W G, Wang J Q, Zhang X P, Zhang S J. ChemSusChem, 2011, 4: 502-507.

[57] Swatloski R P, Spear S K, Holbrey J D, Rogers R D. J Am Chem Soc, 2002, 124: 4974-4975.

[58] Cardoso L, Micaelo N M. ChemPhysChem, 2011, 12: 275-277.

[59] Xu G C, Ma X M, Zhang L, Wang Z M, Gao S. Journal of the American Chemical Society, 2010, 132: 9588-9590.

[60] Martins I C B, Gomes J R B, Duarte M T, Mafra L. Crystal Growth & Design, 2017, 17: 428-432.

[61] Niedermeyer H, Hallett J P, Villar-Garcia I J, Hunt P A, Welton T. Chem Soc Rev, 2012, 41:

7780-7802.

[62] Chatel G, Pereira J F B, Debbeti V, Wang H, Rogers R D. Green Chem, 2014, 16: 2051-2083.

[63] Aparicio S, Atilhan M. Journal of Physical Chemistry B, 2012, 116: 2526-2537.

[64] Herrera C, Atilhan M, Aparicio S. Physical Chemistry Chemical Physics, 2018, 20: 10213-10223.

[65] Payal R S, Balasubramanian S. Physical Chemistry Chemical Physics, 2013, 15: 21077-21083.

[66] Matthews R P, Villar-Garcia I J, Weber C C, Griffith J, Cameron F, Hallett J P, Hunt P A, Welton T. Physical Chemistry Chemical Physics, 2016, 18: 8608-8624.

[67] Bruessel M, Brehm M, Voigt T, Kirchner B. Physical Chemistry Chemical Physics, 2011, 13: 13617-13620.

[68] Bruessel M, Brehm M, Pensado A S, Malberg F, Ramzan M, Stark A, Kirchner B. Physical Chemistry Chemical Physics, 2012, 14: 13204-13215.

[69] Shimizu K, Tariq M, Rebelo L P N, Canongia Lopes J N. Journal of Molecular Liquids, 2010, 153: 52-56.

[70] Bruce D W, Cabry C P, Lopes J N C, Costen M L, D'Andrea L, Grillo I, Marshall B C, McKendrick K G, Minton T K, Purcell S M, Rogers S, Slattery J M, Shimizu K, Smoll E, Tesa-Serrate M A. Journal of Physical Chemistry B, 2017, 121: 6002-6020.

[71] Kapoor U, Shah J K. Industrial & Engineering Chemistry Research, 2016, 55: 13132-13146.

[72] Docampo-Alvarez B, Gomez-Gonzalez V, Mendez-Morales T, Rodriguez J R, Lopez-Lago E, Cabeza O, Gallego L J, Varela L M. Physical Chemistry Chemical Physics, 2016, 18: 23932-23943.

[73] Docampo-Alvarez B, Gomez-Gonzalez V, Mendez-Morales T, Rodriguez J R, Cabeza O, Turmine M, Gallego L J, Varela L M. Physical Chemistry Chemical Physics, 2018, 20: 9938-9949.

[74] Russina O, Lo Celso F, Di Michiel M, Passerini S, Appetecchi G B, Castiglione F, Mele A, Caminiti R, Triolo A. Faraday Discussions, 2013, 167: 499-513.

[75] Holloczki O, Macchiagodena M, Weber H, Thomas M, Brehm M, Stark A, Russina O, Triolo A, Kirchner B. Chemphyschem, 2015, 16: 3325-3333.

[76] Seddon K R, Stark A, Torres M J. Pure Appl Chem, 2000, 72: 2275-2287.

[77] Hanke C G, Atamas N A, Lynden-Bell R M. Green Chemistry, 2002, 4: 107-111.

[78] Hanke C G, Lynden-Bell R M. Journal of Physical Chemistry B, 2003, 107: 10873-10878.

[79] Jiang W, Wang Y, Voth G A. Journal of Physical Chemistry B, 2007, 111: 4812-4818.

[80] Feng S, Voth G A. Fluid Phase Equilibria, 2010, 294: 148-156.

[81] Raju S G, Balasubramanian S. Journal of Physical Chemistry B, 2009, 113: 4799-4806.

[82] Annapureddy H V R, Hu Z, Xia J, Margulis C J. Journal of Physical Chemistry B, 2008, 112: 1770-1776.

[83] Kelkar M S, Maginn E J. Journal of Physical Chemistry B, 2007, 111: 4867-4876.

[84] Ramya K R, Kumar P, Kumar A, Venkatnathan A. Journal of Physical Chemistry B, 2014, 118: 8839-8847.

[85] Yee P, Shah J K, Maginn E J. Journal of Physical Chemistry B, 2013, 117: 12556-12566.

[86] Mendez-Morales T, Carrete J, Cabeza O, Gallego L J, Varela L M. Journal of Physical Chemistry B, 2011, 115: 6995-7008.

[87] Bernardes C E S, Minas da Piedade M E, Canongia Lopes J N. Journal of Physical Chemistry B, 2011, 115: 2067-2074.

[88] Leskiv M, Bernardes C E S, Minas da Piedade M E, Canongia Lopes J N. Journal of Physical Chemistry B, 2010, 114: 13179-13188.

[89] Sheridan Q R, Schneider W F, Maginn E J. Journal of Physical Chemistry B, 2016, 120: 12679-12686.

[90] Stevanovic S, Podgorsek A, Padua A A H, Gomes M F C. J Phys Chem B, 2012, 116: 14416-14425.

[91] Quijada-Maldonado E, van der Boogaart S, Lijbers J H, Meindersma G W, de Haan A B. Journal of Chemical Thermodynamics, 2012, 51: 51-58.

[92] Hall C A, Le K A, Rudaz C, Radhi A, Lovell C S, Damion R A, Budtova T, Ries M E. Journal of Physical Chemistry B, 2012, 116: 12810-12818.

[93] Niazi A A, Rabideau B D, Ismail A E. Journal of Physical Chemistry B, 2013, 117: 1378-1388.

[94] Shi W, Damodaran K, Nulwala H B, Luebke D R. Physical Chemistry Chemical Physics, 2012, 14: 15897-15908.

[95] Ghoshdastidar D, Senapati S. Journal of Physical Chemistry B, 2015, 119: 10911-10920.

[96] Ghoshdastidar D, Senapati S. Soft Matter, 2016, 12: 3032-3045.

[97] Zhou J, Liu X, Zhang S, Zhang X, Yu G. AIChE Journal, 2017, 63: 2248-2256.

[98] Hegde G A, Bharadwaj V S, Kinsinger C L, Schutt T C, Pisierra N R, Maupin C M. Journal of Chemical Physics, 2016, 145.

[99] Singh A P, Gardas R L, Senapati S. Physical Chemistry Chemical Physics, 2015, 17: 25037-25048.

[100] Saita S, Kohno Y, Ohno H. Chem Commun, 2013, 49: 93-95.

[101] Zhao Y, Wang H, Pei Y, Liu Z, Wang J. Physical Chemistry Chemical Physics, 2016, 18: 23238-23245.

[102] Bhargava B L, Klein M L. Journal of Physical Chemistry A, 2009, 113: 1898-1904.

[103] Bhargava B L, Klein M L. Journal of Physical Chemistry B, 2009, 113: 9499-9505.

[104] Bhargava B L, Klein M L. Molecular Physics, 2009, 107: 393-401.

[105] Palchowdhury S, Bhargava B L. Physical Chemistry Chemical Physics, 2015, 17: 11627-11637.

[106] Bhargava B L, Klein M L. Journal of Chemical Theory and Computation, 2010, 6: 873-879.

[107] Bhargava B L, Klein M L. Journal of Physical Chemistry B, 2011, 115: 10439-10446.

[108] Bhargava B L, Yasaka Y, Klein M L. Chemical Communications, 2011, 47: 6228-6241.

[109] Bhargava B L, Klein M L. Soft Matter, 2009, 5: 3475-3480.

[110] Palchowdhury S, Bhargava B L. Journal of Physical Chemistry B, 2015, 119: 11815-11824.

[111] Serva A, Migliorati V, Lapi A, Aquilanti G, Arcovito A, D'Angelo P. Physical Chemistry Chemical Physics, 2016, 18: 16544-16554.

[112] Liu X, Zhou G, He H, Zhang X, Wang J, Zhang S. Industrial & Engineering Chemistry Research, 2015, 54: 1681-1688.

[113] Liu X, Zhou G, Huo F, Wang J, Zhang S. Journal of Physical Chemistry C, 2016, 120: 659-667.

[114] Wang H Y, Zhang L M, Wang J J, Li Z Y, Zhang S J. Chem Commun, 2013, 49: 5222-5224.

[115] Migliorati V, Ballirano P, Gontrani L, Triolo A, Caminiti R. Journal of Physical Chemistry B, 2011, 115: 4887-4899.

[116] Migliorati V, Ballirano P, Gontrani L, Russina O, Caminiti R. Journal of Physical Chemistry B, 2011, 115: 11805-11815.

[117] Migliorati V, Ballirano P, Gontrani L, Caminiti R. Journal of Physical Chemistry B, 2012, 116: 2104-2113.

[118] Migliorati V, Ballirano P, Gontrani L, Materazzi S, Ceccacci F, Caminiti R. J Phys Chem B, 2013, 117: 7806-7818.

[119] Lopes J N C, Gomes M F C, Padua A A H. Journal of Physical Chemistry B, 2006, 110: 16816-16818.

[120] Raabe G, Koehler J. Journal of Chemical Physics, 2008, 129.

[121] Mendez-Morales T, Carrete J, Cabeza O, Gallego L J, Varela L M. Journal of Physical Chemistry B, 2011, 115: 11170-11182.

[122] Mendez-Morales T, Carrete J, Garcia M, Cabeza O, Gallego L J, Varela L M. Journal of Physical Chemistry B, 2011, 115: 15313-15322.

[123] Roth C, Appelhagen A, Jobst N, Ludwig R. Chemphyschem, 2012, 13: 1708-1717.

[124] Elfgen R, Holloczki O, Kirchner B. Accounts of Chemical Research, 2017, 50: 2949-2957.

[125] Jiang H J, FitzGerald P A, Dolan A, Atkin R, Warr G G. J Phys Chem B, 2014, 118, 9983-9990.

[126] Docampo-Alvarez B, Gomez-Gonzalez V, Mendez-Morales T, Carrete J, Rodriguez J R,

Cabeza O, Gallego L J, Varela L M. Journal of Chemical Physics, 2014, 140.

[127] Russina O, Sferrazza A, Caminiti R, Triolo A. J Phys Chem Lett, 2014, 5: 1738-1742.

[128] Wu X P, Liu Z P, Huang S P, Wang W C. Physical Chemistry Chemical Physics, 2005, 7: 2771-2779.

[129] Bardak F, Xiao D, Hines L G Jr, Son P, Bartsch R A, Quitevis E L, Yang P, Voth G A. Chemphyschem, 2012, 13: 1687-1700.

[130] Mariani A, Caminiti R, Ramondo F, Salvitti G, Mocci F, Gontrani L. J Phys Chem Lett, 2017, 8: 3512-3522.

[131] Campetella M, Mariani A, Sadun C, Wu B, Castner E W Jr, Gontrani L. Journal of Chemical Physics, 2018, 148.

[132] Haddad J, Pontoni D, Murphy B M, Festersen S, Runge B, Magnussen O M, Steinruck H G, Reichert H, Ocko B M, Deutsch M. Proceedings of the National Academy of Sciences of the United States of America, 2018, 115: E1100-E1107.

[133] Bhargava B L, Balasubramanian S. Journal of the American Chemical Society, 2006, 128: 10073-10078.

[134] Yan T Y, Li S, Jiang W, Gao X P, Xiang B, Voth G A. Journal of Physical Chemistry B, 2006, 110: 1800-1806.

[135] Jiang W, Yan T, Wang Y, Voth G A. Journal of Physical Chemistry B, 2008, 112: 3121-3131.

[136] Amith W D, Hettige J J, Castner E W Jr, Margulis C J. Journal of Physical Chemistry Letters, 2016, 7: 3785-3790.

[137] Paredes X, Fernandez J, Padua A A H, Malfreyt P, Malberg F, Kirchner B, Sanmartin Pensado A. Journal of Physical Chemistry B, 2012, 116: 14159-14170.

[138] Pensado A S, Gomes M F C, Canongia Lopes J N, Malfreyt P, Padua A A H. Physical Chemistry Chemical Physics, 2011, 13: 13518-13526.

[139] Sarangi S S, Bhargava B L, Balasubramanian S. Physical Chemistry Chemical Physics, 2009, 11: 8745-8751.

[140] Filipe E J M, Morgado P, Teixeira M, Shimizu K, Bonatout N, Goldmann M, Canongia Lopes J N. Chemical Communications, 2016, 52: 5585-5588.

[141] Chaumont A, Schurhammer R, Wipff G. Journal of Physical Chemistry B, 2005, 109: 18964-18973.

[142] Sieffert N, Wipff G. Journal of Physical Chemistry B, 2006, 110: 13076-13085.

[143] Frost D S, Machas M, Dai L L. Langmuir, 2012, 28: 13924-13932.

[144] Merlet C, Rotenberg B, Madden P A, Salanne M. Physical Chemistry Chemical Physics, 2013, 15: 15781-15792.

[145] Fedorov M V, Lynden-Bell R M. Physical Chemistry Chemical Physics, 2012, 14: 2552-2556.

[146] Gomez-Gonzalez V, Docampo-Alvarez B, Mendez-Morales T, Cabeza O, Ivanistsev V B, Fedorov M V, Gallego L J, Varela L M. Physical Chemistry Chemical Physics, 2017, 19: 846-853.

[147] Ma J L, Meng Q, Fan J. Physical Chemistry Chemical Physics, 2018, 20: 8054-8063.

[148] Wang Y L, Laaksonen A. Physical Chemistry Chemical Physics, 2014, 16: 23329-23339.

[149] Shimizu K, Pensado A, Malfreyt P, Padua A A H, Lopes J N C. Faraday Discussions, 2012, 154: 155-169.

[150] Kislenko S A, Samoylov I S, Amirov R H. Physical Chemistry Chemical Physics, 2009, 11: 5584-5590.

[151] Yokota Y, Miyamoto H, Imanishi A, Takeya J, Inagaki K, Morikawa Y, Fukui K I. Physical Chemistry Chemical Physics, 2018, 20: 13075-13083.

第三章

离子液体纳微结构强化反应过程

第一节 引言

　　近年来，离子液体以其特殊的性质和可设计性，受到广泛关注，并被作为一种新兴化工过程强化技术，应用于越来越多的有机化学反应中，成为国际科技前沿和热点，显示了广阔的应用前景。离子液体是一类典型的非常规介质，由于其独特的正负离子结构，离子液体中存在着特殊的作用力 Z - 键，其决定了离子对之间的电荷转移，并诱导非常复杂的纳微结构，进而影响离子液体的化学特性，形成对离子液体介尺度结构的基本认识。从纳微尺度乃至分子水平上研究离子液体，对发展离子液体基础理论和指导其实际应用具有重要意义。本章就是从离子液体的纳微结构入手，分析离子液体强化各类有机化学反应中的作用。

第二节 离子液体纳微调控均相催化过程

　　均相反应是指所有参加反应的物质均处于同一相内的化学反应，它不存在相间传质。尽管在反应体系的不同空间位置上物料浓度可能有相当大的差异，但就其中的任意一个微分体积来说，反应物、反应产物、溶剂和催化剂都可以认为是均匀分布的。 而均相催化剂的研究受到了科学界和工业界的广泛重视，均相催化剂的活性中心比较均一，选择性较高，副反应较少，易于表征[1]。常用的均相催化反应催化剂可分为酸碱催化剂；I_2、NO 之类的少数非金属分子催化剂；可溶性过渡金属化合物催化剂（盐类和配合物）。

在离子液体参与催化反应时，离子液体的作用大致可以分为两类：一类是作为绿色反应溶剂。利用其对反应底物及有机金属催化剂特殊的溶解能力，使反应在离子液体相中进行，同时又利用它与某些有机溶剂互不相溶的特点，使产物进入有机溶剂相，这样既能很好地实现产物的分离，又能简单地通过物理分相的方法实现离子液体相中催化剂的回收和重复利用。另一类是功能化离子液体，即离子液体除了作为绿色反应介质外，同时也用作反应的催化剂。如利用离子液体固有的 Lewis 酸性来催化酯化反应、烷基化反应、异构化、醚化等；或有目的地合成具有特殊催化性能的催化剂。在离子液体参与的这些反应中，离子液体不仅是作为绿色反应介质或催化剂，而且由于其结构的"可设计"性，选择合适的离子液体往往可以起到协同催化的作用，使得催化活性和选择性均有所提高。

一、酰化反应

Fukumoto 等 [2] 在 2004 年首先合成了以 1- 乙基 -3- 甲基咪唑鎓为阳离子、20 种天然氨基酸为阴离子的氨基酸离子液体。该种离子液体具有低毒性、高生物相容性、较强的可降解性，且廉价易得等优良特点。阿司匹林 (Aspirin, 乙酰水杨酸) 是一种白色结晶或结晶性粉本，医药价值十分广泛。廖芳丽等 [3] 以 2- 甲基咪唑、溴乙烷、L- 谷氨酸为原料合成了新型的咪唑谷氨酸盐离子液体谷氨酸 -1- 乙基 -2- 甲基咪唑鎓，并将其用于催化乙酸酐和水杨酸的乙酰化反应。实验表明，谷氨酸 -1-乙基 -2- 甲基咪唑鎓作催化剂对阿司匹林的催化效果比浓硫酸效果更好，阿司匹林的产率能够高达 78.2%，可多次利用不失活。但是谷氨酸 -1- 乙基 -2- 甲基咪唑鎓的合成过程复杂，不利于工业化生产，没有对催化剂做使用寿命研究。

二、卤代反应

传统的卤代反应多使用易挥发性有机溶剂（VOC），容易对环境造成污染，Nguyen 等 [4] 用离子液体作催化剂和卤代剂，在对甲苯磺酸作用下，将长链脂肪醇（$C_8 \sim C_{18}$）转化为相应的卤代烃。Gupta 等 [5] 以离子液体 [Bmim] [HSO$_4$] 作催化剂，卤代剂为 NaI 或 NaBr，在微波作用下卤代效果非常好。甄方臣等 [6] 以离子液体 1- 辛基 -3- 甲基咪唑溴盐 ([Omim]Br) 催化脂肪醇聚氧乙烯醚 (AEO$_3$) 和亚硫酰氯 (SOCl$_2$) 合成氯代脂肪醇聚氧乙烯醚 (AEO$_3$—Cl)，通过实验测得 1- 辛基 -3- 甲基咪唑溴盐作催化剂时，反应速率显著加快，脂肪醇聚氧乙烯醚转化率大于 99%。但是该催化反应过程烦琐，生产效率低。

氯代脂肪醇聚氧乙烯醚（AEO$_3$—Cl）合成反应式如图 3-1 所示。

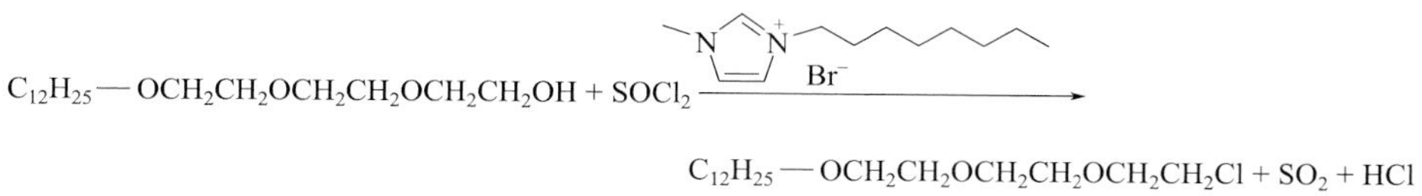

$$C_{12}H_{25}-OCH_2CH_2OCH_2CH_2OCH_2CH_2OH + SOCl_2 \longrightarrow$$

$$C_{12}H_{25}-OCH_2CH_2OCH_2CH_2OCH_2CH_2Cl + SO_2 + HCl$$

图 3-1　氯代脂肪醇聚氧乙烯醚合成反应式

三、醚化反应

　　近年来世界各国都在大力发展生物柴油技术，在生物柴油生产过程中副产了大量的甘油，将其转化为更具价值的化学品具有重要的研究意义。所以甘油与甲醇醚化产物二甲基甘油醚（DMGEs）和三甲基甘油醚（TMGEs）被人们发现具备烷基甘油醚类化合物作为燃料添加剂的特性。He 等[7] 以 Amberlyet 类离子交换树脂为催化剂，研究了甘油与甲醇醚化反应，实验表明，主要产物为单甲基甘油醚（MMGE）和 DMGEs，较难生成 TMGEs，而且在醚化反应过程中生成了大量的二甲醚聚合物和水等副产物，且甘油的转化率只有 50%，不能满足生产条件。董超琦等[8] 考察了 1-(丁基 -4- 磺酸基)-3- 甲基咪唑三氟甲基磺酸盐离子液体 ([HSO$_3$-Bmim][CF$_3$SO$_3$])、1-(丁基 -4- 磺酸基)-3- 甲基咪唑对甲苯磺酸盐离子液体 ([HSO$_3$-Bmim][P-TSA])、1-(丁基 -4- 磺酸基)-3- 甲基咪唑硫酸氢盐离子液体 ([HSO$_3$-Bmim][HSO$_4$]) 以及 1-(丁基 -4- 磺酸基)-3- 甲基咪唑磷酸二氢盐离子液体 ([HSO$_3$-Bmim][H$_2$PO$_4$]) 四种磺酸功能化离子液体对甘油与甲醇醚化反应的催化效果，以酸性最强的 [HSO$_3$-Bmim][CF$_3$SO$_3$] 催化效果最好，最佳反应结果为甘油的转化率为 84.5%，MMGE 的选择性为 41.4%，DMGEs 和 TMGEs 的联合选择性为 34.1%。但是该种离子液体的失活率高，不利于重复使用。

　　功能化离子液体合成过程如图 3-2 所示。

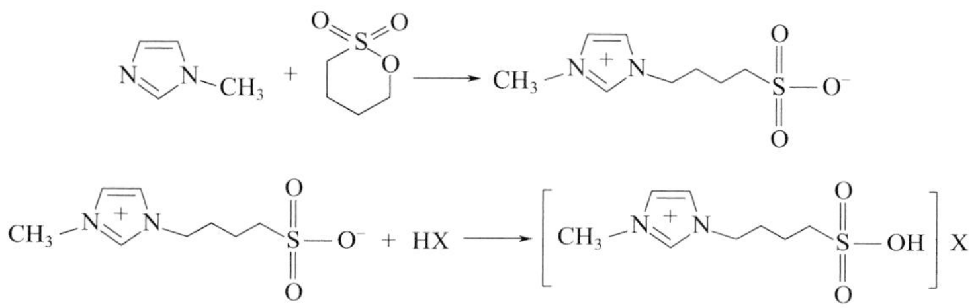

图 3-2　功能化离子液体合成过程

功能化离子液体催化过程如图 3-3 所示。

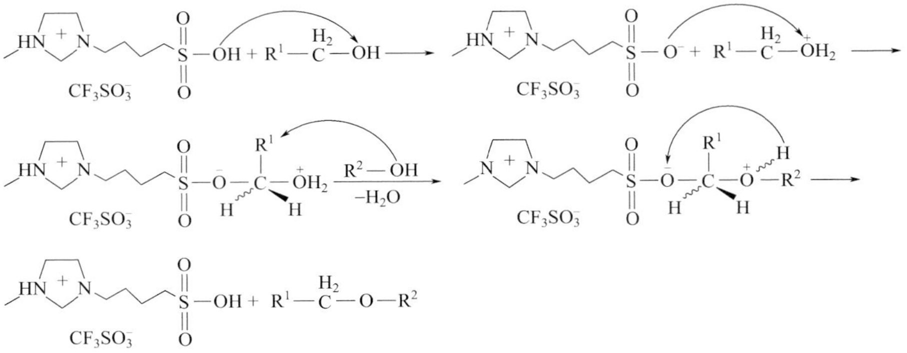

图 3-3 功能化离子液体催化过程

四、异构化

在加氢裂解汽油抽提芳烃过程中产生的抽余油加氢分离后，环烷烃含量可达到70% 以上，其中含有大量的甲基环戊烷和环己烷，而环己烷用于制备环己醇和环己酮，并可进一步合成聚酰胺和尼龙的主要原料己二酸和己内酰胺。如果将甲基环戊烷异构化为环己烷，再通过精馏分离得到高纯度环己烷，这将会极大地提高抽余油的利用价值，从而实现石油资源的充分利用，符合国家的生产价值观。随着国内汽油质量标准的不断升级，高辛烷值清洁汽油的需求越来越多，其中轻质烷烃异构化技术是生产高辛烷值清洁汽油最为经济有效的方法之一。传统异构化催化剂，其异构化反应温度较高，反应过程中需要氢气，会发生结焦失活现象等，因此成本及能耗相对较高。传统的 AlCl₃ 为代表的路易斯酸催化剂虽然能够得到较高的环己烷收率，但会严重污染环境。离子液体由于其挥发性低、热稳定性高、酸性位分布均匀等特性被引进到汽油行业，作为一种全新的催化轻质烷烃异构化催化剂，离子液体在催化轻质烷烃异构化领域很快得到重视，成为大家关注的焦点。

王德举[9] 以三级胺、盐酸和 AlCl₃ 为主要原料制备了氯铝酸盐型酸性离子液体催化剂，能够在较低反应温度下催化甲基环戊烷的异构化，且甲基环戊烷转化率达到 70% 以上，环己烷选择性大于 99%。对反应条件以及使用寿命没有做深入探究，该项技术刚刚起步，还需更多的实验数据以及更多的学者投身于研究当中。宋兆阳等[10] 合成的 1- 丁基 -3- 甲基咪唑氯铝酸 ([Bmim]Cl-AlCl₃) 酸性离子液体，实验数据表明，离子液体酸性随氯化铝含量升高而增强，当离子液体中氯化铝摩尔分数为0.70、添加的氯代正丁烷的体积为原料正戊烷体积的 8%、反应温度为 120℃、剂油质量比为 1：1 时，正戊烷的转化率达到 88.1%，异构烷烃收率达到 74.8%，该项成果没有对催化剂进行使用寿命测试，且反应过程在高压环境下进行，存在一定的危险性。刘徽等使用 ZnCl₂ 和 HCl 改性 [Et₃NH]Cl-2AlCl₃ 离子液体，能够提高异构化选择性，并提高了正癸烷异构化反应的催化活性，该改性只是做了简单的改性，并没有深入探讨且效果不是太过明显。石振民等[11] 用无水三氯化铝与盐酸三乙胺 (Et₃NHCl) 合成了具有不同酸度的离子液体，实验数据表明，在 AlCl₃ 和 [Et₃NH]Cl 摩尔比为 2.0：1、反应温度为 50℃、反应时间 45min 和剂油体积比 1：1 条件下，当引发剂的加入量为 30% 时，正己烷的转化率为 84.54%，异构烷烃的产率和选择性分别为 80.09% 和 94.74%。该催化剂具有反应温度更低、转化率高、催化剂成本低、不结焦等优点，但是使用寿命和失活特性有待进一步研究。周建军等用无水三氯化铝与多种有机氯盐合成阴、阳离子结构的室温离子液体，结果表明，实验确定了正丁醇为异构化反应适宜的引发剂，其用量为正戊烷的 2.5%；正戊烷异构化的优化反应条件为反应温度 30℃，反应时间 10h，搅拌器转速 1500r/min。在此优化反应条件下，正戊烷的转化率与异构化率分别达到 85.66% 和 92.86%，转化率与异构化率有明显的提高，但是考察过于模糊，需要更加精确、更大数据量来完善该项技术。

五、酯化反应

酯是重要的有机合成中间体，广泛作为溶剂、增塑剂、香料、黏合剂，应用于印刷、纺织等工业。在工业生产中，合成酯一般采用硫酸作催化剂，因其存在严重不良反应，影响酯化产物的纯度，且强酸容易腐蚀设备、污染环境，近几年人们正在寻找一种可以很好替代硫酸的催化剂。近几年人们采用固体催化剂，虽然一定程度上克服了传统催化剂的一些缺点，但存在相对活性低、表面易积炭、酸性密度低、酸强度分布不均等缺陷，限制了它们的应用。由于酯化反应是一个平衡反应，要想得到高的转化率必须在反应过程中将生成的水蒸除或者让一种反应物过量。随着离子液体的快速发展，其在酯化反应中的应用也被广泛重视，并且展现了它的优势以及可行性。通常离子液体和水形成一相，而酯保留在上部的另一相中，既能促进反应进行提高转化率，且产物与催化剂易于分离。离子液体在真空中去除水后可以被重复使用，同时离子液体的使用也避免了为了将酯化反应中产生的水共沸移出而加入挥发性有机溶剂。离子液体催化酯化的优点不再一一列举，离子液体在酯化反应中的应用十分广泛，下面让我们一起看看离子液体在酯化过程中如何大显身手。

甘油单月桂酸酯 (GML) 是一种重要的非离子型表面活性剂，广泛应用于食品、医药、化妆品等领域。此外，GML 对真菌和病毒有很高的杀菌活性，而且作为抗菌剂对人体没有毒副作用。近年来关于 GML 的研究结果显示，GML 对引起慢性胃炎及十二指肠溃疡的幽门螺杆菌有很好的抵御作用，而且还可以阻碍 HIV-1 在体内的黏膜响应信号[12]。目前，GML 主要通过直接酯化、酯交换等反应制备。直接酯化是甘油和月桂酸在硫酸、对甲苯磺酸等传统催化剂下制备 GML；酯交换是甘油酯和甘油在氢氧化钾等催化下制得 GML。传统催化剂制备 GML，不仅目标产物选择性低，而且反应温度高，腐蚀设备，对环境造成污染。随后人们研制的酶催化制备 GML 法、非均相催化剂催化合成 GML 法，都或多或少暴露出缺点，不能满足所期待的生产效果。离子液体具有蒸气压低、热稳定好、选择性溶解、结构及酸碱性可调等特性，作为一类新型的"软"功能材料或介质，可以作为溶剂和催化剂。其在酯化反应中催化活性高、选择性好、产物易分离、可循环利用、不污染环境等，说明其具有代替传统工业的潜力。王松等[13] 合成了由吡啶、N- 甲基咪唑、N - 甲基 -2- 吡咯烷酮提供有机阳离子，磷钨酸、对甲苯磺酸提供阴离子的 6 种离子液体，考察它们催化甘油与月桂酸酯化的催化效果。这些离子液体在甘油与月桂酸酯化制备 GML 的反应中，均显示出很好的催化效果，表现为月桂酸的转化率及 GML 产率较高。研究发现，反应条件为甘油与月桂酸反应摩尔比为 4，催化剂用量占月桂酸物质的量的 1%，130℃反应 3h 时，月桂酸的转化率和 GML 的产率较高。综合比较这 6 种离子液体催化剂，发现 [Mimbs][PTSA] 的催化效果最好，使用 [Mimbs][PTSA] 作催化剂时，月桂酸的转化率可达 97.65%，GML 的收率可达 64.59%。且重复使用 5 次仍能保证较高的月桂酸转化率和 GML 收率。但是该项技术对催化剂反应条件的要求过高，不利于工业化生产。

有机羧酸酯是重要的精细化工产品，常用作溶剂和香料，可用于合成香料、化妆品、食品及饲料添加剂、表面活性剂、防腐防霉剂、橡胶及塑料的增塑剂、制药工业中的原料和中间体等，在国内外具有广阔的需求市场。传统的合成有机羧酸酯工艺浓硫酸催化醇酸酯化，该技术副反应多、产物收集过程复杂，反应过程会严重腐蚀设备等。胡晶晶等[14] 以价格低廉的己内酰胺为原料合成了 1-(3- 磺丙基) 己内酰胺硫酸氢盐 ([C_3SO_3HCP][HSO_4])、1-(3- 磺丙基) 己内酰胺对甲苯磺酸盐 ([C_3SO_3HCP][PTSA])、1-(3- 磺丙基) 己内酰胺磷酸氢盐 ([C_3SO_3HCP][H_2PO_4])、1-(3- 磺丙基) 己内酰胺四氟硼酸盐 ([C_3SO_3HCP][BF_4])。并用于催化乙酸和乙醇合成乙酸乙酯的酯化反应且考察以上 4 种酸性离子液体的催化活性。将它们与 3 种具有不同氮杂环的 SO_3H^- 功能化离子液体、浓硫酸对乙酸和乙醇的酯化反应相对照。结果显示，当 $n(C_2H_5OH)$ ：$n(CH_3COOH)$ = 1：1.5，催化剂 [C_3SO_3HCP][HSO_4] 用量为酸醇总质量的 5%，反应温度 80℃，反应时间 6h 时，酯收率可达 93.8%，离子液体经真空干燥重复使用 10 次后，仍具有较高的催化活性，且表现出低腐蚀性、环保、廉价等优点，具有替代传统酸性催化剂的潜力。但是其对反应釜的腐蚀性问题没有彻底解决，而且催化剂制作过程烦琐，制作周期过长，需要进一步改进。

三醋酸甘油酯是一种良好的溶剂、增塑剂和保湿剂，用途非常广泛。我国的三醋酸甘油酯年消耗量已达到万吨以上，传统工艺还是硫酸作催化剂，缺点不再阐述。新型催化剂，如负载型催化剂、杂多酸催化剂和固体超强酸催化剂等，都或多或少出现不可避免的缺点。白漫等[15]用两步法合成离子液体正丙基磺酸 - 三乙基对甲苯磺酸铵，考察反应时间、反应温度、物料配比和离子液体用量对纯甘油与醋酐合成三醋酸甘油酯的产率的影响规律。通过实验发现，当反应温度为100℃，反应时间为 3h，n（甘油）：n（醋酐）：n（离子液体）= 1.0：4.0：0.1 时，三醋酸甘油酯的产率最高可达到 96%。用甲苯萃取三醋酸甘油酯，回收得到的离子液体循环使用 3 次，三醋酸甘油酯的产率没有明显下降，说明离子液体的稳定性和循环使用性较好。虽然其反应过程简单、易于控制，但是可重复利用次数明显不足，过于浪费，造成生产成本过高。

乙酸苄酯（$C_9H_{10}O_2$）是一种重要的合成香料，不溶于水、甘油，溶于乙醇、乙醚，广泛应用于配制茉莉型等花香香精和皂用香精，作树脂的溶剂，也用于喷漆、油墨等。胡星盛等[16]以硫酸氢根甲基咪唑盐 [Mim][HSO$_4$] 离子液体为催化剂，乙酸和苯甲醇为原材料通过催化反应来合成乙酸苄酯，通过各个不同条件的实验，结果表明：硫酸氢根甲基咪唑盐 [Mim][HSO$_4$] 对合成乙酸苄酯有着良好的催化活性，而且对其合成工艺进行了优化，确定最佳反应条件为：酸醇的摩尔比为 1.4：1、催化剂用量 1%、反应温度 110℃、加热回流 1h。在此条件下，乙酸苄酯的酯化率达 96%。该项技术离子液体合成过程反应条件苛刻，成功率低，且没有对离子液体的重复性做验证。

乙酸正丁酯是重要的有机化学产品，可作溶剂、萃取剂和脱水剂，广泛应用在涂料、药物中间体、人造香料和玻璃等制造中，乙酸正丁酯是一种优良的有机溶剂，对乙基纤维素、醋酸丁酸纤维素、聚苯乙烯、甲基丙烯酸树脂及多种天然树胶有较好的溶解性[17]。胡甜甜等[18]合成了 5 种醚基功能化酸性离子液体 [Me(OEt)$_1$-MOR-C$_3$SO$_3$H][MeSO$_3$]、[Me(OEt)$_2$ -MOR-C$_3$SO$_3$H][MeSO$_3$]、[Me(OEt)$_3$-MOR-C$_3$SO$_3$H][MeSO$_3$]、[2(C$_3$SO$_3$H-MOR)-(OEt)$_{200}$][2MeSO$_3$]、[2(C$_3$SO$_3$H-MOR)-(OEt)$_{400}$][2MeSO$_3$]，以正丁醇和乙酸的酯化反应考察了离子液体的催化活性。实验结果表明，当酸醇摩尔比为 1.2：1、催化剂 [2(C$_3$SO$_3$H-MOR)-(OEt)$_{400}$][2MeSO$_3$] 用量为醇质量的 5%、带水剂用量为醇质量的 16% 时，在 90℃下反应 5h，酯收率可达 97.8%，离子液体经回收干燥重复使用 8 次催化活性没有明显的降低。但这种离子液体合成过程条件过多，等待时间过长，且反应时间过长。

生物柴油是一种脂肪酸酯类化合物，可由动植物油脂与低碳醇进行酯化或酯交换反应制备，生物柴油是典型的"绿色能源"，具有环保性能好、发动机启动性能好、燃料性能好、原料来源广泛、可再生等特性，是当前受到广泛关注的绿色能源之一[19]。蔡绍雄等[20]酯化合成了一种带双键的新型酸性离子液体 1- 磺酸丁基 -4- 乙烯基咪唑三氟甲磺酸盐 ([SO$_3$H(CH$_2$)$_4$VIm][CF$_3$SO$_3$])，并用于催化甲醇和油酸合成生物柴油。结果表明：在反应温度 60℃，反应时间 5h，催化剂用量为油酸物质的量的 5% 及甲醇和油酸的摩尔比（醇油比）为 6：1 时，生物柴油的产率达到 96.07%。该离子液体经过 5 次重复使用，生物柴油的产率还在 95% 以上，仍有较好的催化活性，但是考察条件过少，需要考察更多的最佳条件。左同梅等用两步法合成了吗啉阴离子型碱性离子液体 1- 丁基 -N- 甲基吗啉盐 [Hnmm][Im]，并用于催化大豆油和甲醇酯交换合成生物柴油。通过实验发现，该碱性离子液体 [Hnmm][Im] 具有较高的酯交换催化活性，在 60℃、催化剂用量为 3%、醇油摩尔比为 6.5：1.0、反应 2h 的条件下，产物脂肪酸甲酯 (FAME) 含量可达 95.8%。而且该离子液体的催化稳定性较好，重复使用 5 次后仍有较高的催化活性。但考察条件过少，离子液体合成成本过高，且考察重复次数少。

马来酸二丁酯为无色油状液体，溶剂能力很强，用作合成树脂、涂料的原料，也用于石油工业、织物、塑料、造纸工业的浸渍剂、分散剂、润滑剂等，并可作聚氯乙烯树脂、甲基丙烯酸类树脂的增塑剂。马来酸二丁酯传统的合成方法存在许多不可控因素，从而导致产品生产率低，产品纯度不达标。杨小红等[21] 合成 N- 甲基咪唑硫酸氢盐（[Mim][HSO$_4$]）、1-（3- 磺酸基丙基）吡啶硫酸氢盐（[HSO$_3$-PPy][HSO$_4$]）和 1- 甲基 -3-（3- 磺酸基丙基）咪唑硫酸氢盐（[HSO$_3$-Pmim][HSO$_4$]）3 种离子液体，并分别作为催化剂，催化顺丁烯二酸酐和正丁醇的酯化反应法制备马来酸二丁酯。实验结果表明，当 n（顺丁烯二酸酐）：n（正丁醇）=1：4、反应时间为 3h、反应温度为 130 ℃和 w（[HSO$_3$-PPy][HSO$_4$]）=6%（相对于反应物质量而言）时，酯化率（为 95.3%）相对较大，并且 [HSO$_3$-PPy][HSO$_4$] 循环使用 6 次后酯化率仍不低于 93.0%。但也存在使用寿命考察不足，且循环使用后酯化率不是很高的问题，需要进一步改良。试验中的重复 8 ～ 10 次甚至更少与生产上连续运行 1 个月甚至更长时间的要求相差太远。另外，离子液体一旦进入工业化应用作为产品，需要确定质量标准及其对应的比较简洁的分析测试方法，这方面的工作几乎无人涉及，也制约了离子液体的发展。

第三节　离子液体调控多相反应过程

多相反应是一类非常常见的化学反应，在化学工业上也有广泛应用，比如气液相反应的环己烷氧化制备环己酮、气固相催化反应苯加氢制备环己烷、气液固三相催化反应钯催化硝基苯加氢制备苯胺等。多相反应体系存在相界面，其催化反应在相界面上进行，所以不同于分子或离子反应水平的均相反应。均相反应的控制步骤是催化反应，其具有良好的传热与传质性能；然而多相反应的控制步骤恰恰是由于相界面存在而阻碍传热与传质。大多数的多相反应是在高温高压条件下进行的，使得多相反应均有能耗高、活性和选择较低等特点，相转移催化剂开发和利用正是为了克服以上缺点。

常见的多相反应催化剂有锇盐化合物（季铵盐、季鏻盐等）、冠醚类化合物（12-冠-4、18-冠-6等）以及三相催化反应的以高分子化合物或硅胶为载体的固体催化剂等。多相反应催化剂的工作机理[2]是催化剂将反应物从一相转移到另一相，从而使两相的反应物得以接触，并发生反应。以两相催化反应为例，多相反应催化剂在催化反应中经历三个历程：首先是催化剂中的阳离子与第一相反应物中的阴离子在静电力的作用下特异性结合；然后形成的物质可以向第二相转移，所携带的反应物与第二相的反应物接触反应；最后催化剂分离出来，转移向第一相反应物中继续与第一相反应物结合。具体的机理如图3-4所示。

传统的多相催化反应中，多相反应催化剂对多相反应的反应活性有显著提高，已经被越来越广泛地应用在各种化学反应。但是传统的多相催化反应同样存在一定的问题，如在反应中一般需要使用有毒挥发性有机溶剂，反应后有机溶剂和多相反应催化剂损失严重，难以回收利用，而且对环境造成严重的破坏；反应常需要加热，需要消耗一定的能源，反应完成后产物常需要用有机溶剂或水进行萃取，分离较为复杂。

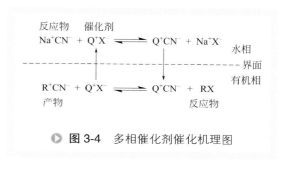

▶ 图3-4 多相催化剂催化机理图

离子液体由于室温呈液态的熔盐，所以又称为室温熔盐（room temperature molten salt）。由有机阳离子和无机或有机阴离子两部分组成，由于阳离子和阴离子都具有宽范围的选择性，所以离子液体的种类相当繁多。离子液体具有催化性强、溶解能力强、零蒸气压、黏度合适、电导率高、热稳定性好等特点，在诸多领域都得到了广泛的应用。自1914年Walden[22]报道第一个离子液体以来，离子液体经历了百年的发展历程。离子液体研究工作者们相继开发了卤化铝酸盐型酸性离子液体、咪唑、吡啶、季铵盐型离子液体，再到如今备受关注的功能化离子液体、手性离子液体。正因离子液体具有以上所述特性，在多相反应中可以代替反应中的有机溶剂；可以作为多相反应催化剂，或者将多相反应催化剂固定在离子液体当中。本文将从以下几个典型反应介绍离子液体调控多相反应过程。

一、调控固定CO₂环化反应

传统的离子液体催化固载CO_2为气液非均相反应，气液两相之间存在气膜与液膜，气相反应物从气相主体扩散到气膜，由气膜通过气液相界面进入液相，并在液相中与液相反应物发生反应。一般的，气液非均相反应阻力存在于气膜或液膜当中，离子液体是一种良好的CO_2溶剂，可以消除液膜阻力，从而可以提高催化反应效率。

自工业革命之后，化石燃料的大量使用，森林植被的大肆破坏，致使大气中的 CO_2 含量不断增加。CO_2 是造成温室效应的主要元凶，而又是存在广泛、安全、廉价的 C_1 资源，开发利用 CO_2 既可治理温室效应，又可以获得碳或碳氧资源，已受到全球的科学工作者的积极开发。固定 CO_2 最经济环保的方法就是植物的光合作用及微生物的固碳，但是生物固碳过程缓慢，且转化率低。物理固碳利用溶剂或固体物质吸收或吸附 CO_2，吸收固碳法处理量较少，吸附法对吸附剂具有较高要求，而物理分离法又带来大量能耗。所以利用化学法固定 CO_2 可以高效大量地转化固定 CO_2，且选择性高。

1. 传统离子液体固载 CO_2

Blanchard 等 [23] 是首次在 *Nature* 杂志上发表文章报道 1- 丁基 -3- 甲基咪唑六氟磷酸盐 [Bmim][PF$_6$] 离子液体可以大量溶解 CO_2，且溶解后离子液体膨胀率较小。此报道开创了离子液体在固定 CO_2 方面的研究新方向。利用离子液体溶解 CO_2 再与不同反应物反应来制备不同的工业原料，以满足工业生产的需求，节约生产成本，符合国家当前所提倡的绿色、生态、可持续发展的理念。

彭家建等 [24] 设计制备了 [Bmim][BF$_4$]、[Bpy][BF$_6$]、[Bmim][PF$_6$] 等离子液体用于催化 CO_2 与环氧丙烷制备碳酸丙烯酯，结果表明，[Bmim][BF$_4$] 的催化效果最优，在 CO_2 与环氧丙烷摩尔比为 1.32∶1、离子液体用量为环氧丙烷的 2.5%、反应温度为 110℃条件下，环氧丙烷的转化率可达 100%，离子液体循环使用 5 次，转化率略有下降。

Anthofer 等 [25] 合成了 10 种咪唑型离子液体，结果表明，离子液体在 CO_2 压力低于 5bar、反应温度低于 80℃的条件下，催化环氧丙烷与 CO_2 合成环状碳酸酯取得了较高收率。而且发现离子液体分子中的氢被氟取代，可以增大 CO_2 的溶解性，使得其催化活性最高，并且该催化剂循环使用 10 次而活性不会降低。

刘红来等 [26] 在避光条件下利用吡啶和氯代正丁烷一步反应制得吡啶季铵盐离子液体，并用于催化 CO_2 与环氧丙烷反应制备碳酸丙烯酯，催化效果良好。当反应温度 423K、反应时间 5h、80℃时充入 CO_2 压力为 5.0MPa、催化剂用量 0.1000g 时，碳酸丙烯酯的收率最高，达 88.1%。由此可见，烷基吡啶类离子液体对催化合成环状碳酸酯有一定的催化效果。

Toda 等 [27] 研究制备了四芳基鏻盐 (TAPS)，用于催化 CO_2 与环氧化反应制备环状碳酸酯。由于该催化剂分子存在一个 B 酸酸性位点的同时还存在一个亲核位点，所以可以提高催化反应活性。其中反应温度为 120℃、催化剂用量为环氧烷的 15%、反应时间为 12h，以氯苯为溶剂，催化合成苯乙烯碳酸酯，产品收率可达到 90%，但合成其他碳酸酯的收率较低。其反应方程式如图 3-5 所示。

Liu 等 [28] 合成一系列配位离子液体，*N*- 杂环化合物与 ZnBr$_2$ 配位，用来催化合成环状碳酸酯以固定二氧化碳，不使用其他有机溶剂。发现 $ZnBr_2$ 与 N-杂环化合物配位形成的配位离子液体的催化活性明显提高，由于酸碱二元体系的协同效应，得到了较好的环状碳酸酯的收率和选择性，并提出了协同催化理念。所用碱的催化活性顺序为 Mim≈Py>Im>NMP，不完全符合既定的 pK_a，但催化活性深受位阻的影响以及氢键对 N-杂环化合物结构的影响。其中 N-甲基咪唑 Mim/$ZnBr_2$ 配位催化体系是所用催化剂中催化效率最高的，在最佳反应条件下，碳酸亚丙酯的收率达到 99%。同时催化剂对 CO_2 环加成反应也同样适用。该实验研究还得到了 Mim/$ZnBr_2$ 催化合成碳酸丙烯的反应速率常数、活化能以及动力学方程，该实验基础数据对工业合成 CO_2 和环氧化物环状碳酸酯具有重要的指导意义。催化 CO_2 环酯化机理见图3-6。

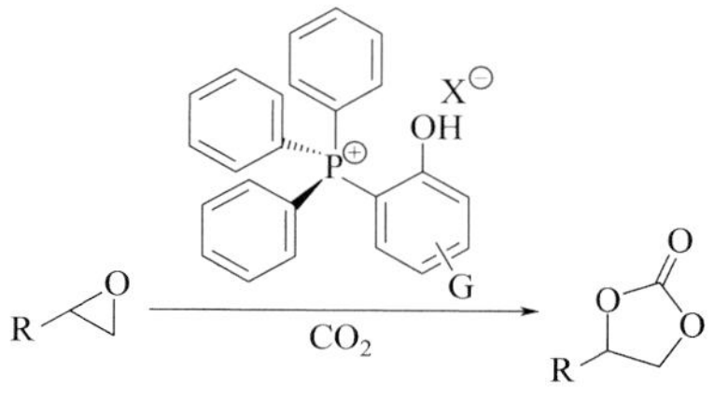

▶ 图 3-5   TAPS 催化 CO_2 环酯化

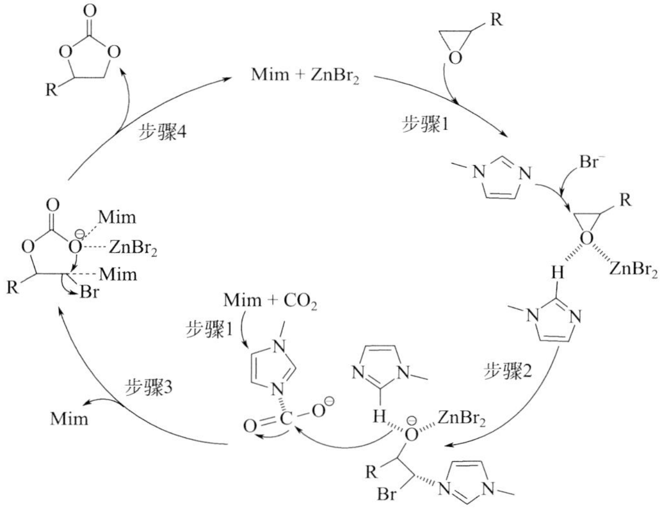

▶ 图 3-6   催化 CO_2 环酯化机理

Yue 等[29]制备了一系列氨基官能咪唑镓离子液体，并将其用于催化 CO_2 与环氧化物的环加成反应。在不使用溶剂、室温和大气压下条件下，该类离子液体催化 CO_2 与各类环氧化物的环加成反应是可以进行的，且不同的卤素阴离子催化活性不同，其活性顺序为 I⁻>Br⁻>Cl⁻。其中以 [APbim]I 催化活性最佳，当 CO_2 压力为 1.5MPa、反应温度为 120℃、反应时间为 2h 时，碳酸亚丙酯的收率可达 98.0%。

离子液体可重复使用至少 9 次，活性和选择性不明显下降，说明该离子液体具有较高的稳定性能。值得注意的是，该离子液体在大气压力及室温下，可以一步实现 CO_2 活化和随后的转化，可以代替传统咪唑鎓离子液体。

Cheng 等[30]设计合成了一系列羟基功能化季铵盐离子液体，用于催化 CO_2 和环氧化物加成生成环状碳酸酯。该离子液体催化合成环状碳酸酯效率高，而且不需要任何额外的助催化剂和有机溶剂。机理见图 3-7。该离子液体在阳离子中具有不同数量的羟基，用于固定 CO_2 形成氢键，从而有利于形成环状碳酸酯反应，而离子液体的阴离子对碳原子具有亲核活化的能力，更加提高了环酯化的效率。这种由于氧原子通过—OH 基团形成氢键和阴离子对碳原子的亲核活化而产生的协同效应，极大地提高了反应收率，且用实验数据和模型进行了论证。该研究增强了对通过氢键促进反应的理解，并且为合成设计用于将 CO_2 固定到有机化合物上的催化剂奠定了基础。合成的诸多羟基功能化季铵盐离子液体催化性能各不相同，其催化活性顺序为：$[NEt(HE)_3]Br$ > $[NEt_2(HE)_2]Br$ > $[NEt_3(HE)]Br$ > $[N(HE)_4]Br$（HE 为羟乙基）。当 CO_2 压力为 1.5MPa、反应温度为 150℃、反应时间 1h 时，环状碳酸酯的收率可达 98%，离子液体可循环使用 6 次活性和选择性不降低。

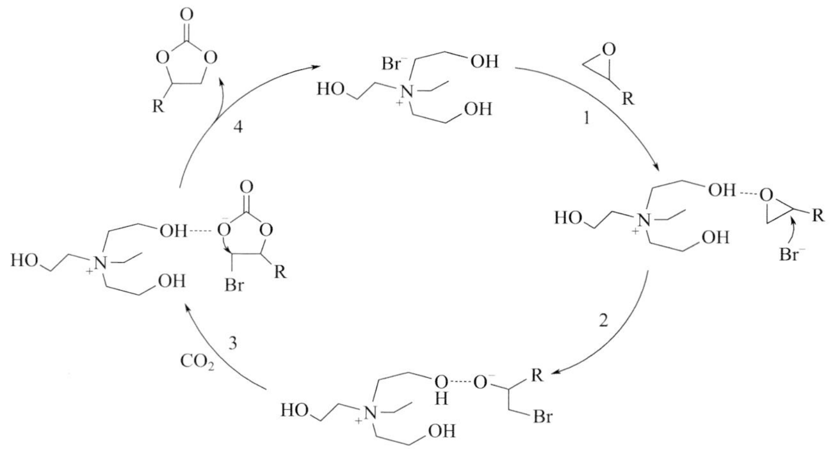

▶ 图 3-7　羟基功能化季铵盐离子液体催化 CO_2 环酯化机理

Xiao 等[31]设计合成了一系列羧基离子液体用于催化 CO_2 与环氧化物形成环状碳酸酯，不使用额外的有机溶剂和助催化剂。并研究了离子液体的酸性强度及其对环状碳酸酯合成的影响。对反应条件（温度、CO_2 压力和反应时间）进行了优化，Brønsted 酸性离子液体在最佳反应条件下显示出了较高的催化活性，当使用 1-（2- 羧乙基）-3- 甲基咪唑鎓溴作为催化剂时，碳酸亚丙酯收率为 96.3%，催化剂重复使用 5 次没有明显降低。该研究还建议了一种反应机理，Brønsted 酸性离子液体的羧基官能团可以与环氧化合物的氧原子之间形成氢键，在环氧化物开环时起到重要作用，并证明 Brønsted 酸性离子液体中的羧基与卤化物具有协同作用。

2. 固载型离子液体固载 CO_2

Han 等[32] 合成了一系列羧基功能化咪唑基离子液体（CIL）并接枝到硅胶上。所得非均相催化剂通过环氧化物和 CO_2 的环加成反应合成环状碳酸酯来考察催化活性。环酯化机理见图 3-8。同时，制备了有 / 无羟基的咪唑鎓基离子液体接枝到二氧化硅上，用于催化环加成反应。固定在二氧化硅上的羧酸官能化咪唑鎓基离子液体显示出最高的活性和选择性，这是因为 IL 阳离子中的—COOH 可以大大加速反应，并与卤化物阴离子显示出协同效应。这些非均相催化剂可以很容易地从产品中分离出来并重新使用。并且系统地研究了接枝 IL 结构与反应温度、时间、压力和催化剂用量等反应条件对反应的影响，环状碳酸酯最高收率可达 99%。

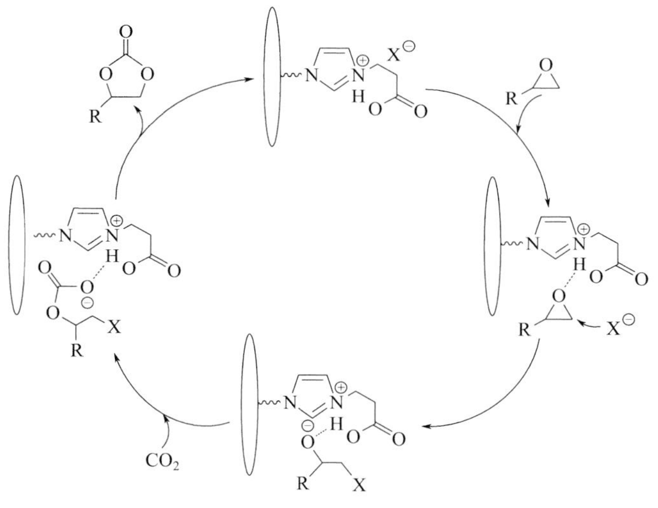

▶ 图 3-8　羧基功能化咪唑基固载离子液体催化 CO_2 环酯化机理

Dharman 等[33] 用商业级 SiO_2、无定形 SiO_2、SBA-15 和 MCM-41 等不同二氧化硅载体制备了各种固定化离子液体催化剂，在无溶剂条件下微波辅助进行 CO_2 到苯基缩水甘油醚（PGE）的环加成反应。研究发现，催化活性强烈依赖于载体的形态，是因为固定在二氧化硅载体上的 IL 催化剂具有较大的孔径（大于 4nm），对反应物有较强的吸附能力，表现出良好的催化活性。并研究了微波加热对载体催化剂催化 CO_2 和 PGE 环加成反应的影响，与常规加热反应比较，微波诱导的反应非常优越，在反应时间 15min 内具有非常高的 PGE 转化率和 PGC 选择性。在 CO_2 压力为 0.97MPa，微波加热（100W）至 140 ～ 150℃，反应时间 15min，催化剂用量为 0.5g 的条件下，PGE 转化率为 90.5%，PGC 选择性为 100%。

Ma 等[34] 将 MOF 上的 CUS（CUS 为配位不饱和金属位点）与离子液体（IL）功能活性点组合以形成双功能化非均相催化剂，用于固定 CO_2，且具有较高的活性。制备了季铵盐和季鏻盐两种双功能化离子液体催化剂，MIL-101-N（n-Bu）3Br 和 MIL-101-P（n -Bu）3Br。由于催化剂中 MOF 结构框架中的路易斯酸和离子液体中的 Br^- 的协同作用，使得 CO_2 和环氧化物的环加成反应可以在温和和无助催化剂条件下进行，其明显优于其他 MOF 催化剂。而且，这种双功能化催化剂可以容易地回收和再循环，离子液体不会浸出和失去活性。Cr-MIL-101 材料稳定性并不高，多孔结构在催化过程中容易发生坍塌，其催化性能仅能勉强维持 3 次就开始较大程度的下降。

由于大气治理力度的不断加强，治理温室气体是迫在眉睫的工作。现如今各个国家都在进行 CO_2 治理工作，治理手段也是多种多样，固体吸附剂吸附、液体溶剂溶解，还有各种各样的碳藏方法。而离子液体溶解催化 CO_2 制备碳酸酯为人们提供了思路。同样的，离子液体自身同样也存在着诸多问题，如黏度大、稳定性相对较差、制备成本较高、大规模工业化较难。但不能否定离子液体对固定 CO_2 的优势。所以还需科学工作者继续努力，攻克存在的诸多问题，早日实现离子液体固定 CO_2 的工业化应用。

二、调控酯化反应

羧酸与醇的酯化反应是一种基础且重要的有机合成反应，被广泛应用于涂料、香料、医药、人造革等有机工业当中。由于反应为可逆反应，离子液体具有亲水性，所以离子液体在酯化反应中既可以作为催化剂，又可以作为萃取剂。离子液体调控酯化反应如图 3-9 所示。

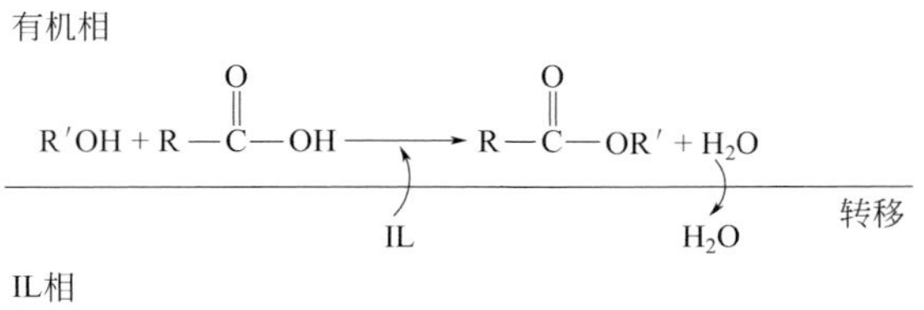

● 图 3-9 离子液体调控酯化反应

胡甜甜等[35] 制备了固载型的离子液体（图 3-10）即 [Silica-Ps-Mor][HSO₄]、[Silica-Ps-Mor][PTSA]、[Silica-Ps-Mor][H₂PO₄] 和 [Silica-Ps-Mor][BF₄]，用来催化

顺丁烯二酸酐和乙醇制得马来酸二乙酯，其中 [Silica-Ps-Mor][HSO$_4$] 的催化活性最佳，当酐醇摩尔比为 1 ∶ 3.5，催化剂用量为酸酐质量的 5%，反应温度为 90℃，反应时间为 4h 时，酯的收率可达到 94.5%，且催化剂重复使用 8 次仍保持较高的催化活性。相对于传统的离子液体，负载型离子液体为酯化反应提供了一个新思路，它不仅可以发挥离子液体的高催化特性，而且还具有固体酸的性能，可以使离子液体充分发挥其催化作用，且不需考虑分离过程，使得离子液体更为绿色化。这样可以看作是离子液体与固体填料的耦合产物。

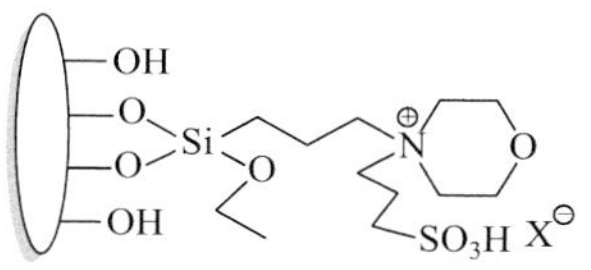

X：HSO$_4$；BF$_4$；H$_2$PO$_4$；PTSA

图 3-10　固载型离子液体

　　Wang 等 [36] 将三种环境友好的酸性离子液体进行固载化，将 1-(3- 磺酸酯)- 丙基 -3- 烯丙基咪唑鎓硫酸氢盐、三氟甲磺酸盐和磷钨酸二氢盐离子液体负载在功能化的 SBA-15 上。利用 SEM、FTIR、NMR、XRF 和 BET 等表征手段对固载化离子液体进行了表征。通过固载化离子液体进行棕榈酸酯化反应，从而将废油生产成生物柴油，转化游离脂肪酸以提高废油质量。考察固载离子液体的催化活性，1-(3-磺酸酯)- 丙基 -3- 烯丙基咪唑鎓磷钨酸盐负载型离子液体具有强酸性和高负载率（41.2%），表现出了较高的催化性能，当反应温度为 65℃、甲醇与酸的摩尔比为 9 ∶ 1、催化剂用量为 15%（质量分数）、反应时间为 8h 时，其酯化收率为 88.1%。固载型离子液体可重复使用 5 次，酯化收率不明显下降。因此，SIL-3 是一种有效的酯化催化剂。而且，通过硫醇 - 烯反应共价固载化是一种有效的高稳定性离子液体固载方法。更重要的是，该项研究工作提出了一种通过离子液体高固载率的化学方法制备杂多酸离子液体。该方法在催化和废弃物管理等领域具有很大的潜力。

　　Zhao 等 [37] 研究发现离子液体（IL）在回收和分离中出现许多缺点，为了便于离子液体的重复使用，作者研究开发了固载酸性离子液体。用非溶剂诱导相转化法制备了载体氯甲基化聚砜（PSF-Cl）多孔微球，并固载了酸性离子液体 [Mimbs][HSO$_4$]，通过 FTIR、SEM 和 ^{1}H NMR 表征了聚砜多孔微球固载离子液体（PSF-IL）的结构和性能。结果表明，酸性离子液体通过共价键负载在 PSF-Cl 多孔微球上。并用来催化合成乙酸乙酯，且催化剂表现出良好的催化活性，反应 8h 后，乙酸乙酯收率可达 57%。催化剂在乙酸乙酯合成中重复使用 7 次后，收率仅下降 6%。

　　倪潇等 [38] 研究发现，全球用量最大的邻苯二甲酸酯类增塑剂具有易迁移析出和潜在生殖毒性的缺陷，因此寻找绿色环保的替代产品是当前的研究重点。二甘醇二苯甲酸酯（DEDB）为聚氯乙烯、聚醋酸乙烯酯等多种树脂用增塑剂，具有溶解性好，相容性好，挥发性小，耐油、耐水、耐光、耐污染性好等特点。适于加工聚氯乙烯地板料、增塑糊、聚酯酸乙酯黏合剂以及合成橡胶等。传统 DEDB 合成方法用浓硫酸作催化剂，存在产品色泽较深、设备腐蚀严重、废液处理成本高等问题。对甲苯磺酸、钛酸四丁酯等新兴催化剂在生产过程中出现温度要求不合理、催化剂无法回收、产品色度不合格等问题。

三、调控加氢反应

离子液体调控加氢反应早在 1996 年就有人研究用 [Bmim][PF$_6$] 作为介质的环己烯加氢反应。现如今离子液体催化加氢更是离子液体应用研究的热点之一。

1. 调控烯烃加氢反应

邓友全等[39]以过渡金属离子 [Rh(PPh$_3$)$_3$]Cl、[Ru(PPh)$_3$]Cl$_2$、[Rh(TPPTs)]Cl 为催化剂，以离子液体氟硼酸甲基丁基咪唑 [Bmim][BF$_6$] 为反应介质，催化双环戊二烯碳碳双键加氢制备桥式四氢双环戊二烯（endo-TCD）。在 90 ～ 150℃、1.0 ～ 1.50MPa 条件下研究，获得了高转化率和选择性，所得产物与离子液体催化体系不溶而分层。以 [Rh(PPh$_3$)$_3$]Cl 为催化剂时，反应时间为 3h，桥式四氢双环戊二烯的收率可达到 99% 以上，但在第二次加氢反应中选择性急剧下降，反应转化率和选择性分别为 67% 和 89%，造成这种现象的原因是催化剂中三苯基膦（PPh$_3$）出现了流失，致使催化活性降低。将三磺酸钠盐（TPPTs）代替 PPh$_3$ 循环使用三次，转化率仍接近 100%，选择性也很高。同时考察了在有机助溶剂和氢气 (4.0MPa) 存在下，桥式四氢双环戊二烯在氯化甲基丁基咪唑 - 氯化铝配位离子液体 (AlCl$_3$ 摩尔分数为 67%) 中可高效地异构化为金刚烷（图 3-11），并对其反应条件对反应的影响做了考察。

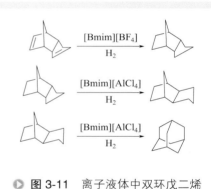

▶ **图 3-11** 离子液体中双环戊二烯加氢以及金刚烷合成

Arnold 等[40]将钯化合物 [Pd(OAc)$_2$ 和 Pd(acac)$_2$] 溶解在环氧树脂（双酚 A 和对氨基苯酚的缩水甘油衍生物）中，并使用不同离子液体 (1- 乙基 -2- 甲基咪唑鎓乙酸盐) 作为聚合引发剂发生交联反应，从而制备出了离子液体 - 聚合物负载钯催化剂。并将其用于肉桂酸、苯乙酸、环己酮等加氢反应中，表现出了高催化活性。这种催化剂制备方法可以将钯物质掺入所得聚醚材料的网络中，而且可以减少金属钯在反应物中的浸出量，通过 ICP-AES 测量，浸出量相当于原始负载在聚合物上钯的 0.007%，减轻对环境的污染。催化剂可以很容易地回收和再利用，同时保持高催化活性。咪唑鎓盐引发环氧化物阴离子聚合反应见图 3-12。

吕志果等[41]以室温离子液体 [Bmim][PF$_6$] 作为反应介质，采用四羰基钴钾 K[Co(CO)$_4$] 为催化剂，催化 3- 羟基丙酸甲酯加氢制备 1,3- 丙二醇的反应，见

图 3-13。在氢气压力为 10.5 MPa、反应温度为 165 ℃、反应时间为 10h、咪唑为促进剂的条件下，3- 羟基丙酸甲酯的转化率可达到 99.4%，1,3- 丙二醇的收率可达到 82.9%。相比有机溶剂作为反应介质的催化反应，该体系具有更好的催化活性和更高的选择性。并且经水萃取洗涤可以实现催化体系的回收利用，催化剂重复使用 3 次，1,3- 丙二醇的收率不低于 70%。

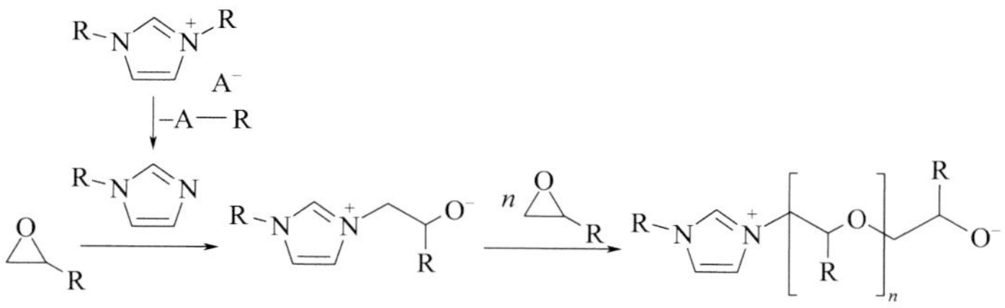

▶ **图 3-12** 咪唑鎓盐引发环氧化物阴离子聚合反应

$$HOCH_2CH_2COOCH_3 + H_2 \longrightarrow HOCH_2CH_2CH_2OH$$

$$HOCH_2CH_2COOCH_3 \xrightarrow{-H_2O} CH_2=CHCOOCH_3$$

$$CH_2=CHCOOCH_3 + H_2 \longrightarrow CH_3CH_2COOCH_3$$

$$CH_3CH_2COOCH_3 + H_2 \longrightarrow CH_3CH_2CH_2OH + CH_3OH$$

▶ **图 3-13** 离子液体调控 3- 羟基丙酸甲酯加氢制备 1,3- 丙二醇的反应

2. 调控其他加氢反应

丁飞等[42]将离子液体和异丙醇双液相体系用于苯乙酮不对称加氢反应中，以手性二胺及非手性单膦配体修饰的 Ru 配合物 [RuCl$_2$(PPh$_3$)$_2$(S, S-DPEN)] 为催化剂。结果表明，当反应温度为 25℃、氢气压力为 5.0 MPa、V(异丙醇)：V([Bmim][PF$_6$]) 为 4：1 时，反应 24h 后的转化率大于 99%，ee 值为 61%，略低于均相催化体系。

崔咏梅等[43]以 Pt/SiO$_2$ 和季铵型 Brønsted 酸性离子液体 N,N,N- 三甲基 -N- 磺丁基硫酸氢铵 ([HSO$_3$-b-N(CH$_3$)$_3$][HSO$_4$]) 构成的双功能催化体催化硝基苯加氢合成对氨基苯酚。在反应温度 85℃、反应时间 4h、反应压力 0.4MPa 条件下，硝基苯转化率可达到 96.6%，氨基苯酚的选择性可达到 81.4%。相较于 Pt/SiO$_2$ 和硫酸溶液体系较优，可能是由于离子液体增加了硝基苯溶解度，抑制了中间产物苯基羟胺的深度加氢。

李强等[44]利用亲水型的离子液体 [Rmim][p-CH$_3$C$_6$H$_4$SO$_3$] 为反应介质，以水溶性的 [RuCl$_2$(TPPTS)$_2$]$_2$ 为催化剂，催化喹啉加氢生成 1,2,3,4- 四氢喹啉反应

（图 3-14）。结果表明，当反应温度为 100℃、氢气压力为 3.0 MPa 时，反应转化率可达到 95.3%，选择性可达到 99%。利用环己烷萃取反应产物，即可实现催化剂与产物的分离，催化剂循环使用 6 次后反应的转化率仍可达 86.0%。

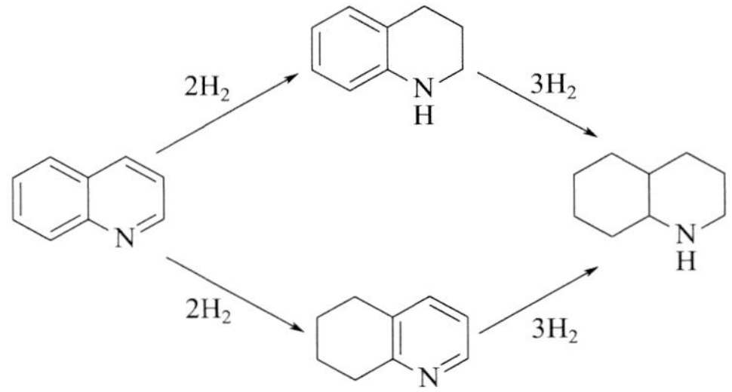

▶ **图 3-14** 离子液体调控喹啉加氢反应

四、调控氧化脱硫反应

Li 等 [45] 研究了以廉价原料制备 $Me_3NCH_2C_6H_5Cl \cdot 2ZnCl_2$ 离子液体，并将其作为二苯并噻吩（DBT）的脱硫剂（图 3-15），同时也作为 DBT 在正辛烷中氧化脱硫的萃取剂。DBT 在油相中被萃取到离子液体相中，然后被 H_2O_2 和等体积的乙酸氧化成其相应的砜。当 H_2O_2/DBT 摩尔比为 6∶1、离子液体与正辛烷的体积比为 1∶5 时，DBT 在正辛烷中 30min 的脱硫收率为 94%，这显著高于仅用离子液体萃取脱硫的效果（28.9%），弥补了萃取脱硫效果的不足，$Me_3NCH_2C_6H_5Cl \cdot 2ZnCl_2$ 离子液体可以循环使用 6 次而脱硫收率不会显著降低。该研究还对脱硫的动力学做了研究。

胡锦超等 [46] 以锌基离子液体 (Zn-IL)、锰基离子液体 (Mn-IL) 和 1,3- 二甲基咪

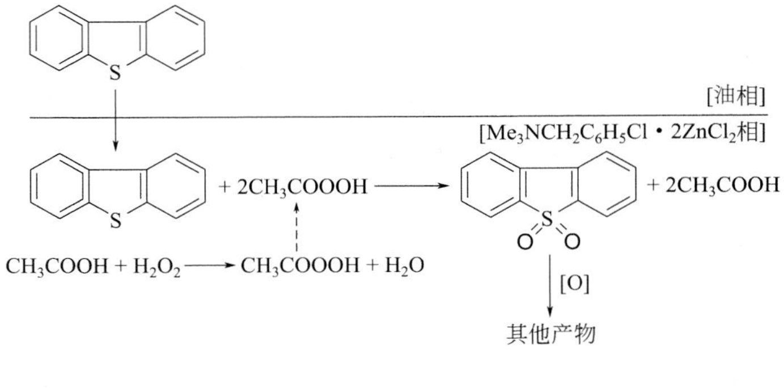

▶ **图 3-15** $Me_3NCH_2C_6H_5Cl \cdot 2ZnCl_2$ 离子液体催化氧化脱硫

唑啉酮（DMI）为助剂，以不同的配比与铁基离子液体 (Fe-IL) 复合配制离子液体，用于氧化脱除硫化氢，以解决单一的铁基离子液体所存在的活性低、硫容量小等问题。利用鼓泡塔试验研究发现，复合金属离子液体之间具有协同强化脱硫的作用，1,3- 二甲基咪唑啉酮为助剂、铁锌复合离子液体对脱硫的效果最佳。

　　侯良培等 [47] 以甲基咪唑盐酸盐和草酸加热混合制备成甲基咪唑盐酸盐 / 草酸（[Mim]Cl/H₂C₂O₄）型酸性低共熔溶剂，用于氧化脱除模拟油中的二苯并噻吩（图 3-16）。在该反应中低共熔离子液体既是萃取剂又是催化剂，所用氧化剂是 H₂O₂。试验表明，在反应温度为 40℃、模拟油量为 5mL、[Mim]Cl/H₂C₂O₄ 加入量为 1.25 mL、O/S =12、反应时间为 140min 的最佳反应条件下，二苯并噻吩的脱除率可以达到 92.2%，低共熔离子液体循环使用 7 次活性没有明显降低。在脱硫过程中，低共熔离子液体可以被过氧化氢氧化成活性更强的过氧化物，二苯并噻吩又容易被低共熔离子液体所萃取，可以将其氧化成溶于水相的砜或亚砜从而被脱除。

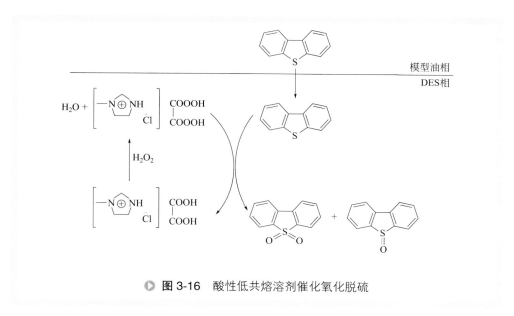

● **图 3-16　酸性低共熔溶剂催化氧化脱硫**

五、离子液体调控其他反应

　　氢甲酰化反应是烯烃与合成气生成醛的反应，也被称为羰基合成反应。所用溶于水的催化剂在水 / 有机两相体系反应。但是高碳烯烃很难溶于水中，所以以离子液体为介质的反应体系被广泛开发应用。龚勇华等 [48] 以 [Bmim][BF₄] 和水为混合溶剂，以 RhCl₃/TPPTS 为催化剂，用于催化 1- 丁烯氢甲酰化反应，生成 1- 戊醛和 2- 甲基丁醛，可以通过重力沉降实现分离提纯。且反应收率和离子液体重复使用性能良好。离子液体调控氢甲酰化反应过程见图 3-17。

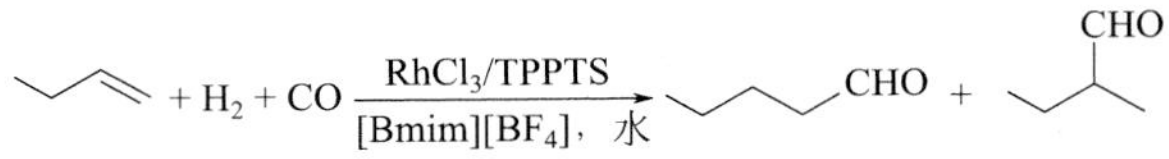

图 3-17　离子液体调控氢甲酰化反应

唐晓东等[49]制备了酸性离子液体 [BPY][HSO$_4$] 作为催化剂，并用于对 FCC 汽油进行烷基化脱硫。当反应温度为 65℃、反应时间为 90min 和剂油质量比为 0.09 时，FCC 汽油的脱硫率为 98.90%，硫含量从 580.0 μg/g 降至 6.4μg/g，满足中国国 V 车用汽油硫含量标准（ <10μg/g），离子液体通过乙酸乙酯萃取后可以再生重复利用。该离子液体不仅可以脱除噻吩等含硫物质，还可以同烯烃发生烷基化，同时发生异构化反应。烷基化脱硫过程对 FCC 汽油的烃类组成影响较小，且脱硫前后辛烷值变化不大。

褚联峰等[50]制备了 [Bmim][BF$_4$]、[Bmim][PF$_4$]、[Bmmim][BF$_4$]、[Bmmim][PF$_4$] 四种咪唑类离子液体，用于催化正丁醛合成辛烯醛反应（图 3-18）。且催化性能较好，正丁醛的转化率可达到 99.5%，辛烯醛收率可达到 89.4%。其催化反应机理实为咪唑离子液体与 OH$^-$ 形成碱性功能化离子液体，从而将 OH$^-$ 携带到有机反应相，催化反应的进行。

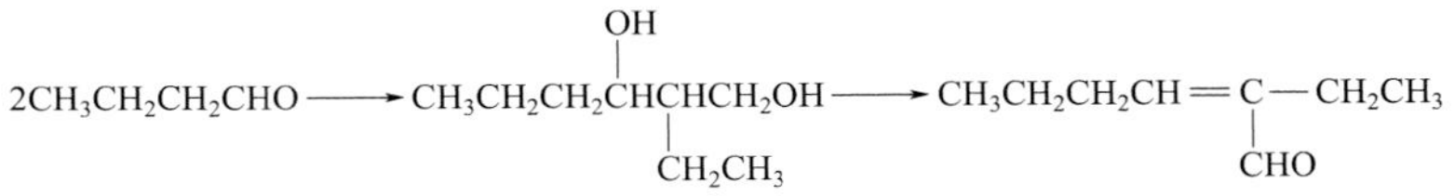

图 3-18　离子液体催化正丁醛合成辛烯醛反应

六、烷基化反应

1. 离子液体催化芳烃的烷基化反应

双酚 F 作为一种重要的化工中间体，其环氧树脂具有黏度低、易于与固化剂交联、对纤维浸渍性好等优点，能满足大型风电叶片高性能和加工注塑成型要求。合成双酚 F 的主要原料是苯酚和甲醛，催化剂为质子酸，如磷酸、草酸、盐酸等。但该类催化剂腐蚀性强、酸废水量多、环境污染严重等缺点导致生产过程复杂和生产成本升高。离子液体作为一种新型的绿色溶剂和催化剂，王庆等[51]合成了以不同碳链长度的 N- 甲基咪唑（[C$_n$mim]$^+$）为阳离子，[HSO$_4$]$^-$、[H$_2$PO$_4$]$^-$、[CH$_3$COO]$^-$为阴离子的一系列 Brønsted 酸性离子液体，在阳离子结构一定时，阴离子为 [HSO$_4$]$^-$ 的离子液体酸性最强，催化效果最好；在阴离子结构一定时，随着阳离子中烷基链增加，酸性缓慢增加，但当烷基链中碳原子数为 6 时，催化效果最好。以 [C₆mim][HSO₄] 为酸催化剂，在反应时间 60min、酸/醛摩尔比 1:1、原料酚醛摩尔比 6:1、反应温度 90℃ 的条件下，双酚 F 的收率达到 80.5%，选择性超过 90%。虽然该项技术极具发展潜力，但是烦琐耗时的合成过程不适合大规模工业生产。

双酚 F 合成过程如图 3-19 所示。

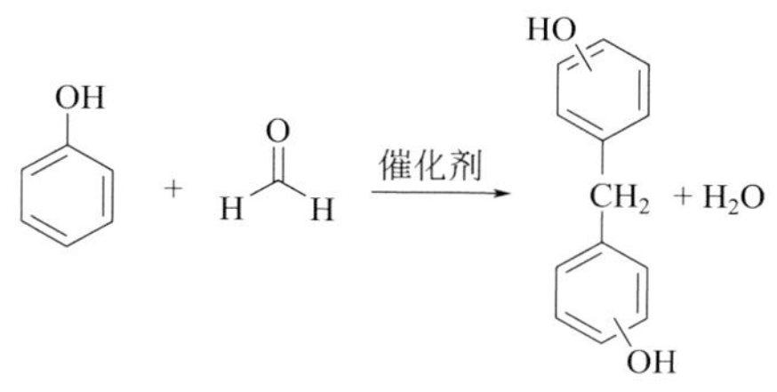

苯乙烯可用来合成聚苯乙烯、聚苯乙烯橡胶、ABS 聚合物、SAN 聚合物、丁苯橡胶和不饱和树脂等，生产苯乙烯的主要原料是乙苯。合成乙苯的生产工艺有传统 AlCl₃ 液相法、Alkar 气相法、均相 AlCl₃ 液相法、ZSM-5 分子筛气相法和 Y-分子筛液相法。王莉等[52] 曾用 Et₃NH-AlCl₃ 离子液体催化苯与氯乙烷的反应，在 60℃ 条件下，苯与氯乙烷的摩尔比为

▶ 图 3-19　双酚 F 合成过程

10:1，催化剂用量为反应物总质量的 10%，反应时间为 15min，此时反应达到最佳，氯乙烷的转化率达到 95.5%，乙苯选择性达 84.3%。陈晗等[53] 利用 Et₃NHCl-AlCl₃ 催化甲苯与氯代叔丁烷的烷基化反应，氯代叔丁烷的转化率为 98%，催化剂反复利用 5 次，催化活性不变。但是以上两种方法生成的二乙苯副产物，催化条件和合成条件还有待改进。该反应的反应式如图 3-20 所示。

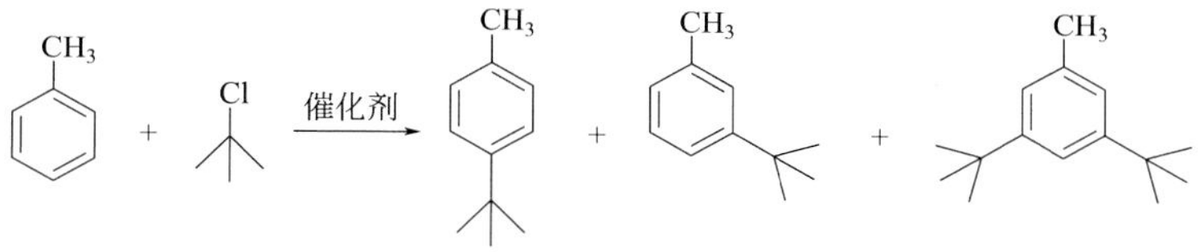

▶ 图 3-20　甲苯与氯代叔丁烷的烷基化反应

同样的还有谢方明等[54] 以 2-氯丙烷为烷基化剂，在 [Et₃NH]Cl-2AlCl₃ 离子液体作用下催化合成异丙苯，异丙苯是重要的基本有机化工原料，主要用于生产苯酚和丙酮。

异丙苯反应式如图 3-21 所示。

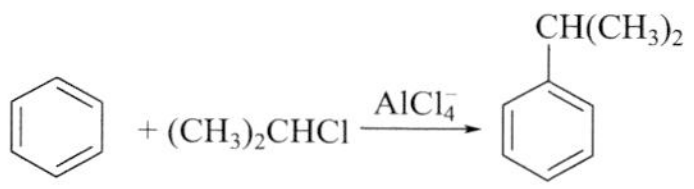

考察了 [Me₃NH]Cl-AlCl₃、[Et₃NH]Cl-AlCl₃、[Bmim]Cl-AlCl₃、[PyH]Cl-AlCl₃ 等离子液体的催化性能，并与 AlCl₃ 催化剂进行对比，如表 3-1 所示。

▶ 图 3-21　异丙苯合成过程

表3-1　不同阳离子氯铝酸盐离子液体催化性能比较

离子液体	苯的转化率 /%	异丙苯的选择性 /%
[Me₃NH]Cl-AlCl₃	24.06	85.59
[Et₃NH]Cl- AlCl₃	25.80	89.08
[Bmim]Cl-AlCl₃	28.58	83.80
[PyH]Cl-AlCl₃	24.33	87.66

以 [Et₃NH]Cl-AlCl₃ 离子液体为催化剂，2- 氯丙烷为烷基化剂合成异丙苯，催化剂加入量为苯质量的 10%，苯 /2- 氯丙烷摩尔比为 3.3，反应温度 55℃，在此条件下苯转化率为 29.38%，异丙苯选择性为 90.60%。该反应不但苯转化率低而且离子液体与反应体系中的某些物质之间有相互作用，导致 AlCl₃ 溶解损失，以致离子液体反应活性下降甚至失活。

2. 酚类的烷基化反应

烷基苯酚主要用于合成树脂、耐用表面涂层、涂料、打印墨水、表面活性剂、橡胶化学品、抗氧剂、杀菌剂、汽油添加剂、紫外吸收剂和高分子材料的热稳定剂[55]，因此苯酚和叔丁醇的烷基化反应在有机合成中有着极其重要的意义。目前烷基化反应用液体无机酸和固体酸作催化剂，由于液体无机酸催化剂容易引起设备腐蚀和环境污染，而固体酸催化剂容易积炭失活，需要寻找更合适的催化剂。丁建峰等[56] 在氯铝酸离子液体的基础上开发出新型对水和空气相对稳定的非氯铝酸功能化酸性离子液体，在没有任何有机溶剂和卤素的条件下，离子液体 [C₁imCH₂CH₂COOH][HSO₄] 催化苯酚与叔丁醇烷基化反应的最佳工艺条件为：温度 70℃，n(苯酚)：n（叔丁醇)：n（离子液体)=5：5：4，反应时间 7h。在此反应条件下，苯酚转化率为 68.7%，对叔丁基苯酚的选择性为 45.1%。虽然该羧酸基功能化离子液体能弥补浓硫酸及氯铝酸离子液体的缺点，且可以多次利用，但是因反应物的转化率相对较低以及存在多种副产物等原因，该离子液体有待于进行进一步的研究改进。

离子液体结构式如图 3-22 所示。

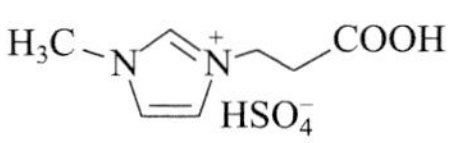

3. 烷烃的烷基化反应

强酸催化异丁烷和烯烃的烷基化反应是石油化工领域生产清洁汽油的重要组成部分，虽然其产品烷基化油具有低蒸气压、低硫、

▶ 图 3-22　[C₁imCH₂CH₂COOH][HSO₄] 结构式

无芳烃、不致癌、高辛烷值 (RON) 等特点，而且传统浓硫酸和氢氟酸的液体酸烷基化工艺较成熟，但都存在设备腐蚀和环境污染等问题，极大地限制了烷基化工艺

的推广应用[57]。张振华等[58]制备了 1- 甲氧基乙基 -3- 甲基咪唑氯盐 [Moemim]Cl、1- 甲氧基乙基 -3- 甲基咪唑溴盐 [Moemim]Br、N, N, N - 三甲基 -N- 甲氧基乙基溴化铵 [$N_{111,102}$]Br 和 N, N, N - 三乙基 -N- 甲氧基乙基溴化铵 [$N_{222,102}$]Br 四种离子液体，分别与三乙胺盐酸盐氯铝酸离子液体复合作为催化剂用于催化异丁烷烷基化反应。在三乙胺盐酸盐氯铝酸离子液体中添加不同醚类离子液体用于催化烷基化反应，作为三乙胺盐酸盐氯铝酸离子液体的助剂催化异丁烷烷基化反应，可提高烷基化油的品质。结果表明，在反应温度 25℃、进料速率 500mL/h、酸烃体积比 20∶60、添加 6%(质量分数) [Moemim]Cl 的条件下，C_8 选择性由 47.7% 提高至 63.6%，辛烷值 (RON) 由 83.5 提高至 93.2。优化后的醚基复合氯铝酸离子液体催化剂至少循环 20 次活性不降低，显示了较好的催化性能。烷基化反应是放热反应，降低温度更有利于反应进行。温度升高降低了催化体系的黏度，提高了酸烃相的乳化效果，降低了烯烃聚合的可能性，有利于发生氢负离子转移，提高产物收率，而温度升高了，裂化和歧化等副反应加剧，轻组分 $C_5 \sim C_7$ 含量和重组分 C_{9+} 含量均增加，烷基化油的品质降低，从而反应温度的调节成为该项成果的技术难题。

离子液体 (IL) 是一类完全由阴阳离子组成的新兴环境友好的液体材料，具有独特的结构和性质，它的出现为开创清洁新工艺提供了新的思路和机遇，并已在众多领域凸显优势。氯铝酸离子液体因其突出的酸强度，首先被国内外许多学者和公司用于催化 C_4 烷基化反应的研究。卢丹等[59]对离子液体催化异丁烷与 2- 丁烯的烷基化反应的研究为高性能 C_4 烷基化的催化剂的设计合成、C_4 烷基化清洁工艺的开发以及其他强酸催化的石油化工、生物化工和煤化工工艺的清洁化，提供了新的思路和基础数据。他们的研究结果表明，1- 甲氧基乙基 -3- 甲基咪唑溴氯铝酸离子液体（[Moemim]Br/AlCl$_3$）在 AlCl$_3$ 摩尔比为 0.75 时酸性最强，催化烷基化反应效果最佳；在反应温度 35℃、异丁烷与 2- 丁烯体积比 10∶1 的反应条件下催化烷基化反应，可得到 C_8 选择性 66.6% 的烷基化油，其催化效果远比非醚基功能化氯铝酸离子液体的催化效果好很多，且可以循环使用。但醚基功能化离子液体的合成过程耗时费力，反应条件较为苛刻，不易于实现，为大规模工业生产带来阻力，应对其进行进一步的改进。

4. 结束语

离子液体作为绿色环保、性能高效的催化剂、溶剂和萃取剂，在多相反应中越来越受到重视。传统的离子液体，由于其具有特殊的溶解气体能力和萃取液体的能力被研究开发用于气液反应和液液反应；而固载型离子液体催化剂则更适合作为大规模的填料塔应用于工业领域，与传统离子液体相比既可解决离子液体的稳定性问题，也可以解决离子液体黏度的问题，在工业化应用中有较大的潜力。无论是传统离子液体还是固载化离子液体，在调控多相反应中体现出的优异性能可以替代传统的催化剂和有机溶剂，不仅在经济效益和能源消耗方面有益，对生态环境也是有利的保护。

建立在煤炭、石油和天然气等化石资源基础之上的现代石油化学工业是人类文明和经济发展的重要基础，为人类提供了能源和化学品。这些化石资源不可再生，日趋枯竭。生物质资源是自然界中唯一可再生的有机碳资源，可以作为或转化为能源，是目前所知的唯一可以替代化石资源来合成化学品的资源。通过生物炼制，实现传统石油化工产品原料的替代，逐步从化石经济向生物质经济过渡，是化学工业发展的必然趋势。

生物质主要是通过动物、植物及微生物等生命体衍生得到的材料，种类繁多，结构复杂。代表性物质有木质纤维素、甲壳素、藻类等。木质纤维素是农作物秸秆和树木的主要成分，是自然界中储量最丰富的天然高分子化合物。通过光合作用，木质纤维素每年的产量高达约 2000 亿吨。木质纤维素的主要成分包括纤维素、半纤维素、木质素（图 3-23）。

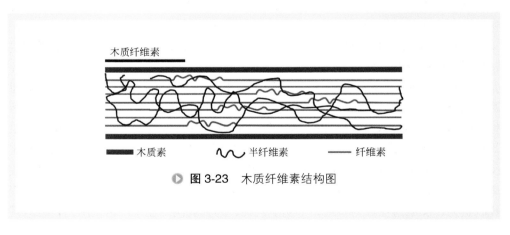

图 3-23　木质纤维素结构图

其中，纤维素和半纤维素由 C_6 和 C_5 单糖通过糖苷键连接形成，通过选择性切断 C—O 和 C—C 键，可以将纤维素和半纤维转化为乙醇、多元醇、有机酸、糠醛类等能源产品和化学品。木质素的储量仅次于纤维素，是自然界中唯一可再生的芳香碳资源。木质素高含量的苯环本体结构为制备烃类液态燃料和重要芳香化合物提供了丰富的可再生芳香碳资源。因此，充分利用木质纤维素，将其转化为能源产品和高附加值化学品（图 3-24），相当于光合作用与化学方法相结合利用太阳能，对解决人类能源和碳资源供应问题具有重要意义。除了木质纤维素资源外，来源于海洋的生物质资源也很丰富，其中部分具有和木质纤维素相类似的结构，比如来源于藻类的海藻酸钠和来源于甲壳类海洋生物的甲壳素及其衍生物壳聚糖，因此也引起了人们的关注。甲壳素是一种碱性多糖，壳聚糖是甲壳素脱乙酰化的产物，其结构中存在着较活泼的一级氨基和羟基，可以生成许多衍生物。上述生物质资源都具有重要价值，已经得到广泛应用。

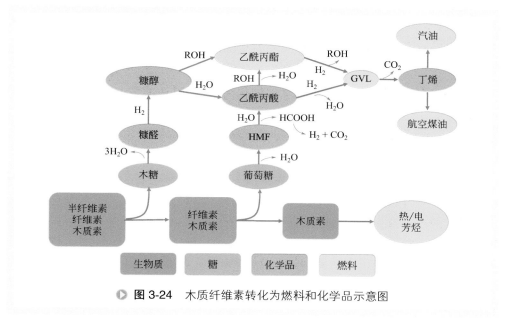

图 3-24 木质纤维素转化为燃料和化学品示意图

当前，绿色化已经成为化学发展的重要趋势。使用环境友好的反应介质和采用可再生资源均是绿色化学的重要内容。离子液体是由有机阳离子和阴离子构成、在室温或近室温下呈液态的一类物质，具有难挥发、稳定性好、电化学窗口宽等特点，同时其可设计性催生出种类繁多的功能离子液体。一些离子液体对纤维素、木质素、甲壳素等生物质大分子具有很好的溶解性能，使得在离子液体介质中低温下加工和化学转化上述生物质大分子成为可能。同时，离子液体能够稳定反应的中间体，抑制副反应（重新聚合、自聚等）的发生，从而有效提高生物质转化反应目标产物的选择性。因此，离子液体强化生物质大分子转化及利用引起了人们的广泛关注。此外，离子液体的溶剂化性能使基体可以直接进入活性位点并有效分离产物，从而实现催化剂的再循环或连续流动操作。额外的功能结构也可以结合到离子液体中，例如 Brønsted 或 Lewis 酸位点，以促进反应级联中的顺序键断裂或形成过程。离子液体主要是作为反应介质和 / 或催化剂强化生物质的转化，这是本节要着重介绍的内容。除此之外，离子液体可以作为稳定剂稳定金属纳米粒子作为生物质转化的催化剂，通过选择离子液体和金属纳米粒子的合适组合可以调节催化体系的整体性质。尽管金属纳米粒子决定催化转化的原理，但离子液体提供了稳定介质，可以通过改变离子液体的阳离子或阴离子来调节金属纳米粒子的表面反应性。

一、离子液体强化纤维素的催化转化

纤维素由葡萄糖通过 β- 糖苷键链接形成，是木质纤维素中含量最高的成分，可以达到木质纤维素总组成的 30% ～ 50%。由于一些离子液体对纤维素具有很好的溶解性能，以离子液体为介质进行纤维素转化引起了人们极大的兴趣。离子液体可以作为溶剂或者催化剂，强化纤维素通过脱水、加氢等方式转化为各种有机酸、醇以及 5- 羟甲基糠醛等高附加值化学品。

1. 离子液体强化纤维素及其单体转化为5–羟甲基糠醛

5- 羟甲基糠醛（5-HMF）是具有多个官能团的生物质平台化合物，可以转化为多种有价值的化学品。通过纤维素及其单体葡萄糖和葡萄糖的同分异构体果糖脱水制备 5-HMF 成为离子液体中生物质转化最成功的反应之一。

2007 年张宗超等首次发现离子液体中金属氯化物能够有效催化葡萄糖转化为 5-HMF[60]。其中，$CrCl_2$ 与 1- 乙基 -3- 甲基咪唑氯（[Emim]Cl）构成的催化体系显示了最好的催化效果。5-HMF 在最佳反应条件下（100℃反应 3h）的收率可以达到 70%。离子液体与 $CrCl_2$ 形成的 $CrCl_3^-$ 促进葡萄糖由 β- 构型转化为 α- 构型，是葡萄糖脱水合成 5-HMF 的关键步骤。^1H NMR 研究表明，$CrCl_3^-$ 通过与葡萄糖中的羟基形成氢键促进氢的转移生成烯醇化合物，从而使得葡萄糖异构化为果糖，最后果糖脱掉 3 分子水得到产物 5-HMF（图 3-25）。在上述工作的基础上，Yong 等以氮杂环卡宾修饰的铬盐（$CrCl_2$、$CrCl_3$）为催化剂[61]，在 1- 丁基 -3- 甲基咪唑氯（[Bmim]Cl）中研究了葡萄糖脱水转化为 5-HMF 的反应。在该催化体系中，$CrCl_2$ 和 $CrCl_3$ 并没有表现出不同的催化活性，催化活性与氮杂环卡宾的立体化学结构密切相关。具有较大位阻的氮杂环卡宾能够阻止 Cr 催化中心与 [Bmim]Cl 的配位作用，从而使得催化体系具有较高的催化活性。以 1,3- 二（2,6- 二异丙基苯）咪唑形成的卡宾为配体，5-HMF 的最高收率可以达到 81%。

为了避免使用有毒的铬盐，中国科学院化学研究所韩布兴等使用 $SnCl_4 \cdot 5H_2O$ 在离子液体中催化葡萄糖脱水合成 5-HMF[62]。他们所用的离子液体有 [Bmim]Cl、[Bmim][BF$_4$]、[Bmim][PF$_6$]、1- 丁基 -3- 甲基咪唑二（三氟甲磺）酰亚胺盐（[Bmim][NTf$_2$]）、1- 丁基 -3- 甲基咪唑三氟乙酸盐（[Bmim][TFA]）、1- 丁基 -3- 甲基咪唑三氟甲磺酸盐（[Bmim][CF$_3$SO$_3$]）、1- 丁基 -3- 甲基咪唑糖精盐（[Bmim][Sacc]）、N- 丁基吡啶四氟硼酸盐（[Bpyr][BF$_4$]）以及 1- 乙基 -3- 甲基咪唑四氟硼酸盐（[Emim][BF$_4$]）。阴离子为 BF_4^- 的离子液体既具有低的配位能力，又对葡萄糖有强的溶解能力，表现出了最好的催化效果。其中，[Emim][BF$_4$] 中 5-HMF 的收率可以达到 62%。Sn 与葡萄糖中相邻的两个 O 形成五元螯合物是 5-HMF 形成的关键步骤。通过 ^1H NMR 分析，Wettstein 等[63]提出了 $SnCl_4$ 催化葡萄糖脱水合成 5-HMF 的机理：$SnCl_4$ 中的 Cl 与葡萄糖中的活泼 H 之间相互作用，在反应过程中将 H 转移；$SnCl_4$

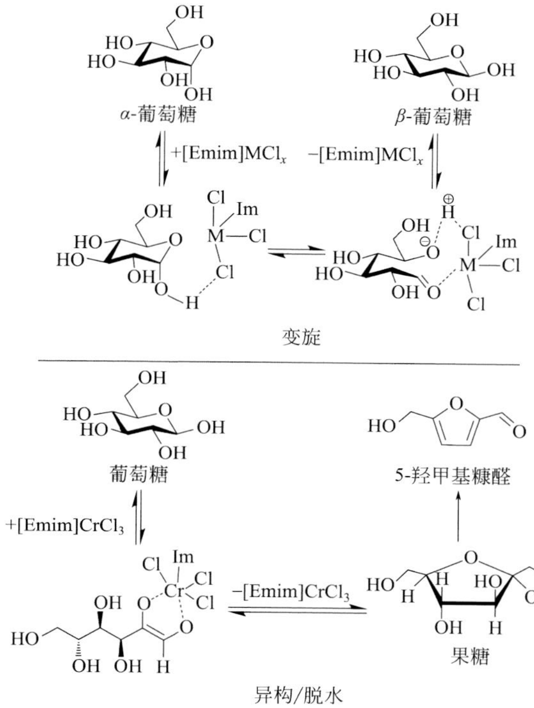

● **图 3-25** [Emim]Cl 中 CrCl₂ 催化葡萄糖脱水合成 5-HMF 的机理

中的 Sn 与葡萄糖相邻碳上的 O 相互作用，诱导直链葡萄糖和中间体烯二醇的形成；烯二醇可以异构为果糖，果糖在 $SnCl_4$ 的作用下脱水合成 5-HMF。

将纤维素直接转化为 5-HMF 通常需要经过如下三步反应：① 纤维素水解生成单糖葡萄糖；② 葡萄糖异构化为果糖；③ 果糖脱水得到 5-HMF（图 3-26）。

Dyson 和颜宁设计了一批具有新型阳离子的离子液体（图 3-27），显著提高了葡萄糖和更复杂的糖类转化为 5-HMF 的效率。原位核磁共振光谱学和计算模型表明，离子液体、催化剂和底物之间的关键相互作用导致了增强的反应性[64]。中国科学院过程工程研究所张锁江等研究了离子液体的阴阳离子对果糖制备 5-HMF 的影响，发现 5-HMF 的产量受阳离子聚集和阴离子与果糖之间氢键的强烈影响。阳离子烷基链短于 4 的咪唑阳离子型离子液体适用于 5-HMF 的制备，而离子液体的阴离子和果糖分子或者酸性自由基之间形成强的氢键，会导致高反应活性[65]。

2. 离子液体强化纤维素转化为乙酰丙酸

乙酰丙酸（LA）是另一类重要的纤维素平台化合物，可用于生产各种高值化学品、聚合物、香料和燃料添加剂。通过酸水解的过程，纤维素可以通过三步反应

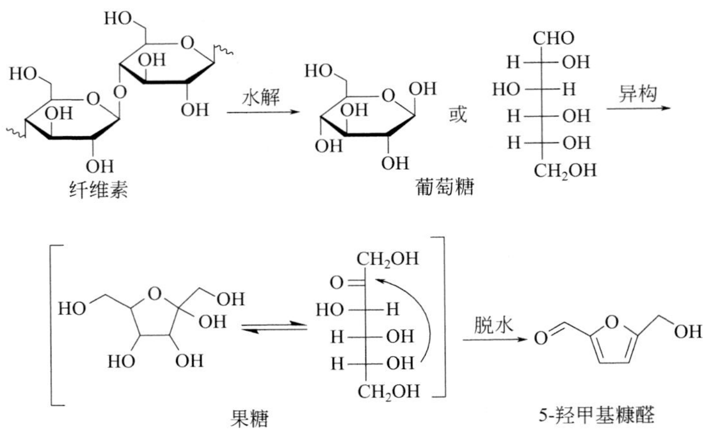

▶ 图 3-26 纤维素转化为 5-HMF 的路径

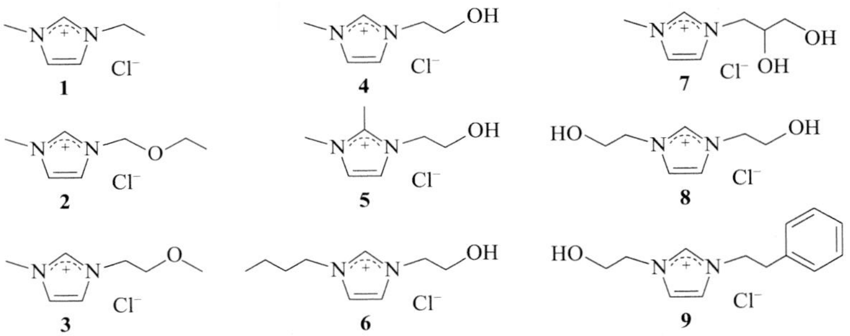

▶ 图 3-27 实验中用到的离子液体

转化为乙酰丙酸（图 3-28）：① 纤维素水解为葡萄糖；② 葡萄糖转化为 5-HMF；③ 5-HMF 水合产生乙酰丙酸。在这一转化反应中，酸性功能离子液体可以替代 HCl、H_2SO_4 等矿物酸作为反应的催化剂。这些酸性离子液体同时起到了反应介质的作用。

为了将葡萄糖转化为乙酰丙酸，Ramli 等设计了 1- 丁基 -3- 甲基咪唑四氯铁酸盐（[Bmim][FeCl$_4$]）、1- 磺酸 -3- 甲基咪唑氯盐 ([Smim]Cl)、1- 磺酸 -3- 甲基咪唑四氯铁酸盐（[Smim][FeCl$_4$]）三种酸功能化离子液体。与适量水（水和离子液体的质量比为 1.5：1）相结合，这三种离子液体均能催化葡萄糖转化为乙酰丙酸。其中，[Smim][FeCl$_4$] 的催化效果最好，从葡萄糖得到乙酰丙酸的产率可以达到 68%。[Smim][FeCl$_4$] 的高活性源于它的强酸性以及分子结构中同时具有 Lewis 酸和 Brønsted 酸中心。此外，[Smim][FeCl$_4$] 中的功能基团能够降低反应的活化能，从而促进葡萄糖转化[66]。

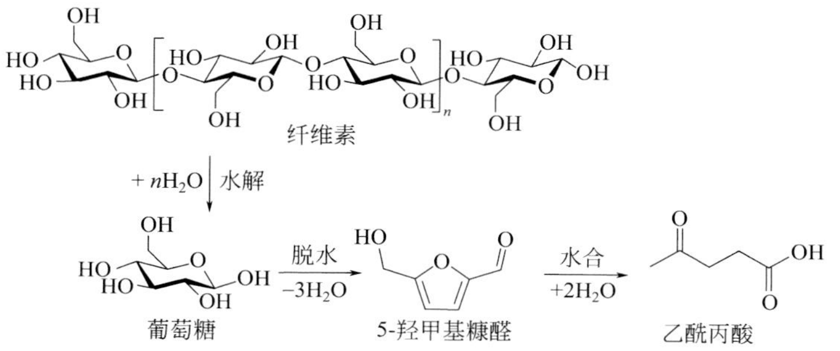

图 3-28　纤维素转化为乙酰丙酸的路径

3. 离子液体强化纤维素平台化合物的催化转化

最常见的纤维素平台化合物有 5- 羟甲基糠醛（5-HMF）、乙酰丙酸（LA）、γ- 戊内酯（GVL）等，它们可以进一步转化为其他高附加值化学品或者液体燃料。

5-HMF 的选择性加氢是生物质转化领域非常重要的反应。5-HMF 的选择性加氢产物可能有 2,5- 二甲基呋喃、2,5- 二羟甲基呋喃、2,5- 二羟甲基四氢呋喃等。Chidambaram 等发现活性炭负载的 Pd、Pt、Ru 或者 Rh 等催化剂在 [Emim]Cl 中能够催化 5-HMF 的加氢反应。该催化体系中加氢产物主要有 5- 甲基糠醛、2,5- 二羟甲基呋喃、5- 甲基糠醇、2,5- 二甲基呋喃、5- 甲基四氢糠醇以及 2,5- 己二酮。其中，Pd/C 与 [Emim]Cl 组成的催化体系活性最高，但是 5-HMF 的转化率只有 19%，目标产物 2,5- 二甲基呋喃的选择性为 13%。向反应体系中加入乙腈，5-HMF 的转化率和 2,5- 二甲基呋喃的选择性可以分别提高到 47% 和 32%。离子液体体系中转化率和选择性较低，是反应温度相对较低、反应时间较短、氢气在离子液体中的溶解度也很低等原因造成的。此外，反应过程中产生的 2,5- 二羟甲基呋喃在一定程度上抑制了目标产物 2,5- 二甲基呋喃的生成 [67]。5-HMF 可以在离子液体 / 非贵金属催化反应体系中无碱转化成 2,5- 呋喃二甲酸（FDCA）。[Bmim]Cl 具有强的氢键形成能力和良好的热稳定性，是很好的不添加碱的离子液体。

芳香族化合物在从合成化学到制造业等各个领域发挥着不可或缺的作用。从生物质生产芳烃对减轻对化石资源的依赖非常重要。张锁江课题组将 [Bmim][HSO$_4$] 用作 2,5- 二甲基呋喃和丙烯酸直接转化为对二甲苯和 2,5- 二甲基苯甲酸的催化剂和溶剂，在室温和常压下 2,5- 二甲基呋喃转化率达到 87% 时，芳族化合物选择性达到 89%，随后的脱羧反应可获得 84% 的对二甲苯选择性。他们还研究了各种起始原料以进一步扩展该方法，结果表明，呋喃环上的供电子甲基在脱水和脱羧过程中起关键作用。这项工作提供了从生物质衍生原料中获取工业商品芳烃的方便途径，因此可以被认为更经济和环保 [68]。

二、离子液体中半纤维素的催化转化

半纤维素是木质纤维素的另一重要组成成分，含量为 20% ～ 35%。与纤维素不同，半纤维素是由不同种类的单糖聚合得到的支链聚合物，包括 C_5 糖（木糖、阿拉伯糖等）、C_6 糖（甘露糖、葡萄糖、半乳糖等）、糖醛酸（葡萄糖醛酸等）。与纤维素类似，半纤维素同样可以转化为各种高附加值化学品和能源产品。

糠醛是一类用途非常广泛的半纤维素衍生物，是生产多种化学品和材料的前驱体，同时也可用作功能性溶剂和萃取剂。与水相体系相比，利用离子液体的特性将半纤维素转化为糠醛是一条更有效的替代路线。

在离子液体 [Bmim]Cl 中，矿物酸（H_2SO_4、HCl、H_3PO_4）和金属氯化物（$CrCl_3$、$CuCl_2 \cdot 2H_2O$、$CrCl_3$/LiCl、$FeCl_3 \cdot 6H_2O$、LiCl、CuCl、$AlCl_3$）可以催化木聚糖转化为糠醛。其中 $AlCl_3$ 的催化效果最好，糠醛的收率能够达到 84.8%。在 $AlCl_3$/[Bmim]Cl 催化体系中，$AlCl_3$ 与 [Bmim]Cl 能够形成配合物 $[AlCl_n]^{(n-3)-}$。$[AlCl_n]^{(n-3)-}$ 通过与糖苷键中 O 的配位作用促进木聚糖水解为木糖。随后，通过 $[AlCl_n]^{(n-3)-}$ 中 Cl 与木糖中羟基的氢键作用，α- 型木糖转化为 β- 型木糖，进而在 $[AlCl_n]^{(n-3)-}$ 的作用下得到烯醇型木糖。最终，通过脱水反应得到糠醛[69]。

以 [Bmim]Cl 为介质，$H_3PW_{12}O_{40}$、Amberlyst-15 和大孔聚苯乙烯磺酸树脂（NKC-9）可以作为固体酸催化木糖和木聚糖转化糠醛。与 Amberlyst-15 和 NKC-9 相比，$H_3PW_{12}O_{40}$ 的催化活性最高，糠醛的收率可以达到 82.7%，但是，$H_3PW_{12}O_{40}$ 催化剂的选择性低于 Amberlyst-15 和 NKC-9。一般而言，高的 Lewis 酸有利于糠醛的生成，但是反应的选择性依赖于 Brønsted 酸性。因此，由于 $H_3PW_{12}O_{40}$ 催化剂既具有最高的 Lewis 酸性又具有最高的总酸量，所以糠醛的收率最高。而由于具有最多的 Brønsted 酸位点，Amberlyst-15 表现出了最好的选择性[70]。

使用酸性离子液体而避免使用额外的催化剂是生物质水解和转化的一个较好的方案，可以调整工艺条件以获得糖类和 / 或平台化学品，如呋喃和有机酸。Peleteiro 等在酸性离子液体 [Bmim][HSO_4] 中进行木糖的脱水反应。因为糠醛在酸性离子液体中发生了聚合、水解等副反应，所以糠醛的收率仅为 36.7%。为了提高糠醛的收率，可以将 [Bmim][HSO_4] 与有机溶剂结合构建两相反应体系。研究表明，以甲苯、甲基异丁基酮、二氧六环为萃取剂，糠醛的收率可以分别提高到 73.8%、80.3% 和 82.2%。在两相体系中，生成的糠醛被萃取进入有机溶剂，减少了与 [Bmim][HSO_4] 的接触，降低了副反应的发生，因此有效提高了糠醛的收率[71]。

三、离子液体强化木质素的催化转化

木质素是一类可再生的芳香聚合物，在木质纤维素中的含量为 15% ～ 30%。木质素是高度支化的多酚类聚合物，其组成和结构取决于生物质的种类，甚至植物不同部位的木质素在结构上会有很大差异。通常，木质素是由香豆醇（H）、松柏醇（G）、芥子醇（S）三种结构单元（图 3-29）通过 C—C 和 C—O 键相互连接形成的具有三维网状结构的生物高分子（图 3-30）。作为自然界唯一可再生的芳香碳资源，木质素可以通过多种途径（水解、加氢、氧化等）转化为不同的芳香化合物。近年的研究发现，离子液体作为一种功能性溶剂或催化剂能够强化木质素的转化及利用。

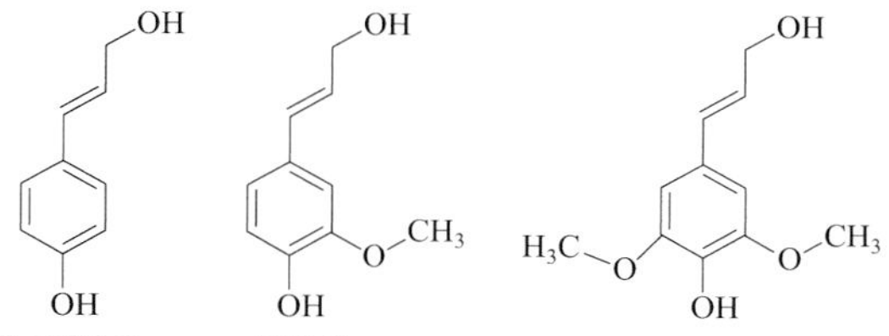

▶ 图 3-29 木质素三种最常见的结构单元

1. 离子液体中酸／碱催化木质素解聚

在酸／碱催化下，木质素可以在相对温和的条件下解聚为小分子芳香化合物单体。与芳基 - 芳基醚键、芳基 C—O 键、C—C 键相比，烷基 - 芳基醚键是木质素中相对较弱的连接，易于水解裂解。因此，在酸／碱解聚木质素领域，目前的研究工作主要集中在水解裂解木质素中的烷基芳基醚键（如 β-O-4 键）。利用离子液体的特殊性质，结合合适的酸／碱，可以实现木质素的高效解聚。德克萨斯大学奥斯丁分校的 Ekerdt 在离子液体强化木质素解聚方面做了很多工作。

在水或者低分子量醇中，Lewis 酸能够催化木质素及其相关模型化合物的解聚，但是目标产物的产率一般较低。以离子液体为介质能够提高 Lewis 酸对木质素及其模型化合物解聚反应的活性和选择性。例如，在 [Bmim]Cl 中，FeCl$_3$、AlCl$_3$、CuCl$_2$ 等 Lewis 酸能够催化两种 β-O-4 型木质素模型化合物苯酚基 - 愈创木基甘油 -β- 愈创木酚醚（GG）和苯甲醚基 - 愈创木基甘油 -β- 愈创木酚醚（VG）的水解（图 3-31）。其中，在 [Bmim]Cl/Lewis 酸 / 水组成的催化体系中，GG 型模型化合物可以 100% 转化，愈创木酚的收率达到 69% ～ 80%。而 VG 型木质素模型化合物的反应活性比 GG 型低，在 [Bmim]Cl/AlCl$_3$/ 水体系中的转化率只有 75%。在这些催化体系中，由 Lewis 酸水解原位产生的 HCl 是反应的真实催化剂，因为在无水条件下反应不能进行。GG 型模型化合物中的酚羟基能够提供额外的质子，并能与金属离子相互作用从而促进 Lewis 酸水解生成更多的 HCl，这两种作用能够提高反应体系的酸强度，因此 GG 型模型化合物更易水解[72]。

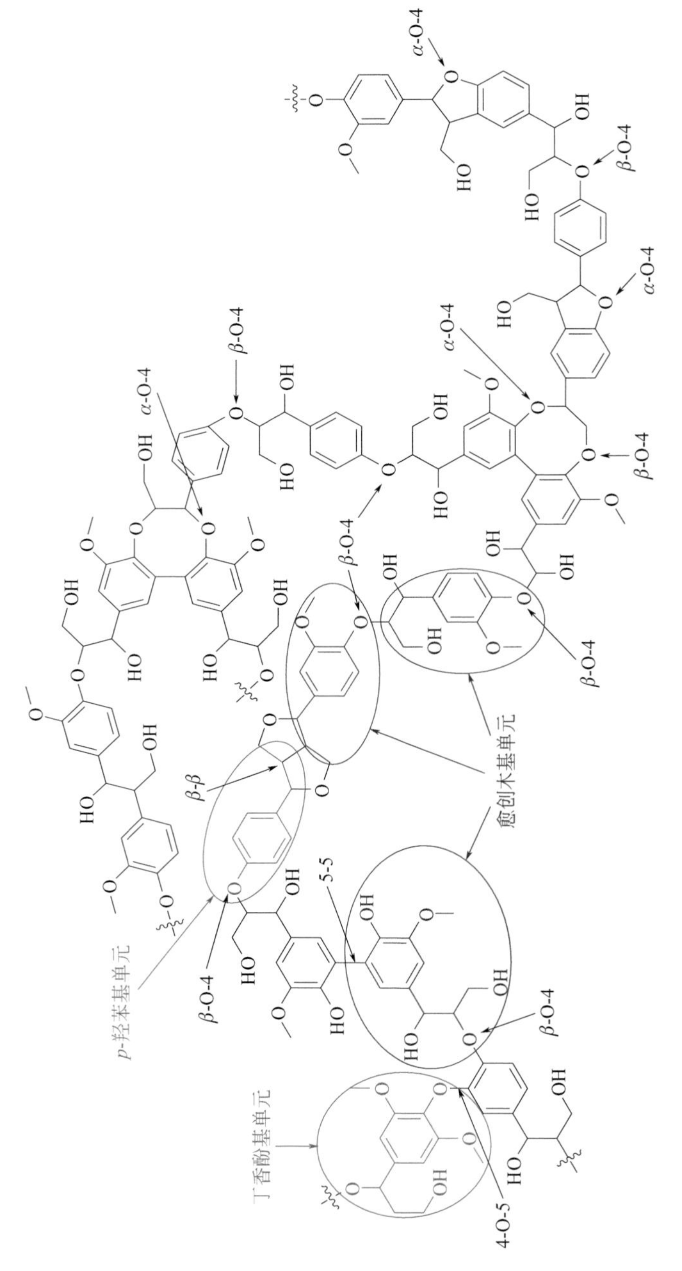

◆ 图 3-30　木质素的结构示意图

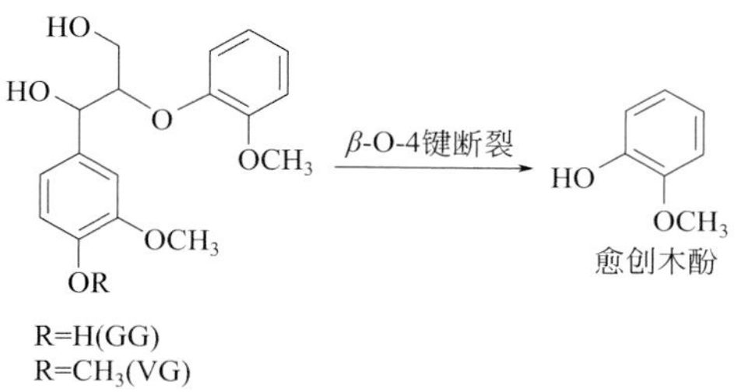

图 3-31　两种木质素模型化合物 GG 和 VG 在 Lewis 酸催化下的水解

2. 离子液体中木质素及其模型化合物的催化氢解

催化氢解是木质素及其模型化合物转化的另一条有效途径。通过催化加氢，木质素可以转化为木质素低聚物、各种酚类化合物、各种芳香化合物等高附加值化学品。通常，木质素的催化加氢是在水、醇、其他常见有机溶剂中进行的。近几年，由于离子液体对催化剂及反应中间体的稳定作用，通过设计合适的离子液体，木质素及其模型化合物可以在相对温和、绿色的条件下实现选择性氢解。

作为一种功能性绿色溶剂，离子液体可以用作可溶性纳米金属粒子催化剂的有效溶剂。这种催化体系充分利用了均相和异相催化剂的优势，被称为"离子液体中的准均相催化"。同时，由于离子液体的结构诱导作用、自组装作用、电荷稳定作用，离子液体可以用于制备小尺寸的纳米粒子并且能够在纳米尺度上调控催化剂的结构。特别是，咪唑类离子液体能够很好地稳定过渡金属纳米粒子。这种离子液体中可溶性纳米金属的催化体系在木质素及其模型化合物的催化氢解反应中有很好的应用。这种催化体系将金属催化剂与离子液体相结合，为木质素及其模型化合物的氢解提供了一条新思路。

以离子液体 [Bmim][BF$_4$] 和 [Bmim][NTf$_2$] 为溶剂，以金属纳米粒子与 Brønsted 酸功能化离子液体构成的催化体系能够催化木质素衍生的酚类化合物通过加氢脱水反应转化为相应的烷烃。所用酸性离子液体的阳离子主要是 1- 甲基 -3-(CH$_2$)$_n$SO$_4$ 基咪唑（n=1,2,3,4），阴离子有 [TfO]$^-$、[BF$_4$]$^-$、[CF$_3$COO]$^-$、[CH$_3$SO$_3$]$^-$、[NTf$_2$]$^-$、[HSO$_4$]$^-$ 和 [H$_2$PO$_4$]$^-$。同时，以 1- 乙烯基 -3- 甲基咪唑氯与 N- 乙烯基吡咯烷酮的共聚物为稳定剂，Ru、Pd、Pt 以及 Rh 等金属纳米粒子可以很好地分散在离子液体 [Bmim][BF$_4$] 和 [Bmim][NTf$_2$] 中。研究表明，各种木质素衍生物，包括苯酚、苯甲醚、4- 乙基苯酚等均能在 [Bmim][BF$_4$] 和 [Bmim][NTf$_2$] 中被加氢转化为相应的烷烃。在这一催化体系中，金属纳米粒子催化加氢反应，而 Brønsted 酸离子液体催化脱水反应。因此，离子液体的酸性以及纳米金属粒子的性质能够影响产物的选择性 [73]。

利用 Brønsted 酸性离子液体裂解木质素及其模型化合物时，形成的中间体通常不稳定，容易重新聚合成其他分子量较高的副产物，从而降低了目标单体产物的收率。因此，稳定反应的活性中间体是酸性条件下木质素及其模型化合物转化的关键步骤。Scott 等以 1- 丁基 -2,3- 二甲基咪唑双三氟甲磺酰亚胺盐（[Bmmim][NTf₂]）为反应溶剂和纳米 Ru 的稳定剂进行了 β-O-4 二聚物的加氢反应。由于咪唑环 2 位 H 被甲基取代，[Bmmim][NTf₂] 可以起到控制反应体系酸性的作用。在 Brønsted 酸性离子液体 1,2- 二甲基 -3- 丙基磺酸咪唑三氟甲磺酸盐（[HO₃SPmmim][TfO]）或者 1- 甲基 -3- 丁基磺酸咪唑三氟甲磺酸盐（[HO₃SBmim][TfO]）与 Ru 纳米粒子的共同作用下，所研究的二聚体可以氢解为愈创木酚以及一个不稳定的醛中间体。通过 Ru 的催化作用，不稳定的醛中间体同时原位转化为醇和烷烃等稳定的单体产物[74]。

3. 离子液体中木质素及其模型化合物的催化氧化

与水解和加氢反应相比，催化氧化降解木质素可以得到具有多官能团的高附加值芳香化合物，包括芳香醇、芳香醛和芳香酸等。由于离子液体对木质素和氧气具有优良的溶解性能，离子液体中木质素的氧化反应可以在相对温和的条件下进行。近年来，以离子液体为反应介质或催化剂的木质素及其模型化合物的催化氧化已经取得了很好的研究进展。

目前，异相体系中木质素及其模型化合物的氧化反应研究得较少。中国科学院化学研究所樊红雷和韩布兴等在碱性离子液体 1- 丁基 -3- 甲基咪唑 5- 硝基苯并咪唑盐中，以 Ru/ZIF-8 和 CuO 构成的催化体系催化木质素模型化合物黎芦醇的氧化以及随后的 Aldol 缩合反应得到 3,4- 二甲氧基苯亚甲基丙酮（图 3-32）。其中，Ru/ZIF-8 和 CuO 起催化黎芦醇氧化为黎芦醛的作用，黎芦醛的产率最高可以达到 94.9%。而离子液体 1- 丁基 -3- 甲基咪唑 5- 硝基苯并咪唑盐不但是反应的介质，同时作为碱性催化剂催化黎芦醛与丙酮的 Aldol 缩合反应得到 3,4- 二甲氧基苯亚甲基丙酮，产率为 86.4%[75]。

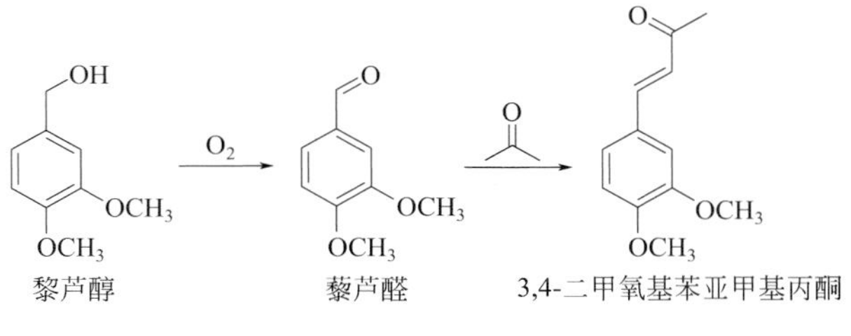

▶ 图 3-32　黎芦醇氧化及随后的 Aldol 缩合反应

尽管过渡金属能够催化木质素及其模型化合物的氧化反应，但是它们的使用会产生大量的金属废物。同时，过渡金属（特别是贵金属）的储量有限，价格昂贵。因此，开发非金属催化体系用于木质素的催化氧化越来越受到人们的关注。

樊红雷和韩布兴等发现在离子液体 1- 丁基 -3- 甲基咪唑双三氟甲磺酰亚胺盐（[Bmim][NTf₂]）中，β-O-4 型木质素模型化合物 2- 苯氧基苯乙酮可以在少量水和磷酸的作用下被氧化为苯甲酸和苯酚，产率分别为 89% 和 84%。在反应过程中，2- 苯氧基苯乙酮首先与氧气通过范德华力形成电荷转移复合物。随后，所得到的复合物通过多步电荷转移转化为苯甲酸、苯酚和甲酸。在这一催化体系中，由于所含杂原子强的电负性，阴离子 [NTf₂] 能够促进自由基生成。此外，另外一种木质素模型化合物 2- 苯氧基 -1- 苯乙醇和有机溶剂木质素同样可以在该催化体系中被有效氧化 [76]。

以过氧化氢（H₂O₂）为氧化剂，造纸黑液中的木质素可以在离子液体 1- 丁基咪唑硫酸氢盐（[Bim][HSO₄]）和三乙基硫酸氢铵盐（[Et₃NH][HSO₄]）中直接降解为芳香单体化合物。实验所用黑液是利用上述两种离子液体与水的混合物为萃取剂通过芒草的去木质素过程得到的。利用 [Bim][HSO₄] 得到的木质素更容易解聚，香草酸是主要产物。利用 [Et₃NH][HSO₄] 得到的木质素更易被氧化为酚类化合物，其中，愈创木酚是主要产物。虽然 [Et₃NH][HSO₄] 的预处理效果比 [Bim][HSO₄] 差，但是 [Et₃NH][HSO₄] 可以避免在产物中引入离子液体氧化产生的杂质。这一发现为产品的纯化和离子液体的循环利用提供了新思路 [77]。

电催化手段为木质素及其模型化合物的氧化提供了一条反应条件温和、产物选择性高的路线。考虑到离子液体本身的离子性及其独特的电化学性质（电化学窗口宽、固有的导电性、可调的电化学响应性），离子液体中木质素的电催化氧化具有很大的吸引力。在质子型离子液体三乙基三氟甲磺酸氢铵盐（[Et₃NH][TfO]）中，钌 - 钒 - 钛组成的三元金属氧化物电极可以用于碱木素的电氧化裂解。溶解在 [Et₃NH][TfO] 中的木质素可以在较高的电位下被氧化为香兰素、愈创木酚、二甲氧基苯酚等芳香化合物。反应中所用电位显著影响产物的分布。高的电位可以将木质素氧化为更多小分子量的芳香化合物 [78]。

四、离子液体和产物的分离及离子液体的回收

离子液体强化生物质加工近年来一直是最热门的研究领域之一。然而，生物质产品和离子液体的分离以及离子液体的回收是当前面临的一个挑战。因为离子液体和生物质大分子都不挥发，无法用蒸馏方法对二者进行分离。通常可以用抗溶剂的方法把生物质从离子液体中分离开来，最常用的抗溶剂是水和甲醇等有机物 [79]。但是考虑到二次分离问题，可以用压缩二氧化碳将生物质从其离子液体溶液中分离出来。这种方法便宜、绿色而且节能。

从离子液体处理生物质后的溶液中回收产生的单糖，重复使用离子液体是确保生物质处理可持续性的基本要求。da Costa Lopes 和 Lukasik 展示了一种旨在分离半纤维素衍生产物即木糖和离子液体 [Emim][HSO₄] 的方法。反应后由木糖、离子

液体和水组成的体系具有较高的极性，是分离的主要障碍之一。通过添加中等极性的乙腈来微调系统极性，可以实现木糖和离子液体的分离。为了研究木糖和离子液体分离的潜力，他们研究了由 [Emim][HSO₄]、水和乙腈构成的体系的相平衡，并做了以氧化铝为固定相的制备色谱实验以确定有效分离糖和离子液体所需的条件。他们还对固定相的量和处理、洗脱液极性和加样量进行了研究。处理氧化铝是实现离子液体和木糖单独回收率达到 90.8% 和 98.1 %（质量分数）的必要步骤 [80]。

值得注意的是，从离子液体中分离生成的 5-HMF 比较困难，需要用到有机萃取剂，并造成萃取剂与离子液体分离的问题。有机萃取剂的使用既浪费资源又对环境有破坏作用，这成为离子液体在制备 5-HMF 中应用的技术瓶颈。中国人民大学牟天成等提出了用压缩二氧化碳从 [Bmim]Cl 中萃取得到高纯度的葡糖糖转化产物 5-HMF 的方法，该方法绿色、节能，为从纤维素和 / 或其他糖开始的一锅法合成 5-HMF 打开新的视角，有望应用于工业实践 [81]。

五、影响离子液体强化生物质转化的其他因素

在使用离子液体强化生物质转化过程中，还有几个需要注意的问题。首先，关于离子液体的反应性问题。离子液体特别是一些功能化离子液体有时带有多种活泼官能团，而生物质也带有多种活泼官能团。考虑到生物质的转化通常在较高温度下进行，离子液体与生物质可能发生各种反应。比如 Welton 等使用离子液体 [Emim][OAc] 处理碳水化合物，发现 [Emim][OAc] 与碳水化合物的混合物中咪唑环的 C2 碳与开链糖上的醛官能团反应，产生具有羟基化烷基链的咪唑鎓加合物。随后，通过损失甲醛单元而发生羟烷基链的降解，产生末端加合物 1- 乙基 -2- 羟甲基 -3- 甲基咪唑醋酸盐。他们通过 NMR 和液质联用技术阐明了最终和中间加合物物种的身份以及形成加合物的反应机理，探讨了影响加合物形成的速率和数量的因素。发现改变离子液体阳离子和阴离子、酸值、糖浓度和温度影响加合物的形成速率和相对量。使用羧酸离子液体时，不能完全防止加合物的形成。相比之下，[Emim]Cl 能够溶解大量纤维素但不与碳水化合物反应 [82]。

其次，不仅仅是上述反应性，离子液体的热稳定性、电化学稳定性以及放射稳定性等都低于人们通常的估计 [83,84]。生物质的催化转化过程大多是在较高的温度下进行，因此应该严格评估离子液体在生物质转化反应条件下的长期稳定性 [85]。

最后，大部分离子液体都有较强的吸水性，即使是憎水性的离子液体也不例外 [86,87]。生物质大分子纤维素、壳聚糖等在离子液体中的溶解性随离子液体水含量的增加而急剧降低，会严重影响其转化。而且有的离子液体会发生较为强烈的水解，比如 BF₄ 基的离子液体在含水的情况下会水解形成 F 离子。PF₆ 基的离子液体的水解程度虽然比 BF₄ 基的离子液体轻，但是 [Bmim][PF₆] 暴露在水中，质谱分析结果表明，分解产物中也有可能释放出有毒和腐蚀性的水合氟离子和氟化

氢[88,89]。因此，离子液体反应环境的湿度和离子液体的含水量是离子液体中生物质转化必须考虑的关键因素之一。

六、思考及展望

如上所述，利用离子液体的特殊性质，生物质能够被有效地转化为多种高附加值化学品。这一领域仍然存在很多挑战，未来应该在下面几个方面重点推进。开发新的转化路线，以期从生物质得到新产品；设计更加绿色、高效的催化剂，进一步提高生物质转化的活性及产物选择性；设计新型功能离子液体用于强化生物质转化；离子液体与催化剂之间的耦合及协同作用规律及机理。

要将上述反应工业化，应该通过整合溶解、分馏、水解和/或转化到一锅中来实现工艺强化，以实现经济和技术可行性的最大化。从离子液体中回收产品及其纯度是新工艺替代传统工艺方案可行性的主要挑战。总之，离子液体中生物质的催化转化是一项长期的任务，涉及绿色化学、化学与化工热力学、合成化学、过程工程等多方面的内容。

第五节 离子液体中的生物催化过程

在传统化石能源煤、石油等日益枯竭、人类面临环境污染日益加重的情况下，发展以可再生生物资源为原料，可再生生物能源为能源，环境友好、过程高效的新一代物质加工模式是必然趋势，这种加工模式的核心技术就是工业生物技术。而工业生物技术的核心是生物催化（biocatalysis）。由生物催化剂完成的生物催化过程具有过程高效、反应温和、环境友好等优势，美国能源部、商业部等部门预测生物催化剂将成为21世纪化学工业可持续发展的必要工具，生物催化技术的应用可在未来的20年中使传统化学工业原材料、水和能源消耗减少30%，污染物排放减少30%。然而，要将自然界普遍存在的生物催化过程转化为高效的工业化生产过程，不仅取决于技术上能否发现与目标分子有效结合并发生催化作用的酶或者完整细胞，还取决于经济上生物催化过程相对于其他工艺路线的竞争优势。

长期以来，人们一直认为生物功能大分子只能在水溶液中行使其生物功能，水溶液是这些大分子存在及其相互作用的天然介质。自1984年Klibanov等发现脂肪酶在有机溶剂中具有极高的热稳定性和较高的催化活性以来，非水介质中的酶催化有了深入发展，使许多在水中不能进行的反应能够在有机溶剂中进行。但是有机溶剂的毒性、易燃性和挥发性会对环境会造成污染，对操作有潜在危险，而且在极性较大的有机溶剂中酶会失活。离子液体研究力度的不断加大无疑都为离子液体代替传统的有机溶剂作为生物催化反应的介质起了推波助澜的作用。相对于传统有机溶剂，生物催化反应在离子液体中进行具有如下优势：第一，酶在离子液体中活性和稳定性都有所提高。传统的非水介质中酶比较容易失活，而在离子液体中具有比较好的稳定性且可以重复利用多次。第二，有些酶在离子液体中反应的立体选择性有很大的改善。第三，离子液体具有"可设计"性。通过改变不同的阴阳离子，可以改变离子液体的亲水性或极性，从而有利于一些在传统有机溶剂中由于高极性和低溶解度而不能转化的底物进行有效的生物转化。第四，离子液体具有可忽略的蒸气压，产物可以通过减压蒸馏分离，同时可以促进反应完全。第五，离子液体具有和有机溶剂、水相溶或不溶，不溶于超临界 CO_2 的特点，因此可以用溶剂萃取分离产物，特别是用超临界 CO_2 萃取分离产物实现零排放的绿色生物合成工艺。因此，更深层次地探索离子液体在生物催化过程中内在的科学原理对于绿色化学领域具有重要意义。

一、离子液体在生物催化中的研究

1. 离子液体中酶的活性

酶学的中心主题是蛋白质的离子化。它是由缓冲体系的 pH 值决定的，并同时决定着酶的活力。有机相中的酶活依赖于干燥前水相的 pH 值，这一现象被称为"pH 记忆"（pH memory），其归因于催化剂干燥后，蛋白质催化基团的离子化状态被固化了。脱水后，蛋白质能否保持离子化状态关系到固态酶的稳定性和在无水介质中的催化性能。有机溶剂对酶活的影响主要是有机溶剂的官能团与酶分子表面基团间的相互作用所造成的酶的界面失活，有机溶剂的极性越强，酶活性受到的影响也就越大，酶的转化率也就越低。酶会在极性有机溶剂中失活，但是酶在极性离子液体中却能够仍然保持活性，这是由于离子液体是一种通过氢键键合的聚合液体，具有极性和非极性两种纳米结构，可以避免酶直接与极性溶剂接触而使酶分子表面的结合水失去，保持其催化活性。酶一般不溶解于离子液体，呈悬浮状态，常以固定化的形式应用。这种情况下酶一般不失活，能保持甚至会获得较水相或有机溶剂体系更高的催化活性。而酶一旦溶于离子液体，其溶解的部分便没有催化活性，[Bmim][PF$_6$] 可以溶解 3.2mg/mL 的嗜热菌蛋白酶，而在此反应系统中，只有当酶量超过 3mg/mL 时该蛋白酶才表现催化活性[90]；同样 [Bmim][NO$_3$]、[Bmim][Lactate] 和 [Emim][EtSO$_4$] 可以溶解和使南极假丝酵母脂肪酶 B（*Candida antarctica lipase* B，CALB）失活，其失活是因为酶溶于离子液体后可逆地改变了酶的活性结构，当失活酶重新溶解于缓冲液中其活性可完全恢复[91]。溶菌酶在 [EtNH$_3$][NO$_3$] 离子液体的失活情况以及 β- 半乳糖苷酶在 [Mmim][MeSO$_4$] 的失活情况均与此相一致。

Okochi 等 [92] 比较了 4 种水溶性离子液体 [Bmim][BF$_4$]、[Bmim][CF$_3$SO$_3$]、[Emim][CF$_3$SO$_3$] 和 [Bmim][Lactate] 对 3α- 羟基甾体脱氢酶（HSDH）和甲酸脱氢酶（FDH）活力的影响。将 HSDH 和 FDH 置于含 10% 上述 4 种离子液体的 Tris-HCl 缓冲液中保温 1h 后检测相应的酶活力，[Bmim][Lactate] 的加入可使 HSDH 酶活性较不加离子液体的对照提高 1.6 倍，而 [Emim][CF$_3$SO$_3$] 使 HSDH 酶活性略有降低，[Bmim][CF$_3$SO$_3$] 和 [Bmim][BF$_4$] 则会引起酶活性大幅度降低；对于 FDH，除 [Bmim][Lactate] 可保留 43% 的酶活性外，其他离子液体的加入均引起酶活性的剧烈下降。Kaar 等在 30℃下将南极假丝酵母脂肪酶 B 置于一系列离子液体和有机溶剂中，24h 后将 CALB 取出重新溶于水中，CALB 的活性可增加 3 倍，这可能是因为离子液体有维持酶活性的作用。然而，CALB 在 [Bmim][NO$_3$] 中完全没有活性，这可能是由酶和离子液体的阴离子形成较低的氢键所造成的 [93]。不同烷基链的咪唑离子液体对固定化南极红酵母（*Rhodotorula* sp.）细胞催化对甲氧基苯乙酮不对称还原具有非常明显的影响，在 [C$_n$mim][PF$_6$]（n = 4 ~ 7）/ 缓冲液体系中，初始反应速率和底物转化率随着烷基链长度的增加而降低，同样，[Emim][NTf$_2$] 的催化效果要优于 [C$_4$mim][NTf$_2$] 中的催化效果，其中，离子液体 [C$_4$mim][PF$_6$] 呈现了最佳的生物相容性 [94]。Sanfilippo 等 [95] 用氯过氧化物酶（chloroperoxidase，CPO）在多种亲水性离子液体 / 缓冲盐混合溶剂中催化二氢化萘不对称氧化，结果表明，不同的离子液体含量对酶活性的影响与有机溶剂对酶活性的影响规律类似。当离子液体含量为 10% 时达到最高产率 43%，而当离子液体含量增加或减少时，产率均有所下降。此外，酶的活性还受到离子液体纯度的影响，其残留的杂质对酶活性的破坏非常大。活性细胞常用于需要辅酶参与的生物催化过程，目前已开发出了一些利用离子液体作反应体系的活性细胞生物催化过程。但现阶段有关离子液体对细胞活性影响的研究还比较少。烷基咪唑基为阳离子的离子液体对德氏乳杆菌（*Lactobacillus delbruekii*）的活性影响很小，随着烷基链的增长对细胞的毒性也相应地增大，但增大的幅度较小 [96]。

Schöfer 等 [97] 在甲基叔丁基醚和离子液体中用 8 种不同的脂肪酶和 2 种酯酶对 1- 苯基乙醇进行了动力学拆分，研究发现，2 种酯酶均失活，脂肪酶的结果则存在较大差异，脂肪酶假单孢菌（*Pseudomonas*）和产碱杆菌（*Alcaligenes*）在离子液体 [Bmim][NTf$_2$] 中的对映选择性均显著高于甲基叔丁基醚中的对映选择性；脂肪酶 CALB 在 [Bmim][CF$_3$SO$_3$]、[Bmim] [NTf$_2$] 和 [Omim][PF$_6$] 中的效果最好；而脂肪酶在 [Bmim][BF$_4$] 和 [Bmim][PF$_6$] 中几乎没有活性，该研究结果与现有的研究结果不同，可能是由不同实验室所制备的离子液体纯度不同造成的。而且，离子液体制备过程中水洗次数同样会影响酶的活性。

离子液体中酶的活性受离子液体种类及溶剂性质、酶的种类和反应类型等多因素影响，大部分离子液体中，酶都是处于悬浮状态，而并没有溶解，但是悬浮的酶仍表现出了一定的活性，并且发现，离子液体性质对酶活性影响较大。特别是离子液体的阴离子对酶活性起着至关重要的作用，[NO$_3$]$^-$、[CF$_3$SO$_3$]$^-$、[CH$_3$SO$_3$]$^-$、Cl$^-$等作阴离子的离子液体中生物酶显示没有活性。Russel 的研究认为阴离子亲核性较高，从而与生物酶中带有正电荷的位点有较强的结合作用，使得酶的构象发生变化而失活。而 Sheldon 则认为是这些阴离子能够与酶的蛋白表面基团作用从而使蛋白溶解，造成了蛋白质的变性而使酶失活。此外，与其他溶剂相比，离子液体的黏度较高，高黏度的溶剂会通过限制传质速率而影响生物催化反应，同时高黏度的离子液体也容易降低酶的活性。因此，在选择离子液体进行生物催化时需综合考虑各项因素以获得理想的催化效果。

2. 离子液体中酶的稳定性

酶在大多数有机溶剂中的热稳定性比在含水介质中都高，而酶在离子液体中的热稳定性通常比在有机溶剂中的要好，尤其是在水活度较低时更为明显。固定化 *Rhodotorula* sp. 细胞在 [C$_4$mim][PF$_6$]/ 水两相体系中重复利用 8 次后，细胞仍能保持 90% 的初始酶活性，而在水相体系中仅能保持 25% 的初始酶活性[94]。固定化皱褶念珠菌脂肪酶（*Candida rugosa lipases*，CRL）在离子液体中的稳定性比在不含离子液体的体系中高很多，50℃下将固定化酶置于 [Omim][NTf$_2$] 离子液体中 5 天，酶还能保持 80% 的初始酶活性，而在同样条件下，在不含离子液体体系中固定化酶几乎没有活性。洋葱假单孢菌（*Pseudomonas capaci*）脂肪酶在离子液体 [*i*-C$_4$mim][PF$_6$] 和 [C$_4$mim][PF$_6$] 中的稳定性比在己烷中高，在这两种离子液体中酯酶的半衰期分别为 779h 和 291h，而己烷中的半衰期只有 71h。来自嗜热脂肪芽孢杆菌（*B. stearothermophilus*）的酯酶在离子液体 [Bmim][BF$_4$] 和 [Bmim][PF$_6$] 中的稳定性要比在己烷和甲基叔丁基醚中都高，酯酶置于 [Bmim][PF$_6$] 中 240h 后，其半衰期分别是相同条件下置于己烷和甲基叔丁基醚中的 30 倍和 3 倍以上。De Diego 等[98] 在 50℃ 下对比了 CALB 在己烷、[Btma][NTf$_2$]、[Emim][NTf$_2$] 中催化乙烯基丁酸合成丁酸丁酯的反应稳定性，同时采用圆二色谱和内荧光两种检测方法随时监控酶结构的变化。研究表明，己烷中酶的活性在 4d 后降低了 75%，且酶的二级结构 α- 螺旋和 β- 折叠均减少，酶的整体构象被破坏；在离子液体中酶的 α- 螺旋能维持 50% 的水平，β- 折叠的比例还有所增加，酶的整体构象没有被破坏分解，在离子液体中酶仍能维持 75% 的活性。皱褶假丝酵母（*Candida rugosa*）脂肪酶在亲水性离子液体中不稳定，在 [Bmim][CH$_3$CO$_2$]、[MMep][CH$_3$CO$_2$] 和 [MMep][CH$_3$SO$_3$] 中为可逆失活，而在 [Bmim][NO$_3$] 和 [MMep][NO$_3$] 中为不可逆失活[4]。

与有机溶剂相比，酶在离子液体中具有更高的稳定性，主要是离子液体可以保护酶表面必需的水化层，避免外界离子与酶表面氢键的相互影响，从而稳定蛋白质的三级结构，在这方面，疏水性离子液体可能比亲水性离子液体更具有优势。

3. 离子液体中酶的选择性

离子液体可以减少酶催化反应副反应的进行,维持甚至提高其区域选择性以及对映体选择性。环氧化物水解酶(soluble epoxide hydrolase,sEH)催化外消旋的环氧化物不对称水解,离子液体均能不同程度地提高酶催化的区域选择性。在 [Bmim][PF$_6$] 中催化生成的产物的 ee 值最高能达到 90%,而在 Tris-HCl 缓冲盐体系中产物的 ee 值只有 72%[99]。离子液体 [Bmim][PF$_6$] 同样对脂肪酶催化水解全乙酰化硫乙基吡喃葡萄糖的区域选择性有影响,当在磷酸缓冲液中加入 50% 的 [Bmim][PF$_6$],脂肪酶只对 4 位乙酰基选择性水解,转化率达 100%;而反应在纯 [Bmim][PF$_6$] 中进行时,脂肪酶只选择性水解 3 位乙酰基,水解率为 54%;同时,[Bmim][PF$_6$] 的加入不会影响该反应中的酰基转移作用,并且使底物的溶解性得到了提高。Mohile 等[100] 用 CRL 催化酯的不对称水解,无论是疏水性离子液体和缓冲盐组成的两相体系还是亲水性离子液体和缓冲盐组成的混合溶剂,离子液体的体积分数大于 50% 时,产物的 ee 值均能达到 99%;当离子液体的体积分数小于 50% 时,ee 值会随着离子液体含量的减少而减小,且酶可以保持很好的活性,水解反应的产率比在缓冲盐溶液中也有大幅提高。辣根过氧化物酶(horseradish peroxidase,HRP)在不同浓度的 [Bmim][BF$_4$]/ 缓冲盐混合溶剂中催化不溶于水的 4- 苯基 - 苯酚进行聚合反应,当离子液体体积分数为 50% ~ 75%、pH 值等于 9 时,HRP 能保持一定的活性,并能够催化合成纯度达 85% 的二聚体,而该反应在缓冲盐或有机溶剂单相体系中进行时,均会生成其他多种聚合物[101]。膜醭毕赤酵母(*Pichia membranaefaciens* Hansen)细胞催化乙酰乙酸乙酯(EOB)不对称还原制备光学活性(*R*)-3- 羟基丁酸乙酯(REHB)时,将亲水性离子液体 [Bmim][BF$_4$] 作为共溶剂加入反应体系中可提高生物催化剂的对映体选择性,产物 ee 值可由水相的 65.1% 提高到 73.0%[102]。

当用离子液体代替有机溶剂生产非挥发性产品时,可能会使下游分离过程复杂。因此,对酶在离子液体中的优势如更佳的稳定性、选择性、副反应抑制性,需要作更进一步的研究,以开发更适合于生物催化的离子液体。

二、基于离子液体介质体系

离子液体种类多,选择的余地大,反应中酶溶于离子液体一起循环利用,使酶具有均相催化效率高、多相催化易分离的优点;再者,因离子液体不易挥发,液相温度范围宽,并且与部分有机溶剂不互溶,使得产物易于用倾析、萃取和蒸馏等方法进行分离。此外,反应介质极性的提高有助于极性底物的溶解,这也是酶催化反应采用离子液体为反应介质的主要原因之一。酶催化反应中,离子液体通常以作为纯溶剂或者在水相 / 两相系统中作为共溶剂的形式存在。

早先用于研究生物催化的离子液体主要是由阳离子 1,3- 二烷基咪唑或 *N*- 烷基吡啶和一些不同的阴离子组成的极性离子液体。α- 胰凝乳蛋白酶（α-chymotrypsin）、CRL、CALB、PCL、假单胞菌脂肪酶（*Pseudomonas* sp. Lipase，PSL）等水解酶均能在纯离子液体中表现出一定的催化能力，涉及的催化反应有酰化、醇解、氨解、酯合成等。

离子液体双相体系是指将离子液体与另外一种或几种溶剂混合后生成两相的溶剂系统，另一种溶剂包括无机盐、有机物、scCO$_2$ 和水等。离子液体可以为亲水性离子液体也可为疏水性离子液体。阴离子为 [NO$_3$]$^-$、[MeSO$_4$]$^-$ 或 [BF$_4$]$^-$ 的离子液体与缓冲溶液或纯水组成的离子液体双相溶液体系是亲水性离子液体。2003 年，Rogers 及其合作者首先提出"离子液体双水相体系"的概念，该体系由一种亲水性离子液体、一种无机盐和水形成双相，其分相时间短、黏度低、萃取过程不易乳化且离子液体可回收利用，从而克服了传统双水相体系的缺点。

疏水性离子液体与缓冲溶液组成的两相对水不参与反应但需水活化的反应体系非常有效。当阴离子为 [PF$_6$]$^-$ 或 [(CF$_3$SO$_2$)$_2$]$^-$ 时，离子液体与水不互溶，可与水形成双相体系。通过改变该类双相体系的离子液体中不同阴阳离子组合以调节其溶解性，即可将底物或产物溶于离子液体中，从而减少底物或产物对酶的抑制，并起到分离的作用。Eckstein 等 [103] 用来自短乳杆菌的乙醇脱氢酶（alcohol dehydrogenase）在 [Bmim][(CF$_3$SO$_2$)$_2$N]/ 缓冲盐两相体系中用底物偶联的方法催化异辛酮不对称还原反应，由于辅助产物在离子液体中的分配系数比在甲基叔丁基醚 (MTBE)/ 缓冲盐两相体系中高，减少了其对反应的抑制，提高了辅酶 NADPH 循环的效率，为还原酶的应用提供了可行的路线。

随着微乳液在分离技术、反应工程及环境化学等方面的广泛应用，近年来受到研究者的广泛关注。鉴于离子液体具有疏水性与亲水性之分，因此可以代替水或者油来形成微乳液。如 [Bmim][BF$_4$]/TX-100/ 环己烷体系，亲水性的离子液体 [Bmim][BF$_4$] 能以高极性的微小液滴形式分散在连续的有机相中。另外，疏水性离子液体 [Bmim][PF$_6$] 与水在非离子性表面活性剂 TX-100 或 Tween 20 作用下也能形成离子液体包水型微乳液。传统的油包水微乳液中，水被表面活性剂形成的界面膜以溶胀的胶团形式分散到连续的油相中，由于胶团能增加在溶剂中原来不溶或微溶物质的溶解度，结果能使水在表面活性剂作用下增溶于不溶于水或微溶于水的油类中。同样，通过让离子液体在表面活性剂的作用下分散在非极性的油相中形成油包离子液体微乳液来使离子液体增溶于非极性物质中，能够扩大离子液体作为反应和分离或萃取的介质的应用范围。离子液体微乳液是由水、离子液体、表面活性剂 / 助表面活性剂等构成的宏观均匀、微观多相的热力学稳定体系。从结构上讲，离子液体微乳液形成的内部环境接近与酶天然环境相类似的栖身环境，酶在离子液体微乳液中的稳定性和活力较好。因此，以离子液体替代传统的有机溶剂或水，形成新型的微乳液具有重要意义。

在离子液体微乳体系中，酶促反应是一个重要的应用研究。Goto 等首次将酶溶解于以 AOT 为表面活性剂、以 [Omim][NTf₂] 为连续相的微乳体系中。在 AOT/ 水 / 正己醇离子液体体系中脂肪酶 PCL 的荧光研究显示，脂肪酶处于一种类似于缓冲溶液的环境中，这与非极性溶剂中的 AOT 反胶束体系形成鲜明的对比，这主要是由于在离子液体微乳体系中形成大水滴[104]。皱褶假丝酵母（*Candida rugosa*）、染色黏性菌（*Chromobacterium viscosum*）和绵毛嗜热丝孢菌（*Thermomyces lanuginose*）三种脂肪酶应用于以 Tween 20 和 TX-100 为表面活性剂的离子液体微乳体系中的酶促反应，在 50℃条件下，这些脂肪酶较常规微乳体系表现出尤其优越的催化性能和稳定性。脂肪酶 *C. viscosum lipase* 在 50℃下的水溶液、W/O 和 W/IL 中的半衰期分别为 0.9h、4.9h 和 41.3h，因为在离子液体微乳体系中，脂肪酶更容易保持本质基团并且维持自身的刚性结构。而且研究发现，脂肪酶在离子液体微乳体系中可以被重复利用多次并保持较高的催化活性，这同时也有助于解决在典型生物工艺过程中 W/O 微乳体系的酶促反应。从绵毛嗜热丝孢菌中获得的脂肪酶在 30℃条件下用于 W/IL 微乳体系中，能够重复利用 10 次并保持 90% 的催化活性。离子液体微乳体系有助于降低离子液体对生物酶的毒性，从而提高酶的生物催化活性，同时，离子液体微乳体系中的生物酶能有效地提高自身的重复利用率，这也有利于在生物工程中的成本效应，从而扩大离子液体微乳体系在生物催化反应过程中的应用。

由离子液体与另一种"绿色溶剂"超临界 CO_2（$scCO_2$）组成的双相催化反应体系是近年来研究较多且已经用于生物催化反应的离子液体介质体系之一。在对产物进行提取纯化时，酶一般保留在离子液体中，反应物和产物大都保留在 $scCO_2$ 中，完全达到了绿色化工业要求。Lozano 等[105] 在离子液体与 $scCO_2$ 中研究 CALB 催化 1- 苯乙醇与乙酸丙烯酯时发现，使用的离子液体为 [Bmim][NTf₂] 或 [Emim][NTf₂] 时，酶保留在离子液体相中，底物和产物处于 $scCO_2$ 萃取相中，在分批发酵和连续发酵操作中都发现 CALB 在纯 $scCO_2$ 中会迅速失活，但在离子液体与 $scCO_2$ 组成的两相体系中具有很高的稳定性和选择性，反应速率比在纯 $scCO_2$ 中快 8 倍，产物 *ee* 值均为 99.9%，并且在 120℃、150℃和 10MPa 压力苛刻的条件下，表现出了高催化活性、高热稳定性和高对映体选择性。运用苯磺酸化硅胶（SCX）将（*S*）-1- 苯基乙醇消旋化，CALB 催化消旋化的 1- 苯基乙醇与乙烯丙酸酯的转酯化反应，在离子液体 /$scCO_2$ 双相体系中，SCX 和 CALB 联合催化，（*R*）-1- 苯乙基丙酸酯产物得率达 78%，在 [Bmim][PF₆]/$scCO_2$ 体系中，产物 *ee* 值 >97%，酯化产物对映异构体的纯度取决于离子液体的性质[106]。

酶的固定化（immobilization of enzymes）是利用固体材料将酶束缚或限制于一定区域内，依然能够进行其特有的催化反应并可回收及重复利用的一类技术。与游离酶相比，固定化酶在保持其高效专一及温和的酶催化反应特性的同时，又克服了游离酶的不足之处，呈现贮存稳定性高、分离回收容易、可多次重复使用、操作连续可控、工艺简便等一系列优点。由于离子液体是在室温下呈液态的盐，因此，熔点范围处于 50 ～ 100℃的离子液体可被用于作为生物酶的固定化材料，形成新型的脂肪酶——离子液体涂层包被体系（ionic-liquid-coated enzymes，ILCEs）。N, N - 二烷基咪唑类离子液体 [Ppmim][PF$_6$]（[Ppmim]=1-(3'- phenylpropyl)-3-methylimidazolium ）作为 PCL 固定化载体，在常温下为固体，加热到 53℃以上为液体，将脂肪酶于 53℃溶于离子液体中，冷却至室温呈固状颗粒形成 PLC-IL 涂层包被体系，通过催化乙酸乙烯酯的转酯化反应进行二级醇的拆分[107]。由于离子液体与酶结合后，脂肪酶的结构发生变化，从而有利于酶的活性中心发挥催化活性，同游离的脂肪酶相比，包被后的脂肪酶显示出更高的活性和立体选择性。通过离子液体对酶进行固定化，使酶在非常稳定的微环境中进行生物催化反应，有利于提高酶的催化活性，也有利于酶和离子液体的重复利用，具有非常广阔的应用前景。

三、离子液体微乳体系在生物催化中的应用

1. 脂肪酶催化

脂肪酶对有机溶剂有显著的耐受性，因而成为离子液体中生物催化研究的首选酶类。已报道的在离子液体中有活性的酶大多数属于脂肪酶类，如 CALB、PCL 及 PSL，所进行的催化反应受离子液体的离子特性、空间效应、脂肪酶的催化性质等多种因素的影响。脂肪酶在多种离子液体中可催化多种类型的反应，如转酯化反应、氨解反应、水解反应和环氧化反应等。转酯化反应主要包括：非手性醇和酯的反应，合成一些香精香料小分子物质；手性醇和酯的反应，用于手性醇的立体拆分，以获得单一构型的对映体；糖的酰基化反应，用于合成脂溶性低分子物质。脂肪酶在离子液体中的活性、稳定性、立体选择性和区域选择性往往较其在有机溶剂中高。酶促氨解反应是 20 世纪 90 年代中期发现的一种新型反应，它在脂肪酸酰胺的合成和手性药物（手性酸及手性醇等）的拆分中显示出巨大的应用潜力，是除立体选择性水解、酯化、转酯化反应之外的又一具有较大开发应用前景的酶促新型反应。近几年的研究发现，脂肪酶在离子液体中展现出了更好的催化优势。脂肪酶通常用于外消旋化合物的动力学分解，脂肪酶催化的水解反应是一种有效的途径。脂肪酶在离子液体中可以提高反应的对映体选择性，而且与在有机溶剂中的反应相比，选择性受到水含量或温度的影响较小。

采用离子液体体系能提高反应的产率和脂肪酶的催化选择性，CALB 催化的葡萄糖酯化反应在离子液体 [Moemim][BF$_4$] 中相比丙酮具有明显的优势，葡萄糖的转化率分别为 99%、72%，产物中单酯 (6-O- 乙酰葡萄糖) 含量分别是 93% 和 76%。55℃下，葡萄糖在 [Moemim][BF$_4$] 中的溶解度可以达到 5g/L，这个值是在丙酮中的 100 多倍[108]。Bornscheuer 等[109]采用聚乙二醇修饰 CALB，在含离子液体 [Bmim][BF$_4$] 的反应介质中，以月桂酸乙烯酯为酯基供体，催化了葡萄糖脂肪酸酯的合成，反应产率达到 90%，同时接近 100% 的酯化反应在葡萄糖 C(6)—OH 上进行。如向

[Bmim][BF$_4$] 中加入叔丁醇，会降低反应体系的黏度，酶促酯化反应速度也会显著增加。用 CALB 在离子液体中催化抗坏血酸和油酸的酯化，转化率达到了 83%，而在传统有机溶剂中转化率只有 50%。转化率提高主要是由抗坏血酸在离子液体中溶解性提高引起的。Novozym 435 催化魔芋葡甘聚糖在 [Emim][BF$_4$]、[Bmim][BF$_4$]、[Omim][BF$_4$] 及 [Bmim][PF$_6$] 离子液体中的酯化反应，结果表明，与采用有机溶剂叔丁醇相比，魔芋葡甘聚糖酯化反应的速度、产物取代度、酶的稳定性均有明显提高。在离子液体 [Bmim][DCA] 中使用脂肪酶 Novozym 435 直接催化蔗糖与月桂酸的酯化反应，反应转化率大于 25%，由于蔗糖在传统有机溶剂中溶解度很低，这样高的转化率在一般有机溶剂中几乎不可能实现 [110]。脂肪酶 Novozym 435 在离子液体 [Bmim][NTf$_2$]、[Bmim][TfO] 及两者的混合液中催化葡萄糖与月桂酸乙烯酯的合成，当 [Bmim][TfO] 中溶入过量的反应底物葡萄糖时，获得的葡萄糖酯产率达到 86%，但是脂肪酶再次使用时反应的产率就降到 61%；而在使用等体积比的 [Bmim][NTf$_2$]、[Bmim][TfO] 的混合离子液体作为反应介质时，该反应的产率为 69%，而之后对脂肪酶进行循环利用时，其仍能保持较高的活力 [111]。脂肪酶还可催化离子液体中的聚酯合成反应，PSL 在离子液体 [Bmim][PF$_6$] 中催化辛烷 -1,8- 二羧酸乙酯与 1,4- 丁二醇的聚合反应，在室温下可得到分子量为 2270 的聚合物，而 60℃下可获得分子量为 5400 的聚合物，脂肪酶在离子液体中表现出优异的催化活性和稳定性。在同样的离子液体中，脂肪酶 CALB 也可催化戊二酸二乙烯酯和丁二醇反应生成聚酯，表明离子液体可以用于酶促聚合物的合成 [93]。

2. 蛋白酶催化

目前有关蛋白酶在离子液体中催化反应的研究并不多。嗜热菌蛋白酶是第一个被报道成功进行生物转化的生物酶，其在憎水性离子液体 [Bmim]PF$_6$/H$_2$O（95/5，体积比）介质中，可催化合成 Z- 天冬酰胺苯丙氨酸甲酯，产物收率高达 95%，悬浮在离子液体中的蛋白酶表现出很好的稳定性 [112]。α- 胰凝乳蛋白酶在离子液体 [Emim][NTf$_2$] 和 [Bmim][NTf$_2$] 中催化 N- 乙酰 -L- 苯丙氨酸乙酯和 1- 丁醇的酯交换反应时，蛋白酶的活性受水活度的影响，在较低水活度下，离子液体中酶的活性高于其在有机溶剂中的活性 [113]。而 α- 胰凝乳蛋白酶在 [Bmim][PF$_6$] 和 [Omim][PF$_6$] 中进行的酯交换反应，其催化速率和有机溶剂（乙腈或己烷）中的反应速度为同一个数量级 [114]。Lozano 等 [115] 比较了有一定量水存在的情况下不同离子液体和 1- 丙醇中的酯交换转化率及酶的稳定性，尽管离子液体中酶的活性只有 1- 丙醇中酶活性的 10%～50%，但与在 1- 丙醇中的酶反应相比，较高的酶稳定性使得反应结束时离子液体中的产物浓度更大、转化率更高。

枯草杆菌蛋白酶用于 N- 乙酰基 -L- 氨基酸酯的不对称催化手性水解制备相应的氨基酸时，反应中经常需要加入一种有机溶剂以增强氨基酸衍生物的溶解性，反应通常在乙腈 - 水体系中进行，耗用大量的挥发性有毒有机溶剂，造成环境污染。

研究发现，枯草杆菌蛋白酶水解乙酰氨基酯的反应完全可在离子液体 - 水（15/85，体积比）体系中进行，其不仅避免了挥发性有毒有机溶剂的使用，而且比乙腈 - 水体系中的反应表现出更高的立体选择性[116]。

3. 氧化还原酶催化

氧化还原酶催化的不对称合成是生物催化手性化合物合成的另一重要方法，也是最有前景的方法之一。由于这类酶催化常需辅酶，故一般多利用完整细胞进行反应，使用的反应体系主要是水相缓冲体系和有机溶剂。对于离子液体体系，有些反应可以获得较好的立体选择性，但反应的活性不是很理想，有待进一步的研究。

2002 年，Hinckley 等[117]首次报道了在含离子液体 [4-mbp][BF$_4$] 和 [Bmim][PF$_6$] 的体系中，漆酶、辣根过氧化物酶和大豆过氧化物酶等几种氧化酶能保持其催化活性，但随着离子液体浓度的增加，氧化酶的催化活性逐渐降低。随后，研究者发现血晶素过氧化物酶、细胞色素 C 过氧化物酶和微过氧化物酶在 [Bmim][NTf$_2$]、[Bmim][PF$_6$] 和 [Omim][PF$_6$] 中的活性高于在甲醇或二甲基亚砜中的活性[114]。辣根过氧化物酶（HRP）在不同浓度的 [Bmim][BF$_4$]/ 缓冲盐混合溶剂中催化不溶于水的 4- 苯基苯酚发生聚合反应，HRP 在 pH 值为 9、离子液体含量为 50% ～ 75% 的体系中能保持一定的活性，催化生成的二聚体纯度达 85%，而在缓冲盐或有机溶剂单相体系中进行该反应时，均会生成其他多种化合物，这表明离子液体可以减少酶催化反应中副产物的生成[101]。CPO 在多种亲水性离子液体 / 缓冲盐混合溶剂中催化二氢化萘不对称氧化，当离子液体含量为 10% 时达到最高产率 43%，当离子液体含量增加或减少时产率均下降，此结果同有机溶剂对酶活性的影响规律基本一致[95]。除了氧化酶外，也有一些还原酶在离子液体中的催化反应的报道。马肝醇脱氢酶在含离子液体 [Bmim]Cl 的反应介质中催化乙醇氧化，当 [Bmim]Cl 含量小于等于 0.15g/mL 时，酶活性高于它在不含离子液体的反应介质中的活性，而离子液体含量大于 0.15 g/mL 时对酶活性有明显的抑制作用；[Bmim]Cl 含量小于等于 0.1g/mL 时，离子液体能提高酶的热稳定性，含量大于 0.1g/mL 时则能降低酶的热稳定性[118]。脱氢还原酶在离子液体 [Bmim][NTf$_2$]/ 缓冲液双相体系中立体选择性催化 2- 辛酮的不对称还原，其反应速度明显高于甲基叔丁基醚 / 缓冲液体系，转化率接近 100%，对映体过量值大于 99%，且酶在离子液体中有更好的稳定性[103]。

四、离子液体在全细胞催化中的应用

目前离子液体在全细胞催化领域中的应用主要有三个方面：离子液体在全细胞催化生产生物柴油中的应用，离子液体在全细胞催化合成有机化合物中的应用，以及运用离子液体对全细胞催化反应过程中的产物或底物进行原位萃取。

传统制备生物柴油的工艺是使用无机酸碱作为催化剂，以淀粉等高价格的农产品作为原料生产乙醇或正丁醇等生物柴油。但因其不易分离、腐蚀设备、污染环境并且成本较高，需要更能满足实际需求的制备方法来替代该工艺，生物催化法制备生物柴油因此发展起来。Arai 等利用四种类型的微生物全细胞进行生物催化反应，分别是产甘油三酯酶的野生型米根霉（w-ROL），产异孢镰刀菌脂酶的重组米曲霉（r-FHL），南极假丝酵母产脂肪酶 B（r-CALB），产甘油单一双酰酯酶的米曲霉（r-mdlB）。经过 24h 的反应后，对比 4 种类型的全细胞催化，w-ROL 在含 [Emim][BF$_4$] 或 [Bmim][BF$_4$] 的离子液体 / 缓冲液体系中有最高的脂肪酸甲酯产量；由于在反应体系中离子液体能作为甲醇的"储藏库"，可以把大量的甲醇储存在离子液体相中，从而减轻甲醇对微生物细胞和酶的抑制作用，所以即使反应体系含有大豆油含量 4 倍的甲醇时，甲醇分解反应仍然能顺利进行。并且，集合使用 w-ROL 和 r-mdlB 的微生物细胞进行催化反应时，可以得到更高的脂肪酸甲酯产量；而把固定在生物质载体粒子上的微生物全细胞用戊二醛相互交联起来，还可以极大地提高生物催化剂在离子液体中的稳定性。

由于酶对底物有精确的识别，因此可以达到很高的对映体选择性、区域选择性和化学选择性。但纯酶的价格比较昂贵，并且羰基的不对称还原主要是在醇脱氢酶和其他氧化还原酶作用下进行的，同时还需辅酶 NADH 或 NADPH 参与，为了使反应一直进行下去，需要不断地补充还原型辅酶 NAD(P)H。但该类辅酶非常昂贵，不可能在反应过程中加入化学计量需要的辅酶。与纯酶催化相比，利用微生物整细胞进行催化反应具有明显优点，一般情况下微生物细胞含有可以接受广泛非天然底物的多种脱氢酶、所有必需的辅酶及其再生途径，辅酶循环再生由细胞自动完成。进行不对称还原反应时只需加入少量的能源物质如葡萄糖或醇类等作为辅助底物即可，同时酶和辅酶处在天然的细胞环境中，可减少环境因素对酶活性的影响。使用全细胞催化时，对于某种反应底物，细胞内可能有多种酶催化使其生成不同类型或不同对映异构体的产物，因而可能降低反应的收率或立体选择性。全细胞反应体系通常是在成分复杂的培养液或水相中进行，为了保持细胞的活性，底物的浓度一般比较低，这使得产物的分离变得烦琐。但通过筛选特定的菌种以及构建工程菌和控制反应的条件，譬如使用有机相或离子液体等，可以使全细胞反应的不足得以克服[119]。

2000 年，Cull 等[120]首次报道了将离子液体应用于全细胞催化反应中。在 [Bmim][PF$_6$]/ 水的双相体系中利用红球菌 R312 全细胞催化还原 1,3- 苯二氰生成 3- 氰基苯酰胺。随后，Howarth 等[121]在 2001 年首先报道了在离子液体 / 水两相体系中用酵母细胞催化不对称还原反应制备一系列手性醇。研究发现，对于某些反应，在 [Bmim][PF$_6$]/ 水体系中比在有机溶剂 / 水体系中能取得更佳的产物得率，有些虽然产物得率不高，但却能得到对映体选择性更佳的醇类。此外，在离子液体 / 水两相体系中制备手性芳香醇，大部分情况下，与传统有机溶剂相比，离子液体对细胞的毒性要小。[Bmim][PF$_6$]、[Bmim][NTf$_2$]、[Tomam][NTf$_2$] 等疏水性离子液体和缓冲液所形成的双相反应体系中利用高加索酸奶乳杆菌（*Lactobacillus kefir*）催化

1-(-4- 氯苯基) 乙酮发生不对称还原反应合成 (R) -1-(4- 氯苯基) 乙醇，研究发现，在离子液体 / 缓冲液两相体系中，反应后产物的产率比在另外 2 种缓冲液和有机溶剂甲基叔丁基醚（MTBE）反应介质中的产率高，而且在 [Bmim][NTf$_2$]/ 缓冲液两相体系中，产物的得率达到了 92.8%，而在缓冲液单相体系中产物的得率只有在离子液体 / 缓冲液两相体系中产率的 1/2，在 MTBE 中进行催化反应，最终产物的得率只有 4%[122]。利用亲水性离子液体作为助溶剂，研究添加离子液体对厌氧梭状芽孢杆菌的生长以及对该菌催化还原硝基苯生成苯胺过程的影响，发现 [Bmim][BF$_4$] 和 AMMOENG 100 完全抑制了细胞的生长，而 [Dme][Ac] 和 [EtOHNMe$_3$][Me$_2$PO$_4$] 则分别提高了细胞生长率 17% 和 28%。有些离子液体能提高细胞的生长率，可能是因为这些离子液体能提高反应体系中营养物质对细胞的可用性，或者是这些离子液体作为营养物质直接供细胞利用。在反应体系中加 40g /L 的 [Emim][EtSO$_4$] 时，虽然抑制了细胞 59% 的生长率，却仍有效地促进了细胞对硝基苯的还原，使得产物苯胺的产率达到了 79%，而同样条件下添加庚烷和乙醇后只能得到 8% 和 4% 的产率。离子液体似乎通过某种机理抑制了细胞的一些非生产性底物消耗，从而使反应向更有利于目的底物生成的方向进行 [123]。

对于一些目的产物、中间产物，或者反应底物对催化剂有抑制作用的生物催化反应，为了使反应更完善地进行，有必要把这些抑制源与催化剂隔离开。对于反应终产物，可以直接将其萃取出反应体系，但对于一些底物或者中间产物，在将其与催化剂隔离的同时，还必须视催化反应的进程将其缓慢地转移到反应系统中去，这就要求抑制源在萃取剂与反应系统中要有合适的分配系数，而对于某一生物催化反应的反应系统，由于其所含成分基本确定，即抑制源在其中的溶解性基本确定，那就只能通过选择合适的萃取剂来达到原位萃取的目的。通过调节组成结构从而改变极性等理化性质的离子液体可以达到该目的。利用重组大肠杆菌（recombinant *Escherichia coli.*）全细胞催化 1- 苯基 -2- 丙酮制备 1- 苯基 -2- 丙醇。由于需要用到辅助因子 NADPH，通常在反应体系中加入异丙醇，使得重组大肠杆菌细胞中的酶能通过氧化异丙醇将反应体系中不断生成的 NADP$^+$ 转化为 NADPH，从而实现辅助因子的胞内再生。但该反应中，异丙醇被氧化的同时会生成丙酮，而丙酮的不断累积对大肠杆菌细胞的活性会产生强烈的抑制作用。为了解决这个问题，在反应体系中加入与反应液不互溶但能很好溶解丙酮的萃取剂 [Bmim][NTf$_2$]/ 缓冲液体系，把反应液中产生的丙酮不断转移到萃取剂中，从而减轻丙酮对催化反应的抑制作用。在 [Bmim][NTf$_2$]/ 缓冲液体系中，反应最终目的产物 1- 苯基 -2- 丙醇的得率提高 4 倍，得率达到了 95% 以上。

离子液体作为反应介质时在全细胞催化过程的作用机理尚未明确，不同离子液体与微生物全细胞的催化活性之间也不存在规律性关系。在有关将离子液体应用于全细胞催化的报道中，部分研究结论存在互相矛盾。离子液体与微生物全细胞结合起来，仍然只是在很有限的领域里得到应用，这在很大程度上是由于新型离子液体的研制以及目标微生物的筛选赶不上实际的需求。再者，离子液体的安全性也是值得重视的问题。离子液体由于其不挥发、热稳定等特性，在使用过程中的确比传统有机溶剂具有明显的优越性，但有些离子液体已经被证实对一些微生物的催化活性有一定的抑制作用，离子液体对人体的影响具体如何，还需人们加以深入研究。随着研究的不断深入，相信离子液体在全细胞催化反应中将会得到更广泛的应用。

参考文献

[1] 葛春涛. 均相催化剂研究进展 [J]. 化学工业, 2005, 23(3): 28-36.

[2] Fukumoto Kenta, Yoshizawa Masahiro, Ohno Hiroyuki. Room temperature ionic liquids from 20 natural amino acids[J]. Journal of the American Chemical Society, 2005, 127(8): 2398-2399.

[3] 廖芳丽, 刘婷, 彭忠利. 氨基酸离子液体催化合成阿司匹林的研究 [J]. 化学通报, 2014, 77(2): 161-165.

[4] Nguyen Hoang Phuong, Matondo Hubert. Ionic liquids as catalytic green reactants and solvents for nucleophilic conversion of fatty alcohols to alkyl halides[J]. Green Chemistry, 2003, 5(3): 303-305.

[5] Gupta Neeraj, Kad Goverdhan L, Singh Jasvinder. Enhancing nucleophilicity in ionic liquid [Bmim][HSO$_4$]: A recyclable media and catalyst for the halogenation of alcohols[J]. Journal of Molecular Catalysis A Chemical, 2009, 302(1): 11-14.

[6] 甄方臣, 余睿, 储伟, 等. 离子液体催化合成氯代脂肪醇聚氧乙烯醚的研究 [J]. 工程科学与技术, 2017 (s2): 263-268.

[7] He R J, Zheng Y J, Ling Z R. Etherification of glycerol with methanol over amberlyst catalyst [C]. Taipei: The 13th Asia Pacific Confederation of Chemical Engineering Congress, 2010.

[8] 董超琦, 耿艳楼, 安华良, 等. 磺酸功能化离子液体催化甘油与甲醇醚化反应 [J]. 化工学报, 2013, 64(6): 2086-2091.

[9] 王德举. 酸性离子液体催化甲基环戊烷异构化反应 [J]. 化学反应工程与工艺, 2016, 32(6): 522-527.

[10] 宋兆阳, 周文博, 张征太, 等. [Bmim] Cl-AlCl$_3$ 离子液体催化正戊烷异构化反应性能 [J]. 石油炼制与化工, 2017, 48(2): 78-82.

[11] 石振民, 武晓辉, 刘植昌, 等. 室温离子液体催化正己烷异构化反应的研究 [J]. 燃料化学学报, 2008, 36(5): 594-600.

[12] Bergsson G, Steingrã-Msson O, Thormar H. Bactericidal effects of fatty acids and monoglycerides on Helicobacter pylori[J]. Int J Antimicrob Agents, 2002, 20(4): 258-262.

[13] 王松, 张争艳, 常欠欠, 等. 功能化离子液体催化合成甘油单月桂酸酯 [J]. 化工学报, 2015, 66(s1): 209-215.

[14] 胡晶晶，赵地顺，李静静，等. 己内酰胺功能化离子液体的合成及其催化酯化性能的研究 [J]. 有机化学，2015, 35(8): 1773-1780.

[15] 白漫，齐景娟，朱思雨，等. 离子液体催化甘油合成三醋酸甘油酯 [J]. 华侨大学学报：自然科学版，2017, 38(3): 356-361.

[16] 胡星盛，李志伟. 离子液体催化合成乙酸苄酯 [J]. 浙江化工，2017, 48(3): 21-23.

[17] Arpornwichanop Amornchai, Koomsup Kittipong, Kiatkittipong Worapon, et al. Production of n-butyl acetate from dilute acetic acid and *n*-butanol using different reactive distillation systems: Economic analysis[J]. Journal of the Taiwan Institute of Chemical Engineers, 2009, 40(1): 21-28.

[18] 胡甜甜，赵地顺，武宇，等. 醚基功能化离子液体催化合成乙酸正丁酯 [J]. 化工学报，2017, 68(1): 136-145.

[19] 李颖，胡双岚，程建华，等. 酸性离子液体催化油酸酯化合成生物柴油 [J]. 催化学报，2014, 35(3): 396-406.

[20] 蔡绍雄，张慧，郑德勇. 双键型离子液体制备及其催化油酸合成生物柴油的研究 [J]. 生物质化学工程，2017, 51(2): 26-30.

[21] 杨小红，李文娟，刘艳霞，等. 酸性功能化离子液体催化合成马来酸二丁酯研究 [J]. 中国胶粘剂，2017 (1): 5-8.

[22] Walden P. Molecular weights and electrical conductivity of several fused salts[J]. Bull Acad Imper Sci (St. Petersburg), 1914, 1800: 405-422.

[23] Blanchard Lynnette A, Hancu Dan, Beckman Eric J, et al. Green processing using ionic liquids and CO_2[J]. Nature, 1999, 399(6731): 28.

[24] 彭家建，邓友全. 室温离子液体催化合成碳酸丙烯酯 [J]. 催化学报，2001, 22(6): 598-600.

[25] Anthofer Michael H, Wilhelm Michael E, Cokoja Mirza, et al. Cycloaddition of CO_2 and epoxides catalyzed by imidazolium bromides under mild conditions: influence of the cation on catalyst activity[J]. Catalysis Science & Technology, 2014, 4(6): 1749-1758.

[26] 刘红来，侯震山，刘远凤，等. 吡啶季铵盐离子液体催化环氧丙烷与 CO_2 的反应 [J]. 天然气化工 (C_1 化学与化工), 2011, 36(2): 17-18.

[27] Toda Yasunori, Komiyama Yutaka, Kikuchi Ayaka, et al. Tetraarylphosphonium salt-catalyzed carbon dioxide fixation at atmospheric pressure for the synthesis of cyclic carbonates[J]. ACS Catalysis, 2016, 6(10): 6906-6910.

[28] Liu Mengshuai, Liu Bo, Zhong Shifa, et al. Kinetics and mechanistic insight into efficient fixation of CO_2 to epoxides over N-heterocyclic compound/$ZnBr_2$ catalysts[J]. Industrial & Engineering Chemistry Research, 2015, 54(2): 633-640.

[29] Yue Chengtao, Su Dan, Zhang Xu, et al. Amino-functional imidazolium ionic liquids for CO_2 activation and conversion to form cyclic carbonate[J]. Catalysis Letters, 2014, 144(7):

1313-1321.

[30] Cheng Weiguo, Xiao Benneng, Sun Jian, et al. Effect of hydrogen bond of hydroxyl-functionalized ammonium ionic liquids on cycloaddition of CO_2[J]. Tetrahedron Letters, 2015, 56(11): 1416-1419.

[31] Xiao LinFei, Lv DongWei, Su Dan, et al. Influence of acidic strength on the catalytic activity of Brønsted acidic ionic liquids on synthesizing cyclic carbonate from carbon dioxide and epoxide[J]. Journal of Cleaner Production, 2014, 67: 285-290.

[32] Han Lina, Choi Hye-Ji, Choi Soo-Jin, et al. Ionic liquids containing carboxyl acid moieties grafted onto silica: Synthesis and application as heterogeneous catalysts for cycloaddition reactions of epoxide and carbon dioxide[J]. Green Chemistry, 2011, 13(4): 1023-1028.

[33] Dharman Manju Mamparambath, Choi Hye-Ji, Kim Dong-Woo, et al. Synthesis of cyclic carbonate through microwave irradiation using silica-supported ionic liquids: Effect of variation in the silica support[J]. Catalysis Today, 2011, 164(1): 544-547.

[34] Ma Dingxuan, Li Baiyan, Liu Kang, et al. Bifunctional MOF heterogeneous catalysts based on the synergy of dual functional sites for efficient conversion of CO_2 under mild and co-catalyst free conditions[J]. Journal of Materials Chemistry A, 2015, 3(46): 23136-23142.

[35] 胡甜甜, 赵地顺, 胡晶晶, 等. 负载型离子液体催化合成马来酸二乙酯[J]. 精细化工, 2016, 33(6): 648-653.

[36] Wang Yongqiang, Zhao Dan, Wang Lulu, et al. Immobilized phosphotungstic acid based ionic liquid: Application for heterogeneous esterification of palmitic acid[J]. Fuel, 2018, 216: 364-370.

[37] Zhao Yong Dong, Zhao Zhi Ping, Li Shuo, et al. Preparation and catalytic performance of the porous polysulfone microspheres enabled by immobilized ionic liquids for esterification[C]. Trans Tech Publ, 2018:90-94.

[38] 倪潇, 曹震, 陶昌明, 等. 固定化酸性离子液体催化合成二甘醇二苯甲酸酯[J]. 现代化工, 2017, (12): 101-105.

[39] 顾彦龙, 杨宏洲, 邓友全. 室温离子液体中双环戊二烯加氢以及金刚烷合成[J]. 石油化工, 2002, 31(5): 345-348.

[40] Arnold Ulrich, Altesleben Christiane, Behrens Silke, et al. Ionic liquid-initiated polymerization of epoxides: A useful strategy for the preparation of Pd-doped polyether catalysts[J]. Catalysis Today, 2015, 246: 116-124.

[41] 吕志果, 王恒生, 郭振美, 等. 离子液体反应介质中 3- 羟基丙酸甲酯加氢反应研究[J]. 分子催化, 2010, 24(5): 417-421.

[42] 丁飞, 楼兰兰, 于凯, 等. 离子液体在苯乙酮不对称加氢反应中的应用[J]. 化学工业与工程, 2013, 30(6): 11-14.

[43] 崔咏梅, 袁达, 王延吉, 等. 酸性离子液体作催化剂的硝基苯加氢合成对氨基苯酚[J]. 化

工学报 , 2009, 60(2): 345-350.

[44] 李强 , 张瑞敏 , 周丽梅 , 等 . 离子液体介质中钌膦配合物催化的喹啉加氢反应 [J]. 催化学报 , 2009(03): 242-246.

[45] Li Fatang, Liu Ruihong, Wen Jinhua, et al. Desulfurization of dibenzothiophene by chemical oxidation and solvent extraction with Me$_3$NCH$_2$C$_6$H$_5$Cl$_2$ZnCl$_2$ ionic liquid[J]. Green Chemistry, 2009, 11(6): 883-888.

[46] 胡锦超 , 高丽霞 , 刘伟海 , 等 . 复合离子液体组成对硫化氢的氧化脱硫性能的影响 [J]. 化工学报 , 2016, 67(s1): 347-352.

[47] 侯良培 , 赵荣祥 , 李秀萍 , 等 . 甲基咪唑盐酸盐 / 草酸型低共熔溶剂的制备及其在模拟油中氧化脱硫中的应用 [J]. 化工学报 , 2016, 67(9): 3972-3980.

[48] 龚勇华 , 薛浩然 , 谢在库 , 等 . 离子液体 [Bmim]BF$_4$/ 水混合溶剂中的 1- 丁烯氢甲酰化反应研究 [J]. 有机化学 , 2004, 24(9): 1108-1110.

[49] 唐晓东 , 袁娇阳 , 李晶晶 , 等 . 吡啶离子液体催化作用下的 FCC 汽油烷基化脱硫 [J]. 燃料化学学报 , 2015, 43(4): 442-448.

[50] 褚联峰 , 张媛媛 , 郎万中 , 等 . 离子液体相转移催化正丁醛合成辛烯醛 [J]. 化学反应工程与工艺 , 2011, 27(1): 79-82.

[51] 王庆 , 刘杰 , 吴志民 , 等 . Brønsted 酸性离子液体催化苯酚羟烷基化反应合成双酚 F[J]. 高校化学工程学报 , 2014, (4): 758-763.

[52] 王莉 , 罗国华 , 徐新 , 等 . 离子液体催化苯和氯乙烷烷基化反应 [J]. 工业催化 , 2011, 19(4): 66-68.

[53] 陈晗 , 罗国华 , 徐新 . 盐酸三乙胺 - 三氯化铝离子液体催化甲苯与氯代叔丁烷烷基化反应 [J]. 高校化学工程学报 , 2013(2): 217-221.

[54] 谢方明 , 罗国华 , 徐新 , 等 . 氯铝酸盐离子液体催化苯与 2- 氯丙烷烷基化制异丙苯 [J]. 过程工程学报 , 2012, 12(1): 87-91.

[55] Sakthivel A, Badamali S K, Selvam P. para -Selective t-butylation of phenol over mesoporous H-AlMCM-41[J]. Microporous & Mesoporous Materials, 2000, 39(3): 457-463.

[56] 丁建峰 , 刘丹 , 桂建舟 , 等 . 含羧酸基离子液体催化苯酚与叔丁醇烷基化反应的研究 [J]. 化学与粘合 , 2011, 33(4): 1-3.

[57] Peng Yanmei, Cui Xianbao, Zhang Ying, et al. Kinetics of transesterification of methyl acetate and ethanol catalyzed by ionic liquid[J]. International Journal of Chemical Kinetics, 2014, 46(2): 116–125.

[58] 张振华 , 赵国英 , 卢丹 , 等 . 醚基复合氯铝酸离子液体催化异丁烷烷基化 [J]. 过程工程学报 , 2017, 17(5): 1016-1022.

[59] 卢丹 , 赵国英 , 任保增 , 等 . 醚基功能化离子液体合成及催化烷基化反应 [J]. 化工学报 , 2015, 66(7): 2481-2487.

[60] Zhao H, Holladay J E, Brown H, Zhang Z C. Science, 2007, 316: 1597-1600.

[61] Yong G, Zhang Y, Ying J Y. Angewandte Chemie, 2008, 47: 9345-9348.

[62] Hu S, Zhang Z, Song J, Zhou Y, Han B. Green Chemistry, 2009, 11: 1746.

[63] Wettstein S G, Alonso D M, Gürbüz E I, Dumesic J A. Current Opinion in Chemical Engineering, 2012, 1: 218-224.

[64] Siankevich S, Fei Z, Scopelliti R, Laurenczy G, Katsyuba S, Yan N, Dyson P J. ChemSusChem, 2014, 7: 1647-1654.

[65] Shi C, Zhao Y, Xin J, Wang J, Lu X, Zhang X, Zhang S. Chemical Communications, 2012, 48: 4103-4105.

[66] Ramli N A S, Amin N A S. Journal of Molecular Catalysis A: Chemical, 2015, 407: 113-121.

[67] Chidambaram M, Bell A. T. Green Chemistry, 2010, 12: 1253.

[68] Ni L, Xin J, Jiang K, Chen L, Yan D, Lu X, Zhang S. ACS Sustainable Chemistry & Engineering, 2018, 6: 2541-2551.

[69] Zhang L, Yu H, Wang P, Dong H, Peng X. Bioresour Technol, 2013, 130: 110-116.

[70] Zhang L, Yu H, Wang P. Bioresour Technol, 2013, 136: 515-521.

[71] Peleteiro S, da Costa Lopes A M, Garrote G, Parajó J C, Bogel-Łukasik R. Industrial & Engineering Chemistry Research, 2015, 54: 8368-8373.

[72] Jia S, Cox B J, Guo X, Zhang Z C, Ekerdt J G. Industrial & Engineering Chemistry Research, 2011, 50: 849-855.

[73] Yan N, Yuan Y, Dykeman R, Kou Y, Dyson P J. Angewandte Chemie, 2010, 49: 5549-5553.

[74] Scott M, Deuss P J, de Vries J G, Prechtl M H G, Barta K. Catalysis Science & Technology, 2016, 6: 1882-1891.

[75] Fan H, Yang Y, Song J, Ding G, Wu C, Yang G, Han B. Green Chem, 2014, 16: 600-604.

[76] Yang Y, Fan H, Song J, Meng Q, Zhou H, Wu L, Yang G, Han B. Chemical Communications, 2015, 51: 4028-4031.

[77] Prado R, Brandt A, Erdocia X, Hallet J, Welton T, Labidi J. Green Chemistry, 2016, 18: 834-841.

[78] Reichert E, Wintringer R, Volmer D A, Hempelmann R. Physical Chemistry Chemical Physics, 2012, 14: 5214-5221.

[79] Liu Z, Sun X, Hao M, Huang C, Xue Z, Mu T. Carbohydrate Polymers, 2015, 117: 99-105.

[80] da Costa Lopes A M, Lukasik R M. ChemSusChem, 2018, DOI: 10.1002/cssc.201702231.

[81] Sun X, Liu Z, Xue Z, Zhang Y, Mu T. Green Chem, 2015, 17: 2719-2722.

[82] Clough M T, Geyer K, Hunt P A, Son S, Vagt U, Welton T. Green Chemistry, 2015, 17: 231-243.

[83] Wang B, Qin L, Mu T, Xue Z, Gao G. Chemical Reviews, 2017, 117: 7113-7131.

[84] Xue Z, Qin L, Jiang J, Mu T, Gao G. Physical Chemistry Chemical Physics, 2018, 20: 8382-8402.

[85] Cao Y, Mu T. Industrial & Engineering Chemistry Research, 2014, 53: 8651-8664.

[86] Cao Y, Chen Y, Sun X, Zhang Z, Mu T. Physical Chemistry Chemical Physics, 2012, 14: 12252-12262.

[87] 王晓静, 牟天成. 科学通报, 2015, 60: 2516-2524.

[88] Huddleston J G, Visser A E, Reichert W M, Willauer H D, Broker G A, Rogers R D. Green Chemistry, 2001, 3: 156-164.

[89] Swatloski R P, Holbrey J D, Rogers R D. Green Chemistry, 2003, 5: 361.

[90] Erbeldinger M, Mesiano A J, Russell A J. Enzymatic catalysis of formation of z-aspartame in ionic liquid-an alternative to enzymatic catalysis in organic solvents[J]. Biotechnology Progress, 2000, 16(6): 1129-1131.

[91] Madeira Lau R, Sorgedrager M J, Carrea G, et al. Dissolution of candida antarctica lipase b in ionic liquids: Effects on structure and activity[J]. Green Chemistry, 2004, 6(9): 483-487.

[92] Okochi M, Nakagawa I, Kobayashi T, et al. Enhanced activity of 3α-hydroxysteroid dehydrogenase by addition of the co-solvent 1-butyl-3-methylimidazolium (L)-lactate in aqueous phase of biphasic systems for reductive production of steroids[J]. Journal of Biotechnology, 2007, 128(2): 376-382.

[93] Kaar J L, Jesionowski A M, Berberich J A, et al. Impact of ionic liquid physical properties on lipase activity and stability[J]. Journal of the American Chemical Society, 2003, 125(14): 4125-4131.

[94] Wang W, Zong M H, Lou W Y. Use of an ionic liquid to improve asymmetric reduction of 4′-methoxyacetophenone catalyzed by immobilized *Rhodotorula* sp. As2.2241 cells[J]. Journal of Molecular Catalysis B: Enzymatic, 2009, 56(1): 70-76.

[95] Sanfilippo C, D'Antona N, Nicolosi G. Chloroperoxidase from caldariomyces fumago is active in the presence of an ionic liquid as co-solvent[J]. Biotechnology Letters, 2004, 26(23): 1815-1819.

[96] Matsumoto M, Mochiduki K, Kondo K. Toxicity of ionic liquids and organic solvents to lactic acid-producing bacteria[J]. Journal of Bioscience and Bioengineering, 2004, 98(5): 344-347.

[97] Schöfer S H, Kaftzik N, Wasserscheid P, et al. Enzyme catalysis in ionic liquids: Lipase catalysed kinetic resolution of 1-phenylethanol with improved enantioselectivity[J]. Chemical Communications, 2001(5): 425-426.

[98] De Diego T, Lozano P, Gmouh S, et al. Understanding structure-stability relationships of candida antartica lipase b in ionic liquids[J]. Biomacromolecules, 2005, 6(3): 1457-1464.

[99] Chiappe C, Leandri E, Lucchesi S, et al. Biocatalysis in ionic liquids: The stereoconvergent hydrolysis of trans-β-methylstyrene oxide catalyzed by soluble epoxide hydrolase[J]. Journal of Molecular Catalysis B: Enzymatic, 2004, 27(4): 243-248.

[100] Mohile S S, Potdar M K, Harjani J R, et al. Ionic liquids: Efficient additives for candida rugosa lipase-catalysed enantioselective hydrolysis of butyl 2-(4-chlorophenoxy) propionate[J]. Journal of Molecular Catalysis B: Enzymatic, 2004, 30(5): 185-188.

[101] Sgalla S, Fabrizi G, Cacchi S, et al. Horseradish peroxidase in ionic liquids: Reactions with water insoluble phenolic substrates[J]. Journal of Molecular Catalysis B: Enzymatic, 2007, 44(3): 144-148.

[102] He J Y, Zhou L M, Wang P, et al. Microbial reduction of ethyl acetoacetate to ethyl (R)-3-hydroxybutyrate in an ionic liquid containing system[J]. Process Biochemistry, 2009, 44(3): 316-321.

[103] Eckstein M, Villela Filho M, Liese A, et al. Use of an ionic liquid in a two-phase system to improve an alcohol dehydrogenase catalysed reduction[J]. Chemical Communications, 2004(9): 1084-1085.

[104] Moniruzzaman M, Kamiya N, Nakashima K, et al. Water-in-ionic liquid microemulsions as a new medium for enzymatic reactions[J]. Green Chemistry, 2008, 10(5): 497-500.

[105] Lozano P, De Diego T, Carrie D, et al. Continuous green biocatalytic processes using ionic liquids and supercritical carbon dioxide[J]. Chemical Communications, 2002(7): 692-693.

[106] Lozano P, De Diego T, Larnicol M, et al. Chemoenzymatic dynamic kinetic resolution of rac-1-phenylethanol in ionic liquids and ionic liquids/supercritical carbon dioxide systems[J]. Biotechnology Letters, 2006, 28(19): 1559-1565.

[107] Lee J K, Kim M J. Ionic liquid-coated enzyme for biocatalysis in organic solvent[J]. The Journal of Organic Chemistry, 2002, 67(19): 6845-6847.

[108] Park S, Kazlauskas R J. Improved preparation and use of room-temperature ionic liquids in lipase-catalyzed enantio- and regioselective acylations[J]. The Journal of Organic Chemistry, 2001, 66(25): 8395-8401.

[109] Ganske F, Bornscheuer U T. Lipase-catalyzed glucose fatty acid ester synthesis in ionic liquids[J]. Organic Letters, 2005, 7(14): 3097-3098.

[110] Biswas A, Shogren R L, Stevenson D G, et al. Ionic liquids as solvents for biopolymers: Acylation of starch and zein protein[J]. Carbohydrate Polymers, 2006, 66(4): 546-550.

[111] Lee S H, Ha S H, Hiep N M, et al. Lipase-catalyzed synthesis of glucose fatty acid ester using ionic liquids mixtures[J]. Journal of Biotechnology, 2008, 133(4): 486-489.

[112] Markus E, Anita J. Mesiano. Alan J. Russell. Enzymatic catalysis of formation of z - aspartame in ionic liquid-an alternative to enzymatic catalysis in organic solvents[J]. Biotechnology Progress, 2000, 16(6): 1129-1131.

[113] Eckstein M, Sesing M, Kragl U, et al. At low water activity α-chymotrypsin is more active in an ionic liquid than in non-ionic organic solvents[J]. Biotechnology Letters, 2002, 24(11): 867-872.

[114] Laszlo J A, Compton D L. Comparison of peroxidase activities of hemin, cytochrome c and microperoxidase-11 in molecular solvents and imidazolium-based ionic liquids[J]. Journal of Molecular Catalysis B: Enzymatic, 2002, 18(1): 109-120.

[115] Pedro L, Teresa de D, Jean Paul G, et al. Stabilization of α-chymotrypsin by ionic liquids in transesterification reactions[J]. Biotechnology and Bioengineering, 2001, 75(5): 563-569.

[116] Zhao H, Malhotra S V. Enzymatic resolution of amino acid esters using ionic liquid *n*-ethyl pyridinium trifluoroacetate[J]. Biotechnology Letters, 2002, 24(15): 1257-1259.

[117] Hinckley G, Mozhaev V V, Budde C, et al. Oxidative enzymes possess catalytic activity in systems with ionic liquids[J]. Biotechnology Letters, 2002, 24(24): 2083-2087.

[118] 石贤爱, 宗敏华, 孟春, 等. 含离子液体 [bmim]Cl 的反应介质中马肝醇脱氢酶的催化特性 [J]. 催化学报, 2005(11): 52-56.

[119] 黄凯信, 张建广, 宋贤良, 等. 离子液体在全细胞催化中的应用 [J]. 现代化工, 2012(02): 13-18.

[120] Cull S G, Holbrey J D, Vargas-Mora V, et al. Room-temperature ionic liquids as replacements for organic solvents in multiphase bioprocess operations[J]. Biotechnology and Bioengineering, 2000, 69(2): 227-233.

[121] Howarth J, James P, Dai J. Immobilized baker's yeast reduction of ketones in an ionic liquid, [bmim]PF$_6$ and water mix[J]. Tetrahedron Letters, 2001, 42(42): 7517-7519.

[122] Holger P, Maya A, Udo K, et al. Efficient whole-cell biotransformation in a biphasic ionic liquid/water system[J]. Angewandte Chemie International Edition, 2004, 43(34): 4529-4531.

[123] Dipeolu O, Green E, Stephens G. Effects of water-miscible ionic liquids on cell growth and nitro reduction using clostridium sporogenes[J]. Green Chemistry, 2009, 11(3): 397-401.

第四章

离子液体纳微结构强化分离过程

离子液体作为一种新型的介质，具有结构可设计、热稳定性好和极低的蒸气压等优势，广泛应用于化工、食品、材料和生物医学等各学科领域，为分离和纯化过程技术的开发提供新机遇，有望成为替代传统分子溶剂的颠覆性技术。本章重点介绍了离子液体在强化分离过程中的研究，主要包含离子液体/scCO$_2$体系强化研究，离子液体气液两相流研究，离子液体气体分离应用研究，磁场强化离子液体过程研究以及离子液体强化天然产物分离等。

第一节　离子液体/scCO$_2$体系强化研究

一、概述

化工过程的核心是化学反应，而反应的进行不可避免地使用有机溶剂。在使用过程中由于溶剂的高挥发性而扩散到大气、水、土壤中，目前已成为污染的重要来源。离子液体由于具有高沸点、不易挥发、常温下呈液态等特点，其出现对于溶剂的使用和替代可以说是一种变革。随着离子液体基础研究的不断深入，其作为催化剂和介质已经获得了广泛的应用。然而，由于离子液体一般黏度较高，与反应物和产物易互溶，分离、回收比较困难，易造成交叉污染，已成为其工业化应用的瓶颈。

早在 19 世纪人们就发现超临界流体拥有极大的溶解能力。处于临界压力和临界温度以上的流体对有机化合物溶解度一般能增加几个数量级，在适当条件下甚至可达到按蒸气压计算所得浓度的 1000 倍以上。此后，超临界流体这种溶解性质被应用在分离过程，并发展成为新的分离方法——超临界流体萃取法[1]。超临界 CO_2（CO_2 压力和温度分别超过 7.4MPa 和 31.2℃，$scCO_2$）作为反应介质、反应物等已被广泛应用于化工过程中，离子液体与超临界体系的耦合为化学反应、传递提供了巨大的应用前景。将离子液体 - 超临界流体两相体系作为均相化学反应的理想介质，结合和利用离子液体与超临界流体的特点，连续地从离子液体反应介质中萃取分离产物。离子液体作为催化剂或者反应介质，使化学反应在离子液体相中完成，反应后的生成物则通过超临界流体被连续地萃取出离子液体相。离子液体不能溶于超临界相，从而避免了离子液体的损失和对产物的污染[2]。该过程还可以减小离子液体相中生成物的浓度，使化学平衡向生成物方向移动，提高了反应物的收率。此外，该法对于从离子液体中分离难挥发的热敏性物质特别有效，并有利于产物的分离、催化剂的分离和再生，从而大大地提高反应效率。

二、超临界状态与超临界二氧化碳

1. 超临界状态

超临界状态经常被看作是除气态、液态和固态之外物质的第四种状态。传统相图中的超临界状态是由临界温度 T_c 和临界压力 p_c 确定的，当体系的温度和压力超过临界值 T_c 和 p_c，则该系统变成所谓的超临界系统。

超临界流体（SCF）的特殊性质表现在：T_c 以上，无论压力增加多少，它都不会液化；同样，压力高于 p_c，它不会通过升高温度转换成气体。当温度和压力均超过 T_c 和 p_c 时，气液两相之间的界面将消失，此时 SCF 具有液体和气体的性质。其性质取决于它们的超临界密度，并对 SCF 的物理和热力学性质具有重要作用。此外，$scCO_2$ 的扩散和传质可以在很宽的范围内通过温度或压力变化进行调整，进而应用于萃取和分离操作。

2. 超临界二氧化碳性质

事实上，在密度与常规有机溶剂（$d > 0.5g/cm^3$）相当时，$scCO_2$ 表现出典型的非极性溶剂溶解能力，如己烷、苯和甲苯。有研究表明[3]，即使 $scCO_2$ 和甲苯表现出类似的溶解能力，但在相同的温度和密度下 $scCO_2$ 的扩散率要高得多。用其他溶剂（己烷或苯）进行的测量也显示出类似的行为，即 $scCO_2$ 具有更高的扩散性。$scCO_2$ 增强反应速率并不是 SCF 的特殊性质，而是因为在低黏度 CO_2 中扩散得到增强。如斯托克斯和爱因斯坦公式所描述的，液体或液体状 SCF 中的扩散率和黏度在物理上是相互关联的，如式（4-1）所示。

$$\eta = \frac{kT}{6\pi r_A D}$$ (4-1)

式中　η——动态黏度，Pa·s；

　　　k——玻尔兹曼常数，其值为 1.3806×10^{-23} J/K；

　　　T——热力学温度，K；

　　　r_A——扩散粒子的流体动力学半径，m；

　　　D——扩散系数，m^2/s。

改变 SCF 中的扩散系数会自动改变黏度，两参数不是独立的，而是同时调整的。$scCO_2$ 中的分子扩散与传统的非极性有机溶剂（例如苯）的情况相比增强高达 1 个数量级，根据上述关联公式计算出，在相同的温度和密度下，$scCO_2$ 的黏度与传统的非极性有机溶剂相比降低了 1 个数量级。

在实际应用中，基于 IL 的提取系统中应该考虑的一个重要问题是剥离过程。极低的蒸气压使得 IL 不挥发，这是一个很有优势的有机溶剂。但是，蒸气压不足也使得其不能通过蒸馏从 IL 相中回收挥发性差或热稳定性差的产物。此外，由于 IL 具有疏水性，对于疏水性产物通常使用有机溶剂回收，这将有可能导致交叉污染。因此，在使用离子液体的绿色环境中，特别考虑了 $scCO_2$ 的组合。由于低临界温度（31.0℃）和中等临界压力（7324kPa）以及高溶解度，$scCO_2$ 作为有机物的替代绿色溶剂引起了相当大的关注。

$scCO_2$ 在 IL 中高度可溶，而即使在很高的压力下，大多数 IL 在 $scCO_2$ 中也很少溶解。这种现象促进了双相或多相萃取的设计。此外，溶解的 $scCO_2$ 可以显著降低离子液体的黏度并增强传质，从而提高产物的萃取率[4]，这对于具有高黏度的非氟化和功能性离子液体效果显著。更重要的是，由于 CO_2 具有化学惰性、无毒、廉价且环保，使得这两种新型溶剂（IL 和 $scCO_2$）的相互作用作为绿色工艺具有很大的潜力。

三、$scCO_2$–离子液体体系

1. 相互作用

离子液体之间以及离子液体与 CO_2 间存在以下作用力：范德华力、氢键、静电作用，体积较小、均匀对称的阴离子如 $[PF_6]^-$，与 CO_2 主要为排斥的静电作用；体积较大、非对称的阴离子如 $[FEP]^-$，与 CO_2 的作用主要为范德华力；此外，CO_2 也可与"环氢"形成氢键。王伟彬等[5]通过分子模拟方法，对超临界 CO_2/ 离子液体体系的热力学平衡和运输性质进行的研究表明，随着 CO_2 含量的增加，IL 的扩散系数可提升 $2 \sim 3$ 倍，同时 IL 黏度明显下降。Lu 等[6]研究了超临界 CO_2 存在下离子液体的 Kamlet-Taft 极化参数、体积膨胀以及黏度变化，结果表明，随着 CO_2 溶解，极化参数降低，黏度下降，并且当 CO_2 达到临界状态时，IL 有明显的体积膨胀。Liu 等[7] 研究 CO_2 存在下离子液体的相行为，表明随着 CO_2 压力的增加，液相的黏度显著降低，并指出压缩 CO_2 可能成为用于许多应用中降低 IL 黏度的试剂。

对于在微纳尺寸受限空间内离子液体与 CO_2 的作用方面，Labropoulos 等[8] 认为受限离子液体改变了 CO_2 在液相中的扩散性质，CO_2 需聚集在阴离子的特殊位点中，如果位点导向纳米孔道的核心，那么在受限空间内会形成一条径直通道，CO_2 通过"阴离子 - 阴离子跳跃"的机理扩散。Wang 等[9] 研究了 CO_2 在受限离子液体中的溶解和渗透性质，结果表明，受限作用的阴阳离子重新组合，IL 黏度降低，并且缩短了气体扩散距离，CO_2 在受限的离子液体中的溶解度也有明显的增大。Banu 等[10] 进行了类似的研究，结果表明，与在无限制离子液体中观察到的值相比，在受限离子液体中 CO_2 的溶解度和扩散率均得到提高，并且不同的受限基质材料具有相似的影响。

2. IL 在 $scCO_2$ 中的溶解

大多数研究集中在 CO_2 在 IL 中的溶解度，其实富 CO_2 相中的 IL 的浓度也很重要。有研究使用高压电池的动态装置测量 [Bmim][PF$_6$] 在富 CO_2 相中的溶解度[11]，[Bmim][PF$_6$] 在 CO_2 中的溶解度是在 40℃和 13.79MPa 下测定的，0.5866mol 的 CO_2 通过装载 [Bmim][PF$_6$] 的柱体，紫外可见分析没有出现可观的 IL 吸收峰，表明在 CO_2 相中 [Bmim][PF$_6$] 的溶解度小于 5×10^{-7}（[Bmim][PF$_6$] 的摩尔分数）。IL 在 CO_2 相中的溶解度不足可归因于 IL 具有非常低的蒸气压，并且 CO_2 不能充分地溶解气相中的离子。尽管 IL 在 $scCO_2$ 中的溶解度非常低且不可测量，但在工业应用中，$scCO_2$ 相可能含有一些其他组分，例如反应物，这些成分可作为共溶剂以显著增强 $scCO_2$ 溶解 IL 的能力。在这种情况下，溶解在 CO_2 相中的 IL 的溶解度急剧增加。

为了确定避免交叉污染的条件，必须知道 IL 在 $scCO_2$ / 有机化合物混合物中的溶解度。早期研究表明，IL 在 $scCO_2$ 中的溶解度非常低，但是通过添加乙醇和丙酮，随着 $scCO_2$ 中有机化合物的摩尔浓度超过 10%，IL 的溶解度急剧增加。这种通过加入乙醇和丙酮提高 IL 溶解度的原因主要来自两种强极性化合物与 IL 的相互作用。丙酮的极性比乙醇强，因此，在 $scCO_2$- 丙酮体系中，IL 的溶解度高于 $scCO_2$- 乙醇体系。由于正己烷是非极性物质，因此它对 IL 在 $scCO_2$ 相中溶解度的影响非常有限。Wu 等[12] 的进一步研究也表明助溶剂有增加溶解度的能力，[Bmim][PF$_6$] 和 [Bmim][BF$_4$] 在 $scCO_2$- 助溶剂中的溶解度顺序依次为乙腈 > 丙酮 > 甲醇 > 乙醇 > 正己烷。该顺序与共溶剂的偶极矩的顺序相同。显然有机化合物的极性是影响溶解度的主要因素。那么如果系统含有足够浓度的足够极性的有机化合物，则溶解在富含 $scCO_2$ 相中的 IL 的量可能是显著的。

3. 降黏增强传质

Liu 等[7]采用公式来对其实验数据进行相关性分析，认为 CO_2 与 IL 的阴离子形成弱路易斯酸 + 路易斯碱络合物，降低 IL 中阴离子和阳离子之间的缔合程度，进而导致黏度降低。根据 Liu 的结果，液相黏度在较低的压力范围内随着压力的增加而急剧降低，而在较高的压力下降低比较缓慢。这与 CO_2 的溶解度相关，在较低压力下随着压力增加，IL 中的 CO_2 溶解度显著增加，黏度对 CO_2 压力更敏感。相反，压力继续增大仅稍微提高了在更高压力下 CO_2 在 IL 中的溶解度。因此，随着压力增加，黏度缓慢下降。

Machida 等认为[13]超临界二氧化碳可用于降低离子液体混合物的黏度，并且这种黏度降低可以促进反应发生。例如，在离子液体中果糖催化转化为 5- 羟甲基糠醛（5-HMF）。选用离子液体 [Bmim] Cl（$T_m = 69℃$），离子交换树脂催化剂和果糖在室温下结合时，由于固体的不均匀性，不会发生反应。通过将离子液体和果糖加热到离子液体的熔点以上，将果糖溶解到离子液体中形成高度黏稠的混合物，冷却到室温时不会凝固，添加超临界 CO_2 可促使果糖转化为 5-HMF，在接近室温的条件下收率较高。这与 $scCO_2$ 提高离子液体相中的传质有关，并且超临界 CO_2 可降低 IL 的熔点[14]。

4. 分配系数与相平衡

Zhang 等[15]确定了不同相之间各组分的分配系数，发现 CO_2 分配系数随压力增加而减小，而丙酮分配系数随压力增加而增加。分配系数（K）可以分别定义为超临界状态和 IL 阶段中溶质摩尔分数的比值。与超临界流体混合物平衡的液体混合物，其液相用状态方程建模，则分配系数定义为 K。

在任何一种情况下，分配系数 K 都是由超临界流体和液相中溶质的非理想性决定的。由于 [Bmim] [PF$_6$] 在 CO_2 中不会明显溶解，超临界相基本上是有机溶质和 CO_2。因此，超临界流体相中溶质的逸度系数可以用一个简单的彭罗宾森状态方程来估算。分配系数是理解 IL- $scCO_2$- 溶质体系的重要热力学性质。理论上，通过考察溶质的挥发性和极性特征，可以预测 IL 和 $scCO_2$ 相之间的分配系数的趋势。例如，具有高挥发性和低极性的溶质将对 CO_2 具有大的亲和力，而具有高极性和芳香性的溶质将对富 IL 液相具有大亲和力。因此，高极性的溶质由于对 IL 具有高亲和力和对 CO_2 具有低亲和力而具有小的 K 值。相反，非极性溶质由于对二氧化碳具有高亲和力而具有较大的 K 值。通过这个讨论，可以解释对 CO_2 具有高亲和力的化合物能够更容易地从 IL 混合物中萃取出来。

四、scCO$_2$–IL 体系在 HMF 制备中的应用

目前大多数的研究者都采用本身互不相溶的两种溶剂作为双相反应体系的

上下相溶剂，例如 IL-scCO$_2$、水 - 有机溶剂、IL- 有机溶剂。而 Brennecke 小组发现[16~18]，完全互溶的离子液体 [Bmim][PF$_6$] 和有机溶剂（甲醇）在一定温度和压力下通入 CO$_2$，会逐渐分成两相。

根据以上这个现象，我们提出了基于 CO$_2$ 作为"相分离开关"的可调节的新型离子液体 - 有机溶剂双相反应系统。应用该系统去克服副产品较多和 HMF 分离问题，从而实现 HMF 反应 - 分离耦合一体化过程。

1. 离子液体和有机溶剂相行为

离子液体 - 有机溶剂在 CO$_2$ 作用下有如下几种相行为：固 - 液（S-L）在加热通入 CO$_2$ 后变成液 - 液两相（L-L）；互溶的离子液体 - 有机溶剂（L）通入 CO$_2$ 后变成液 - 液两相（L-L）；不互溶的离子液体 - 有机溶剂（L-L）通入 CO$_2$ 后仍旧是不互溶的液 - 液两相（L-L）；互溶的离子液体 - 有机溶剂（L）通入 CO$_2$ 后仍然是互溶的液体（L）。

2. 离子液体和有机溶剂在 CO$_2$ 下的分相过程

基于以上的几种相行为，我们选取 [Omim]Cl 和丙酮作为 HMF 制备的反应溶剂和萃取溶剂，其在加压 CO$_2$ 下的分相过程如图 4-1 所示。在 50℃、常压 0.1MPa 下，[Omim]Cl 和丙酮是互溶状态 [图 4-1（a）]，当压力升至 3.6MPa 时，两相溶液出现了浑浊状态 [图 4-1(b)]，压力持续升高，逐渐呈现清晰的相分离界面 [图 4-1（c）]，直到压力达到 7.5MPa 以上，相分离现象呈现得比较清晰和完全（由液相色谱检测出，有机溶剂和离子液体在上、下层中的组分不再变化）。

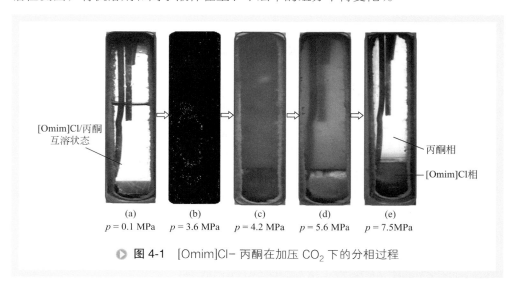

（a） （b） （c） （d） （e）
$p = 0.1$ MPa $p = 3.6$ MPa $p = 4.2$ MPa $p = 5.6$ MPa $p = 7.5$MPa

▶ 图 4-1 [Omim]Cl- 丙酮在加压 CO$_2$ 下的分相过程

实验发现，在所研究的一定温度范围内（30~120℃），[Omim]Cl 和丙酮在通

入加压 CO_2 时很容易被分成两相。下层是 [Omim]Cl 相，上层是丙酮相，反应在下层 [Omim]Cl 离子液体相中进行反应，生成的 HMF 被萃取到上层有机相中。在反应最初时，[Omim]Cl 相包含果糖原料、TfOH 催化剂、超临界 CO_2 和少量的丙酮；丙酮相包含超临界 CO_2 和痕迹的 [Omim]Cl。分相导致离子液体在上层丙酮相中的溶解度非常小，只能痕量检测到。

3. 离子液体 – 有机溶剂 – CO_2 的三元相平衡

研究 CO_2- 离子液体 - 有机溶剂三元相平衡是非常有必要的，可以帮我们了解和掌握离子液体 - 有机溶剂的分相条件。图 4-2 是 [Omim]Cl- 丙酮 - CO_2 三元体系的相图，红色曲线是一相区和两相区的分界线。在分界线右边部分的点，即非常接近 CO_2 和丙酮的连接处，为 [Omim]Cl、丙酮、CO_2 在上层丙酮相中的组分点。如预期所料，[Omim]Cl 的质量分数在上层相中是很低的，从而证实了加压 CO_2 下，离子液体在有机相的极低溶解度有利于双相反应器中的反应。

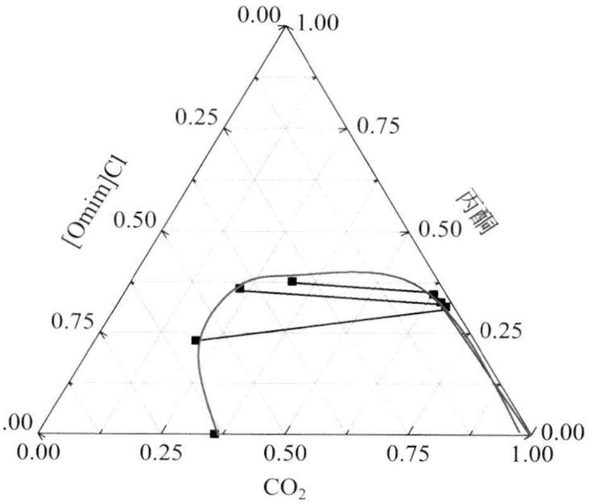

▶ 图 4-2 [Omim]Cl- 丙酮 –CO_2 三元体系相图

图 4-2 中在边界线左边的点是 [Omim]Cl、丙酮、CO_2 在下层离子液体相中的组分点。虽然 CO_2 在离子液体中有一定的溶解度，但是从实验中观察下层离子液体相中并没有明显的体积膨胀现象，这是因为 CO_2 分子大都位于离子液体的大尺寸的空穴中，从而导致离子液体不膨胀，而当空穴位被 CO_2 填满以后，即使在很高的压力下，也没有更多的 CO_2 会溶解在离子液体中，就会自发地分布到上层有机相中[19~21]。

4.5– 羟甲基糠醛在离子液体和有机溶剂中的分配

果糖在两相反应器中制备 HMF 的过程中，除了初始原料、催化剂、溶剂的相互溶解、平衡以外，反应后生成的 HMF 在两相溶剂中的分配也非常重要。我们用分配系数来反映 HMF 在离子液体相和有机溶剂相中的迁移能力及分离效能，它是描述 HMF 在两相中行为的重要物理化学特征参数。HMF 分配系数的测定与组分、溶剂相的热力学性质有关，也与实验温度、压力有关。以下 HMF 分配系数的测定是选取了实验的一个最佳反应条件，分别于不同时间取样后测试的结果，如表 4-1 所示。可见，HMF 分子不会因为时间的延长再进行迁移，而此时的平衡时间可以为 HMF 制备时的最佳反应时间提供参考。

表4-1 HMF在[Omim]Cl和丙酮中的分配

时间 /h	有机相		IL 相		总质量 /g	分配系数 (C_{org}/C_{IL})
	HMF/%	HMF/g	HMF/%	HMF/g		
1	0.08	0.016	1.74	0.086	0.102	0.046
2	0.12	0.024	1.50	0.074	0.098	0.08
3	0.15	0.030	1.50	0.075	0.105	0.1
4	0.21	0.042	1.05	0.053	0.095	0.2
5	0.21	0.042	1.02	0.051	0.093	0.205

注：反应条件为 0.105g HMF, 5mL [Omim]Cl, 25mL 丙酮，120℃，8.0MPa。

5. 不同CO_2压力对反应的影响

加压 CO_2 会使得互溶的离子液体和有机溶剂分相，所以除了优化最佳反应时间、温度等条件，我们还要寻找最佳 CO_2 压力对双相反应体系的影响。研究表明，随着不断向反应器中通入 CO_2，体系的压力也在不断增高，当压力 > 8MPa 时，HMF 产率变化不大，说明 CO_2 压力对 HMF 制备影响较小。CO_2 可以作为传输介质将下层离子液体相中的 HMF 转移到上层丙酮相中，然而在过高的压力下，CO_2 分子全部填满了离子液体中的分子空穴而达到饱和状态，下层离子液体相不能够溶解更多的 CO_2，这个现象符合空间填充机理 (space-filling mechanism)。离子液体相溶解不了的大量的 CO_2 就会分布到上层有机相中，而 HMF 在 CO_2 中的溶解度很低，所以高压 CO_2 会导致上层 HMF 分布的减少，进而使得 HMF 萃取率下降。

第二节 **离子液体气液两相流研究**

离子液体的基础及应用研究正在蓬勃发展，实验室研究离子液体工艺过程中对各种新型反应器的创新性应用，及强化单元操作过程取得了很好的成果。但是，通过实验室中的小装置得到的流动、传递和反应规律与工业化大装置有很大的差异。实验室反应器内的流动相对容易控制和调整，而工业化反应器中流动现象较为复杂。因此，要实现离子液体工艺工业化还必须对流动、传递和反应规律进行深入研究，采用不依赖于反应器结构和尺寸的模型和方法对反应器内不同时空物质迁移现象进行解释，从而获得反应器内的复杂流动现象及各相之间的相互作用。

根据研究对象的不同，离子液体体系气泡行为研究可分为单气泡和多气泡研究，分别涉及气泡直径、速度、形状及聚并、破碎频率等气泡行为参数，这些参数的变化规律既可以通过实验进行研究，也可以通过数值模拟进行研究。以下将分别进行详细论述。

一、离子液体体系气泡流体动力学实验研究

对于气体吸收、气液精馏和泡沫浮选等过程，气液接触以气泡的基本形式存在。基于气泡在气液反应器内的流体动力学行为，可以对气液反应器进行设计和优化，获得理想的实验结果。在气液反应器中，气液界面处的流体动力学行为对于估算气液传质系数至关重要，而气泡行为则是影响气液界面的关键因素。

通过搭建一套鼓泡塔气泡行为实验装置，采用高速摄像系统，系统研究了单个 CO_2 气泡在五种不同离子液体 [Bmim][BF$_4$]、[Omim][BF$_4$]、[Bmim][NO$_3$]、[Bmim][N(CN)$_2$]、[Bpy][BF$_4$] 中的运动和变形行为，重点考察了不同水含量下的气泡运动规律。通过高速摄像系统实时记录气泡在离子液体中的速度和直径。考察了适用于传统分子型溶剂的经验或半经验模型对离子液体体系气泡行为的适用性。基于大量的实验结果，提出了离子液体体系新的气泡速度和气泡直径模型。

气泡速度计算方法：气泡瞬时速度是通过软件获得的相邻时刻气泡坐标差异计算得到的。图像分析方法（图 4-3）及计算公式如下所示。

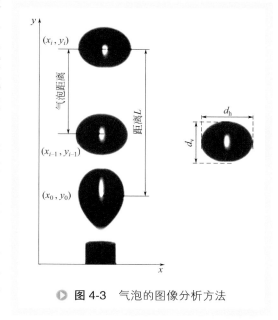

▶ **图 4-3** 气泡的图像分析方法

故气泡速度的计算公式为：

$$L = \sqrt{(x_i - x_0)^2 + (y_i - y_0)^2} \quad (4\text{-}2)$$

$$V_i = \frac{\sqrt{(x_i - x_{i-1})^2 + (y_i - y_{i-1})^2}}{\Delta t} \quad (4\text{-}3)$$

式中　(x_i, y_i)，(x_{i-1}, y_{i-1})——气泡的连续坐标值；

Δt——间隔时间，本实验拍摄速度选用 fps 500 帧 /s，所以 $\Delta t = 0.002s$。

气泡的等效直径 d_{eq} 则定义为与该椭球体具有相同体积的球体的直径。

$$\frac{4}{3}\pi d_{eq}^3 = \frac{4}{3}\pi d_h^2 d_v \tag{4-4}$$

$$d_{eq} = \sqrt[3]{d_h^2 d_v} \tag{4-5}$$

式中，d_v——气泡的短轴长度，m；

d_h——气泡长轴长度，m。

气泡的变形通常由变形率 E 来说明。变形率定义为气泡的短轴和长轴的比例。对于球体，变形率为 1，其他任何气泡的变形率均小于 1。

$$E = \frac{d_v}{d_h} \tag{4-6}$$

1. 气泡速度

传统分子型溶剂中气泡速度的关联式对离子液体体系是不适用的。这可能与离子液体特殊的气液界面结构有关。文献报道，在离子液体界面处，阳离子环垂直于气液界面，且界面居于阴阳离子之间，这与分子型溶剂的气液界面是截然不同的。

一般来说，气泡速度与以下因素有关：气泡直径、气体和液体的密度、液体黏度以及液体的表面张力。故关联式应该包括以上所有的相关参数，即

$$f(d_{eq}, \rho_1, \rho_g, \mu_1, \sigma, V_{T,g}) = 0 \tag{4-7}$$

关联式中引入了 Eötvös 数和 Morton 数，定义分别为：

$$Mo = \frac{g\mu_1^4(\rho_1 - \rho_g)}{\sigma^3 \rho_1^2} \tag{4-8}$$

$$Eo = \frac{\rho_1 g d_{eq}^2}{\sigma} \tag{4-9}$$

于是，离子液体体系气泡速度的关联式可采用以下形式：

$$V_T\left[\frac{d_{eq}^2(\rho_1 - \rho_g)^2}{\sigma\mu_1}\right]^{1/3} = aMo^b Eo^c \tag{4-10}$$

根据大量的实验数据，并采用最小二乘法得到参数 a，b，c 的值分别为 0.355、-0.172 和 0.548。即适合离子液体体系气泡速度的新关联式为：

$$V_T\left[\frac{d_{eq}^2(\rho_1 - \rho_g)^2}{\sigma\mu_1}\right]^{1/3} = 0.355 Mo^{-0.172} Eo^{0.548} \tag{4-11}$$

图 4-4 说明式（4-11）对于预测离子液体体系的气泡速度十分有效。预测值均匀随机地分布于对角线 $V_{\mathrm{T}}^{\mathrm{cal}}=V_{\mathrm{T}}^{\mathrm{exp}}$ 上，且相对偏差不超过 10%。图 4-5 说明了预测值和实验值的相对偏差随 Eötvös 数变化的情况。该图说明，在实验的 Eötvös 数范围内，相对偏差均匀地排布在基线 0% 附近，从而证明了该关联式的准确性。

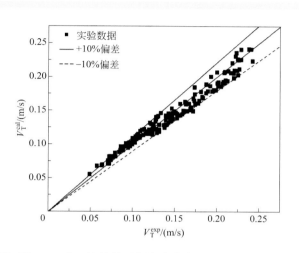

▶ **图 4-4** 离子液体体系气泡速度实验值和预测值对比

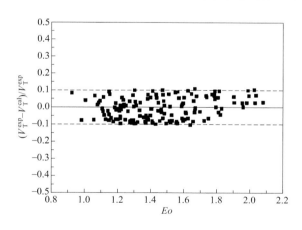

▶ **图 4-5** 离子液体体系气泡速度实验值和预测值的相对偏差

2. 单气泡直径

利用传统气泡模型对离子液体体系气泡直径的预测效果不理想，如图 4-6 所示。结果显示，Kumar 关联式和 Wraith 关联式都不能对离子液体体系气泡直径进行很好的预测，产生了很大的负偏差，偏差分别达到 −80% 和 −100%。Gaddis 关联

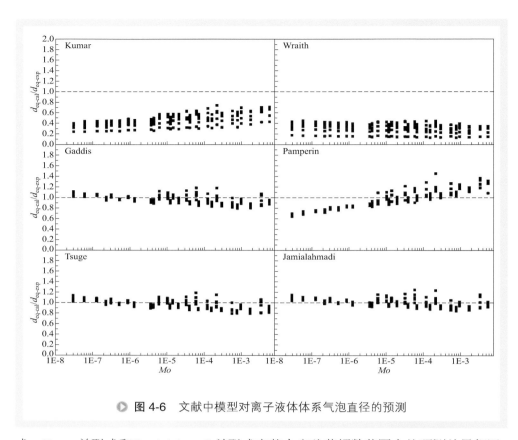

式、Tsuge 关联式和 Jamialahmadi 关联式在整个实验莫顿数范围内的预测结果相近，其中 Jamialahmadi 关联式预测结果相对较准确，偏差范围为 –20% ～ 25%。另外，Pamperin 关联式也不能对离子液体体系做出很好的预测，最大偏差达到 +50%。现有预测气泡直径的关联式对离子液体体系均不适用，因此，提出了基于孔口弗劳德数（Fr_o）和莫顿数（Mo）的预测离子液体体系气泡直径的新关联式，利用该关联式进行预测，效果比较理性，绝对偏差在 7% 以内，如图 4-7 所示。

$$d_{eq}\left(\frac{D_o\sigma}{\rho_l g}\right)^{-\frac{1}{3}} = aFr_o^b Mo^c \tag{4-12}$$

式中，参数 a，b，c 的值通过最小二乘法获得，该关联式的最终形式为：

$$d_{eq}\left(\frac{D_o\sigma}{\rho_l g}\right)^{-\frac{1}{3}} = 2.675 Fr_o^{0.029} Mo^{0.016} \tag{4-13}$$

3. 多气泡平均直径

气泡的形成是一个很复杂的过程，目前在离子液体体系内没有可用的关联式对

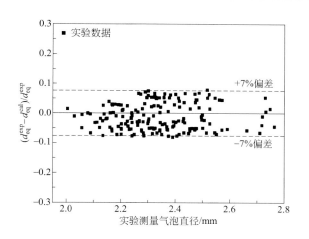

● 图 4-7　离子液体体系气泡直径实验值和预测值的相对偏差

气泡大小进行预测。因此，建立一个新的关联式去预测碳捕集系统内 CO_2 气泡的平均直径是很有必要的。文献中已经证实了气液两相系统内，气泡大小依赖于以下参数：气体密度、表观气速、液体性质、轴向位置和塔的几何结构。因此，这个关联式必须包含以上参数。经验性的关联主要依赖于无量纲分析。假设的数学形式见式（4-14）。基于 CO_2-[Bmim][BF_4] 和 N_2-[Bmim][BF_4] 系统实验的实验数据，假设的关联式形式见式（4-15）。

$$\frac{d_{32}}{d_o} = f\left[\left(\frac{\rho_1}{\rho_g}\right), \left(\frac{\sigma_1^3 \rho_1}{g\mu_1^4}\right), \left(\frac{H}{D}\right), \left(\frac{U_g}{\sqrt{gD}}\right)\right] \tag{4-14}$$

$$\frac{d_{32}}{d_o} = A\left(\frac{\rho_1}{\rho_g}\right)^b \left(\frac{\sigma_1^3 \rho_1}{g\mu_1^4}\right)^c \left(\frac{H}{D}\right)^d \left(\frac{U_g}{\sqrt{gD}}\right)^e \tag{4-15}$$

基于最小二乘法，可以获得每个系数的值。分别是 $A = 33.67$，$b = 0.103$，$c = -0.034$，$d = 0.175$，$e = 0.278$。最后，离子液体体系气泡平均直径关联式见式（4-16）。

$$\frac{d_{32}}{d_o} = 33.67\left(\frac{\rho_1}{\rho_g}\right)^{0.103} \left(\frac{\sigma_1^3 \rho_1}{g\mu_1^4}\right)^{-0.034} \left(\frac{H}{D}\right)^{0.175} \left(\frac{U_g}{\sqrt{gD}}\right)^{0.278} \tag{4-16}$$

这个新的关联式在计算气泡平均直径时比较简便和准确，进一步可以预测气液相间面积。图 4-8 示出了预测的气泡平均直径预测值和实验值的比较。所有的预测数据与实验值的偏差都在 6% 以内。

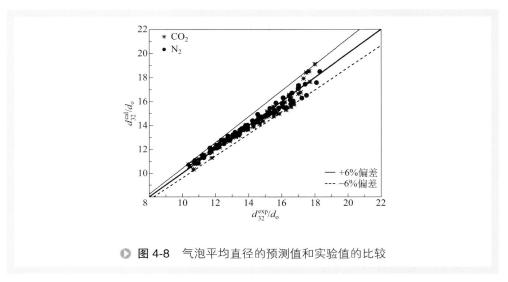

图 4-8　气泡平均直径的预测值和实验值的比较

4. 气泡大小分布

气泡大小分布以及气含率是决定气液相间面积最重要的两个参数。图 4-9 说明了在 CO_2-[Bmim][BF_4] 体系内，表观气速对离子液体体系气泡大小分布的影响。当气速较低时，小气泡所占比例大约是 55% (0.1cm/s)，气速增大时，小气泡的比例减小到 46% (0.15cm/s) 和 38% (0.2cm/s)。因此，随着表观气速的增大，小气泡的比例逐渐减小，大气泡由于聚并比例增大。当气速增加时，气泡大小分布的范围更广。

5. 气含率

气含率是鼓泡塔内流体动力学最重要的参数。整塔气含率通过体积膨胀法测

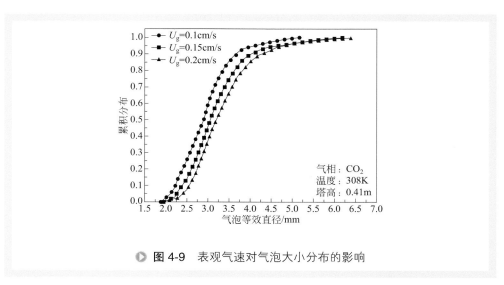

图 4-9　表观气速对气泡大小分布的影响

得。通过相机测得充气前的静液位以及充气后的液位。

$$\varepsilon_G = \frac{V_1 - V_0}{V_1} \qquad (4\text{-}17)$$

式中，V_0 表示静体积；V_1 表示充气后的体积。由于鼓泡塔具有相同的截面积，所以式（4-17）可以进一步进行简化。H_0 表示静液位，H_1 表示充气后的液位。

$$\varepsilon_G = \frac{H_1 - H_0}{H_1} \qquad (4\text{-}18)$$

图 4-10 说明了在 CO_2-[Bmim][BF$_4$] 和 N_2-[Bmim][BF$_4$] 体系中，气含率随表观气速的变化。由图可以看出，气含率随表观气速的增大而增大。温度升高时，气含率升高很快。在 [Bmim][BF$_4$] 体系中，由于高黏特性，小气泡很少，大气泡由于聚并不断产生。温度升高，小气泡不断产生，小气泡在 [Bmim][BF$_4$] 上升速度比较慢，气液两相的曳力也就比较大，这就会导致温度升高时，气含率变大。前述的研究已经证实 N_2 气泡总是比 CO_2 气泡大，所以在 CO_2-[Bmim][BF$_4$] 体系中会形成更多的小气泡。这就会造成 CO_2-[Bmim][BF$_4$] 体系的气含率大于 N_2-[Bmim][BF$_4$] 体系的气含率。另外，在 CO_2-[Bmim][BF$_4$] 和 N_2-[Bmim][BF$_4$] 体系中，气含率均随表观气速线性增大，说明塔内处于均匀鼓泡流。

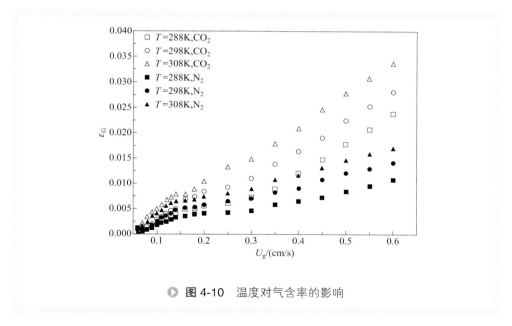

图 4-10 温度对气含率的影响

二、离子液体中气泡流动的数值模拟

离子液体中的气泡行为与常规有机溶剂中有所不同，而常用的基于分子型溶剂的流体动力学模型也难以适用于离子液体体系。建立离子液体中特殊构效关系的流体动力学模型，从而更加准确地预测离子液体体系气泡行为参数，深入认识离子液体微观结构对气泡行为的影响规律。可行的解决策略是，一方面可采用能够反映离子液体微观结构和相互作用的热力学模型对离子液体物理性质进行准确预测，如密度、黏度、表面张力等；另一方面，采用计算 CFD 方法，在已知离子液体物理性质的基础上，通过求解对流扩散方程来模拟得到气泡行为及参数。因此，可以将上述两种方法耦合，建立离子液体微观结构与气泡行为的内在关系模型。

通过将离子片热力学（FCCS）方法和计算流体动力学（CFD）方法耦合起来，建立离子液体体系流体动力学新模型，并采用实验方法对所建立的数学模型进行验证，最后基于该模型系统研究了 30 种咪唑、吡啶类离子液体中的气泡形状、气泡速度，获得了离子液体中阴、阳离子相互作用对气泡形状的影响规律，并根据模拟结果绘制了离子液体体系的气泡流型图。

离子片热力学 FCCS 模型：FCCS 方法的核心思想[22]是将离子液体划分为阳离子片、阴离子片和常规中性基团三类"离子片"，通过基团贡献方程计算得到离子液体临界性质参数，然后根据对应态原理计算得到离子液体的各物理化学性质，如密度、表面张力等。该方法与传统方法的主要区别在于该方法将基团划分为带电基团与不带电基团，反映了离子液体中的真实微观结构。

在 FCCS 方法中，首先通过离子片贡献方程计算获得离子液体的五个热力学性质参数，分别是沸点（T_b）、临界温度（T_c）、临界压力（p_c）、临界体积（V_c）及偏心因子（ω_a），计算方法如下：

$$T_b = 198.2 + \sum_i n_i \Delta T_{b,i} \tag{4-19}$$

$$T_c = \frac{T_b}{0.5703 + 1.0121 \sum_i n_i \Delta T_{c,i} - \left(\sum_i n_i \Delta T_{c,i}\right)^2} \tag{4-20}$$

$$p_c = \frac{M}{\left(0.34 + \sum_i n_i \Delta p_{c,i}\right)^2} \tag{4-21}$$

$$V_c = 28.8946 + 14.7525 \sum_i n_i \Delta V_{c,i} + \frac{6.0385}{\sum_i n_i \Delta V_{c,i}} \tag{4-22}$$

$$\omega_a = \frac{T_b T_c}{(T_c - T_b)(0.7T_c)} \lg\left(\frac{p_c}{p_b}\right)\left(\frac{T_c}{T_c - T_b}\right)\lg\left(\frac{p_c}{p_b}\right) + \lg\left(\frac{p_c}{p_b}\right) - 1 \tag{4-23}$$

式中，$\Delta T_{b,i}$、$\Delta T_{c,i}$、$\Delta p_{c,i}$、$\Delta V_{c,i}$ 分别为离子片 i 对离子液体沸点、临界温度、临界压力、临界体积的离子片增量。

根据以上离子液体热力学性质，通过对应态原理对离子液体密度及表面张力进行计算。本文中将采用 Riedel 对应状态方程计算离子液体密度，Brock-Bird 对应状态方程计算离子液体表面张力。以上方程分别写作如下形式：

$$\rho = \frac{M}{V_c}\left[1 + 0.85\left(1 - T_r\right) + \left(1.6916 + 0.984\omega_a\right)\left(1 - T_r\right)^{1/3}\right] \quad (4\text{-}24)$$

$$\sigma = p_c^{2/3} T_c^{1/3} \left(1 - T_r\right)^{11/9} \left[0.1196\left(1 + \frac{T_{br}}{1 - T_{br}} \ln \frac{p_c}{1.01325}\right) - 0.279\right] \quad (4\text{-}25)$$

式中　　M——离子液体的摩尔质量，g/mol；

　　　　T_r——相对温度；

　　　　T_{br}——离子液体正常沸点的相对温度。

对于 T_r 和 T_{br}，有：

$$T_r = \frac{T}{T_c} \quad T_{br} = \frac{T_b}{T_c} \quad (4\text{-}26)$$

式中　　T——体系温度。

与离子液体体系密度、表面张力不同，离子液体黏度作为流体动力学中一个重要的物理性质，难以通过对应态原理进行描述。因此，本文采用离子片贡献方程直接对离子液体黏度进行计算。Gardas 等[23]建立了一种用于预测离子液体体系黏度的基团贡献法，该方法与"离子片"方法划分基团的策略十分相似，都是将基团分为阳离子片、阴离子片和常规中性基团三类，进而通过基团贡献方程直接计算离子液体体系黏度。该方程如下所示：

$$\ln \mu = \sum_i n_i \Delta a_{\mu,i} + \frac{\sum_i n_i \Delta b_{\mu,i}}{T - 165.06} \quad (4\text{-}27)$$

式中　　　　　μ——离子液体黏度，Pa·s；

　　　　　　　T——体系温度，℃；

　　$\Delta a_{\mu,i}$，$\Delta b_{\mu,i}$——基团 i 对 a，b 两参数的基团增量。

通过以上方程，可以计算得到离子液体的密度、黏度及表面张力，并直接用于流体动力学模型中，对离子液体体系多相流动进行计算。

计算流体动力学 (CFD) 模型：单气泡流动模拟控制方程如表 4-2 所示。

表4-2　单气泡流动模拟控制方程

项目	控制方程	
连续性方程	$\nabla \cdot (\rho \vec{v}) = 0$	(4-28)
动量方程	$\dfrac{\partial}{\partial t}(\rho \vec{v}) + \nabla(\rho \vec{v}\vec{v}) = -\nabla p + \nabla\left[\mu\left(\nabla \cdot \vec{v} + \nabla \cdot \vec{v}^T\right)\right] + \rho\vec{g} + \vec{F}_{sf} + \vec{F}_e$	(4-29)

项目	控制方程	
表面张力源项	$$\vec{F}_{\text{sf}} = H\nabla \cdot \left[\sigma\left(|\nabla\alpha|\,I - \frac{\nabla\alpha \otimes \nabla\alpha}{|\nabla\alpha|}\right)\right]$$ 式中　H——相界面位置的无量纲函数； 　　　I——单位张量； 　　　$\otimes$——张量积运算； 　　　σ——气液两相间的表面张力	（4-30）
离子传递方程	$$\frac{\partial(\rho Y_j)}{\partial t} + \nabla \cdot (\rho \vec{v} Y_j) = \nabla \cdot (\rho D_j \nabla Y_j)$$ 式中　Y——阴离子或阳离子的质量分数； 　　　D——阴、阳离子在离子液体中的扩散系数； 　$j=\text{c,a}$——阳离子和阴离子	（4-31）
静电作用源项	$$\vec{F}_e = \frac{\rho_F}{4\pi\varepsilon_e}\sum_k \frac{Q_k}{|\vec{r}_k|^3}\vec{r}_k$$ 式中　ρ_F——电荷密度； 　　　ε_e——离子液体的介电常数； 　　　Q_k——相邻网格 k 中流体所带电量； 　　　$\vec{r}_k$——网格 k 的位置矢量	（4-32）

1.气泡形状

表 4-3 中展示了 313K 下不同离子液体中等效直径为 3mm 的气泡形状。表中的离子液体按照黏度顺序排列，离子液体黏度由左下（[Mmim][NTf$_2$]）向右上（[Omim][PF$_6$]）依次增大。由表中可以看出，对于黏度较高的离子液体，如 [PF$_6$]$^-$ 离子液体，其中的气泡形状多为椭球形，随离子液体黏度降低，气泡形状由椭球形向球形转变。对于 [C$_1$mim][NTf$_2$] 和 [Emim][NTf$_2$] 两种黏度相对较低的离子液体，其中的气泡形状转变为碟形，低液体黏度是产生该现象的主要原因。

表4-3　离子液体中的气泡形状（等效直径为3mm）

阴离子	[Mmim]$^+$	[Emim]$^+$	[Bmim]$^+$	[Hmim]$^+$	[Omim]$^+$
[PF$_6$]$^-$			●	●	●

阴离子	[Mmim]$^+$	[Emim]$^+$	[Bmim]$^+$	[Hmim]$^+$	[Omim]$^+$
[MeSO$_4$]$^-$					
[BF$_4$]$^-$					
[CF$_3$SO$_3$]$^-$					
[NTf$_2$]$^-$					

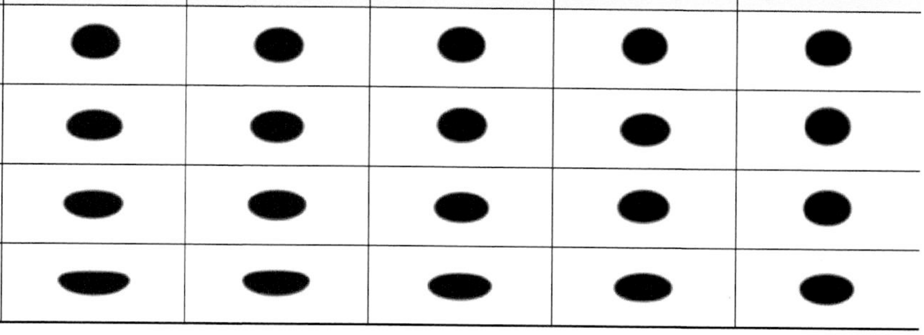

表 4-4 所示为 313K 下不同离子液体中等效直径为 5mm 的气泡形状。对于 5mm 直径的大气泡，高黏度离子液体中其气泡形状为球帽形，而低黏度离子液体中气泡形状为碟形。在 [Mmim][CF$_3$SO$_3$]、[Mmim][NTf$_2$] 和 [Emim][NTf$_2$] 三种离子液体中，初始设置的直径为 5mm 的气泡会在运动过程中发生破碎，这是由较低的液体黏度和相对较大的气泡直径共同导致的。值得一提的是，[Bmim][CF$_3$SO$_3$] 中的气泡形状为球帽形，而 [Mmim][MeSO$_4$] 中的气泡形状为椭球形。然而这两种离子液体在 313K 下具有相近的黏度，[Bmim][CF$_3$SO$_3$] 的黏度为 43.26mPa·s，而 [Mmim][MeSO$_4$] 的黏度为 44.57mPa·s。相比之下，这两种离子液体的表面张力、电容率等其他物化性质相差较大。因此，可以说明对于这两种离子液体，其离子结构替代了离子液体黏度，对气泡形状起主导作用。

表4-4　离子液体中的气泡形状（等效直径为5mm）

阴离子	[Mmim]$^+$	[Emim]$^+$	[Bmim]$^+$	[Hmim]$^+$	[Omim]$^+$
[PF$_6$]$^-$					
[MeSO$_4$]$^-$					
[BF$_4$]$^-$					
[CF$_3$SO$_3$]$^-$					
[NTf$_2$]$^-$					

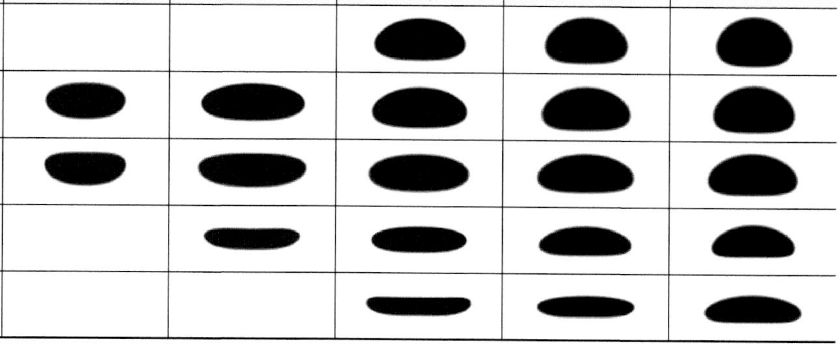

2. 气泡速度

图 4-11 中分别给出了球形、椭球形、碟形和球帽形气泡周围的速度场。图中

球形和椭球形气泡等效直径较小，为 3mm；碟形和球帽形气泡等效直径较大，为 5mm。如图 4-11（a）所示的球形气泡，相比于图 4-11（b）～（d）中所示的其他形状气泡，球形气泡的尾流区域更宽，并且气泡速度与周围流体速度相差较小。这表明球形气泡所受到的流动阻力较小。图 4-11（b）所示为椭球形气泡周围的速度场。在椭球形气泡两侧分别形成了两个涡，气泡下方两个涡之间的尾流区域相对较窄。并且气泡中速度较大，而周围流体速度较小，这说明气泡上表面受到较大的流动阻力，且下表面有较强的液体提供的推力。因此，在上述力的作用下，气泡形成椭球形。对于图 4-11（c）中所示的碟形气泡，其两侧产生的涡的位置与椭球形气泡相似，都是在气泡两侧下方形成，而碟形气泡的两个涡之间的尾流区域更加宽广，这是由碟形气泡较大的水平直径导致的。碟形气泡周围流体速度沿气泡运动方向急剧降低，这表明气泡上下表面均具有较强的流动阻力，在此作用下气泡形状呈碟形。图 4-11（d）中所示为球帽形气泡周围的速度场，可以看出与图 4-11（a）中所示的球形气泡周围的速度场相似。主要区别在于球帽形气泡等效直径大于球形气泡。对于直径较大的气泡，气泡两侧的涡很难完全作用于气泡的下表面，因此气泡下表面形成平面，导致气泡形成碟形或球帽形。

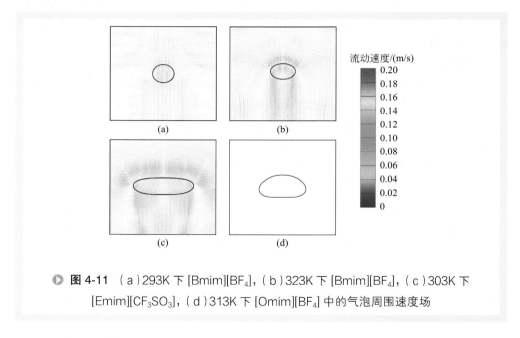

▶ **图 4-11** （a）293K 下 [Bmim][BF$_4$]，（b）323K 下 [Bmim][BF$_4$]，（c）303K 下 [Emim][CF$_3$SO$_3$]，（d）313K 下 [Omim][BF$_4$] 中的气泡周围速度场

3. 离子液体体系的气泡流型

气泡流型图对于分析离子液体中的气泡行为是很有必要的。将本节中分析的所有影响因素考虑进来，可以绘制得到离子液体体系中的气泡流型图，如图 4-12 所示。这里采用两个无量纲数，莫顿数和 *IL* 数 [24]，来确定离子液体中的气泡形状。

$$IL = \frac{\rho_l V_T g d_{eq}^3 \left(\rho_l - \rho_g \right)}{\mu_l \sigma} \qquad (4\text{-}33)$$

图 4-12 可以用于确定离子液体体系中的气泡形状。对于低 IL 数离子液体体系（$IL \leqslant 5$），其中的气泡形状为球形。对于 Mo 数较低的离子液体体系（$Mo \leqslant 10^{-3}$），随 IL 数升高，气泡形状由球形逐渐变为椭球形，进而变为碟形；而对于 Mo 数较高的离子液体体系（$10^{-3} < Mo \leqslant 50$），气泡形状随 IL 数升高由球形逐渐变为椭球形，进而变为球帽形。通常来说，直径较小的气泡相比于直径较大的气泡运动速度更低。因此，根据式（4-33）可知，小气泡的 IL 数相对较低。所以直径较小的气泡通常为球形，而直径较大的气泡通常为碟形或球帽形。这与不同形状的气泡速度场分析结果相一致。基于图 4-12 所示的气泡流型图，可以通过 Mo 数和 IL 数两个无量纲参数对离子液体体系中的气泡形状进行预测。

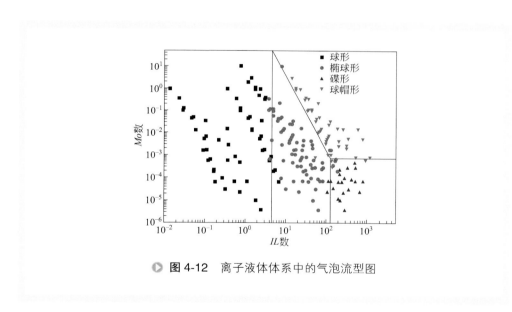

▶ **图 4-12**　离子液体体系中的气泡流型图

三、离子液体中多气泡流动数值模拟

基于离子液体鼓泡反应器装置和实验数据，建立了一套欧拉 - 拉格朗日方法对离子液体体系中多气泡行为进行了研究，通过引入适用于离子液体体系的电力模型，并且考虑离子液体吸收 CO_2 过程的黏度变化，实现对气泡流动 - 传递耦合过程的准确模拟。

数学模型的建立：模拟多气泡行为一般采用欧拉 - 欧拉方法或欧拉 - 拉格朗日方法，而后者在模型假设上更接近实际情况。因此，采用欧拉 - 朗格朗日方法进行建模。多气泡流动模拟控制方程见表 4-5。

表4-5 多气泡流动模拟控制方程

项	控制方程	
连续性方程	$$\nabla \cdot \vec{v}_b = 0$$	（4-34）
动量方程	$$\rho_b \frac{\mathrm{d}\vec{v}_b}{\mathrm{d}t} = \left(\rho_b - \rho_1\right)\vec{g} + \vec{F}_{D,g}$$	（4-35）
动量方程曳力源项	$$\vec{F}_{D,g} = \frac{18\mu_1}{d_b^2} \times \frac{C_D Re_b}{24}\left(\vec{v} - \vec{v}_b\right)$$	（4-36）
曳力系数	$$C_D = \begin{cases} 22.73 Re_b^{-0.849} Mo^{0.020} & 0.5 \leqslant Re_b \leqslant 5 \\ 20.08 Re_b^{-0.636} Mo^{0.046} & 5 \leqslant Re_b \leqslant 50 \end{cases}$$	（4-37）
气泡聚并模型	$$\left|\vec{v}_1 - \vec{v}_2\right| \leqslant \frac{4.8 f \sigma}{\rho_b \left(d_1 + d_2\right)}$$	（4-38）
	$$f = \left(\frac{d_1}{d_2}\right)^3 - 2.4\left(\frac{d_1}{d_2}\right)^2 + 2.7\frac{d_1}{d_2}$$	（4-39）
气泡破碎模型	$$\frac{2}{3} \times \frac{\rho_b \vec{v}_b^2}{\rho_1 d_b} - \frac{\sigma}{\rho_1 d_b^3}x - \frac{5}{4} \times \frac{\mu_1}{\rho_1 d_b^2} \times \frac{\mathrm{d}x}{\mathrm{d}t} = \frac{\mathrm{d}^2 x}{\mathrm{d}t^2}$$	（4-40）
	$$x > \frac{1}{4}d_b$$	（4-41）
相间传质模型	$$\frac{\partial}{\partial t}\left(\rho_1 \omega\right) + \nabla \cdot \left(\rho_1 \omega \vec{v}\right) = \nabla \cdot \left[D_1 \nabla\left(\rho_1 \omega\right)\right] + S_{LG}$$	（4-42）
离子液体黏度变化	$$\ln\left(\mu_1\right) = \omega \ln\left(\mu_{CO_2}\right) + (1 - \omega)\ln\left(\mu_{IL}\right)$$	（4-43）

1. 气泡直径与分布

鼓泡反应器内多气泡的平均直径及其分布是重要的气泡行为参数，直接影响气液相间面积、液相传质系数等与传质相关的性质。图4-13所示为离子液体中N_2气泡和CO_2气泡的直径分布及CO_2气泡平均直径随塔高的变化趋势。从图4-13（a）中可以看出，N_2气泡与CO_2气泡分布情况几乎一致，在塔高超过0.2m的高度上基本保持分布均匀。大气泡在气体入口上方处较多，这是由于入口处气泡数量较多，碰撞、聚并发生的概率较大，容易生成大气泡。由图4-13（b）可以看出，气泡平均直径随高度升高而急剧上升，达到最大值后降低，然后基本保持平衡直到塔顶。

如图 4-13 中标注所示，在塔底气泡刚进入反应器时，气泡聚并行为占主导地位；随气泡上升到一定高度时，大气泡在湍流作用下发生破碎，平均气泡直径下降，这时气泡破碎行为占主导地位；随着高度进一步升高，气泡平均直径不再随塔高变化，这时气泡聚并和破碎达到动态平衡。从传质角度考虑，直径较小的气泡比表面积更大，更有利于传质进行。因此，当气泡聚并、破碎达到动态平衡后，即 0.2m 到 0.3m 高度处，可以考虑添加再分布器使气泡重新分布，形成新的小气泡，促进 CO_2 的相间传质。

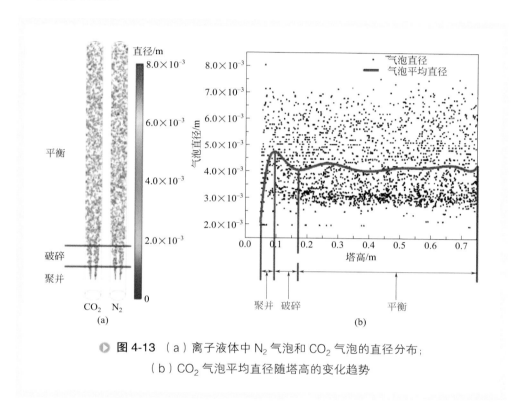

图 4-13 （a）离子液体中 N_2 气泡和 CO_2 气泡的直径分布；
（b）CO_2 气泡平均直径随塔高的变化趋势

图 4-14 展示了 N_2 气泡和 CO_2 气泡直径的概率密度分布。从图中可以看出，N_2 气泡直径概率密度分布曲线相比于 CO_2 气泡更靠前，这说明 N_2 气泡直径更小。对于 CO_2 气泡和 N_2 气泡，其气泡直径的概率密度曲线分别出现两个峰值，说明这两个峰值处对应直径的气泡数量较多。第一个峰值出现在 2mm 附近，这是因为由分布器进入反应器的初始气泡直径约为 2mm；第二个峰值出现在 3.1mm 附近，这个数值恰好是 2mm 气泡经过两次聚并后的气泡直径，这说明鼓泡反应器内大部分气泡在停留时间内大约可以发生两次聚并，此后再发生聚并或者破碎的概率相对较小。整体来看，大部分气泡的直径分布于 3mm 到 8mm 的区间内，比气泡初始直径要大，这意味着在鼓泡反应器内气泡聚并现象是处于主导地位的。

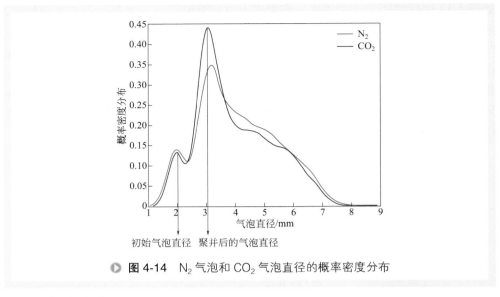

初始气泡直径　聚并后的气泡直径

▶ **图 4-14** N_2 气泡和 CO_2 气泡直径的概率密度分布

2. 气泡速度

图 4-15 中分别展示了 N_2 气泡和 CO_2 气泡速度分布及 CO_2 气泡平均速度随塔高的变化趋势。由图 4-15（a）可知，反应器内气体分布器上方的气泡速度最大，产生这一现象的主要原因是气体入口处存在射流，不断鼓出的气泡推动上方气泡做加速运动，并且伴随着大量的气泡聚并使大气泡的速度进一步提高。反应器上方的气泡速度分布较均匀，符合气泡直径越大，运动速度越快的规律。图 4-15（b）展示了气泡平均速度随高度的变化，其变化趋势与气泡直径的变化趋势相同。随高度上升，气泡进入反应器经历极短距离的加速运动，随后速度逐渐降低，最后保持匀速。这三个区域基本与图 4-15（a）中所示的气泡聚并区域、气泡破碎区域及动态平衡区域相一致。这主要是因为气泡直径较大的气泡速度更高，而气泡直径较小的气泡速度较低。因此，随着气泡不断聚并，气泡整体呈加速趋势；气泡破碎形成小气泡后，在曳力作用下气泡整体呈减速趋势；当气泡聚并、破碎达到动态平衡后，气泡直径趋于稳定，气泡整体呈匀速上升。

3. 气泡停留时间

图 4-16 分别展示了 N_2 气泡和 CO_2 气泡的停留时间分布及 CO_2 气泡平均停留时间随塔高的变化趋势。从图 4-16（a）中可以看出，对于 N_2 气泡和 CO_2 气泡，其停留时间基本都在 5s 以内，说明只需要 5s 气泡即可由分布器运动到鼓泡反应器顶部逸出，这也说明之前选择的 20s 模拟时间对于这个过程是足够长的。图中停留时间超过 5s 的气泡直径都较小，这主要是因为小气泡运动速度较慢，导致其停留时间长。此外，气泡停留时间也随高度的升高而逐渐变大，这一点在图 4-16（b）

中表现得更为明显。在塔底处，气泡停留时间分布较窄，这是由于气泡刚进入反应器，此时气泡之间直径、速度差异都不大，难以相互区分开；随着高度升高，气泡停留时间分布逐渐变宽，其原因是气泡聚并、破碎导致气泡直径、速度逐渐分化，大气泡运动更快，停留时间更短，而小气泡运动较慢，停留时间很长。虽然气泡停

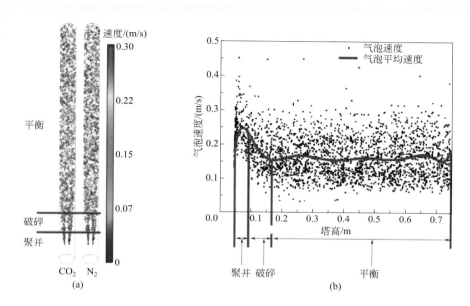

▶ **图 4-15** （a）离子液体中 N_2 气泡和 CO_2 气泡速度分布；
（b）CO_2 气泡平均速度随塔高的变化趋势

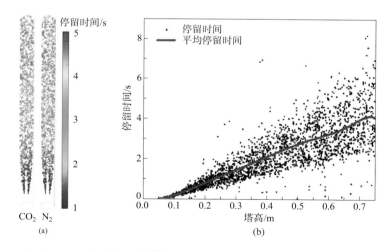

▶ **图 4-16** （a）离子液体中 N_2 气泡和 CO_2 气泡的停留时间分布；
（b）CO_2 气泡平均停留时间随塔高的变化趋势

留时间分布有变化，但是由图 4-16（b）中红线可以看出，平均气泡停留时间基本与高度呈线性关系，这说明气泡独立运动或发生聚并之后均以匀速运动。

4. 液相速度分布

图 4-17 所示为鼓泡反应器运行 10s 后的瞬时液相速度场分布。从图中可以看出，反应器底部液相速度较大，尤其是气泡入口处正上方形成射流，这是大量气泡在该区域做加速运动使离子液体加速所导致的。气体入口下方会形成涡流，其产生原因是部分液体在重力作用下沿反应器壁回流至反应器底部，从而形成旋涡。在气体入口附近，离子液体会在气泡径向运动的作用下，由反应器中心向边壁运动，并在气体入口上方分别形成涡流。随着高度不断升高，气泡逐渐分散开，气体入口上方的旋涡尺寸也逐渐变小，直至消失。在鼓泡反应器上部，气泡聚并、破碎达到动态平衡后，离子液体在气泡的不规则运动下形成许多尺寸较小的涡流，并均匀地分散在反应器的各个位置。从图中也可以看出反应器中心液相速度较低，而边壁外液相速度相对较高，这是由气泡的壁流效应导致的。整体来看，静止的离子液体中液相速度相比于气泡速度要低很多，液相速度与气泡速度分布大致相同。

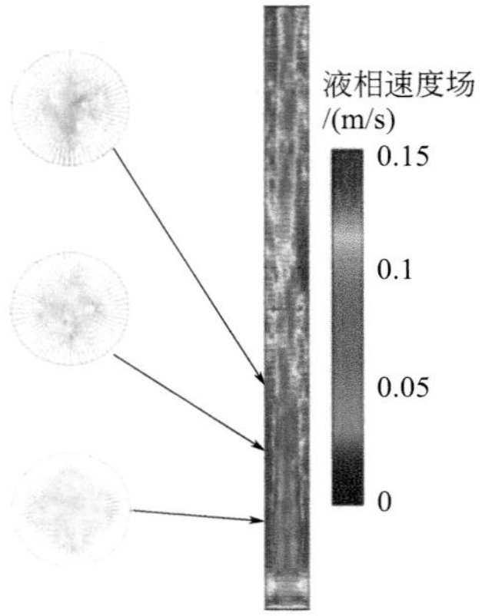

▶ **图 4-17** 鼓泡反应器中的液相速度场（$t = 10s$）

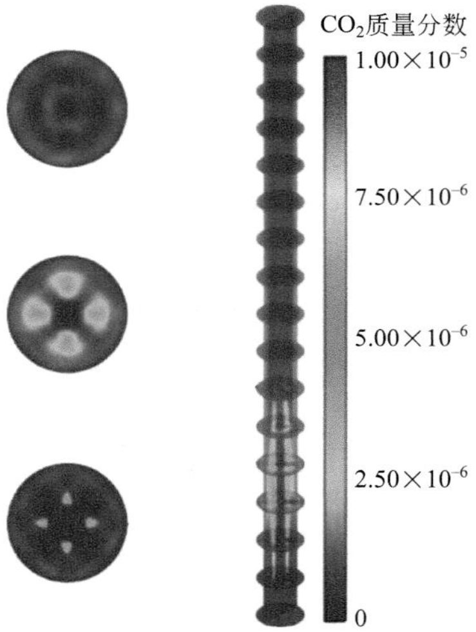

5. 液相 CO_2 浓度分布

图 4-18 展示了鼓泡反应器运行 10s 后的离子液体中 CO_2 浓度瞬时分布。从图中可以

▶ **图 4-18** 液相中 CO_2 的质量分数分布（$t = 10s$）

看出，液相中 CO_2 主要分布于气体入口处正上方，并呈锥形扩散至周围区域，另外还有部分 CO_2 分布于反应器壁面附近，说明气泡分布较为密集的区域 CO_2 液相浓度也较高。然而，CO_2 液相浓度提高意味着传质推动力下降，因此气泡分布密集的区域是不利于传质进行的，这也印证了之前有关设置气体再分布器的结论。

此外，图中还发现液相 CO_2 主要集中于反应器的下半部分，第一个原因是图中的 CO_2 液相浓度分布是累积分布，离子液体为静止不流动的，因此液相 CO_2 更多集中于气泡经过更频繁的区域，即反应器底部。模拟时间较短是第二个原因，反应器上方的CO_2没有充分溶解于离子液体中。第三个原因是反应器上方的气泡分布更加均匀，没有气泡聚集于气体入口正上方的现象，因此液相CO_2浓度分布也更加均匀，没有CO_2浓度在某区域集中的现象。

总体来看，液相CO_2浓度较低，这是由于模拟是以常压为操作条件的。这个条件下，CO_2溶解度较低，因此导致液相CO_2浓度也较低。在使用[Bmim][BF$_4$]作为物理吸收剂吸收CO_2时，通常需要辅以加压的手段来提高传质推动力，促进CO_2的吸收。

四、离子液体体系CO_2传递规律数值模拟研究

通过实验测定了离子液体吸收CO_2过程的相平衡数据和液相传质系数，拟合得到了三种不同离子液体体系（[Bmim][BF$_4$]，[Bmim][NO$_3$]，[Omim][BF$_4$]）中的传质模型。采用实验数据并考虑了离子液体在吸收CO_2过程中的黏度变化，对流动 - 传递耦合模型进行了改进，使其适用于离子液体体系。对离子液体体系中CO_2气泡的运动、溶解、扩散过程进行了数值模拟，系统研究了操作压力、温度、离子液体水含量对CO_2吸收及液相CO_2浓度分布的影响等。数学模型的建立与多气泡流动模拟的模型一致。

1. CO_2传质速率

（1）操作压力的影响

操作压力、温度等操作条件对气液相间传质有显著的影响，压力主要对气液相间的传质推动力影响较大。图 4-19 所示为不同压力下溶解于[Bmim][BF$_4$]中CO_2质量随时间的变化。在图中 0.15s 后，气泡脱离鼓泡反应器底部的孔口并做匀速上升运动，可以看出溶解的CO_2质量随时间基本呈线性上升。选取稳定运动的点作直线，该斜率即为CO_2传质速率。图中可以看出，随着操作压力升高，CO_2传质速率显著升高，这主要是传质推动力显著提高引起的。

根据图 4-19 可以计算离子液体中CO_2气泡的传质通量：

$$J\pi d_b^2 = \frac{dm}{dt} \tag{4-44}$$

式中 $\dfrac{dm}{dt}$ ——CO_2传质速率，即图 4-19 中直线的斜率；

J——CO_2气泡的传质通量。

（2）气泡聚并的影响

图 4-20 展示了单气泡上升过程和轴向分布的两气泡上升过程中CO_2传质速率的变化。图中纵坐标轴代表液相中溶解的CO_2质量，因此，图中直线斜率代表CO_2

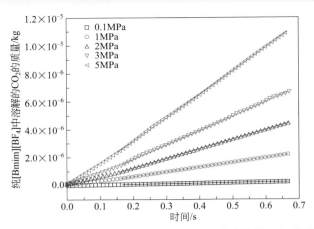

图4-19 313K 不同压力下纯 [Bmim][BF₄] 中溶解 CO₂ 的质量

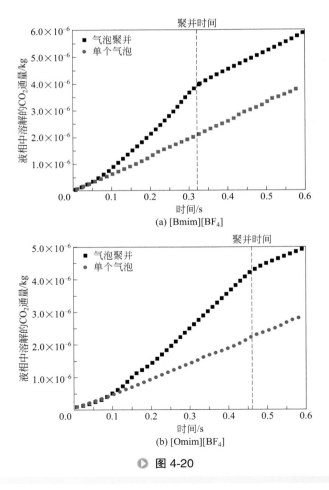

(a) [Bmim][BF₄]

(b) [Omim][BF₄]

图 4-20

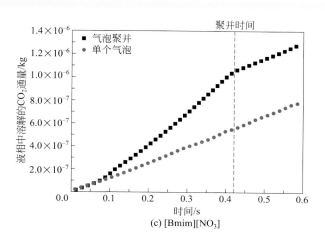

图 4-20 离子液体中单气泡上升过程和气泡聚并过程中 CO_2 传质速率
(T = 313K, p = 2MPa)

气泡上升过程的平均传质速率，其具体数值列于表 4-6 中。图中竖直虚线所对应的水平坐标轴为气泡聚并发生的时间，可以看出，对于 [Bmim][BF$_4$]、[Bmim][NO$_3$] 和 [Omim][BF$_4$] 三种离子液体，轴向分布的两气泡分别在 0.32s、0.42s 和 0.46s 时发生聚并。聚并时间的顺序与离子液体中气泡终端速度的顺序恰好相反，这代表着气泡速度越高，即离子液体黏度越低时，气泡越易发生聚并。

对于上述三种离子液体，其传质速率变化趋势基本一致。如表 4-6 中所示，轴向分布的两气泡在发生聚并前，其传质速率约为单气泡传质速率的 2 倍，这说明对于两个不同的气泡，其传质速率基本上是相互独立的。而表中所示聚并后产生的大气泡，与体积只有一半的单气泡传质速率相当，远低于聚并之前两气泡传质速率之和，这主要是聚并后的大气泡相对较小的比表面积造成的，所以直径较小的气泡更有利于传质的进行。因此，气泡聚并是不利于传质的，提高传质效率需要尽可能阻止气泡聚并发生，并保持气泡直径较小。

表4-6 离子液体中单气泡运动与气泡聚并过程传质速率的对比 (T = 313K, p=2MPa)

离子液体	传质速率 $\times 10^6$ /(kg/s)		
	合并前	合并后	单气泡
[Bmim][BF$_4$]	13.90	6.75	6.82
[Omim][BF$_4$]	10.60	5.01	4.95
[Bmim][NO$_3$]	2.83	1.34	1.37

综上，尽管提高离子液体黏度并不能改善离子液体中单个气泡的传质速率，但

是这样可以尽量延缓小气泡聚并成为大气泡，从这个角度讲，相对较高的黏度可以使离子液体中的气泡保持较小的直径，进而使整体的传质速率提高。另外，降低离子液体黏度的同时，如加入少量水或升高体系温度，通常伴随着CO_2溶解度的下降，因此，考虑到低黏度体系中更低的CO_2溶解度和更剧烈的气泡聚并现象，一味降低体系黏度并不是一个有效改善离子液体体系中传质的方法。

2. 温度对CO_2传质通量的影响

与离子液体水含量相似，操作温度也同时影响CO_2饱和溶解度和液相传质系数。图 4-21 展示了温度对与CO_2饱和溶解度和液相传质系数均呈正相关关系的传质通量的影响。对于纯离子液体 [Omim][BF$_4$] 和 [Bmim][NO$_3$]，CO_2 气泡的传质通量随温度升高而增大。对于纯 [Bmim][BF$_4$]，CO_2 传质通量在温度低于 318K 时随温度升高而增大，当温度继续升高时，传质通量几乎不变。然而对于含水的 [Bmim][BF$_4$]，CO_2 传质通量随温度升高而逐渐降低。以上结果说明，对于纯离子液体，传质通量主要受液相传质系数控制，在纯 [Bmim][BF$_4$] 中，温度达到 318K 时液相传质系数与CO_2溶解度对传质通量的影响达到平衡；而对于含水的离子液体体系，传质通量主要受CO_2溶解度控制。而液相传质系数属于动力学因素，溶解度属于热力学因素。换言之，CO_2传质过程在纯离子液体中是由动力学控制的，而在含水离子液体体系中是由热力学控制的。

产生上述结果的原因是温度对含水离子液体体系黏度及其中的气泡速度影响较小，这两个参数则对液相传质系数有较大影响。此外，相比于纯离子液体中CO_2扩散系数，含水的离子液体体系中CO_2扩散系数对温度并不敏感，这导致温度对其液相传质系数较小。因此，不同于液相传质系数，CO_2饱和溶解度对含水离子液体体系中的气泡传质通量影响更大，这也是传质通量随温度升高而降低的主要原因。综

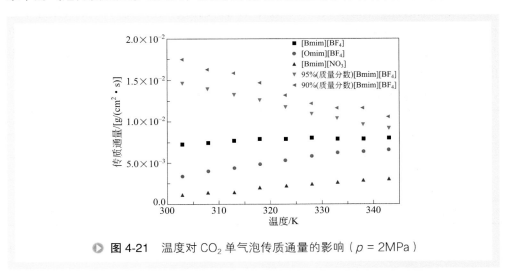

图 4-21 温度对 CO_2 单气泡传质通量的影响（$p = 2MPa$）

上，尽管提高温度和离子液体水含量是两个降低体系黏度和改善传质的主要方法，但是同时采用这两种方法并不能使传质通量最大化。

3. 液相中 CO_2 的浓度分布

通过模拟获得了液相 CO_2 的浓度场，这可以帮助理解 CO_2 相间传质和在离子液体中的扩散过程。图 4-22 展示了温度 343K、压力 2MPa 下液相中 CO_2 浓度的分布。从图 4-22（a）～（c）中可以看出，纯离子液体中 CO_2 分布于气泡下方并形成一条呈直线的尾迹。然而，图 4-22（d）、（e）中所示的含水离子液体体系中气泡呈羽流上升，气泡尾流中的旋涡依次脱落，使 CO_2 沿脱落的旋涡分布于一个较宽的范围内。相比于纯离子液体，含水离子液体体系中的气泡在 343K 下存在不规则的径向运动，在 5% 水含量和 10% 水含量的 [Bmim][BF$_4$] 中气泡分别向两个方向运动。这种不规则运动主要是由于含水离子液体体系的低黏度和气泡较高的 Re 造成的。此外，从图 4-22（d）、（e）中还可以看出，气泡羽流使液相中的 CO_2 分布得更加均匀。

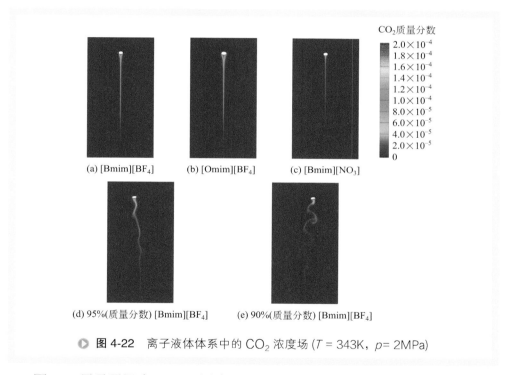

(a) [Bmim][BF$_4$]　　(b) [Omim][BF$_4$]　　(c) [Bmim][NO$_3$]

(d) 95%(质量分数) [Bmim][BF$_4$]　　(e) 90%(质量分数) [Bmim][BF$_4$]

▶ **图 4-22**　离子液体体系中的 CO_2 浓度场（T = 343K，p = 2MPa）

图 4-23 展示了温度 313K、压力 5MPa 下液相中 CO_2 浓度的分布。与图 4-22 不同，图 4-23 所有体系中的气泡均呈直线上升，这主要有两方面的原因。一是操作温度较低，使得体系黏度较高；二是操作压力大，使气体密度较高。这两方面共同作用导致体系中气泡的 Re 较小，从而使其保持层流状态并呈直线上升。此外，

除 [Bmim][NO$_3$] 外，其他离子液体中液相 CO$_2$ 浓度相差不大。这主要是由于 5MPa 下 CO$_2$ 饱和溶解度较高，而单气泡运动过程远不能达到饱和，所以液相 CO$_2$ 浓度分布相似。

图 4-24 所示为 [Bmim][BF$_4$] 中气泡聚并过程的 CO$_2$ 浓度分布动态变化。鼓泡

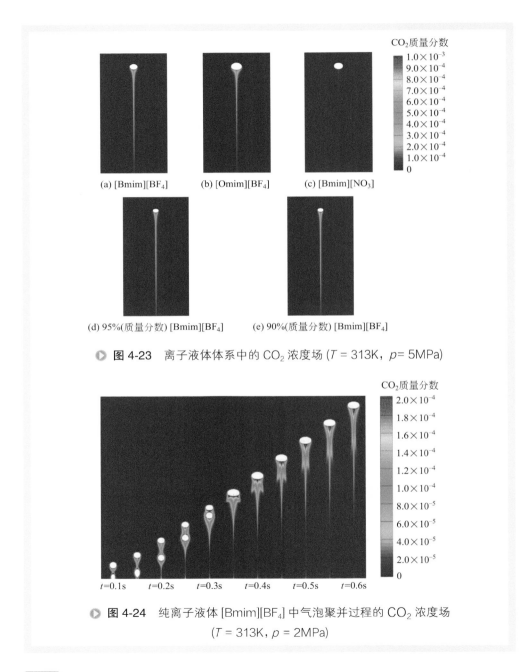

(a) [Bmim][BF$_4$]   (b) [Omim][BF$_4$]   (c) [Bmim][NO$_3$]

(d) 95%(质量分数) [Bmim][BF$_4$]   (e) 90%(质量分数) [Bmim][BF$_4$]

▶ **图 4-23**　离子液体体系中的 CO$_2$ 浓度场 (T = 313K，p = 5MPa)

▶ **图 4-24**　纯离子液体 [Bmim][BF$_4$] 中气泡聚并过程的 CO$_2$ 浓度场
(T = 313K，p = 2MPa)

反应器底部先后生成两个气泡，下方气泡则被上方气泡溶解的CO_2包裹住，并在上方气泡的尾流中运动。两个气泡分别溶解的CO_2最终分布于下方气泡的尾流中。当气泡在0.32s发生聚并时，气泡发生形变并且体积增大，使得CO_2分布的尾流变宽。其他离子液体体系中可以发现相似的现象。

图4-25中展示了气泡聚并后的液相CO_2浓度分布。图中显示的所有聚并后的气泡均处于0.07m的高度。由于聚并后的气泡体积约为聚并前单气泡体积的两倍，因此气泡尾流区域在发生聚并时会变宽。CO_2分布的气泡尾流在某位置处突然变宽，这个位置即气泡聚并发生的位置。对于含水离子液体体系，其液相CO_2分布在开始呈一条直线，尾流变宽后呈羽流分布。这是由聚并后的气泡不规则运动导致的。

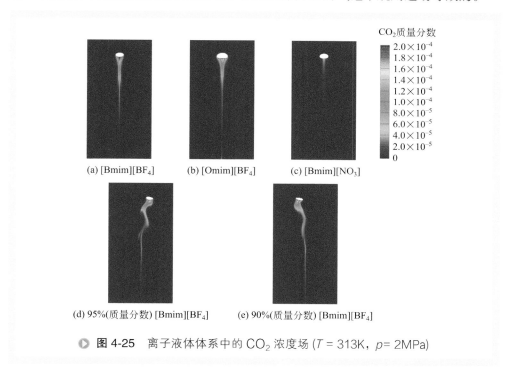

图4-25 离子液体体系中的CO_2浓度场 (T = 313K，p = 2MPa)

第三节　离子液体强化气体分离的研究

开展吸收性能佳、黏度较低和成本低的离子液体结构设计及其在气体分离方面的研究具有重大的现实意义，将为形成具有工业应用价值的新一代气体分离技术提供重要的科学依据。本部分归纳总结和论述近些年离子液体用于CO_2和NH_3分离的研究，并对离子液体法碳捕集技术和含氨尾气净化分离回收NH_3新技术的应用进行介绍。

目前对含 CO_2 和 NH_3 气体的分离应用较多的方法主要有溶剂吸收法、吸附法、膜分离法等，但这些方法普遍存在溶剂或吸附剂用量大、易损失、投资成本高、再生能耗高、溶剂挥发或产生副产物造成二次污染等问题，因此，发展高效、低能耗和低成本的气体分离技术是当前急需解决的焦点问题之一。针对不同气体分离的特点，近些年来离子液体（ionic liquid, IL）由于特有的低挥发性、较高的化学/热稳定性、良好的气体溶解性和选择性及阴阳离子结构可设计性等优势，已成为气体分离领域备受关注的一类新型吸收剂。到目前为止，虽然关于离子液体吸收分离 CO_2 和 NH_3 气体的研究已经积累了大量的数据和理论基础，但要实现其真正的工业化，仍存在很大差距：①与传统有机溶剂相比，气体吸收能力仍需进一步提高；②离子液体的高黏度问题，高黏度会导致低的传质传热性能，不仅影响吸收速度，同时增加输运过程能耗和操作费用；③离子液体较高的原料价格和复杂的合成工艺可能导致捕集成本的增加。这些问题都导致离子液体难以应用于传统分离方法中。因此，开展吸收性能佳、黏度较低和成本低的离子液体结构设计及其在气体分离方面的研究具有重大的现实意义，将为形成具有工业应用价值的新一代气体分离技术提供重要的科学依据。

一、CO_2吸收分离

1.CO_2捕集现状

CO_2 捕集与封存（carbon dioxide capture and storage，CCS）技术被认为是当前控制 CO_2 排放的有效方法。对于 CO_2 捕集的技术思路主要有三种：燃烧前捕集（pre-combustion capture）、燃烧后捕集（post-combustion capture）和富氧燃烧捕集（oxy-fuel combustion capture）。其中目前采用较多的是燃烧后 CO_2 捕集。从燃放气中分离回收二氧化碳技术，尤其是天然气净化、合成氨、合成甲醇或制氢工业等化工行业中，根据分离介质的不同，目前 CO_2 的捕集分离技术可以归纳为溶剂吸收法、吸附分离法、膜分离法等。

（1）溶剂吸收法

溶剂吸收法的基本原理是根据 CO_2 气体在溶剂中的溶解度大而从多种气体中选择性吸收捕集 CO_2，而后再用加热等方法将吸收的 CO_2 解吸而获得 CO_2。该方法获得的 CO_2 纯度高，可达 99.99%，但是缺点是投资费用较大、能耗较高、分离回收成本高以及对设备有腐蚀性等问题。根据吸收原理，溶剂吸收法分为化学吸收法和物理吸收法以及物理化学吸收法。表 4-7 为目前现有的 CO_2 分离方法以及各种方法的优缺点对比分析。

表4-7　CO₂分离方法比较分析

分离方法		缺点	优点
溶剂吸收法	物理吸收法	吸收量小，吸收选择性差	只需减压蒸馏即可将 CO_2 分离，再生能耗小
	化学吸收法	与物理法比耗能多	吸收选择性好，分离 CO_2 纯度高达 99.9% 以上
	物理化学吸收法	生能耗高，溶剂成本高，腐蚀性强	兼具物理和化学吸收的作用
吸附分离法	变温吸附法（TSA）	吸附剂容量有限，需大量吸附剂，且吸附剂解吸频繁，要求自动化程度高	工艺过程简单、能耗低
	变压吸附法 (PSA)	吸附剂容量有限，需大量吸附剂，且吸附剂解吸频繁，要求自动化程度高	原理简单
膜分离法	Graeesep™ 膜分离器	难以得到高纯 CO_2	设备简单紧凑，节约空间，高效灵活，易于操作，投资费用低，无二次污染

a. 化学吸收法。化学吸收的基本原理是 CO_2 与吸收剂在吸收塔内发生化学反应，形成键能较弱的化合物，吸收饱和后在解吸塔中加热，发生吸收 CO_2 的逆反应，CO_2 被释放出来，即吸收剂得以再生。与此同时，释放的 CO_2 在洗涤塔中被压缩后运送出去，此法可回收 98% 的 CO_2，纯度可达 99% 以上。常见化学吸收工艺流程如图 4-26 所示。目前从烟道气中捕集 CO_2 最适用的方法即是化学吸收法 [25]。其主要优点是吸收速度快、净化度高，CO_2 回收率高，按化学计量反应进行，吸收压力对吸收能力影响不大。其缺点有三：①再生热耗大；②溶剂与其他气体（如 O_2、SO_2 或 NO_x）等发生不可逆的化学反应，生成难以分解的产物，从而影响吸收剂的吸收效率；③由于吸收剂多为碱性溶液，会对吸收塔、再生塔及相应管线造成腐蚀。

现阶段常用的化学吸收法有苯菲尔法、热钾碱法、醇胺法、烷基醇胺的硼酸盐法及烷基醇胺法。其中，目前工业中广泛采用的化学吸收法主要有热钾碱法和醇胺法。热钾碱法是以热的碳酸钾溶液为吸收剂主体，通过加入不同的活化剂如二乙醇胺、氨基乙酸等及缓蚀剂如三氧化二砷和五氧化二钒，加快其吸收速度和降低对设备的腐蚀性。该方法是在高温高压下进行吸收，虽然吸收能力强，但存在吸收剂再生困难且能耗高，腐蚀严重的问题。醇胺法中所采用的吸收剂主要包括伯胺：一乙醇胺（monoethanolamine，MEA）；仲胺：二乙醇胺（diethanolamine，DEA）和哌

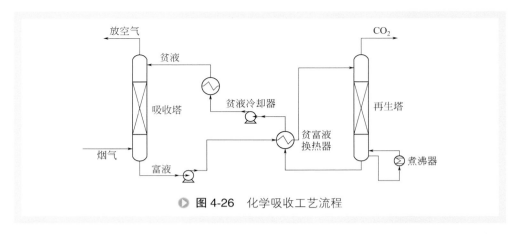

图 4-26　化学吸收工艺流程

嗪（piperazine，PZ）；叔胺：三乙醇胺（triethanolamine，TEA）和甲基二乙醇胺（methyldiethanolamine，MDEA)及空间位阻胺：2- 氨基 -2- 甲基 -1- 丙醇（2-amino-2-methyl-1-propanol，AMP），其结构如图 4-27 所示。醇胺吸收剂结构具有的共同特点是都至少具有一个羟基及一个氨基，由于羟基可增加醇胺的水溶性以降低其蒸气压，而氨基则提供水溶液的碱性，因此可吸收酸性气体。各种醇胺物理化学性质不尽相同，其中 MEA 的吸收速度最快，但是其操作成本较高且稳定性不好，而使用 MDEA，虽然其吸收速度较慢，但是可以通过添加 PZ(piperazine)，使之具有吸收速度快且较稳定的优点。事实上，醇胺水溶液作为 CO_2 的吸收剂，在化学品、炼油工业及天然气纯化处理中已使用了超过 60 年，其处理对象大部分是少氧的天然气蒸气，至于应用在发电厂中处理烟道气，则是近年来的发展目标，并且已有商业装置在运作，其存在的问题主要为 CO_2 分压低 (<14kPa)，吸收剂再生能量消耗大，混合气中氧对吸收剂的氧化腐蚀问题等[26]。

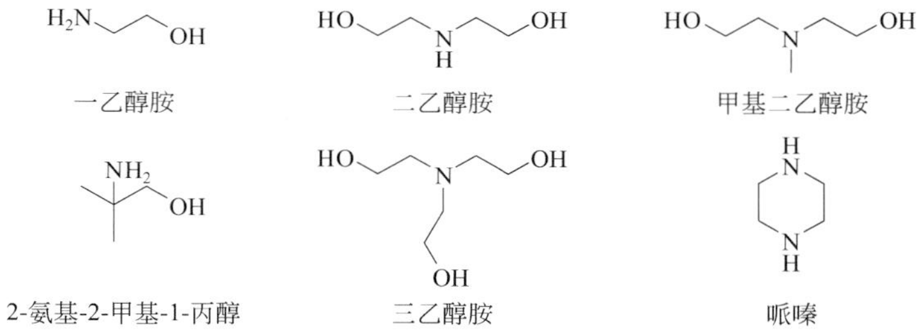

H₂N　　　OH

一乙醇胺

HO　　　N　　　OH
　　　　　H

二乙醇胺

HO　　　N　　　OH

甲基二乙醇胺

NH₂
OH

2-氨基-2-甲基-1-丙醇

HO　　　N　　　OH
　　　　OH

三乙醇胺

哌嗪

图 4-27　现有醇胺吸收剂结构

b. 物理吸收法。与化学吸收法不同，物理吸收法的基本原理是利用溶剂分子的官能团对不同分子的亲和力不同而有选择性地吸收 CO_2 气体，物理溶剂吸收气体遵循亨利定律，吸收能力仅与被溶解气体分压成正比，此吸收方法适用于较高的 CO_2

分压。其优点是吸收剂在高压及低温条件下吸收容量大，吸收剂循环量少，且吸收效率随着压力的增加或温度的降低而增加；溶剂再生比较容易，只要减压闪蒸或用惰性气体气提即可达到再生效果，再生热耗低。其缺点是吸收压力要求高，CO_2 回收率低，一般只有 75% ～ 80%，另外，在吸收前需将气体中的硫化物除去。物理吸收法采用的是解吸塔中压力的降低，释放分离出 CO_2，可以节省大量的能量消耗。常用的脱碳物理吸收法有 Fluor 法（碳酸丙烯酯）、Purisol 法（N- 甲基吡咯烷酮）、Rectisol 法（甲醇）、Selexol 法（聚乙二醇二甲醚）和 NHD 法（聚乙二醇二甲醚同系物）等，这些吸收剂与 CO_2 不存在强的化学作用，因此物理吸收法再生容易且能耗较低，但普遍吸收量都不高，所以该方法适用于 CO_2 分压较高、净化程度要求较低的情况。

c. 物理化学吸收法。物理化学吸收法是指吸收剂吸收 CO_2 时兼具物理和化学吸收的作用，其中环丁砜法（Sulfinol 法）是典型代表。该方法是采用物理吸收剂环丁砜与化学吸收剂烷基醇胺配制而成的混合水溶液作为吸收剂脱除酸性气体的方法。其最大的优点是净化度高，吸收速度快，可同时脱除 CO_2 和 H_2S，但再生能耗高，溶剂成本高，腐蚀性强，因此该方法还缺乏竞争力。

（2）吸附分离法

CO_2 的吸附法捕集大多属于气固相操作，主要依靠范德华力吸附在吸附体的表面，利用固体吸附剂对气相中各组分吸附性能的差异，最后通过恢复条件将 CO_2 解吸出来达到分离的目的[27]。

变压吸附技术（pressure swing adsorption, PSA）在我国的工业应用已有 20 余年的历史。我国化工部西南化工研究院在 20 世纪 80 年代初期开始研究利用变压吸附法从各种富含 CO_2 气体中提纯 CO_2 新工艺，目前已成为世界上 PSA 技术应用开发领域最广、推广成套装置数量最多的专业化单位，PSA 法对原料气适应性广，不需要复杂的预处理系统，无设备腐蚀和环境污染问题，工艺简单，操作方便，自动化程度高，产品纯度范围广，是一项前景广阔的 CO_2 分离回收技术。图 4-28 为

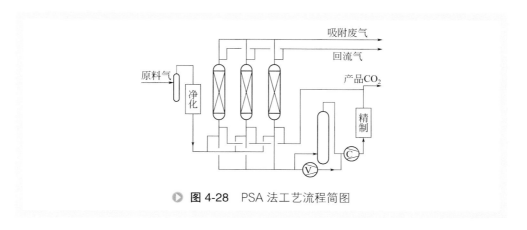

▶ 图 4-28 PSA 法工艺流程简图

PSA 法工艺流程简图。

吸附法目前存在的主要问题是处理负荷低、吸附剂吸附容量有限、吸附剂消耗量高，同时吸附解吸操作过于频繁；吸附前需将原料气中的 SO_x 及 H_2O 除去，以避免这些气体毒害吸附剂，一般其效率较低，需要大量的吸附体，这使得此种技术成本非常昂贵。

（3）膜分离法

膜分离法是被认为具有发展潜力的脱碳方法，其基本原理为根据不同气体和薄膜之间不同的化学和物理反应而表现出的膜对各种气体渗透的选择性，把 CO_2 和其他气体分离开。气体分离膜主要有 4 种传质机理，分别是依靠分子量（努森扩散）、表面相互作用（包括表面扩散和毛细凝聚）、分子尺寸（分子筛）进行气体分离，如图 4-29 所示。膜分离法是一种能耗低、无污染、操作简单、操作弹性大、易保养的清洁生产技术。但是通常膜分离的

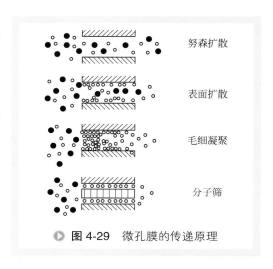

图 4-29 微孔膜的传递原理

效率并不高，分离程序复杂，能耗高，按照膜材料的不同，主要有多孔无机薄膜及高分子薄膜等[28]。

目前工业上应用的主要是高分子聚合物膜，且必须要将烟气预先冷却。在 CO_2 与其他气体的分离中，实际上很多高分子膜的选择性会由于聚合物的塑化而降低。近年来随着膜反应器和其他高温分离技术的发展，无机膜的研究发展迅速。由于无机膜在高温下具有良好的稳定性，更适应较恶劣运行条件，在处理具有高压特点的气体时，无机膜技术将更具优势。

2. 离子液体法

图 4-30 是张锁江团队近年来在开发吸收 CO_2 的离子液体方面所取得的进展，研究发现，现有大多数离子液体吸收 CO_2 成本较高、传质性相对较差。因此，最近又合成了一系列低成本的功能化离子液体，并用离子液体溶剂法吸收 CO_2，该方法旨在降低吸收剂成本、黏度和解吸能耗，改善传质性能。

自从 Blanchard 等[29]在 *Nature* 上首次报道 CO_2 在离子液体 1- 丁基 -3- 甲基咪唑六氟磷酸盐 [Bmim][PF_6] 中具有较高的溶解度，即在 25℃和 8MPa 条件下，CO_2 溶解度高达 0.8 mol/mol IL，但 [Bmim][PF_6] 几乎不溶于 CO_2 后，离子液体作为一种新型绿色介质用于捕集 CO_2 受到了广泛关注。根据离子液体的结构特征和吸收机理不同，目前用于 CO_2 吸收的离子液体主要有常规和功能化离子液体两大类。

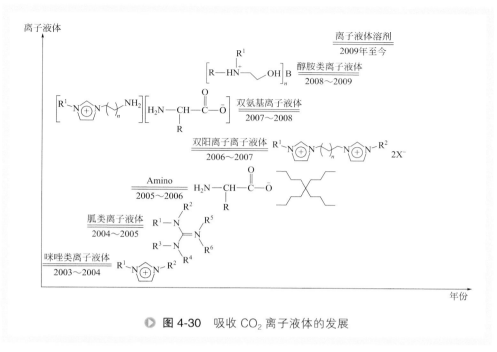

● **图4-30** 吸收 CO_2 离子液体的发展

（1）常规离子液体

常规离子液体主要依靠阴阳离子与 CO_2 间的静电力、范德华力、氢键等物理作用吸收 CO_2，符合亨利定律，因此 CO_2 在离子液体的溶解度大小与阴阳离子结构有直接关系。

a. 阳离子的影响。咪唑类离子液体是用于 CO_2 吸收分离研究最广泛的一类离子液体。Kazarian 等[30]认为之所以 CO_2 在咪唑类离子液体中具有较高的溶解度，是因为咪唑环上 C2 上 H 的活性和酸性为 CO_2 与 C2 间的作用提供了可能，而这种作用可能是咪唑环上 C2 上 H 与 CO_2 形成的氢键作用。为了研究咪唑环上 C2 氢对 CO_2 吸收能力的影响，Brenneck 等测定了 CO_2 在三组离子液体如 [Bmim][PF$_6$] 和 1- 丁基 -2,3- 二甲基咪唑六氟磷酸盐（[Bmmim][PF$_6$]）、[Bmim][BF$_4$] 和 1- 丁基 -2，3- 二甲基咪唑四氟硼酸盐（[Bmmim][BF$_4$]）、1- 乙基 -3- 甲基咪唑双三氟甲磺酰亚胺盐（[Emim][NTf$_2$]）和 1- 乙基 -2,3- 二甲基咪唑双三氟甲磺酰亚胺盐（[Emmim][NTf$_2$]）中的溶解度（如图 4-31 所示）。实验结果表明，阳离子取代后会小幅度降低 CO_2 的溶解度，说明阳离子对 CO_2 的溶解度影响非常小。

为了研究阳离子上不同烷基碳链长度对 CO_2 溶解度的影响，Aki 等[31]测定了 CO_2 在三种咪唑类离子液体 [Bmim][NTf$_2$]、[Mmim][NTf$_2$] 和 [Omim][NTf$_2$] 中的溶解度，结果表明，随着咪唑环上烷基侧链长度的增加，CO_2 在离子液体中的溶解度随之增加。在溶解过程中 CO_2 分子会进入离子液体阴阳离子本身形成的空腔

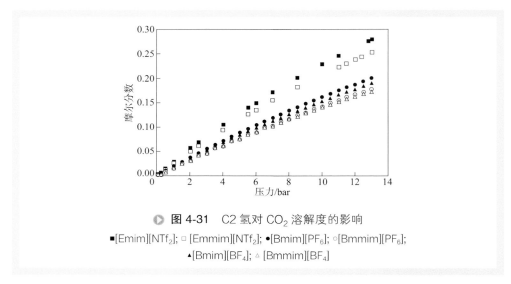

图 4-31　C2 氢对 CO$_2$ 溶解度的影响

■[Emim][NTf$_2$]; □ [Emmim][NTf$_2$]; ●[Bmim][PF$_6$]; ○[Bmmim][PF$_6$];
▲[Bmim][BF$_4$]; △ [Bmmim][BF$_4$]

中，导致离子液体结构重排而不会发生像常规有机溶剂那样明显的体积变化。因此阳离子上烷基侧链长度的增加导致离子液体的自由体积增大，从而促进 CO$_2$ 在离子液体中的溶解。同样，Yunus 等[32] 也研究了含不同侧链长度的吡啶类离子液体 [C$_4$Py][NTf$_2$]、[C$_8$Py][NTf$_2$]、[C$_{10}$Py][NTf$_2$] 和 [C$_{12}$Py][NTf$_2$] 对 CO$_2$ 的溶解性能，发现同样的变化规律，而且当阴离子和侧链长度相同时，吡啶类离子液体与咪唑类离子液体对 CO$_2$ 溶解能力相当，再次表明阳离子对 CO$_2$ 溶解度影响较小。

　　另外，Almantariotis 等[33] 还研究了咪唑阳离子侧链上引入氟取代基对 CO$_2$ 溶解度的影响，结果表明，CO$_2$ 在含多氟取代基的离子液体 [C$_8$H$_4$F$_{13}$mim][NTf$_2$] 中的溶解度明显高于无氟取代基的离子液体 [C$_8$mim][NTf$_2$]。其主要原因可能是阳离子的烷基侧链与氟原子形成氢键作用，造成阴阳离子间的作用减弱，有利于 CO$_2$ 进入离子液体的结构空隙中，从而使含氟离子液体对 CO$_2$ 的溶解能力增强。

　　b. 阴离子的影响。研究表明，与阳离子相比，离子液体的阴离子对 CO$_2$ 溶解度的影响更大。当阴离子相同时，阳离子的种类对 CO$_2$ 溶解度的影响非常小。相比之下，阴离子影响更明显，阴离子对 CO$_2$ 溶解起着关键的作用。量化计算进一步研究了 CO$_2$ 与不同阴离子的作用，对于单原子阴离子如卤素来说，CO$_2$ 阴离子相互作用会随离子半径减小而增大；但对于多原子阴离子，CO$_2$ 更易与邻近的电负性原子结合，而且 CO$_2$ 邻近的阴离子中的活性位数目也会影响 CO$_2$ 的溶解能力，如阴离子尺寸较大的 NTf$_2^-$ 具有更多结合 CO$_2$ 的活性位因而具有更高的溶解度，即离子液体的自由体积在 CO$_2$ 溶解过程中也起着同样重要的作用。

　　虽然离子液体的出现为 CO$_2$ 气体的捕集分离提供了新途径，但与工业用的醇胺类吸收剂相比，常规离子液体对 CO$_2$ 的吸收容量还非常有限，尤其是针对低浓度 CO$_2$ 的混合气体来说，尤其不具竞争力，因此设计合成高性能的功能化离子液体成了研究的重点。

（2）功能化离子液体

功能化离子液体是在离子液体中引入碱性基团通过化学作用来实现 CO_2 高效吸收，主要包括单氨基、双氨基和非氨基三类功能化离子液体。

a. 单氨基离子液体。工业醇胺法中的吸收剂具有较高的 CO_2 吸收量，主要归因于醇胺溶剂中的氨基与 CO_2 间强的化学作用，但考虑到传统醇胺溶剂易挥发和氧化降解、难解吸等缺点，Bates 等[34] 首次将氨基引入咪唑阳离子上，合成了氨基功能化离子液体 1-(1-氨丙基)-3-丁基咪唑四氟硼酸盐（$[NH_{2p}\text{-}Bim][BF_4]$）。在 22℃ 和 0.1MPa 条件下该离子液体对 CO_2 吸收量接近 0.5 mol/mol IL（CO_2 质量分数为 7.4%）。通过红外和核磁结果提出了离子液体与 CO_2 间可能的反应机理（如图 4-32 所示），该功能化离子液体阳离子上的氨基与 CO_2 以 2:1 的摩尔比发生化学反应生成氨基甲酸盐，并且通过加热或减压的方式可以将 CO_2 解吸出来，实现离子液体再生循环。

咪唑环上氨基的引入虽然能够有效提高 CO_2 的吸收量，但并非所有的阳离子上含 NH_2 的离子液体都能对 CO_2 实现高效吸收。如图 4-33 所示。

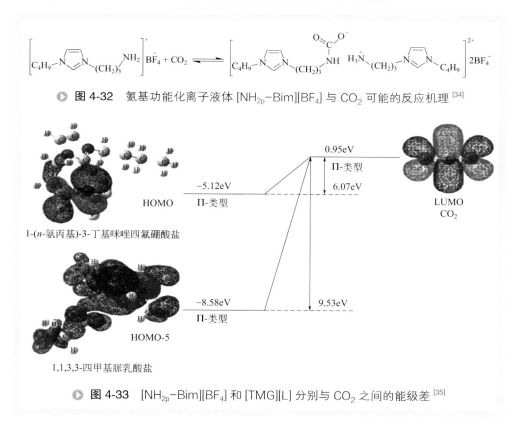

> **图 4-32** 氨基功能化离子液体 $[NH_{2p}\text{-}Bim][BF_4]$ 与 CO_2 可能的反应机理[34]

> **图 4-33** $[NH_{2p}\text{-}Bim][BF_4]$ 和 [TMG][L] 分别与 CO_2 之间的能级差[35]

Brennecke 等[36, 37] 将氨基引入阴离子使其功能化，合成了两种高吸收容量的氨基酸离子液体三己基十四烷基季𬭸脯氨酸盐 ([P$_{66614}$][Pro]) 和三己基十四烷基季𬭸蛋氨酸盐 ([P$_{66614}$][Met])。在常温常压下这两种离子液体对 CO_2 吸收容量高达 0.9mol/mol IL，完全突破了阳离子上的氨基吸收 CO_2 的摩尔比 2∶1，实现等摩尔吸收 CO_2，其反应机理如图 4-34 所示。

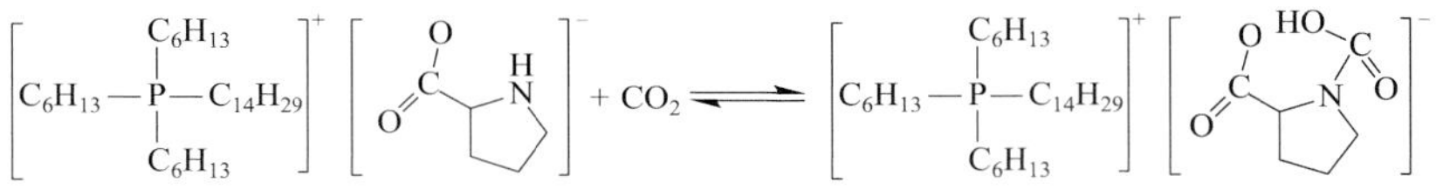

> **图 4-34**　[P$_{66614}$][Pro] 与 CO_2 可能的反应机理

　　b. 双氨基离子液体。根据离子液体结构可调和设计的特点，将氨基分别引入阴离子和阳离子，设计合成了阴阳离子双氨基功能化离子液体 3- 丙胺 - 三丁基𬭸氨基酸盐 [AP$_{4443}$][AA]。该类离子液体热稳定性好，但黏度较高，最高约 1985mPa·s (25℃)，因此将该类离子液体负载在 SiO_2 上用于 CO_2 吸收，常温常压下 CO_2 吸收量可达 1.0 mol/mol IL。按上述的吸收机理来看，阳阴离子上的氨基与 CO_2 分别遵循 2∶1 和 1∶1 的吸收机理，因此阴阳离子双氨基功能化离子液体对 CO_2 吸收量理论上是 1.5 mol/mol IL，但实验结果远达不到理论值。Xue 等[38] 合成双氨基咪唑类功能化离子液体，进一步研究阴阳离子与 CO_2 吸收机理，认为阴离子上的氨基与 CO_2 间同样也是遵循 2∶1 的吸收机理，如图 4-35 所示。

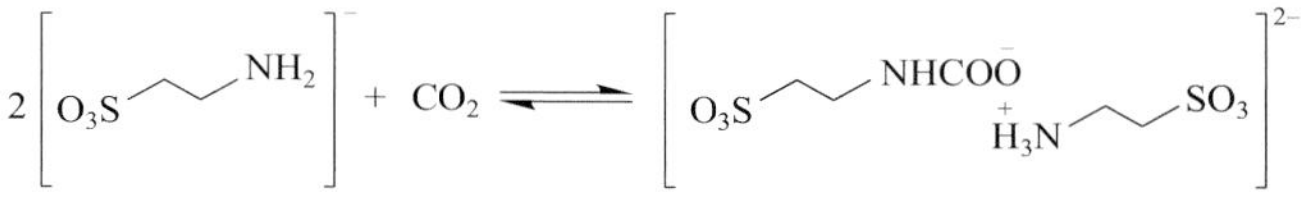

> **图 4-35**　阴离子 [Tau] 与 CO_2 可能的反应机理

　　与常规离子液体相比，氨基功能化离子液体在 CO_2 吸收性能上更具优势，甚至可实现等摩尔吸收，但该类离子液体合成过程较为复杂，不仅本身黏度较高，而且吸收后由于在正负离子间形成更强的氢键作用导致其黏度剧增，严重影响其传质效果。另外，氨基与 CO_2 较强的化学作用也会加大解吸的难度。

　　c. 非氨基离子液体。针对上述氨基功能化离子液体存在的问题，浙江大学王从敏教授课题组[39～41] 做了大量的工作，开发了系列新型的非氨基阴离子功能化离子液体捕集 CO_2。利用超强碱跟弱质子供体如咪唑、三氟乙醇、吡咯烷酮等合成了系列超强碱质子型离子液体。该类离子液体合成方法简单，黏度较低，在 23℃ 和 0.1MPa 条件下，[MTBDH][TFE] 和 [MTBDH][Im] 对 CO_2 具有非常高的吸收量，分别为 1.13mol/mol IL 和 1.03mol/mol IL，量化计算和光谱研究结果表明，该类离子液体主要靠阴离子跟 CO_2 的化学作用实现 CO_2 的捕集，超强碱阳离子的存在为弱质

子供体与 CO_2 反应提供驱动力，吸收机理如图 4-36 所示。其缺点是热稳定性较差，热分解温度均不超过 200℃，其中 [MTBDH][TFE] 在 86℃ 就开始发生分解。

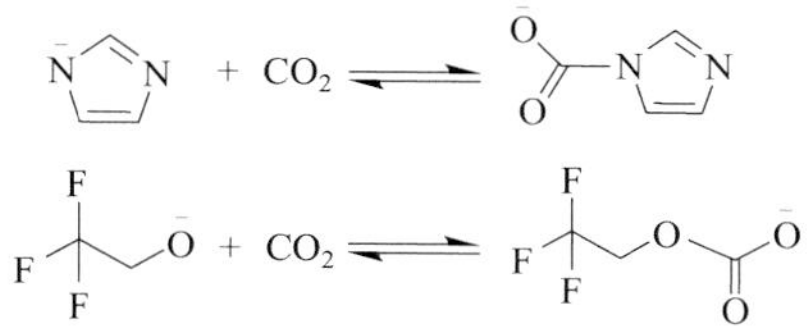

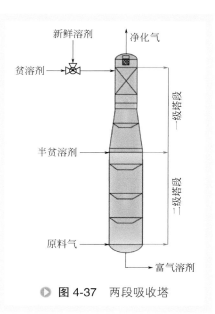

▶ **图 4-36** 超强碱质子型离子液体阴离子与 CO_2 作用机理

3. 离子液体溶剂法吸收解吸 CO_2 工艺设计及其验证连续实验

离子液体溶剂法吸收 CO_2 工艺与传统工艺相比，具有吸收能耗低、操作成本低等优点。为此，张锁江院士课题组对离子液体溶剂法吸收与解吸 CO_2 的工艺进行了设计，采用多段塔用离子液体溶剂对 CO_2 进行净化，其目的是降低 CO_2 吸收过程中的能量消耗。此工艺中的多段吸收塔具有良好的操作弹性，既可以进行单段吸收、两段吸收，也可以进行多段吸收。下面参照图 4-37 和图 4-38，描述离子液体溶剂法吸收解吸 CO_2 连续实验的工艺。以下以两段吸收塔为例，对其吸收解吸 CO_2 的原理进行阐述：如图 4-37 所示，两段吸收塔主要由上、下两个塔段 (一级塔段和二级塔段) 组成，内设温度和压力显示、控制装置；进料口与出料口设有温度、压力显示装置及物料量控制装置。不同塔段间可以设有过渡层；两段吸收塔可为鼓泡塔、填料塔和空塔。塔体材料为合金钢，塔体内部涂有防腐材料，主要包括硅酸锌涂料、环氧红丹漆、环氧富锌漆、环氧铁红漆、环氧磷酸漆、环氧云铁漆、氟碳涂料、有机硅涂料。两段吸收塔的进料方式如图 4-37 所示。

以二段吸收解吸工艺为例，对本发明的工艺流程进行阐述。如图 4-38 所示，新鲜溶剂和贫液混合后由多段吸收塔上段进入，半贫液由塔中部进入，两股进料与塔底部的原料气进料逆流接触吸收，净化气由塔顶出料，进入净化器分离器，除去所夹带液体；吸收气体进入液相，形成富液流股，由塔底出料，进入富液闪蒸罐，以除去所夹带的其他气体，随后经由溶液换热器后进入解吸塔

▶ **图 4-37** 两段吸收塔

上段，受热解吸，气相由塔顶端出料，经由再生冷却器后，进入再生气分离器，得到高纯再生气体；分离器底部液体出料进入气提再生塔底部，进一步受热解吸，得到全贫液，并由塔底出料，在与解吸塔下部的半贫液出料进行换热后，经由溶剂泵、换热器，与新鲜溶剂混合，循环使用；而经换热后的半贫液由泵直接送至吸收塔中部，循环使用。上述工艺中，多段吸收塔和解吸塔有耐高温高压材料，耐高温高压材料为陶瓷材料或丁基橡胶；多级吸收塔有耐高温高压喷淋管；多级吸收塔和解吸塔有搅拌装置；多级吸收塔、解吸塔、再生冷却器、再生气分离罐、净化气分离器有热交换装置，还可以具有除雾器，除雾器材料为耐高温高压玻璃或陶瓷。另外，多级吸收塔可以有除尘器和沉淀池；解吸塔可以有沉淀池。优选的是，多级吸收塔和解吸塔内部具有连续分布的鳞片状结构；鳞片状结构横断面为梯形或圆形。

根据图 4-37 与图 4-38 所示的工艺设计思路，设计出了离子液体溶剂法吸收解吸 CO_2 的连续实验装置。根据该实验装置张锁江院士课题组设计了如下实验方法：循环再生溶剂与新鲜离子液体溶剂混合后进入吸收塔塔顶，自上而下与 CO_2 进行逆流接触，原料气中 CO_2 浓度约 15% 的混合气体进入溶剂相，其余尾气排空；吸收富液自吸收塔塔底经储液罐除去夹带不凝气后，进入解吸塔塔顶，解吸后半贫液经泵送回至吸收塔，循环利用；再生气自解吸塔塔顶放出，经冷却、气液分离后，得到纯度大于 98% 的 CO_2 气体；气液分离罐排出的水及部分离子液体溶剂自塔底经换热后，与新鲜补充离子液体溶剂混合，再经冷却，进入吸收塔循环利用。

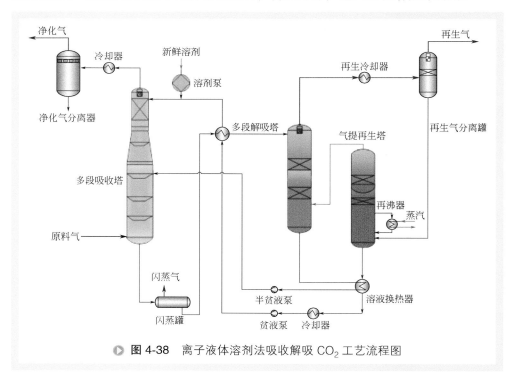

▶ **图 4-38** 离子液体溶剂法吸收解吸 CO_2 工艺流程图

大多数研究者专注于设计合成各种高效捕集CO_2的新型离子液体，并积累了大量关于CO_2在不同离子液体中的溶解度数据。在实际脱碳过程中，判断一种吸收剂的分离效果仅有CO_2溶解度数据是不够的，吸收剂对CO_2的选择性也是非常重要和必要的。中科院过程所建立了一套处理烟气量$100m^3/h$的模式研究装置，对离子液体溶剂法碳捕集技术进行了验证，能耗较传统MEA工艺降低近30%，目前正在和企业合作，推进示范装置的建设。

二、离子液体强化氨的吸收分离

氨是重要的工业基础原料，我国合成氨产能每年约5000万吨，广泛应用于肥料、冶金、制冷、纺织、制药、电子等行业。多个行业中涉及含氨尾气，主要是合成氨行业、三聚氰胺行业、电子行业、冶金行业和有机化工行业等。目前常用的技术有水洗法和酸洗法，存在能耗高、水耗高、设备腐蚀、二次污染和达标排放难等问题。氨气的排放除了给大气造成污染，还能严重危害人的身体健康。例如：氨气接触皮肤后，会给皮肤带来刺激和腐蚀，如若被呼吸进入体内，则会危害到人的心脏和呼吸。随着人们生活水平的改善和对生态环境质量要求的进一步提高，有毒有害废气的排放标准将会更加严格。氨污染被确认为雾霾最大元凶之一，因此我国2015年首次将氨列入大气污染物排放标准，氨的排放浓度低于$20mg/m^3$。为此，发展能耗低、无二次污染且氨循环回收利用的绿色节能技术是行业的重大需求。离子液体具有蒸气压极低、结构可设计、稳定性好等特点，为氨分离回收提供一个新机遇。该新技术的特点是：吸收量高、氨选择性好、无废水排放，同时运行能耗低。

1. 离子液体吸收氨研究现状

离子液体对NH_3具有较好的吸收溶解能力，而且NH_3在离子液体中的溶解度主要受阳离子种类和结构的影响。Yokozeki等[42, 43]先后测定了不同温度和压力下NH_3在4种常规咪唑类离子液体中的溶解度，结果发现，当阳离子相同时，NH_3在4种离子液体中的溶解度非常接近，说明阴离子对NH_3吸收溶解没有明显的影响。

Shi等[44]通过分子动力学模拟和量化计算深入研究了离子液体$[Emim][NTf_2]$吸收NH_3的机理。结果表明，阳离子与NH_3的相互作用明显高于阴离子与NH_3的作用，这是因为NH_3能分别与阴阳离子形成氢键，其中NH_3上碱性的N原子易与咪唑环C2位上酸性的H形成较强的氢键，强于NH_3上的H与阴离子中O形成的氢键，而且NH_3上的H与F不会形成氢键。该研究进一步证明阳离子对NH_3的吸收起主要作用，这与离子液体对CO_2吸收主要由阴离子决定是不同的。

Li等[45]测定了NH_3在4种不同的离子液中的溶解度，研究了阳离子咪唑环上烷基侧链长度的影响。研究表明，NH_3在这几种离子液体中的溶解度随咪唑环上烷基侧链长度的增加而增大，而且吸收过程中NH_3和离子液体间主要是物理作用。随着阳离子尺寸的增加，阳离子空间体积增大，因此NH_3的溶解度也相应增大。

Palomar 等[46]采用 COSMO-RS 和实验相结合的方法对 272 种不同阴阳离子组合的离子液体进行了筛选，期望获得高 NH₃ 容量的吸收剂。结果表明，与吡咯、喹啉和季鏻等阳离子相比，咪唑和季鏻类离子液体对 NH₃ 具有更高的溶解能力，而且在阳离子侧链上引入羟基，或者将阴离子氟化均能提高 NH₃ 的溶解度。为了进一步提高 NH₃ 的吸收性能，Chen 等[47]合成了含金属络合阴离子的离子液体 [Bmim][Zn₂Cl₅]，通过金属离子 Zn²⁺ 与 NH₃ 间的化学络合作用实现高效吸收。在 50℃和 0.1MPa 条件下，NH₃ 在 [Bmim][Zn₂Cl₅] 中的溶解度高达 0.89（摩尔分数），约 8.1mol/mol IL，但目前对该类离子液体低温下的溶解度、解吸性能以及吸收机理并没有详细的研究与报道。

2. 羟基功能化咪唑类离子液体氨吸收性能研究

设计合成了一系列羟基功能化的咪唑类离子液体，采用气液相平衡装置，分别测定不同温度、不同压力下羟基功能化离子液体对 NH₃ 的溶解度，并与不含羟基的常规离子液体的吸收性能进行对比。考察阴离子结构变化、温度、NH₃ 分压等因素对吸收性能的影响。测定离子液体对 NH₃/CH₄ 的选择吸收性能及循环再生性能。

为了深入理解离子液体吸收 NH₃ 的机理，分别通过傅里叶变换红外波谱、核磁共振手段及量化计算的方法深入探究了 NH₃ 的吸收机理。吸收 NH₃ 前后离子液体的红外光谱没有变化，该过程为物理吸收的过程。

3. 金属配合物离子液体氨吸收性能研究

金属离子能与 NH₃ 发生化学络合形成氨配合物达到较好的 NH₃ 吸收效果，但往往络合作用较强会增加解吸难度，因此筛选合适的金属离子调节与 NH₃ 间的作用是设计离子液体的关键。基于此张锁江团队成功合成了新型金属配合物离子液体实现对 NH₃ 的高效可逆吸收[48]。研究表明，与常规离子液体相比，金属配合物离子液体不仅具有较高的热稳定性、非常高的 NH₃ 吸收能力和 NH₃/CO₂ 选择性，还具有很好的再生循环性。其主要原因是金属配合物离子液体中每摩尔金属离子与固定摩尔 NH₃ 形成稳定常数适宜的络合离子，同时实现了对 NH₃ 的高效吸收和解吸。

为了考察金属络合阴离子对 NH₃ 吸收的影响，研究了在 30℃和 0.1MPa 条件下含钴配合物离子液体和常规离子液体对 NH₃ 的吸收性能，结果金属离子配合物离子液体展现出非常高的 NH₃ 吸收量，是常规离子液体的 30 倍以上，这说明金属络合阴离子对 NH₃ 吸收起着重要作用。在实际工业应用中通常是以气体质量吸收量来衡量吸收剂的吸收效果。从质量吸收量来看，含金属配合物离子液体对 NH₃ 的吸收量也是常规离子液体的 10 倍以上。同时发现，阳离子侧链长度的增加并不会明显提高含金属配合物离子液体和常规离子液体对 NH₃ 的吸收量，表明阳离子侧链长度影响较小。上述结果均表明，与常规离子液体相比，金属配合物离子液体对 NH₃ 较高的吸收量主要是来源于金属络合阴离子与 NH₃ 间较强的相互作用，这可能意味着离子液体中的金属离子与 NH₃ 通过化学作用形成络合离子，并通过测定红外光谱验证了这一结论。

4. 咪唑类质子型离子液体氨吸收性能研究

质子型离子液体是指由布朗斯特酸和布朗斯特碱通过化学计量反应得到的离子液体，氢质子由布朗斯特酸转移到布朗斯特碱上，在离子液体中形成了质子供体和质子受体，因此质子型离子液体内部将会形成丰富的氢键网络结构。

质子型离子液体的 NH_3 吸收性能高于文献报道的所有非金属离子液体，其中 [Bim][NTf$_2$] 对 NH_3 的摩尔吸收量和质量吸收量分别可达到 2.703 mol /mol IL 和 0.113g /g IL，是常规离子液体 [Bmim][NTf$_2$] 氨吸收量的近 10 倍。质子型离子液体阳离子碳链长短对 NH_3 吸收性能的影响可以忽略；具有酸性的 2-H 可以提高常规和质子型离子液体的 NH_3 吸收性能；与常规离子液体不同，阴离子对质子型离子液体的 NH_3 吸收性能有很大影响，且与阴离子对应酸的酸度系数顺序一致，酸性越强，对应质子型离子液体的 NH_3 吸收性能越高。

设计合成了不同侧链长度阳离子和不同阴离子的质子型离子液体，结果表明，减短阳离子侧链长度，可以降低质子型离子液体分子量而不影响其 NH_3 摩尔吸收性能，从而提高离子液体 NH_3 质量吸收量，这一点对于工业应用非常有利。和阳离子的影响比较，阴离子对 NH_3 吸收性能的影响较小，与 Yokozeki 等 [49, 50] 和 Shi 等 [51] 的报道一致。经过 5 次吸收 - 解吸循环实验，质子型离子液体的 NH_3 吸收性能保持不变，并且对比新鲜和再生后的质子型离子液体红外谱图，其结构也保持不变，说明质子型离子液体可完全再生，具有很好的工业应用的潜力。

5. 质子型离子液体 [Bim][NTf$_2$] 吸收氨机理

提出 [Bim][NTf$_2$] 吸收 NH_3 机理，如图 4-39 所示，质子氢可以先后与两分子的 NH_3 形成氢键作用。

离子液体阳离子与 NH_3 分子的结构及相互作用能如图 4-40 所示。从图中可以看出，[Bim]$^+$ 的质子氢与 NH_3 之间的距离最短（1.715Å，1Å=10^{-10}m），且作用能最强（ΔE=-18.41kcal/mol）。咪唑环C2位氢原子与 NH_3 之间的氢键作用仅次于 N3 位与氨之间的氢键作用，二者之间的距离为 2.049Å，相互作用能 ΔE=-11.06kcal/mol。C4和C5位氢原子与 NH_3 间的氢键作用较前两者更弱，二者与 NH_3 间的距离和相互作用能相近。

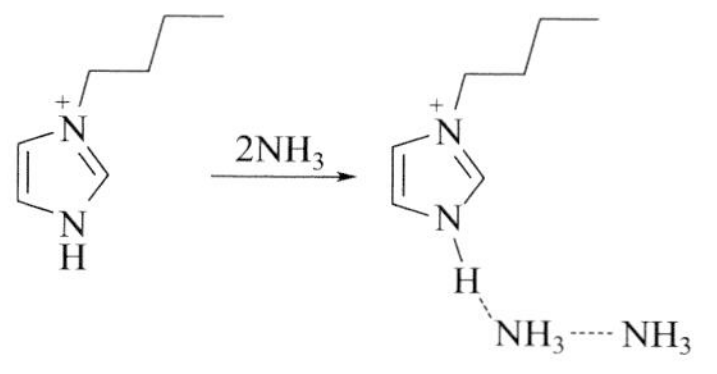

考虑到 [Bim][NTf$_2$] 对 NH_3 的吸收量高达 2.703mol /mol IL，考察更多的 NH_3 与离子液体的相互作用，在前面研究的基础上，"固定"一分子的 NH_3 在质子氢位置得到 [Bim]$^+$-NH_3 结构，优化第二分子的 NH_3 与 [Bim]$^+$-NH_3 与各位置相互作用的结构，如图 4-41 所示。结果显示，第二分子 NH_3 可以

▶ 图 4-39　质子型离子液体 [Bim][NTf$_2$] 吸收 NH_3 机理

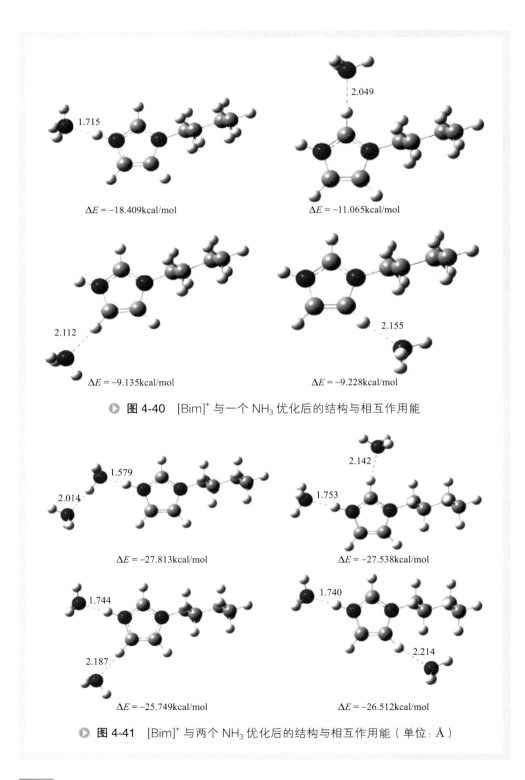

ΔE = −18.409kcal/mol

ΔE = −11.065kcal/mol

ΔE = −9.135kcal/mol

ΔE = −9.228kcal/mol

▶ 图 4-40 [Bim]⁺ 与一个 NH₃ 优化后的结构与相互作用能

ΔE = −27.813kcal/mol

ΔE = −27.538kcal/mol

ΔE = −25.749kcal/mol

ΔE = −26.512kcal/mol

▶ 图 4-41 [Bim]⁺ 与两个 NH₃ 优化后的结构与相互作用能（单位：Å）

与第一分子 NH_3 之间形成氢键，也可以与 C2-H、C4-H、C5-H 形成氢键作用，两个 NH_3 先后与质子氢形成氢键的相互作用能要高于其他位置的相互作用能，达到 $\Delta E = -27.83kcal/mol$，两分子 NH_3 之间的距离也小于其他位置的氢键作用。此外，NH_3 与咪唑环上不同位置形成氢键作用后，由于 NH_3 之间的相互影响，使得 NH_3 与咪唑环氢原子之间的距离增大。

[Bim]$^+$ 的质子氢与两分子 NH_3 形成氢键作用后，继续考察了第三个 NH_3 与离子液体的作用形式。图 4-42 展示了三分子 NH_3 与 [Bim]$^+$ 的优化结构与相互作用能，由图可知，在两分子 NH_3 与质子氢产生氢键作用后，第三分子 NH_3 连接在 C2-H 上的相互作用能最强，因此第三分子的 NH_3 更倾向于与 C2-H 形成氢键作用。

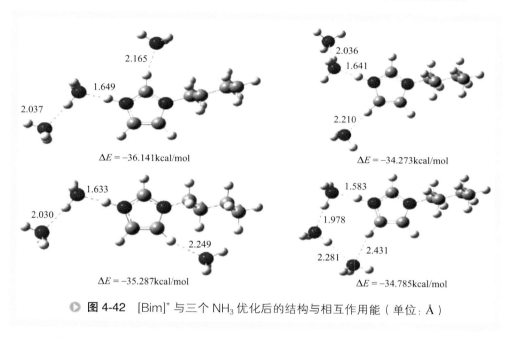

图 4-42 [Bim]$^+$ 与三个 NH_3 优化后的结构与相互作用能（单位：Å）

6. 离子液体法氨分离技术的应用研究

基于离子液体吸收 NH_3 的研究，开发了一套针对合成氨工艺弛放气的离子液体法 NH_3 净化回收工艺 [52]。弛放气压力为 14.4 ～ 14.5MPa，NH_3 的体积分数（摩尔分数）达到 3% ～ 5%，其他组分如表 4-8 所示。

表4-8 弛放气组成[52]

成分	NH_3	H_2	N_2	Ar	CH_4
体积分数 /%	3	58.6	19.1	6	13.3

离子液体法脱 NH_3 工艺流程如图 4-43 所示。合成氨弛放气从吸收塔底进入，与来自塔顶的离子液体吸收剂逆流接触后进入后续工段，富 NH_3 离子液体吸收剂

先后通过四级闪蒸，分别是一级、二级、常压及真空闪蒸，其中一级和二级闪蒸除去高压下溶解的不凝气，常压和真空闪蒸罐得到高浓 NH₃，真空闪蒸罐出来的离子液体吸收剂换热后泵入吸收塔循环使用。

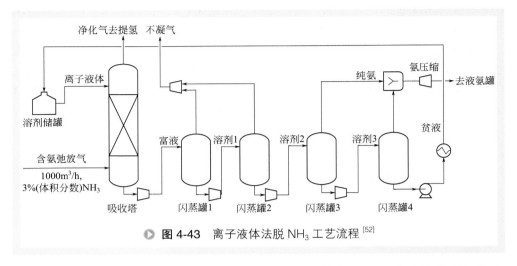

图 4-43　离子液体法脱 NH₃ 工艺流程[52]

建立了一套每年 800 万立方米的离子液体法弛放气 NH₃ 回收净化装置。稳定运行后，NH₃ 脱除率达到 99% 以上。离子液体法合成氨弛放气 NH₃ 净化回收新工艺与现有水洗工艺相比，无新鲜水消耗且无含 NH₃ 废水排放，节水效果明显，并且离子液体吸收剂几乎无蒸气压，热容仅为水的一半，采用高压吸收、低压闪蒸 NH₃ 回收工艺的能耗较水洗法可降低约 30%。

以离子液体为核心的含氨尾气分离技术，奠定了科学和工程基础，达到国际领先水平。技术拓展应用到了钼化工生产过程产生的含氨尾气净化及氨综合回收，建成了年处理气量 1.3 亿立方米的工业示范装置，并实现稳定运行，成为世界首套具有自主知识产权的技术，改变现有技术能耗高、污染重的现状。

第四节　磁场强化离子液体过程研究

一、磁性装置及强磁场原位检测装置的研制[53]

1. 磁性装置

磁性装置即能发生磁场的装置。随着磁学理论和技术的发展及完善，目前高效、实用的磁分离设备已经渗透到各个领域，如生命科学、水污染控制、化工工业等。如在化工工业中，磁场装置应用于污水处理[54]。磁场装置在化工生产中的应用也取得很多进展，其一就是磁稳定流化床的产生。

（1）磁稳定流化床

20世纪60年代，Filippov首次提出了新型磁性流化床体系的概念，随后1969年，Tuthill[55]在自己的专利中正式使用了"磁稳定流化床"的术语。1979年，Rosensweig[56]在 Science 上发表的论文中提出了磁稳定床（magnetically stabilized bed）的概念。磁稳定床是磁流化床的特殊形式，它是在轴向、不随时间变化的空间均匀磁场下形成的、只有微弱运动的稳定床层。磁稳定床兼有固定床和流化床的许多优点。20世纪80年代，我国开始了对液固磁稳定流化床和气液固磁稳定流化床的系统研究。郭慕孙院士等[57]报道了不同磁场下，磁稳定流化床的三种操作形式，并提出了预测床层空隙率和各种操作形式间过渡条件的数学关系式。磁稳定床已成为中国石化独有的领先的新型反应器装置。由于在此方面的卓越贡献，闵恩泽院士团队于2007年获得了国家最高科学技术奖。如闵恩泽院士等[58~60]的研究团队开创性地将磁稳定床应用于我国石油化工规模生产，1992年小型磁稳定床被首先应用于重油加氢过程，并显示了较传统反应器的明显优势。1998年开始针对中石化巴陵公司己内酰胺釜式反应器返混严重，催化剂分离困难，建立了我国第一套磁稳定床冷模装置，并于2000年建立6000t/a的中试装置，磁感应强度达到15～32kA/m。2003年石家庄化纤有限责任公司的己内酰胺生产装置首次实现了磁稳定床反应器的工业化应用，设计能力为处理纯己内酰胺3.5万吨／年，磁感应强度达27.1kA/m。工业试验表明，该装置运行稳定可靠，加氢效率高，大幅度降低装置的投资，与原有装置比较，温度降低10℃，催化剂消耗降低30％。

（2）超导磁体

超导磁体产生磁场的机理是用超导材料制备线圈，当线圈达到超导态时在线圈的两端加入高电流，从而产生强磁场。现在已知，具有超导电性的物质有锡、铅等27种金属和许多合金（铌-钛、铅-银等）以及化合物（Nb_3Sn、MoN 等）。超导金属元素大体上可以分为两类：一类是以锡、铟等为代表的非过渡金属；另一类包括钽、铌等过渡金属。基于其材质的软硬，前者叫作软超导体，后者叫硬超导体。硬超导体易受加工的影响，磁化曲线上出现磁滞，共临界磁场难以确定。由于它显示这些非理想的性质，所以一般不以它作为研究超导电性的对象。合金和化合物的绝大多数具有硬超导体的特性。

现今，超导电性的应用最大量、最有成效的是超导磁体的应用。超导磁体的组成一般包括：真空部分、制冷部分、超导线圈、电源部分等。其工作原理是由制冷部分提供使超导材料达到超导态的低温环境（8K以下），由真空腔进行绝热保温，并由电源部分给超导线圈提供电流，从而产生超强磁场。

2. 强磁场原位检测装置的研制

开发适用于离子液体的磁性离子反应器成为学术界和工业界共同关注的国际发展趋势。张锁江团队提出研制以离子液体为研究对象的强磁场原位研究装置，通过集成强磁性发生装置、离子液体反应器/物性测试仪器及多种原位分析测试系统，获得离子液体在强磁场下的物性规律，揭示离子液体在强磁场作用下分子、团簇不同尺度的构效关系，从而形成理论上的重大突破，拓展人们对完全离子型介质的结构、相互作用、催化及传递过程的规律性认识，为功能化磁性离子液体的设计和建立新一代外场强化的离子床反应器提供科学依据。

该装置分为强磁场控制系统（磁感应强度 0 ～ 10 T）、反应器（或物性测试）控制系统、在线分析系统、数据采集系统四个部分，图 4-44 为强磁场原位研究装置示意图。其中磁体控制系统为强磁场发生装置，是整个原位研究装置的核心，主要包括超导磁体、无液氦压缩机和水冷机。 目的是产生均匀可调的磁场，而且实现磁场的自动控制与调控，为研究强磁场作用下的离子液体的物理化学性质等提供稳定

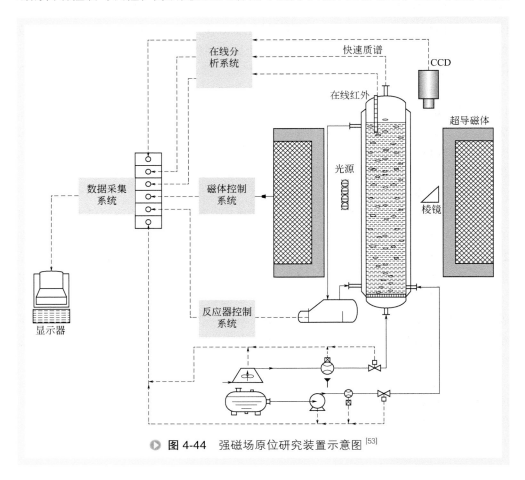

> **图 4-44** 强磁场原位研究装置示意图 [53]

的环境。反应器控制系统/物性测试系统包括进料泵、电子天平、温控仪、反应器（或物性测量仪器）等几部分，目的是在磁场下用于研究离子液体合成、分离及物性等性质的研究，根据不同的实验需求，可以采用不同的反应器或物性测量仪器，其各种控制及测试接口均为统一型号。在线分析系统由在线红外仪、高速摄像仪、高速质谱仪和三维支架等几个部分组成。其目的是在强磁场下直接记录和观察反应状态和反应物的物性变化，克服常规方法只能通过单一的检测方法对离子液体进行研究的局限。数据采集系统包括对磁体的温度、磁场，反应器的温度、压力、进料速度，在线红外的时时谱图，及高速摄像的图片等数据的采集。

为了满足实验需求，磁体控制系统需要达到以下技术指标

中心磁场强度（4.1K 时）：	10T
磁场均匀度（在 10mm 球径范围内）：	< 0.1 %
室温腔尺寸（直径）：	110mm
磁体操作电流：	< 180A
扫场速率：	0.25 T/min
持续电流模式磁场稳定度：	$< 10^{-4}$Hz/h
从室温冷却至 4K 耗时：	< 48h

磁体控制系统技术难点与解决方案：

（1）实现10T磁场强度

磁体控制系统的技术难点之一在于 10T 磁场强度的达成，同时满足与其他系统的耦合。从结构上来说，磁体的结构既要满足于可产生足够强大的磁场，又要满足于具有足够的空间安装分析设备。目前，磁体结构设计主要有两种。一种是一体式，这种方法的优点在于可产生较强大的磁场，且磁体中心的均匀度较高。另一种方法是裂分式，裂分式的优点在于磁场中间部分可以安装视窗等，更易对磁场中的反应器进行观察，但是缺点在于裂分式产生的磁场强度是一体式的 1/2。故在本研究课题的设计中，采用一体式磁体线圈绕制方法，以达到较高的磁场强度（最高达10T），在检测方法上采用特殊设计，达到检测分析的目的。

（2）无液氦制冷

磁体控制系统的技术难点之二在于制冷的方式，如前言所述，超导磁体传统的冷却方式是液氦和液氮等低温液体的浸泡冷却。该方法稳定性能好，移热及时，但液氦的消耗量高，需要经常补充，而且操作复杂。自 2000 年以来无液氦压缩制冷技术获得突破性进展，其特点是通过压缩机对氦气进行循环做功，无液氦消耗，无低温装置裸露，使制冷操作更加安全可靠。与牛津磁体工程师讨论，设计了可产生 10T 强磁场的强磁场发生装置。

强磁场原位研究装置创新点是：采用超导线圈，可产生 10T 强磁场；采用冷热硅油替换加热丝的控温手段，达成了强磁场下的温度控制，精度为 ±0.1K；设计

建造了三维移动支架（带磁屏蔽罩），可以遥控调节磁体、反应器和分析仪器的相对位置，又可以屏蔽强磁场对分析仪器及其信号的影响；改良了毛细管黏度计的测试方法，通过光路设计，实现了在强磁场有限空间内对液体黏度的测量。

二、磁性离子液体的应用[53, 61]

近年来有关磁性离子液体的研究和应用的报道尚较少，下面总结了磁性离子液体在萃取分离、反应催化和碳纳米管复合材料合成中的研究进展。

1. 在萃取分离中的应用

磁性离子液体在分离萃取方面的应用主要是气体分离提纯和有机物萃取 2 个方向。Wang 等[62]合成了 3 种磁性离子液体，并将它们应用于萃取煤直接液化残渣。测试了 3 种磁性离子液体的平均萃取率，并得到了对煤直接液化残渣中沥青质馏分的萃取效率较高的磁性离子液体。Wang 等[63]研究了利用磁性离子液体从植物油中萃取三嗪类除草剂的效果。当萃取剂添加量为 30μg/mL 萃取效果最好。Jiang 等[64]合成了一系列磁性离子液体并将其用于芳香族硫化合物的去除。在一定条件下，10min 之内对芳香族硫化合物的萃取率可达 100%。Santos 等[65]制备了 4 种磁性离子液体，对 4 种离子液体进行了表征并用于 CO_2 气体的分离。4 种磁性离子液体均表现出比较好的稳定性，得到了其中对 CO_2 气体的溶解性最好的离子液体。Albo 等[66]研究了 4 种顺磁离子液体支撑膜对 CO_2 的分离渗透效果。将 CO_2/N_2 混合气流和 CO_2/ 空气混合气流分别通过磁性离子液体支撑膜时，CO_2 气体的渗透效果优于 N_2 和空气。

2. 在反应催化中的应用

Alexander 等[67]研究了以磁性离子液体为催化剂对苯及其衍生物的磺酰化反应的催化效果，在磺酰化反应中既作反应介质又作 L 酸催化剂，在温和条件下催化效果较好。Kim 等[68]在没添加任何其他化合物的情况下直接把吡咯单体加入磁性离子液体中，在 25℃ 条件下得到纳米聚吡咯，在此聚合反应过程中，磁性离子液体不仅是反应的溶剂，而且还作为聚合反应催化剂。孙学文等[69]研究了 2 种磁性离子液体作为催化剂，对苯与 1- 十八烯烃反应制备直链烷基苯的催化效果。结果表明，2 种离子液体催化效率均比较好，且有一种对单一烷基苯的选择性更高，可达到 98%。Mohammadpoor-Baltork 等[70]研究了以离子液体为载体的催化剂对烷氧基醚的转化反应催化效果。在微波辅助条件下，烷氧基醚直接转化成相应的腈和卤化物，且催化剂可回收性好，即使重复使用 3 次目标收率仍可达 83%。Hu 等[71]以磁性离子液体为助氧化剂将有机卤化物氧化成醛或者酮的高效方法，当在苄基氯氧化反应中加入时，苯甲醛收率达 94%，而不加助氧化剂时收率仅达 42%。

3. 在碳纳米管复合材料中的应用

Pei 等 [72] 用磁性离子液体和单壁碳纳米管合成了磁性碳纳米管，对磁铁有很强的反应，比单纯的磁性离子液体磁化强度明显增加。罗亮等 [73] 以磁性离子液体为反应介质，将多壁碳纳米管分散在其中，并分别加入亚乙基二氧噻吩单体和吡咯单体，合成了纳米复合材料聚亚乙基二氧噻吩 / 多壁碳纳米管和聚吡咯 / 多壁碳纳米管。研究了复合磁性碳纳米管材料的稳定性、电化学性能以及电导率。Luo 等 [74] 用磁性离子液体对多壁碳纳米管进行改性修饰合成磁性碳纳米管复合材料，并将其用于水中芳烃氧基苯氧基有机物及其代谢物的回收检测。磁性碳纳米管复合材料对所检测的物质回收率均超过 65%，且相对偏差较小。

三、强磁场环境下离子液体的性能研究

1. 常规离子液体在强磁场下的黏度研究

采用强磁场原位研究装置，耦合特制的乌氏黏度计，包含三个部分：在磁体室温孔上方设置三维定位仪，下面固定毛细管黏度计，三维定位仪可以调节毛细管、棱镜及相机的关系；采用冷热硅油对毛细管黏度精确控温；采用高速摄像系统记录液体在毛细管内的流动情况，以获得离子液体黏度。分析了磁场对常规离子液体影响的机理。为了具体分析磁场对黏度的影响，我们引入一个无量纲参数 δ，其定义式为式（4-45）：

$$\delta_H = \frac{\eta_H - \eta_0}{\eta_0} \tag{4-45}$$

通过 δ，我们总结了常规离子液体在磁场下的规律，并分析了磁场对常规离子液体的机理。

（1）阳离子侧链碳数变化的离子液体

侧链是离子液体功能化最好的表述方式，很多离子液体就是在其侧链上设计及添加了所需的特殊官能团而使离子液体达到预期的目标。我们主要合成了以 $[NTf_2]^-$ 为阴离子、甲基咪唑为阳离子母体的离子液体，研究不同长度的烷烃侧链对其黏度的影响。

（2）阴离子不同类型的离子液体

离子液体的很多性质都是按阴阳离子的不同而显示出规律性的。例如：离子液体的熔点就是受阴离子的影响。

（3）阳离子不同的离子液体

离子液体的阳离子主要是一些有机基团，根据基团不同的结构，其电负性、空间结构是不同的，这些也是影响离子液体物性的重要因素。

通过对不同阴阳离子类型的研究可以得到以下结论：随着 H 的增大，δ 绝对值增大，说明强磁场越强，黏度减小越明显；随着温度的增大，δ 绝对值的平均值减小，说明温度越高，黏度减小越不明显；随着阳离子摩尔质量的增加，δ 绝对值减小，说明阴离子越小，黏度减小越明显。对于常规离子液体，在磁场下的黏度是降低的，而且磁场越大，黏度越小。而且针对不同的离子液体，磁场对黏度的影响（δ 值）也不相同。但是我们可以看出，磁场对黏度的影响是随着离子液体的结构不同呈现规律性变化的。

离子液体在常规条件黏度主要受静电力、氢键、极性等作用的影响。在磁场下，我们分别讨论每种作用力受磁场的影响而导致黏度变化的可能性。

（1）静电力

离子液体阳离子的部分负电荷的可及表面积越大或部分正电荷的可及表面积越小，则离子液体的黏度就会越低。进一步说，就是阴阳离子之间的静电作用对离子液体的黏度产生了影响。在磁场条件下，当离子液体的流动方向与匀强磁场方向垂直时，离子液体内的正负电荷受洛仑兹力影响，分别向流体两侧集中，形成静电势，此时测定的黏度值为表观黏度值，为流体剪切力与磁力的矢量作用之和。当离子液体的流动方向与匀强磁场方向水平时，正负电荷不受磁力的影响，故此时的黏度为本征黏度值。不同于非磁场下的黏度研究，静电力对离子液体黏度的影响并不是最主要的。

（2）氢键

D. T. Stanton 等 [75] 研究了离子液体内部氢键对其黏度的影响，提出了对于 $[NTf_2]^-$ 类离子液体，其阳离子的氢键接受能力越强，则离子液体的黏度越大。A.Szczes 等 [76] 报道了磁场对水及 NaCl 水溶液的黏度的模拟及实验，他们将磁场对水及 NaCl 水溶液黏度的影响归结为体系中氢键的影响。离子液体也具有很强的氢键网络结构，但是在强磁场下，由于磁场规范了阴阳离子的排列，破坏了阴阳离子间原有的氢键网络结构，故离子液体的氢键网络越强，受到磁场的影响就越明显，在磁场下的黏度降低越大，这与实验的结果也是一致的。

（3）极性

极性也是影响离子液体黏度的一个重要参数。H. Matsuda 等 [77] 的研究表明，阳离子极化程度越高，离子液体的黏度越大。对于离子液体不同阴阳离子的极性，J. Palomar 等 [78] 做了较系统的研究，结果表明：在磁场作用下，极性越强的物质受磁场力的诱导作用就越大，故在强磁场下离子液体黏度的降低是阴阳离子极性共同作用的结果。除了静电力、氢键、极性，范德华力、离子液体内的官能团（例如氮原子、氯原子的亲核性）、分子正常振动频率、离子体积与质量、阴离子的形成与对称性、阳离子结构的复杂性等因素均对离子液体在磁场下的黏度变化有影响。

2. 磁性离子液体在强磁场下的黏度研究

常规离子液体在磁场下的黏度是降低的，为了研究带磁性的离子液体在磁场下黏度的变化规律，张锁江院士课题组合成了磁性离子液体，用强磁场反应器测量了其分别在不同温度下、不同磁场强度下的黏度数据。

在磁场下，我们可以将每个磁性离子液体的磁性基团看作是一个球体粒子，磁性粒子间由于磁化而互相吸引，从而使液体流动剪切应力增加，表观黏度增加。影响黏度变化的因素有磁场及物质本身的磁化强度等。磁化能力越强的固体粒子，磁场对其磁化作用越强，其黏度改变也就越明显。

对于具有弱磁性的离子液体，具有以下结论：

①磁性离子液体的黏度随着磁场的增大而增大，随着温度的降低而增大，同时，温度越低，磁场的影响越明显。

②与常规离子液体相比，磁场对磁性离子液体黏度的影响更加明显。

③与乙醇混合对离子液体黏度的影响也很明显，微量杂量的加入也会明显影响到离子液体的黏度，这与在非磁场下的结论是相同的。

④当离子液体与乙醇少量混合后，磁场的影响反而增强，这可以解释为当离子液体与乙醇混合后，二元体系的超摩尔体积为负值，磁性基团之间的距离反而减少，从而使基团间的磁力增加，表现为磁场对黏度的影响增大。乙醇分子分散于磁性离子液体间隙，拉远了磁性基团之间的距离，表现为磁场对黏度的影响减小。这与非磁场下的结论也是相同的。

⑤磁场对磁性离子液体的黏度的影响可以解释为磁性离子液体是带弱磁性的小球，在强磁场作用下，小球与小球之间存在吸引的磁力作用，故离子液体在流动过程中黏度增大。

四、强磁场在化工领域的应用展望

磁性离子液体作为一种新型的液体材料，展现出了许多传统磁性流体所不具备的特性，如优良的热稳定性、挥发性低、溶解性好、液程宽以及可回收性等。正是由于磁性离子液体的这些特性，使其在萃取分离、反应催化以及碳纳米管复合材料等领域有着广泛的应用价值。磁场对常规离子液体黏度的影响机理主要是因为磁场破坏了离子液体原来的氢键网络结构，从而使离子液体的黏度降低，故氢键越强的离子液体，受到磁场的相对影响就越强。

强磁场原位研究装置还可以应用于很多研究课题。①强磁场下的其他物性研究。例如：物质在强磁场下的导电性、极性、折射率等物理化学性质。因为在强磁场下，物质原子核外部的电子必然受到强磁场的影响，因此一系列的物理化学性质必然发生规律性变化。其中极有可能存在重大发现。②强磁场下材料的合成。例如：含 Fe、Co、Ni 等磁性物质的催化剂或载体。物质在合成或结晶过程中，外界的场强必然会影响合成或结晶过程中分子的排列，影响材料的各向异性，有可能合成具有新的性能或结构的新材料。

由于目前国内外对超导磁体大多数应用于物理、材料领域的研究（例如：超导材料、晶体学等），化工领域的磁场研究还处于电磁场（0～2T 范围）阶段，所以对强磁场下的化学理论研究仍然不深入。例如：磁场在微观尺度如何对离子液体的氢键造成影响，顺磁性液体在磁场下的受力分析等研究仍然存在不足。完善理论研究，将理论计算与实验数据结合，深化离子液体结构-物性研究，开发更多的磁性离子液体以满足日益提高的应用需求，快速推动离子液体由实验室基础研究到工业应用的进程，扩大离子液体的工业应用范围是当前研究工作的重点。

第五节　离子液体在天然产物分离中的应用

天然产物的分离一直是人们研究的热点，离子液体作为绿色萃取剂的出现，更是极大地推进了天然产物分离领域的发展，各个研究队伍也分别对不同的萃取方法进行了深入研究，为离子液体快速高效萃取天然产物提供了不同的思路。离子液体作为一种环境相对友好的新型绿色溶剂，具有良好的热稳定性、低蒸气压、不挥发等特性，通过对离子液体的阴、阳离子的结构设计，开发出具有特殊功能的离子液体，提高离子液体自身的性能如热稳定性、黏度等以满足特定的分离技术要求，从而使其更适合作为萃取分离的溶剂。以离子液体作为萃取溶剂进行萃取分离可以减少有机溶剂带来的环境污染及对操作人员的危害，因此，用离子液体替代传统的有机溶剂用于天然产物的萃取分离是一种绿色环境友好的萃取分离方法，其应用前景会越来越广阔。

一、液-液萃取

液-液萃取是天然产物提取常用的手段，在发现离子液体之前，常用有机溶剂来进行萃取，有毒、易挥发是有机溶剂最大的缺点。随着人们对离子液体的研究更加全面深入，离子液体在液-液萃取方面的应用越来越多。

在多相生物工艺操作中，离子液体可以作为常规有机溶剂的直接替代品。使用疏水性离子液体 [Bmim][PF$_6$]，利用液-液萃取提取红霉素等药物，都取得了很好的效果。Ana Soto[79] 研究团队通过研究阿莫西林和氨苄西林在 pH 值为 4 和 8 的水和室温离子液体两相体系中的分布，认为抗生素与离子液体之间的静电作用是决定分配系数的重要因素，同时，氨苄西林在离子液体中的分配系数大于阿莫西林，抗生素的化学结构影响其在两相中的分配。Matsumoto 等[80]比较了盘尼西林G 在离子液体和有机溶剂中的分配，发现盘尼西林G 在咪唑类离子液体中的分配系数比有机溶剂中低，在甲基三辛基氯化铵中分配系数高，但是盘尼西林G 从甲基三辛基氯化铵中除去又是另一大难题，于是尝试用基于离子液体的负载液体膜来分离青霉素，不仅膜非常稳定，在分离中也取得了良好的效果。Yu 等[81]使用离子液体 [Bmim][PF$_6$] 和 [Hmim][PF$_6$] 从中药材中提取阿魏酸和咖啡酸，研究发现，温度、浓度、无机盐类型对提取效率并没有影响，而水相 pH 值对提取效率有很大影响，提取阿魏酸的最佳 pH 值是低于 3.67，咖啡酸的最佳 pH 值是低于 3.71，使用 [Bmim][PF$_6$] 对两种酸的提取效率高于 [Hmim][PF$_6$]，阿魏酸在这两种离子液体中的提取效率均高于咖啡酸。用 [Hmim][PF$_6$] 为提取溶剂，利用温度辅助的液 - 液微萃取法，测定大黄中蒽醌类成分大黄素、大黄酸、大黄酚、大黄素甲醚和芦荟大黄素，并且对分散剂的种类和体积，样品 pH 值、提取温度、提取时间、离心时间进行了优化，研究发现，提取温度为 60℃、离心时间为 10min 时提取效果最好[82]。利用离子液体 [Omim]Cl 加压液相萃取四种草药中的芦丁和槲皮素，研究发现，该方法用最少的溶剂在最短的时间内获得了最高的萃取效率，而且萃取重现性高，在药用植物中芦丁和槲皮素的提取和测定方面具有广阔的应用前景[83]。

二、液 - 固萃取

离子液体萃取固态天然产物，效率高，纯度高，而且离子液体可以循环使用。离子液体提取青蒿素具有一定的优势，也在进一步产业化应用中表现出了潜力。夏禹杰[84]采用超声辅助 [Emim]Br 从黄花蒿粉末中提取青蒿素，通过对实验条件的优化，以及单因素试验，发现实验条件对提取效率的影响顺序为液固比、提取时间、提取温度、超声波功率、占空比，离子液体对青蒿素的提取效率明显高于传统的石油醚方法。Gu[85]首次使用离子液体从硫酸钠固体混合物中选择性分离牛磺酸，经过一系列离子液体溶解牛磺酸的对比，发现离子液体中的阳离子对牛磺酸的溶解度更大，而且咪唑环上烷基链的增长不易于溶解牛磺酸，因此，[Pmim]Cl 对牛磺酸的提取率最高，而对硫酸钠的溶解度最低。

三、双水相萃取

自从 2003 年 Rogers 课题组首次发现双水相以来，双水相引起了广泛的关注与研究，同时，双水相萃取由于它的绿色、环保、操作简单也引起了人们的广泛关注。离子液体双水相体系即在亲水盐溶液中加入亲水离子液体，形成互不相溶的两相：离子液体相和盐相。

Edward J Maginn 等[86]提出了一种基于亲水性和疏水性离子液体的综合工

艺。亲水离子液体 [Bmim][BF$_4$] 借助缓冲盐形成离子液体双水相体系，并将青霉素萃取到富含离子液体的相中。随后，在富含离子液体相中加入疏水性离子液体 [Bmim][PF$_6$]，其将该体系转变成与水相体系平衡的疏水性离子液体相。大部分亲水性离子液体 [Bmim][BF$_4$] 转移到疏水相离子液体富集相中，使大部分青霉素处于水相中，解决了在聚合物 - 水两相体系中相形成材料难以回收的问题。Li 等[87]用离子液体 [Bmim]Cl 和 K$_2$HPO$_4$ 双水相体系从罂粟皮中提取鸦片碱，研究发现酸碱度和盐的盐析能力会影响分离。利用 [Bmim]Cl/K$_2$HPO$_4$ 组成的双水相体系分离睾丸素激素与罂粟碱，也表现出用量少、消耗低、环保、高效的优势。Yan 等[88]用双水相体系来分离虫草菌丝体中的多糖类物质与蛋白质，发现在 [Bmim]Cl/K$_3$PO$_4$ 组成的双水相体系中提取率达到最大值，多糖类物质富集在无机盐相，蛋白质富集在离子液体相，在 25℃、pH 值为 13.0 的条件下，提取率分别达到 89.4% 和 88.2%，该方法有望大规模开发利用于多糖类提取。利用 [Bmim][BF$_4$]/NaH$_2$PO$_4$ 双水相体系分离四环素，提取效率最高可达 98.1%，四环素在碱性条件易降解，适宜在酸性条件下处理，该双水相体系酸度范围宽，正好可以维持四环素结构的稳定，易分相，不易发生乳化现象[89]。Cláudio 等[90]利用双水相体系提取香兰素，并且研究了离子液体阴阳离子的结构、体系温度、香兰素的浓度对提取效率的影响，在所有的体系和条件下，香兰素都倾向于离子液体富集的一侧。同时，研究表明离子液体阴阳离子结构在分配中起着很大的作用。

四、辅助萃取

超声辅助萃取即在超声波的辅助下，加快离子液体的提取速率，提高提取效率，它的常温、常压、快速、方便、廉价的特点，引起了各国科技工作者的广泛关注。Xiao 等[91]利用超声辅助离子液体 [Hmim][BF$_4$] 提取的紫草中的紫草素和 β, β'- 二甲基丙烯酰紫草素，先将紫草干粉末和离子液体混合在一起，形成悬浮液，然后在室温的水中进行超声，通过不断优化实验条件，提取效率明显提高。同样，利用超声辅助的离子液体萃取法从人参中提取人参皂苷，通过对离子液体种类、离子液体浓度、固液比、提取时间等条件进行优化，发现条件为 0.3mol/L [Pmim]Br、固液比 1：10、提取时间 20min 时能够获得最高的提取效率，相比传统方法，提取效率高了 3.16 倍，提取时间缩短了 33%[92]。离子液体的种类对提取效率的影响非常明显，使用疏水离子液体 [Bmim][PF$_6$] 和超声辅助的方法从厚朴皮中提取厚朴酚与和厚朴酚，与基于 [Bmim][BF$_4$] 的超声辅助提取和常规热回流提取相比，在提取效率和提取时间方面都被证明更有优势[93]。Ma 等[94]采用超声辅助的方法从五味子果实中提取 4 种联苯环烯型化合物，对 17 种不同的离子液体进行了研究，筛选出 [C$_{12}$mim]Br，通过响应曲面法对超声功率、超声处理时间、固液比进行了优化，在最佳条件下，相比传统提取方法，提取效率提高了 3.5 倍，提取时间从原来的 6h 缩短到 30min，方法简单高效，重复性高，显示出超声辅助离子液体法在药物提取方面的巨大潜力。

离子液体所具有的强极性特性能够良好地吸收微波，因此离子液体和微波两者的结合，在天然药物的提取方面拥有广阔的应用前景。杜甫佑等[95]通过微波辅助离子液体从石蒜中提取石蒜碱、力克拉敏和加兰他敏生物碱，萃取量分别为 2.73mg/g、0.857mg/g 和 0.179mg/g。与之前用有机溶剂作萃取剂相比，离子液体作为萃取剂，环保、高效、快速。并且对作用机理进行了分析：微波对极性溶剂加热效果更好，离子液体在溶液中成为离子，具有较强的极性，对微波具有很强的吸收和热转换能力，同时，离子液体与石蒜生物碱之间会形成多种分子间作用力，提高萃取效率。Zeng 等[96]通过微波辅助离子液体萃取法，比较了相同阳离子，阴离子不同的一系列离子液体对三白草和槐花中芦丁的提取，发现 [Bmim]Br 的提取率最高，并且还对加热提取、浸泡提取、超声提取、微波辅助提取进行了比较，研究发现，微波辅助提取的效率最高。利用酸化 [Bmim]Br，微波辅助萃取杨梅叶中的杨梅素和槲皮素，该方法与传统有机溶剂萃取法相比，简单、快速、高效、无毒，并且还能够测定杨梅叶中的杨梅素和槲皮素含量，同时还能促进黄酮苷水解[97]。Yuan 等[98]采用微波辅助法基于离子液体 [Bmim][BF$_4$] 从八角莲中提取鬼臼毒素，并且通过对样品提取前后的动力学机制、表面结构和化学成分进行对比分析，提出微波辅助离子液体萃取的作用机理：草药的表面结构被破坏，离子液体对于鬼臼毒素高的溶解度，使本方法取得了较高的提取效率。

参考文献

[1] Jessop P G, Ikariya T, Noyori R. Homogeneous catalysis in supercritical fluids [J]. Chem Rev, 1999, 99(2): 475-493.

[2] Blanchard L A, Hancu D, Beckman E J, et al. Green processing using ionic liquids and CO$_2$ [J]. Nature, 1999, 399(6731): 28-29.

[3] Etesse P, Zega J A, Kobayashi R. High pressure nuclear magnetic resonance measurement of spin–lattice relaxation and self - diffusion in carbon dioxide [J]. Journal of Chemical Physics, 1992, 97(3): 2022-2029.

[4] Dr Z L, Dr W W, Prof B H, et al. Study on the phase behaviors, viscosities, and thermodynamic properties of CO$_2$/[C$_4$mim][PF$_6$]/methanol system at elevated pressures [J]. Chemistry (Weinheim an der Bergstrasse, Germany), 2003, 9(16): 3897-3903.

[5] 王伟彬, 银建中, 孙丽华, 等. CO$_2$/ 离子液体体系热力学性质的分子动力学模拟 [J]. 物理化学学报, 2009, 25(11): 2291-2295.

[6] Jie Lu, Charles L. Liotta, Charles A. Eckert. Spectroscopically probing microscopic solvent properties of room-temperature ionic liquids with the addition of carbon dioxide [J]. Journal of Physical Chemistry A, 2003, 107(19): 3995-4000.

[7] Liu Z, Wu W, Han B, et al. Study on the phase behaviors, viscosities, and thermodynamic properties of CO_2 /[C_4 mim][PF_6]/methanol system at elevated pressures [J]. Chemistry, 2003, 9(16): 3897-3903.

[8] Labropoulos A I, Romanos G E, Kouvelos E, et al. Alkyl-methylimidazolium tricyanomethanide ionic liquids under extreme confinement onto nanoporous ceramic membranes [J]. Journal of Physical Chemistry C, 2013, 117(19): 10114-10127.

[9] Wang J, Ding H, Cao B C, et al. Effect of ionic liquid confinement on CO_2 solubility and permeability characteristics [J]. Greenhouse Gases Science & Technology, 2017.

[10] Banu L A, Dong W, Baltus R E. Effect of ionic liquid confinement on gas separation characteristics [J]. Energy & Fuels, 2013, 27(8): 4161-4166.

[11] Blanchard L A, Zhiyong Gu A, Brennecke J F. High-pressure phase behavior of ionic liquid/ CO_2 systems [J]. Journal of Physical Chemistry B, 2001, 105(12): 2437-2444.

[12] Wu W, Li W, Han B, et al. Effect of organic cosolvents on the solubility of ionic liquids in supercritical CO_2 [J]. Journal of Chemical & Engineering Data, 2004, 49(6): 1597-1601.

[13] Machida H, Takesue M, Smith R L. Green chemical processes with supercritical fluids: Properties, materials, separations and energy [J]. The Journal of Supercritical Fluids, 2011, 60:2-15.

[14] Qi X, Watanabe M, Aida T M, et al. Efficient catalytic conversion of fructose into 5-hydroxymethylfurfural in ionic liquids at room temperature [J]. Chemsuschem, 2009, 2(10): 944–946.

[15] Zhang Z, Wu W, Wang B, et al. High-pressure phase behavior of CO/acetone/ionic liquid system [J]. Journal of Supercritical Fluids, 2007, 40(1): 1-6.

[16] Scurto A M, Aki S N V K, Brennecke J F. CO_2 as a separation switch for ionic liquid/ organic mixtures [J]. J Am Chem Soc, 2002, 124(35): 10276-10277.

[17] Scurto A M, Aki S N V K, Brennecke J F. Carbon dioxide induced separation of ionic liquids and water [J]. Chem Commun, 2003, (5): 572-573.

[18] Scurto A M, Xu G, Brennecke J F, et al. Phase behavior and reliable computation of high-pressure solid-fluid equilibrium with cosolvents [J]. Ind Eng Chem Res, 2003, 42(25): 6464-6475.

[19] Jutz F, Andanson J M, Baiker A. Ionic liquids and dense carbon dioxide: A beneficial biphasic system for catalysis [J]. Chem Rev, 2011, 111(2): 322-353.

[20] Blanchard L A, Gu Z Y, Brennecke J F. High-pressure phase behavior of ionic liquid/CO_2 systems [J]. J Phys Chem B, 2001, 105(12): 2437-2444.

[21] Huang X H, Margulis C J, Li Y H, et al. Why is the partial molar volume of CO_2 so small when dissolved in a room temperature ionic liquid? Structure and dynamics of CO_2 dissolved in [BMIM]$^+$ [PF_6]$^-$ [J]. J Am Chem Soc, 2005, 127(50): 17842-17851.

[22] Huang Y, Dong H, Zhang X, et al. A new fragment contribution-corresponding states method for physicochemical properties prediction of ionic liquids [J]. AIChE Journal, 2013, 59(4): 1348-1359.

[23] Gardas R L, Coutinho J A P. Group contribution methods for the prediction of thermophysical and transport properties of ionic liquids [J]. AIChE Journal, 2010, 55(5): 1274-1290.

[24] Dong H, Wang X, Liu L, et al. The rise and deformation of a single bubble in ionic liquids [J]. Chemical Engineering Science, 2010, 65(10): 3240-3248.

[25] Seo Y T, And I L M, Ripmeester J A, et al. Efficient recovery of CO_2 from flue gas by clathrate hydrate formation in porous silica gels [J]. Environmental Science & Technology, 2005, 39(7): 2315-2319.

[26] Supap T, Idem R, Tontiwachwuthikul P, et al. Analysis of monoethanolamine and its oxidative degradation products during CO_2 absorption from flue gases: A comparative study of GC-MS, HPLC-RID, and CE-DAD analytical techniques and possible optimum combinations [J]. Industrial & Engineering Chemistry Research, 2006, 45(8): 2437-2451.

[27] Siriwardane R V, Mingshing Shen A, Fisher E P, et al. Adsorption of CO_2 on zeolites at moderate temperatures [J]. Energy Fuels, 2005, 19(3): 1153-1159.

[28] And M B H, Lindbråthen A. CO_2 capture from natural gas fired power plants by using membrane technology [J]. Indengchemres, 2005, 44(20): 7668-7675.

[29] Blanchard L A, Dan H, Beckman E J, et al. Green processing using ionic liquids and CO_2 [J]. Nature, 1999, 399(6731): 28-29.

[30] Kazarian S G, Briscoe B J, Welton T. Combining ionic liquids and supercritical fluids: in situ ATR-IR study of CO_2 dissolved in two ionic liquids at high pressures [J]. Chemical Communications, 2000, 20(20): 2047-2048.

[31] Aki S N V K, Mellein B R, Saurer E M, et al. High-pressure phase behavior of carbon dioxide with imidazolium-based ionic liquids. J Phys Chem B [J]. Journal of Physical Chemistry B, 2004, 108(52): 20355-20365.

[32] Yunus N M, Mutalib M I A, Man Z, et al. Solubility of CO_2 in pyridinium based ionic liquids [J]. Chemical Engineering Journal, 2012, s 189–190(5): 94-100.

[33] Almantariotis D, Gefflaut T, Pádua A A H, et al. Effect of fluorination and size of the alkyl side-chain on the solubility of carbon dioxide in 1-alkyl-3-methylimidazolium bis(trifluoromethylsulfonyl)amide ionic liquids [J]. Journal of Physical Chemistry B, 2010, 114(10): 3608-3617.

[34] Bates E D, Mayton R D, Ioanna Ntai A, et al. CO_2 capture by a task-specific ionic liquid [J]. Journal of the American Chemical Society, 2002, 124(6): 926-927.

[35] Wang X G, Zhang D M, Luo T, et al. Fixation and conversion of CO_2 using ionic liquids [J].

Modern Chemical Industry, 2008.

[36] Gurkan B E, Fuente J C D L, Mindrup E M, et al. Equimolar CO_2 absorption by anion-functionalized ionic liquids [J]. Journal of the American Chemical Society, 2010, 132(7): 2116-2117.

[37] Goodrich B F, Fuente J C D L, Gurkan B E, et al. Experimental measurements of amine-functionalized anion-tethered ionic liquids with carbon dioxide [J]. Industrial & Engineering Chemistry Research, 2010, 50(1): 111-118.

[38] Xue Z, Zhang Z, Han J, Chen Y, Mu T. Carbon dioxide capture by a dual amino ionic liquid with amino-functionalized imidazolium cation and taurine anion. International Journal of Greenhouse Gas Control, 2011, 5: 628-633.

[39] Wang C, Luo H, Jiang D E, et al. Carbon dioxide capture by superbase‐derived protic ionic liquids [J]. Angewandte Chemie, 2010, 49(34): 5978.

[40] Wang C, Luo H, Li H, et al. Tuning the physicochemical properties of diverse phenolic ionic liquids for equimolar CO_2 capture by the substituent on the anion [J]. Chemistry, 2012, 18(7): 2153-2160.

[41] Luo X, Guo Y, Ding F, et al. Significant improvements in CO_2 capture by pyridine-containing anion-functionalized ionic liquids through multiple-site cooperative interactions [J]. Angewandte Chemie, 2014, 53(27): 7053-7057.

[42] Yokozeki A, Shiflett M B. Vapor-liquid equilibria of ammonia plus ionic liquid mixtures [J]. Appl Energ, 2007, 84(12): 1258-1273.

[43] Yokozeki A, Shiflett M B. Ammonia solubilities in room-temperature ionic liquids [J]. Ind Eng Chem Res, 2007, 46(5): 1605-1610.

[44] Shi W, Maginn E J. Molecular simulation of ammonia absorption in the ionic liquid 1-ethyl-3-methylimidazolium bis(trifluoromethylsulfonyl)imide ($EmimTf_2N$) [J]. AIChE J, 2009, 55(9): 2414-2421.

[45] Li G, Zhou Q, Zhang X, et al. Solubilities of ammonia in basic imidazolium ionic liquids [J]. Fluid Phase Equilibria, 2010, 297(1): 34-39.

[46] Palomar J, Gonzalez-Miquel M, Bedia J, et al. Task-specific ionic liquids for efficient ammonia absorption [J]. Separation and Purification Technology, 2011, 82:43-52.

[47] Chen W, Liang S Q, Guo Y X, et al. Investigation on vapor-liquid equilibria for binary systems of metal ion-containing ionic liquid [Bmim] Zn_2Cl_5/NH_3 by experiment and modified UNIFAC model [J]. Fluid Phase Equilibr, 2013, 360:1-6.

[48] 曾少娟 . 离子液体的设计合成及其在气体分离中的应用基础研究 [D]. 北京 : 中国科学院过程工程研究所 , 2015.

[49] Yokozeki A, Shiflett M B. Vapor–liquid equilibria of ammonia + ionic liquid mixtures [J]. Appl Energ, 2007, 84(12): 1258-1273.

[50] Yokozeki A, Shiflett M B. Ammonia solubilities in room-temperature ionic liquids [J]. Ind Eng Chem Res, 2007, 46(5): 1605-1610.

[51] Shi W, Maginn E J. Molecular simulation of ammonia absorption in the ionic liquid 1-ethyl-3-methylimidazolium bis(trifluoromethylsulfonyl)imide ([EMIM][Tf₂N]) [J]. AlChE J, 2009, 55(9): 2414-2421.

[52] 陈晏杰, 姚月华, 张香平, 等. 基于离子液体的合成氨弛放气中氨回收工艺模拟计算 [J]. 过程工程学报, 2011(04): 644-651.

[53] 姚宏玮. 强磁场原位检测装置及离子液体的物性研究 [D]: 北京: 中国科学院研究生院, 2012.

[54] Jiang S Y, Sheng-Dong W U, University N. Application technology and development trend of magnetic separation technology in water treatment engineering [J]. Construction & Design for Engineering, 2016.

[55] Tuthill E J. Magnetically stabilized fluidized bed [P]: US, US3440731DA. 1969-04-29.

[56] Rosensweig R E. Fluidization: hydrodynamic stabilization with a magnetic field [J]. Science, 1979, 204(4388): 57.

[57] 李静海, 董元吉, 郭慕孙. 循环流化床不同操作区域的轴向空隙率分布 [J]. 过程工程学报, 1987(2): 1-8.

[58] 闵恩泽. 石油化工催化技术发展对分子筛的要求 [J]. 石油炼制与化工, 1992(3): 1-10.

[59] 慕旭宏, 宗保宁, 闵恩泽. 磁稳定床用于重整轻馏分油加氢生产新配方汽油组分的研究 [J]. 石油学报 (石油加工), 1998(1): 41-45.

[60] 孟祥, 宗保宁, 慕旭宏, 等. 磁稳定床反应器中己内酰胺加氢精制过程研究 [J]. 化学反应工程与工艺, 2002, 18(1): 26-30.

[61] 邱惠惠, 罗康碧, 李沪萍, 等. 磁性离子液体的制备与应用研究进展 [J]. 材料导报, 2015(13): 67-71.

[62] Wang J, Yao H, Nie Y, et al. Application of iron-containing magnetic ionic liquids in extraction process of coal direct liquefaction residues [J]. Industrial & Engineering Chemistry Research, 2012, 51(9): 3776-3782.

[63] Wang Y, Sun Y, Xu B, et al. Magnetic ionic liquid-based dispersive liquid-liquid microextraction for the determination of triazine herbicides in vegetable oils by liquid chromatography [J]. Journal of Chromatography A, 2014, 1373: 9-16.

[64] Jiang W, Zhu W, Li H, et al. Fast oxidative removal of refractory aromatic sulfur compounds by a magnetic ionic liquid [J]. Chemical Engineering & Technology, 2014, 37(1): 36-42.

[65] Santos E, Albo J, Rosatella A, et al. Synthesis and characterization of magnetic ionic liquids (MILs) for CO_2 separation [J]. Journal of Chemical Technology & Biotechnology, 2014, 89(6): 866-871.

[66] Albo J, Santos E, Neves L A, et al. Separation performance of CO_2 through supported

magnetic ionic liquid membranes (SMILMs) [J]. Separation & Purification Technology, 2012, 97(36): 26-33.

[67] Alexander M V, Khandekar A C, Samant S D. Sulfonylation reactions of aromatics using FeCl₃-based ionic liquids [J]. Journal of Molecular Catalysis A Chemical, 2004, 223(1): 75-83.

[68] Kim J Y, Kim J T, Song E A, et al. Polypyrrole nanostructures self-assembled in magnetic ionic liquid as a template [J]. Macromolecules, 2008, 41(8): 2886-2889.

[69] 孙学文, 赵锁奇. [Bmim]Cl/[FeCl₃] ionic liquid as catalyst for alkylation of benzenewith 1-octadecene [J]. Chinese Journal of Chemical Engineering, 2006, 14(3): 289-293.

[70] Mohammadpoor-Baltork I, Tangestaninejad S, Moghadam M, et al. ChemInform abstract: Microwave-promoted alkynylation-cyclization of 2-aminoaryl ketones: A green strategy for the synthesis of 2,4-disubstituted quinolines [J]. Cheminform, 2011, 42(17).

[71] Hu Y L, Liu Q F, Lu T T, et al. Highly efficient oxidation of organic halides to aldehydes and ketones with $H_5 IO_6$ in ionic liquid [C_{12} mim][$FeCl_4$] [J]. Catalysis Communications, 2010, 11(10): 923-927.

[72] Pei X, Yan Y H, Yan L, et al. A magnetically responsive material of single-walled carbon nanotubes functionalized with magnetic ionic liquid [J]. Carbon, 2010, 48(9): 2501-2505.

[73] 罗亮, 窦辉, 郝迪, 等. 磁性离子液体中聚乙撑二氧噻吩/多壁碳纳米管纳米复合材料的球磨法制备及表征 [J]. 化学学报, 2011, 69(14): 1609-1616.

[74] Luo M, Liu D, Zhao L, et al. A novel magnetic ionic liquid modified carbon nanotube for the simultaneous determination of aryloxyphenoxy-propionate herbicides and their metabolites in water [J]. Analytica Chimica Acta, 2014, 852(13): 88-96.

[75] Stanton D T, Jurs P C. Development and use of charged partial surface area structural descriptors in computer-assisted quantitative structure-property relationship studies [J]. Analytical Chemistry, 1990, 62(21): 2323-2329.

[76] Holysz L, Szczes A, Chibowski E. Effects of a static magnetic field on water and electrolyte solutions [J]. Journal of Colloid & Interface Science, 2007, 316(2): 996-1002.

[77] Matsuda H, Yamamoto H, Kurihara K, et al. Computer-aided reverse design for ionic liquids by QSPR using descriptors of group contribution type for ionic conductivities and viscosities [J]. Fluid Phase Equilibria, 2007, 261(1): 434-443.

[78] Palomar J, Torrecilla J S, Lemus J, et al. A COSMO-RS based guide to analyze/quantify the polarity of ionic liquids and their mixtures with organic cosolvents [J]. Physical Chemistry Chemical Physics, 2010, 12(8): 1991-2000.

[79] Soto A, Arce A, Khoshkbarchi M. Partitioning of antibiotics in a two-liquid phase system formed by water and a room temperature ionic liquid [J]. Separation and Purification Technology, 2005, 44(3): 242-246.

[80] Matsumoto M, Ohtani T, Kondo K. Comparison of solvent extraction and supported liquid membrane permeation using an ionic liquid for concentrating penicillin G [J]. Journal of Membrane Science, 2007, 289(1-2): 92-96.

[81] Yan-ying Y, Wei Z, Shu-wen C. Extraction of ferulic acid and caffeic acid with ionic liquids [J]. Chinese Journal of Analytical Chemistry, 2007, 35(12): 1726-1730.

[82] Zhang H F, Shi Y P. Temperature-assisted ionic liquid dispersive liquid-liquid microextraction combined with high performance liquid chromatography for the determination of anthraquinones in Radix et Rhizoma Rhei samples [J]. Talanta, 2010, 82(3): 1010-1016.

[83] Wu H, Chen M, Fan Y, et al. Determination of rutin and quercetin in Chinese herbal medicine by ionic liquid-based pressurized liquid extraction-liquid chromatography-chemiluminescence detection [J]. Talanta, 2012, 88: 222-229.

[84] 夏禹杰. 离子液体溴化 1- 乙基 -3- 甲基咪唑在青蒿素提取中的应用 [D]. 北京：中国科学院过程工程研究所, 2008.

[85] Gu Y. Leaching separation of taurine and sodium sulfate solid mixture using ionic liquids [J]. Separation and Purification Technology, 2004, 35(2): 153-159.

[86] Jiang Y, Xia H, Guo C, et al. Phenomena and mechanism for Separation and recovery of penicillin in ionic liquids aqueous solution[J]. Industrial & Engineering Chemistry Research, 2007, 46(19): 6303-6312.

[87] Li S, He C, Liu H, et al. Ionic liquid-based aqueous two-phase system, a sample pretreatment procedure prior to high-performance liquid chromatography of opium alkaloids [J]. Journal of chromatography B, Analytical Technologies in the Biomedical and Life Sciences, 2005, 826(1-2): 58-62.

[88] Yan J K, Ma H L, Pei J J, et al. Facile and effective separation of polysaccharides and proteins from cordyceps sinensis mycelia by ionic liquid aqueous two-phase system [J]. Separation and Purification Technology, 2014, 135: 278-284.

[89] Yoshida Y, Saito G. Influence of structural variations in 1-alkyl-3-methylimidazolium cation and tetrahalogenoferrate(ⅲ) anion on the physical properties of the paramagnetic ionic liquids [J]. Journal of Materials Chemistry, 2006, 16(13): 1254-1262.

[90] Cláudio A F M, Freire M G, Freire C S R, et al. Extraction of vanillin using ionic-liquid-based aqueous two-phase systems [J]. Separation and Purification Technology, 2010, 75(1): 39-47.

[91] Xiao Y, Wang Y, Gao S, et al. Determination of the active constituents in *Arnebia euchroma* (Royle) Johnst. by ionic liquid-based ultrasonic-assisted extraction high-performance liquid chromatography [J]. Journal of chromatography B, Analytical technologies in the biomedical and life sciences, 2011, 879(20): 1833-1838.

[92] Lin H, Zhang Y, Han M, et al. Aqueous ionic liquid based ultrasonic assisted extraction of eight ginsenosides from ginseng root [J]. Ultrasonics Sonochemistry, 2013, 20(2): 680-684.

[93] Zhang L, Wang X. Hydrophobic ionic liquid-based ultrasound-assisted extraction of magnolol and honokiol from cortex magnoliae officinalis [J]. Journal of separation science, 2010, 33(13): 2035-2038.

[94] Ma C H, Liu T T, Yang L, et al. Study on ionic liquid-based ultrasonic-assisted extraction of biphenyl cyclooctene lignans from the fruit of Schisandra chinensis baill [J]. Analytica Chimica Acta, 2011, 689(1): 110-116.

[95] 杜甫佑, 肖小华, 李攻科, 离子液体微波辅助萃取石蒜中生物碱的研究 [J]. 分析化学, 2007, 35(11).

[96] Zeng H, Wang Y, Kong J, et al. Ionic liquid-based microwave-assisted extraction of rutin from Chinese medicinal plants [J]. Talanta, 2010, 83(2): 582-590.

[97] Du F Y, Xiao X H, Li G K. Ionic liquid aqueous solvent-based microwave-assisted hydrolysis for the extraction and HPLC determination of myricetin and quercetin from Myrica rubra leaves [J]. Biomedical Chromatography: BMC, 2011, 25(4): 472-478.

[98] Yuan Y, Wang Y, Xu R, et al. Application of ionic liquids in the microwave-assisted extraction of podophyllotoxin from Chinese herbal medicine [J]. The Analyst, 2011, 136(11): 2294-2305.

第五章

离子液体纳微结构强化电化学过程

第一节　引言

　　电化学体系或电化学过程是涉及电极/电解液/电化学活性物质之间的界面电荷转移的过程，其效率很大程度上取决于所使用电解质的性质。传统的水系电解质或有机电解质存在着一些难以克服的缺点，如易泄漏、有毒、腐蚀性强等，而离子液体具有导电性好、挥发性低、不燃、电化学窗口宽等优异特性，以其替代原有水系和有机溶剂作为电解液，将电化学带入了崭新的时代。近年来，离子液体在超级电容器、锂离子电池、金属电沉积、生物传感器、电化学还原 CO_2 等领域中均取得了突破性研究成果。

　　作为工业应用中最具潜力的电化学储能装置，超级电容器的电解质必须克服易挥发、易燃、导电性差、电化学窗口窄等问题。然而，由聚合物和溶解在有机溶剂中的导电盐构成的凝胶聚合物电解质 (GPEs) 虽然能够克服上述缺点，但不能在高于其溶胶-凝胶转换温度的条件下使用，且低温下其电导率显著下降，这就大大限制了其应用范围。为了寻求能在高温条件下依旧保持稳定的凝胶电解质，澳大利亚莫纳什大学的 Zhang 等[1] 将 [Emim][NTf$_2$] 和 [C$_4$mpyr][eFAP] 作为离子导电介质，与 PVDF-*co*-HFP 共聚物制作成离子液体凝胶，并将其负载到一系列商业多孔载体中，制备出坚固的负载型离子液体凝胶薄膜，并将其作为固体电解质和隔膜成功地应用于超级电容器中。

　　离子液体自身的优良性能可满足锂离子电池电解液的多项技术要求，然而大多数离子液体对锂离子的输运能力较低，单独使用不能满足实际应用的需求。为了解决上述问题，Al-Masri 等[2]将离子液体 [C₂epyr][NTf₂] 与有机离子塑性晶体 (organic ionic plastic crystals) Li[NTf₂] 按一定摩尔比混合组成新的电解质，这种含高浓度锂离子的电解质具有较高的锂离子迁移数。实验表明，1：1 摩尔比的 [C₂epyr][NTf₂]/Li[NTf₂] 混合电解质能使锂电池表现出最佳综合性能：该电解质在室温下为液态且有良好的电导率，锂离子迁移数也达到了 0.39，并且 100 次充放电循环后电池容量仍可保留 96%。

硅电池作为太阳能电池的一种，可以充分利用大部分可见光，但对太阳光中的高能量紫外线利用率很低，这就大大限制了太阳能电池的能量转换效率 (PCE)。解决这类问题的方法之一是引入具有光学活性中心的透明聚合物薄膜作为太阳能电池的涂层，通过发光下转换机制 (LDS) 可以将紫外线转化为可见光。例如，利用三价镧系离子 (Ln^{3+}，如 Eu^{3+} 和 Tb^{3+}) 配合物，通过所谓的"天线效应"，可在适当的紫外线激发下发射出可见光。但是 Ln^{3+} 配合物通常光、热稳定性差且可加工性差，为此需将 Ln^{3+} 配合物固定在稳定的柔性基质中从而改善其物理化学性质。Zhang 等[3]将稀土配合物 $Ln(pybox)_3$ (Ln = Eu 或 Tb) 溶解在双齿有机膦功能化的离子液体中制作混合物，并将其作为涂层应用于硅太阳能电池中，获得了高发光强度和高量子产率。研究人员通过红外光谱分析，发现离子液体上的氧原子与稀土离子存在配位作用，可实现从离子液体到稀土离子的能量转移，使得混合物的发光强度和量子产率都大大提升。

电沉积是金属电解冶炼、电解精炼、电镀、电铸过程的基础，在电池、保护涂层、显示器和微芯片等现代技术与电阻存储器等新兴技术中普遍存在。离子液体的出现，使得在高真空环境下电沉积成为可能，对航天事业做出了贡献。离子液体可通过调节其阴阳离子结构来实现其物化性质的调控。Dziedzic 团队[4]研究了"阴离子基"硼簇离子液体 BCIL (boron cluster ionic liquid)，以硼簇骨架阴离子为支架，通过调节氯离子与溴离子的比例，改变电流密度、氧化还原过程，在富含金属的电解液中可实现快速、可逆的银电沉积。

离子液体在生物传感器领域也有新的应用。Manoj 团队[5]近日成功以醛基离子液体作为生物分子和生物传感器的多功能共价固定平台 (versatile platform for covalent immobilization)。科研人员首先合成了 3-(3- 甲酰基 -4- 羟基苄基)-3- 甲基咪唑六氟磷酸盐 (CHO-IL)，接着将氧化石墨烯 (GO) 在丝网印刷碳电极 (SPE) 上还原，得到 ERGO/SPE，再用 Azu-A 溶液 (4mg/mL 磷酸盐缓冲液) 附着 CHO-IL，得到 Azu-A / CHO-IL / ERGO / SPE，同时还利用葡萄糖氧化酶制备了 GO_x /CHO-IL / ERGO / SPE。电化学研究表明，该电极具有良好的导电性、稳定性和可重复性，作为生物传感器表现出线性范围广、灵敏度高、检测限低和检测无干扰的优势。

利用电化学法将二氧化碳还原可以实现大气中碳元素的循环利用。美国伊利诺伊大学芝加哥分校的 Amin Salehi-Khojin 课题组和阿贡国家实验室的 Mohammad 等[6]报道了一种以二硒化钨（WSe_2）过渡金属的硫族化合物为代表的催化剂，在

离子液体 [Emim][BF$_4$] 中电催化还原 CO$_2$ 为 CO，并实现 CO$_2$ 的高效转化。研究人员对 CO$_2$ 催化还原过程进行了模拟，结果表明，除了 CO$_2$ 在该催化剂纳米粒子的表面上生成了能量更低的 CO* 中间体的因素外，还因为离子液体中咪唑阳离子与 CO$_2$ 形成 [Emim–CO$_2$]$^+$ 复合物，增加了 CO$_2$ 在溶液中的溶解度，因此该体系能够高效率还原 CO$_2$。

本章将着重从离子液体电化学研究基本特性、离子液体强化电化学沉积过程、离子液体强化能源存储过程以及离子液体强化木质素解聚过程等几方面进行详细论述。

第二节　离子液体强化电化学基础

目前，有关离子液体强化电化学过程的基本原理研究仍传承于经典电化学理论与技术。以离子液体为支持电解质的电化学体系被认为类似于熔融盐电解体系或有机电解质电池体系，其中所涉及的电化学原理和技术与水溶液体系基本相同。本节简要介绍离子液体电化学研究过程的注意事项，包括实验技术、参比电极及电化学窗口等相关的基本问题。

一、离子液体电化学的基本实验技术

为了保证以离子液体为支持电解质时所获得的电化学数据可靠，必须注意以下几个重要问题。

（1）注意排除水分和氧气的影响

室温离子液体是由有机或无机离子组成的化合物，大多数情况下这些盐类物质都表现吸湿性，因此需要在较高温度下对物料进行真空干燥，并在干燥且充有氩气或氮气的手套箱进行电化学研究的相关操作。如果离子液体本身对氧气不敏感，保护气体也可选用干燥的空气。但是值得注意的是，氧气在离子液体中的溶解性不可忽略，特别是在非质子性离子液体中，常常容易检测到溶解氧还原为超氧自由基的信号，有可能造成干扰。此外，已有研究表明，氧气存在的情况下无法实现碱金属等活泼金属的电沉积过程。

离子液体的电化学性质测定必须在惰性气体如 Ar 或 N$_2$ 的保护下进行，以避免受到水和氧气的污染。幸运的是，由于离子液体的难挥发性，其中的微量水可以通过真空干燥而除去。例如，100℃真空干燥（10Torr，1Torr=133.322Pa）之后，疏水性离子液体（如 [Emim][NTf$_2$]）的水含量可以降低到 20×10^{-6}（体积分数）以下。

一般来说，将水含量降低到 20×10^{-6}（体积分数）以下所需的时间取决于样品的体积（1mL 约需要 30min）。

（2）确保离子液体的纯度

电化学方法作为一种很灵敏的分析检测手段，电解质溶液中痕量的电化学活性物种即可产生响应。因此，支持电解质的纯度对电化学研究而言至关重要。在现有的电化学研究中，已经发展出多种成熟的纯化技术对水溶性电解质和有机溶剂进行处理。然而，对于室温离子液体而言尚处于起步阶段。据报道，为了获得纯度高的离子液体，关键在于对生产离子液体的原料进行纯化以及生产过程的控制。

季铵阳离子作为常见的离子液体有机阳离子组分，通常是由卤代烷烃和叔胺（如烷基胺、吡啶、烷基咪唑类、烷基吡咯烷）反应得到的，所得离子液体的纯度通常取决于这些反应原料的纯度。此外，制备过程中反应条件的控制同样重要。对于放热反应，应控制反应混合物的局部放热或全部放热现象，避免初始原料或产物的分解。对于在温和的条件下也可以发生的反应，可以选用非质子溶剂对原料进行稀释，并充分搅拌，尽量缓慢地加入反应物，以保持恒定的反应温度。另外，所得的离子液体还可以通过重结晶、溶剂蒸发和高温真空干燥等方法进一步纯化。

提供离子液体中阴离子的化合物同样需要确保纯度，必要时也应进行进一步纯化。例如，制备氯铝酸离子液体时，有机氯化物与 $AlCl_3$ 混合时会释放热量，有可能导致有机阳离子的分解，因此必须使用经过减压升华后的 $AlCl_3$ 作为阴离子原料。而一些非氯铝酸离子液体，如含 $[BF_4]^-$、$[PF_6]^-$ 和 $[NTf_2]^-$ 的离子液体，是在特定非质子性溶剂中由有机卤化物和银、碱金属或含有目标阴离子的铵盐经过复分解反应制备得到的。然而，由于大多数无机盐都易溶于离子液体，因而这些无机物的污染往往不可避免。目前已提出了一些替代方法，例如，以 $[NTf_2]^-$ 离子液体为代表的、在水中稳定且疏水的离子液体，可以简便地在水中以等物质的量的有机卤化物与 $Li[NTf_2]$ 相互作用而制得，然后从含有卤化锂的水相中分离有机相即可得到目标离子液体。而 $[NTf_2]^-$ 离子液体中的痕量锂盐可通过二氯甲烷萃取而除去。这些疏水性与热稳定性良好的离子液体中的水分可通过高温真空干燥除去。

（3）工作电极的面积宜小不宜大

在进行离子液体的基础电化学研究时，常常以铂、玻碳和钨电极作为惰性工作电极。在进行暂态电化学测试，如循环伏安法、计时电流法和计时电位法时，建议使用具有较小有效面积的工作电极。这是由于大多数离子液体的导电性较弱，往往会造成较大的欧姆降。在导电性较低的离子液体中进行电化学测试时，微电极有着独特的优势。

二、参比电极的选择与制作

电极电位的准确测量对于解释电化学反应现象、保证电化学分析测试的重现性以及控制电化学反应的进行具有重要意义。因此，具有可靠且准确电极电位的参比电极十分必要。在水溶液中，有一系列成熟的参比电极可以使用，如 Ag/AgCl 参比电极、Hg/Hg_2Cl_2 参比电极、Hg/HgO 参比电极和 $Hg/HgSO_4$ 参比电极等。这些参比电极通过盐桥也可以用于离子液体，但是在大多数情况下无法避免水污染问题。基于非质子溶剂的参比电极 [如以 CH_3CN 作为盐桥介质的 Ag/Ag(I) 参比电极] 可以用于离子液体中，但同样存在溶剂污染的可能性。因此，最好的方法是构建基于离子液体的参比电极。

图 5-1 展示了用于离子液体中的参比电极典型结构示意图。一般而言，参比电极由内溶液和浸润在其中的金属电极组成。为了减少污染和降低接界电势，作为参比电极内溶液的支持电解质应当与被研究溶液保持一致。参比电极内溶液中的电化学活性物质决定着参比电极的电势，为了防止其浓度发生变化，底端常常用玻璃纤维、烧结玻璃或多孔玻璃等封装，既形成电化学接触又避免内溶液与被研究溶液的混合。参比电极的电极电势值决定于电化学活性物质种类和浓度以及支持电解质种类，因而即使是具有相同氧化还原电对的参比电极，在不同离子液体中测得的电极电势也可能各不相同。

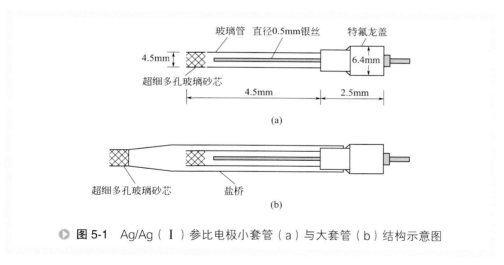

玻璃管　直径0.5mm银丝　特氟龙盖
4.5mm
6.4mm
超细多孔玻璃砂芯
4.5mm　2.5mm
(a)

超细多孔玻璃砂芯　盐桥
(b)

▶ 图 5-1　Ag/Ag（I）参比电极小套管（a）与大套管（b）结构示意图

二茂铁盐 / 二茂铁 (Fc^+/Fc) 是一个特殊的电对，其氧化还原电位被认为与溶剂或支持电解质种类无关，所以该电对通常用作非水溶液体系的标准电对。可以将 Pt 电极浸没于同时含有 Fc 与 Fc^+ 的离子液体中构成参比电极，其关键是找到合适的可溶性二茂铁盐。但是值得注意的是，二茂铁的挥发性可能导致二茂铁的浓度（即电极电势）在升高温度时发生变化。若参比电极中的离子液体不同于目标离子液体，则由于两种离子液体间存在着接界电势，将可能导致实验误差。使用内标如二茂铁可以消除接界电势，这是因为用参比电极测量的氧化还原电势包含了相同的接界电势。

图 5-2 列出了不同离子液体中一些特定的氧化还原电对相对于 Fc/Fc⁺ 的电极电势。可以看出，在含有 [Emim](1- 乙基 -3- 甲基咪唑阳离子) 的离子液体 [Emim]Cl-AlCl₃、[Emim][BF₄] 和 [Emim][NTf₂] 中，阳离子的分解电势均在 –2.5V （相对于 Fc/Fc⁺ 电对）附近，而不含 [Emim] 的离子液体 [TMHA][NTf₂] 则没有明显的阳离子分解现象。

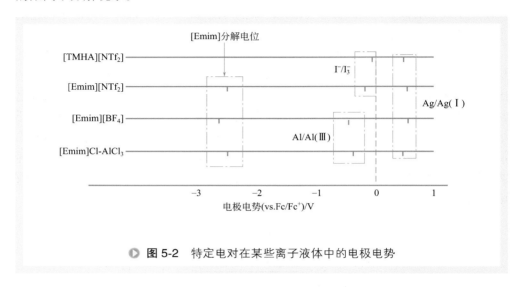

▶ **图 5-2** 特定电对在某些离子液体中的电极电势

准参比电极（QRE）是将 Pt、Li 和 Ag 金属直接浸没于目标离子液体中而构成的，如此则前面提到的接界电势可忽略不计。虽然准参比电极具有便利性，但值得注意的是，仅使用金属作为准参比电极时，其电极电位值是不确定的。此外，电化学研究体系中产生的一些副产物可能会影响准参比电极的电位。为了避免这个问题，可在目标离子液体中溶解相对高浓度的金属阳离子（10 ～ 100mmol/L）或保持尽量低的电解电流（nA ～ μA）。

接下来介绍其他一些离子液体参比电极实例。

（1）Al/Al(Ⅲ)参比电极

在以氯酸铝离子液体为支持电解质的电化学体系中，常常以金属 Al 电极浸没于酸性离子液体中 [其中 AlCl₃ 含量大于 50%（摩尔分数）] 为标准电势。上述电极反应可以被描述为：

$$4Al_2Cl_7^- + 3e^- \rightleftharpoons Al + 7AlCl_4^- \tag{5-1}$$

式中，聚氯酸铝阴离子（$Al_2Cl_7^-$）只有在酸性条件下才能存在。此时 Al/Al(Ⅲ) 电对的电极电位取决于酸性离子液体中 AlCl₃ 的摩尔分数（或活度），当 AlCl₃ 的摩尔分数为 66.7 % 或 60.0 % 时，电化学活性物质浓度确定，可作为参比电极。在 [Emim]Cl-AlCl₃ 离子液体中，Al/Al(Ⅲ) 参 比 电 极 （[AlCl₃]=60.0 %）的电极电势

为 –0.406 ～ –0.400 V（vs.Fc/Fc⁺）。

（2）Zn/Zn(Ⅱ)参比电极

在室温条件下，当酸性氯锌酸离子液体中 $ZnCl_2$ 含量大于 33.3%（摩尔分数）时，可发生 Zn 的电沉积。因而，由 Zn 金属浸没于 $ZnCl_2$ 摩尔分数为 50%（摩尔分数）的氯锌酸离子液体中构成的电极可作为参比电极。一般认为氯锌酸离子液体中 $ZnCl_3^-$、$ZnCl_7^{3-}$ 和 $(ZnCl_2)_n$ 等物种都是电化学活性物种，但是该参比电极的电极反应细节尚不明确。Zn/Zn(Ⅱ) 电极相对于 Fc/Fc⁺ 电对的电极电势尚未见报道。

（3）Ag/Ag(Ⅰ)参比电极

Ag/Ag(Ⅰ) 参比电极由 Ag 丝浸没于含有 Ag(Ⅰ)（浓度为 $0.01mol/dm^3$ 或 $0.1mol/dm^3$）的离子液体中构成。在离子液体中引入 Ag(Ⅰ) 可以通过溶解与离子液体具有相同阴离子的 Ag 盐来实现，例如将 $AgBF_4$ 溶解于 [Emim][BF_4] 或其他 [BF_4]⁻ 离子液体中。在室温、[Emim][BF_4] 离子液体中，Ag/Ag(Ⅰ)（[Ag(Ⅰ)]=$0.3mol/dm^3$）的电极电势为 0.51V（vs.Fc/Fc⁺）。$AgNO_3$ 和 AgCl 在 BF_4^- 离子液体中具有一定的溶解度，也可以作为 Ag(Ⅰ) 源。可以按照如下步骤在 $N(CF_3SO_2)_2$ 离子液体中制备 $AgN(CF_3SO_2)_2$：将过量的 Ag_2O 与 $HN(CF_3SO_2)_2$ 的水溶液反应 [如式（5-2）所示]，经过过滤、蒸发除水、干燥后得到。

$$Ag_2O + 2HN(CF_3SO_2)_2 \longrightarrow 2 AgN(CF_3SO_2)_2 + H_2O \qquad （5-2）$$

其中的 $HN(CF_3SO_2)_2$ 水溶液是将 $LiN(CF_3SO_2)_2$ 溶液流经阳离子交换树脂而制得的。$AgN(CF_3SO_2)_2$ 可溶于 $N(CF_3SO_2)_2^-$ 离子液体中。在室温下，Ag/Ag(Ⅰ) 的表观电位为 +0.49 ～ +0.51V（vs.Fc/Fc⁺）。当然，Ag 盐的阴离子不一定必须与离子液体的阴离子相同，比如：$AgCF_3SO_3$ 也可以溶解于 $N(CF_3SO_2)_2^-$ 离子液体中。

（4）I⁻/I₃⁻参比电极

I⁻ 和 I₃⁻ 之间的氧化还原反应也可以用于构建非氯铝酸离子液体的参比电极，特别是在 $N(CF_3SO_2)_2$ 离子液体中。铂丝浸入含有碘和碘盐的离子液体组成参比电极，其中碘盐的阳离子最好与被研究的离子液体的阳离子相同。碘与碘盐（I_3^- / I^-）的比例一般是 1:4。在 50℃、[TMHA]$N(CF_3SO_2)_2$ 离子液体中，I⁻/I₃⁻ 电极（[I_3^-] : [I^-]=1:3）的电势为 –0.16 V（vs.Fc/Fc⁺）；在 [Emin][CF_3SO_2]₂ 离子液体中为 –0.21 V（vs.Fc/Fc⁺）。

三、离子液体的电化学窗口

以离子液体作为支持电解质进行电化学研究时，需要事先了解其电化学稳定性，也就是通过电化学方法估算其自身能承受的、不发生电化学反应的最大电势范围。某种支持电解质自身还原电势与氧化电势之间的差值称为该电解质的"电化学窗口"（electrochemical window, EW）。电化学窗口的拓展也是离子液体发展史的重要标志之一，即电化学稳定性更好的离子液体不断被研发出来。

与传统支持电解质类似，离子液体的电化学窗口通常也是利用循环伏安法和线性扫描伏安法进行测定。然而，即使是同一种离子液体，在不同的研究报道中其伏安曲线也会有所不同。其原因除了内在因素（如溶液电阻造成的压降）之外，测量条件如工作和／或参比电极、电位扫描速率以及决定阴极和阳极极限电位的截止电流密度等的不同，都有可能影响循环伏安曲线。此外，离子液体的纯度也会影响伏安曲线，例如，离子液体中少量水的存在，即使只有 100×10^{-6}（体积分数）也不容忽视，因为电化学测量通常对杂质非常敏感。尽管存在着上述问题，电化学窗口的测定依然为寻找电化学稳定的离子液体提供了重要信息。

本节综述了不同离子液体的电化学窗口，并讨论了测量条件对结果的影响。

对离子液体来说，关键的问题是如何从伏安曲线上确定还原电位和氧化电位。一般来说，离子液体中阳离子或阴离子的氧化和还原反应是不可逆的，无法像电化学可逆体系中的氧化还原反应一样明确地获取相应的还原和氧化电位。图 5-3 显示了典型的离子液体线性扫描伏安曲线。值得注意的是，电位正向和负向扫描所对应的氧化和还原电流都是单调递增的，即使在高电流密度（10mA/cm^2）下也不能观测到峰值，所以必须选择一个确定的电流密度（即截止电流）来评估其还原或氧化电位。在图 5-3 中，还原或氧化电位（即阴极极限或阳极极限电位）记作 E_{CL} 和 E_{AL}，分别是还原或氧化电流密度达到 1.0mA/cm^2 时的电位值。这意味着 E_{CL} 和 E_{AL} 的数值都将因选择不同的截止电流密度而变化。在许多研究中，截止电流密度的选择从 0.1mA/cm^2 到 1.0mA/cm^2 不等，而在电容器应用相关研究中，截止电流密度通常低于 0.1mA/cm^2。后者可能是因为电解质的分解电位依赖于设备性能的原因。

离子液体的黏度通常高于传统电解质，即使是相对低黏度的离子液体，25℃下黏度也在 20 ～ 200mPa·s 之间，这比传统溶剂高了 2 ～ 3 个数量级。由于离子液体的浓度高（3 ～ 6mol/dm³），其导电性也高于传统电解质（0.1 ～ 20mS/cm，25℃），但是仍然需要考虑"压降"或"阻降"的损失，特别是在高黏度离子液体中。

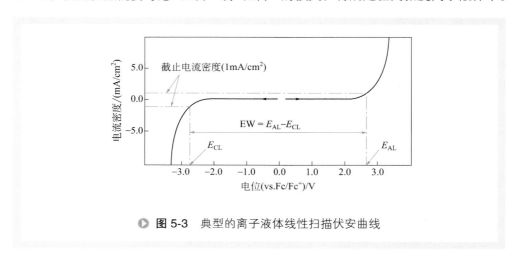

● 图 5-3　典型的离子液体线性扫描伏安曲线

不过在实际操作中，可以通过选择一个合适尺寸的工作电极减小比电流值来规避这个问题。

表 5-1 粗略估计了在截止电流为 $1.0mA/cm^2$ 时不同直径的工作圆盘电极上的阻降。从表中可以得知，微电极更适合用来测量电化学窗口，因为即使在高黏性离子液体中，其阻降也几乎可以忽略（ < $100\mu V$）。使用微电极的另一个优点是传质过程随着扩散机制的改变而改善。使用旋转圆盘电极（RDE）系统借助强制对流增强传质也可以达到同样的效果。上述两种方法更适合高黏性（ > $500mPa\cdot s$，25℃）、低导电性的离子液体。然而，如表 5-1 所示，对于黏度适中（<$100mPa\cdot s$，20℃）的离子液体，即便使用相对较小尺寸（d<5mm）的工作圆盘电极，粗略估计的压降应低于几十毫伏，因此也不必过多考虑压降。

表5-1　电流密度为1.0mA/cm² 时通过工作圆盘电极所产生阻降计算值

电导率 /(mS/cm)	黏度① /mPa·s	电阻② /kΩ	阻降③		
			d=1.0mm	d=1.6mm	d=3.2mm
0.1	500 ～ 1000	10	80μV	0.2V	7.85V
1	100 ～ 500	1	8μV	20mV	785mV
5.0	40 ～ 100	0.2	1.6μV	4mV	157mV
10.0	20 ～ 40	0.1	0.8μV	2mV	78.5mV

① 为实际观测的经典黏度值。

② 粗略地用工作电极和参比电极间的距离（假定为 1.0cm）与室温离子液体的电导率的乘积来估算。应该指出的是，该估算值随着极间距的变化而变化，两极应尽量相互靠近。

③ d 为圆盘电极的直径。

与传统电解质类似，测量离子液体的电化学窗口需依据参比电极确定其还原及氧化电位。测定离子液体的电化学窗口时面临的问题是使用不同的参比电极获得的电极电势之间很难进行比较。图 5-4 展示了通过不同参比电极测定的伏安曲线中得出的 [Emim][BF$_4$] 的电化学窗口。可以发现，对于同一种离子液体，测得的电化学窗口范围是一样的（4.4V），但阴极和阳极的极限电位是不同的。要解决这个问题的方法之一是使用一种氧化还原化合物作为内标。IUPAC 建议在有机溶剂体系中使用二茂铁的氧化还原电位作为参考电位，而不必考虑溶剂的种类。图 5-4 中箭头指示了二茂铁电对的电极电位数值。

即使是高纯度离子液体，也要考虑水和氧气的干扰，这是因为水和氧气很容易从空气中溶解到离子液体中。由于水和氧气具有电化学活性，因此在进行伏安测量之前必须除去这些分子。U. Schroder 等研究了微量水对咪唑阳离子 - 含氟阴离子（1- 丁基 -3- 甲基咪唑四氟硼酸盐或六氟磷酸盐）离子液体电化学窗口的影响，发现当水含量超过 3%（质量分数）后，E_{CL} 和 E_{AL} 分别向正负电位方向移动，导致电

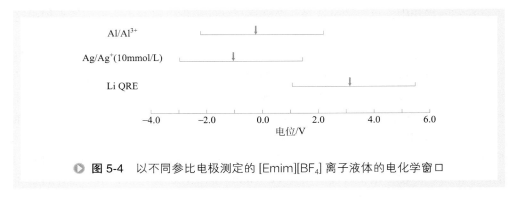

图 5-4　以不同参比电极测定的 [Emim][BF₄] 离子液体的电化学窗口

化学窗口缩小，幅度超过 2.0V[7]。而 S. Sahami 等发现在 *N*- 丁基吡啶阳离子（BP）-氯铝酸根阴离子的离子液体中，微量水的存在对玻碳（GC）和钨（W）工作电极并未观察到对电化学窗口有明显的影响；但是对于铂工作电极，在比 E_{CL} 更正的电位上观察到了水和氯铝酸根阴离子之间的反应产物 HCl 的还原电流[8]。

　　扫描速率是循环伏安、线性扫描伏安测试中的一个重要参数。在扩散控制的电化学体系（包括不可逆、可逆和准可逆体系）中，电流与扫描速率的平方根成正比。这也意味着通过改变扫描速率，可以在相同的电流密度下使极限电位在负方向或正方向上移动。所以在不同的扫描速率下得到的各种离子液体的伏安图中，每种情况下的截止电流密度都应该随着扫描速率的平方根和电流密度之间的关系而改变。

第三节　离子液体强化氧还原阴极过程

　　电化学氧气还原反应 (oxygen reduction reaction, ORR) 是指氧气分子在阴极表面得到电子发生还原反应的过程。理论上，氧气分子在阴极上发生电化学还原过程，依次得到 1 个、2 个、3 个、4 个电子分别得到超氧自由基（$\cdot O_2^-$，或质子化形式氢过氧自由基 $HO_2\cdot$）、过氧化氢 (H_2O_2)、羟基自由基（$\cdot OH$）和水或氢氧根离子 (H_2O/OH^-)。上述几种物质被称为活性氧物种 (reactive oxygen species, ROS)，它们的电子结构式如图 5-5 所示。

　　ROS 各物种之间可通过电离、重组以及彼此间的氧化还原作用而相互转换[9]，相关反应方程式如下：

$$H_2O_2 \Longrightarrow H^+ + HO_2^- \tag{5-3}$$

$$H_2O_2 + HO_2^- \Longrightarrow \cdot OH + \cdot O_2^- + H_2O \tag{5-4}$$

$$\cdot O_2^- + H^+ \Longrightarrow \cdot HO_2 \cdot \tag{5-5}$$

$$\cdot O_2^- + \cdot OH \Longrightarrow O_2 + OH^- \tag{5-6}$$

$$2 \cdot O_2^- + H_2O \Longrightarrow {}^1O_2 + HO_2^- + OH^- \tag{5-7}$$

$$^1O_2 + \cdot O_2^- \Longrightarrow O_2 + \cdot O_2^- \tag{5-8}$$

ROS 因结构的差异性而表现出不同的氧化能力。$\cdot O_2^-$、$HO_2\cdot$、H_2O_2 及 $\cdot OH$ 与水组成电对的标准电极电势（pH=1.0, vs.NHE，下同）分别为：–0.08 V、1.4 V、1.78 V 和 2.8 V。而在 pH=14.0 的强碱性溶液中，H_2O_2 和 $\cdot OH$ 的氧化电位则分别为 0.95 V 和 1.97 V。此外，$\cdot O_2^-$ 更多地表现出亲核性，而 $\cdot OH$ 则更多地表现出亲电性。

利用电化学氧还原过程产生 ROS 的种类受电极材质和催化剂影响显著。ORR 分为 2 电子和 4 电子两种不同的还原路径。如图 5-5 所示，决定氧气分子发生 $4e^-$ 和 $2e^-$ 还原反应途径的因素之一在于电极材质和催化剂性能，若吸附的氧分子容易解离成两个氧原子，继而每个氧原子分别得到 2 个电子，则最终生成 2 个 OH^- 或 H_2O；若吸附氧分子不发生解离，则得到 2 个电子形成 H_2O_2 后离开电极表面。相当数量的研究表明，水溶液体系中 Pt、Ag 等电化学催化剂有利于氧气的 4 电子还原过程，而无催化剂的碳基电极有利于 2 电子还原过程。

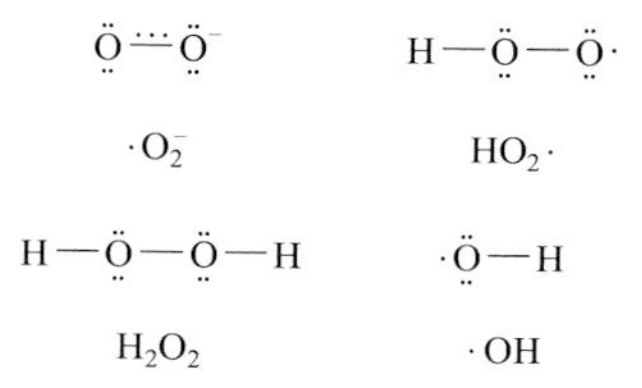

▶ **图 5-5** 几种常见活性氧物种 (ROS) 的电子结构式

氧阴极材质及催化剂种类将影响 ORR 过程从而生成不同种类的 ROS。一般认为，O_2 在电极表面的吸附方式主要有三种，分为侧基式、桥式和端基式[10]。如图 5-6（a）所示，侧基式吸附的 O_2 中的两个 O 与同一个催化剂原子作用，这种吸附方式用于两个受活化的 O，且 O_2 容易从催化剂表面解离而利于 ORR 的 $4e^-$ 途径，如 Pt、Ag 等贵金属材料表面均以该吸附方式为主[32]。图 5-6（b）中的桥式吸附则为两个 O 分别吸附于两个催化剂原子表面并受到活化，从而削弱了 O—O 键的键能。该吸附方式要求催化剂活性原子中具有能与氧分子中 π 轨道成键的半充满轨道，因而金属螯合物表面以桥式吸附为主。图 5-6（c）中的端式吸附为单个 O 吸附于催化剂表面，且只有一个 O 受到活化，其中 O_2 中的 π^* 轨道与催化剂中的 d_z/p_x 轨道端向配位。碳材料电极上以端式吸附为主，此时的 ORR 表现为 $2e^-$ 转移过程生成 H_2O_2，并通过 H_2O_2 的进一步分解产生其他 ROS。

此外，支持电解质种类的不同也可以影响 ORR 产物类型。由于自由基在水溶液体系不稳定，因此水溶液体系 ORR 的反应产物以 $2e^-$ 或 $4e^-$ 还原产物为主。在非质子性介质（例如：非质子性有机溶剂或 IL）中，超氧自由基（$\cdot O_2^-$）的稳定性大大提高，因而在非质子性介质中有可能得到氧气的单电子产物——超氧自由基。然而在下文的论述中可以发现，体系中有少量 H^+ 存在时 2 电子还原产物

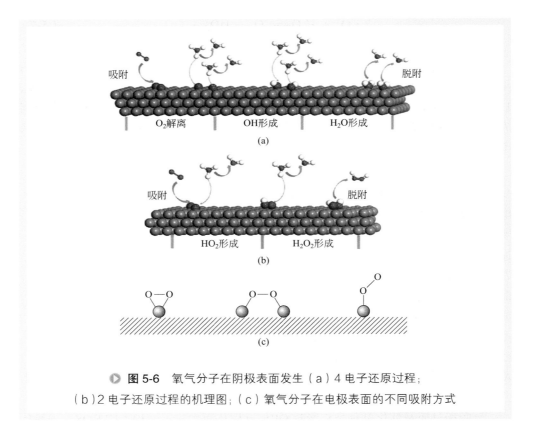

图 5-6　氧气分子在阴极表面发生（a）4 电子还原过程；
（b）2 电子还原过程的机理图；（c）氧气分子在电极表面的不同吸附方式

(H_2O_2) 将成为主要产物。

　　以下详细介绍离子液体强化氧还原阴极过程原位产生 ROS 解聚木质素的研究实例。

一、离子液体用于木质素解聚的研究进展

　　木质素作为可再生的生物质资源之一，含量仅次于纤维素。不同植物体中木质素的含量差异较大，如软木中木质素的含量约为 30%，硬木中的含量为 20% ～ 25%，而草本植物中木质素只占据 10% ～ 15%。木质素也被认为是自然界中含量最丰富的芳香化合物的来源，其分子由苯丙烷结构单元通过多种连接方式交联而形成，平均分子量在 10000 以上，其结构模型如图 5-7 所示。

　　一般认为木质素是由芥子醇、松伯醇或对香豆醇（如图 5-8 所示）等多酚类物质聚合而成的不规则高聚物。在木质素分子中，这三种结构单元分别称为紫丁香基（S）、愈创木基（G）和对羟苯基（H）。三种结构单元之间的区别在于甲氧基数量不同，但它们都具有一个酚羟基和一个丙基侧链，也因此而被统称为苯丙烷（C_9）结构单元。

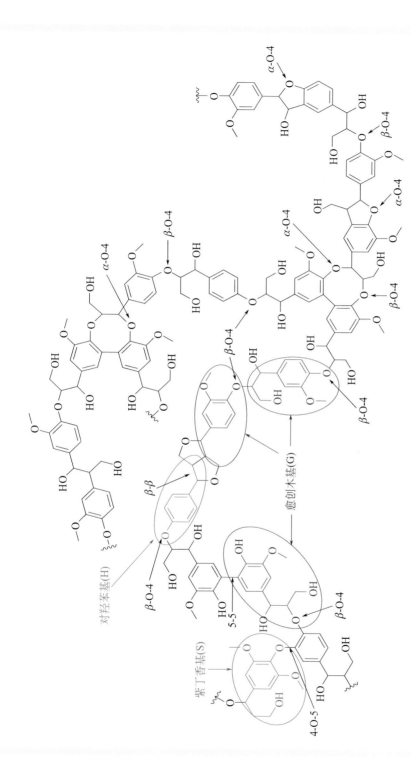

● 图 5-7　木质素的典型结构模型

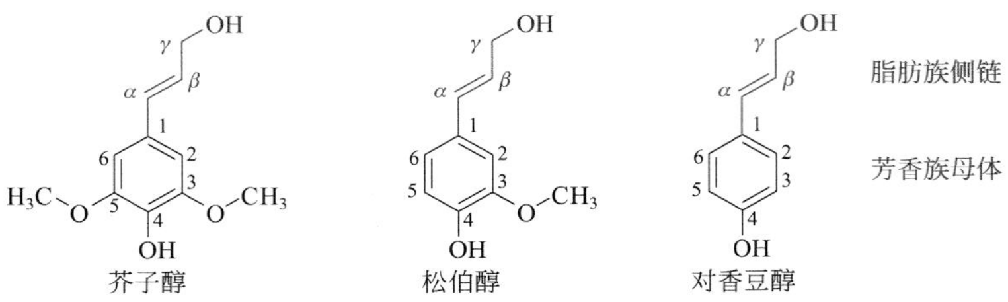

图 5-8 木质素的基本结构单元结构示意图

木质素结构单元间的连接键包括 C—O—C 键或 C—C 键。为了区分结构单元间连接键的类型，其中脂肪族一侧的碳原子分别被标记为 α、β 和 γ，芳香基团上的碳原子则依次标记为 $1 \sim 6$。图 5-9 为木质素结构中常见的几种连接键型。在所有连接键型中，β-O-4 型醚键的含量最多，醚键在原生木质素中的含量占据 2/3 以上。

然而，由于缺乏合适的技术方法，木质素的有效利用程度极低。我国每年可产生高达 7 亿吨的农作物秸秆资源，但其中大部分被农民直接焚烧或丢弃；仅有少部分秸秆资源中的纤维素和半纤维素被用于发酵制乙醇或工业造纸，而其中的木质素则进入"黑液"中。如今造纸工业以每年 2000 多万吨的速度产出废弃木质素，而这其中的 95% 因无法得到妥善应用而被直接排放到环境中，在造成环境污染的同时也会形成资源的极大浪费。

木质素难以被利用的主要原因在于其复杂而稳定的分子结构。近年来，随着生物质资源理念的深入，木质素直接断键解聚为小分子芳香化合物的课题引起全世界的关注。所谓"木质素解聚"就是通过相关化学反应选择性断裂木质素分子中结构单元间的连接键而保全苯环结构不被破坏，从而获取具有酚羟基、醛基、酮基等活性取代基的单苯环小分子衍生物，这些小分子芳香族化合物可作为化工原料生产精细化学品，因而木质素解聚被认为是实现木质素高值化利用的有效途径。

研究者们尝试了高温裂解法、加氢裂解法等多种方法解聚木质素。已发表了不少相关的综述论文[11,12]，在此不做过多赘述，仅简述其中氧化法解聚木质素的研究进展。

以 CuO 为催化剂催化氧化造纸黑液中的木质素，成功实现了木质素的解聚转化并分离出了香草醛[13]，这也是目前唯一实现从木质素中获得芳香族化合物（香草醛）并投入工业生产的方法。不少研究者利用木质素模型化合物的研究表明，V、Co、Cu 等过渡金属配合物对 α-O-4 键的断裂具有高度选择性[14, 15]。而且其中的一些方法目前已经应用于木质素解聚，采用了金属络合物，如 Mn、Fe 和 Cr 试剂在工业造纸生产过程中通过裂解 α-O-4 醚键来实现木质素的脱除[16,17]，获得了香草醛、香草酸等产物。目前，氧化法解聚木质素的存在问题之一在于产物种类复杂，因氧

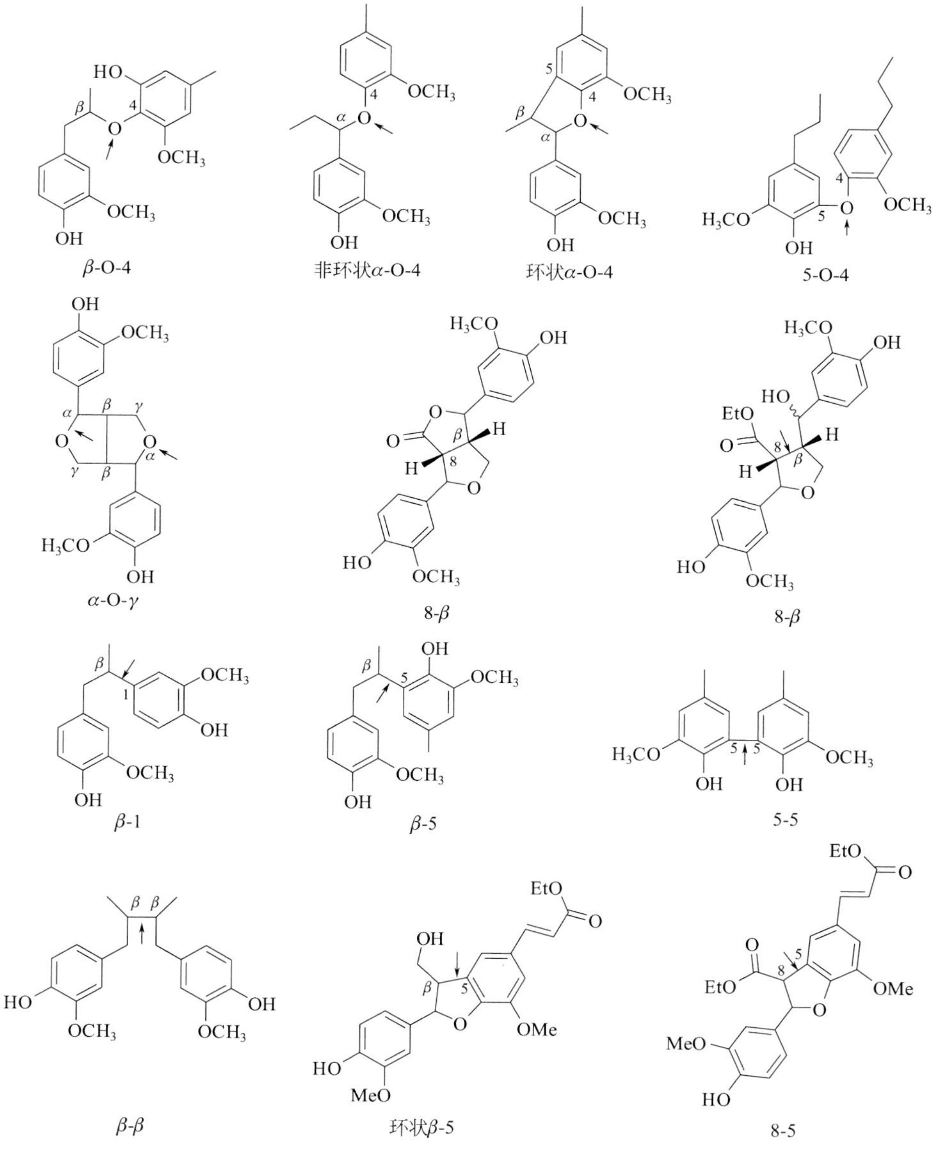

图 5-9 木质素分子中几种典型的连接键型

化程度的不同出现醛、酮、酸等不同产物。因此，选择性氧化成为木质素定向解聚的重要途径。Stephenson 等[17]利用 Ir 介导的光化学法断裂 C—O 键，β-O-4 模型中 α- 羟基可被乙基化，γ- 羟基可被乙醛取代。Westwood 团队[18]提出了分子氧作为氧化剂，以 2,3- 二氯 -5,6- 二氰基 -1,4- 苯醌（DDQ）为媒介的催化系统，室温下选择性生成 β-O-4 酮。H_2O_2 等具有中等强度的氧化剂被认为是选择性解聚木质素醚键的合适试剂。

然而，如果考虑在不产生二次污染的前提下进行氧化反应，电化学方法无疑是最佳选择。早在 20 世纪 40 年代，Bailey 便指出电化学法是最有潜力的木质素解聚方法之一[19]。但绝大多数的研究都集中在选择高析氧过电位阳极进行直接氧化，不可避免地发生产物的过度氧化。实际上，利用 ORR 原位产生的 ROS 在木质素解聚中的应用并未受到过多关注。

对于木质素解聚的反应介质，以往的研究大多选择碱性水溶液。由于木质素分子中存在着大量的酚羟基，因而在碱性水溶液中有着良好的溶解性。然而近年来离子液体（IL）逐步用于木质素解聚研究中。

IL 作为一种绿色溶剂，在木质素的均相催化氢解研究中用于分散金属纳米粒子（MNPs），由于 IL 的自组织和静电稳定作用，使得 MNPs 因旋转自由度和球形对称结构而具有极高的催化活性，借此实现在同一系统中结合均相和非均相催化过程中的优点[20]。Chen 等以 [Bmim][BF$_4$]/[Bmim][NTf$_2$] 作为溶剂，改变了功能化 IL 中的阳离子类型及不同种类的 MNPs（Ru、Pd、Pt 和 Rh），均实现了酚类木质素衍生物的高效选择性转化[21]。在非均相催化氢解研究中，Binder 等在 [Emim][TfO] 离子液体中实现了丁香酚的脱烷基化，得到了产率高达 11.6% 的愈创木酚，而反应温度仅为 200℃[22]。

因木质素和 O_2 在 IL 中都具有较高的溶解度[23]，有可能使得氧化解聚反应在相对温和的条件下进行。研究者[24]在 [Bmim][PF$_6$] 离子液体中使用 5％（摩尔分数）VO(acac)$_2$ 和 10％（摩尔分数）DABCO（1,4- 二氮杂双环 - [2.2.2] 辛烷）双组分催化剂，于 80℃的氧气气氛中，将苄基和烯丙基醇氧化成相应的醛或酮，原料的转化率及产物的收率分别为 98% 和 91%。Prado 等[25]采用水和 IL 混合溶剂提取黑液中的木质素，研究发现，[HBim][HSO$_4$] 提取木质素的效果好，并且当使用 10% H_2O_2 时，主要氧化产物为香草酸和其他芳香酸，如苯甲酸和 1,2- 苯二甲酸等；使用 [Et$_3$NH][HSO$_4$] 提取的木质素在 5% H_2O_2 用量下得到了最高的酚产量，主要产物为愈创木酚。

同样，因 IL 具有对木质素较好的溶解性，且因 IL 具有优良的电化学性质，而使得电化学解聚木质素相关研究更具吸引力[26～28]。2010 年，Chen 等利用磨损溶出伏安法在 [Bmim][NTf$_2$]、[N$_{6,2,2,2}$][NTf$_2$]、[Bmim][TfO] 和 [N$_{6,2,2,2}$][TfO] 四种离子液体中研究不同 LMC 中各官能团的出峰位置[29]，从而证实了 IL 中木质素及 LMC 的电化学解聚具有潜在可行性。此外，质子型三乙基甲氟磺酸铵[30]

和 *N*-羟基邻苯二甲酰胺（NHPI）[31] 已被证明是电化学系统中非酚型 *β*-O-4 结构的 C_α 选择性羰基化的优良反应介质。这些反应通过 IL 介导的电氧化过程中氢原子的转移来进行，以 85% ～ 97% 的高产率生成相应的 C_α 羰基化产物。Reichert 等 [30] 利用 [Et$_3$NH][CF$_3$SO$_3$] 质子型离子液体为介质，以钛基 DSA 电极对木质素进行电化学氧化处理。研究发现，通过 IL 的应用，木质素的电解可以在更高电压下进行。实验中得到了 3% ～ 6% 的小分子产物，但产物种类繁多，反应选择性不高。当施加更高电压时，解聚产物种类更多，而这也与 Chen 课题组的实验结果相吻合 [29]。

以下着重讲述在碱性水溶液和离子液体体系中利用电化学氧还原反应过程 (ORR) 原位生成活性氧物种 (ROS)。通过对不同介质中 ORR 的电化学行为研究，选用苄基苯基醚 (benzyl phenyl ether, PBE) 和对位苄氧基苯酚 (*p*-benzyloxyl phenol, PBP) 作为 *α*-O-4 醚键木质素模型化合物，开展断键机理研究，以连续电解木质素解聚情况来说明离子液体对电化学解聚木质素的强化作用。

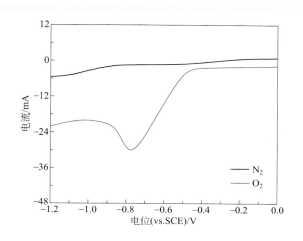

二、碱性水溶液中原位产生 ROS 及其对木质素的解聚行为

N$_2$ 和 O$_2$ 气氛下，石墨毡电极在碱性水溶液中的阴极极化曲线如图 5-10 所示。可知 O$_2$ 在 –0.8V (vs.SCE) 表现出明显的还原电流峰。由旋转圆盘电极方法测定不同电位下的 Koutecky-Levich 曲线，计算得到的转移电子数 $n_{0.4V}$=2.67，$n_{0.3V}$=2.80，$n_{0.2V}$=2.96，$n_{0.1V}$=3.05。由此可知，在相对高电位下的扩散控制区，ORR 反应以 2

图 5-10 石墨毡电极在碱性水溶液中的阴极极化曲线

电子还原为主，而相对低电位区域的 ORR 则为 2 电子与 4 电子还原共存。

以溶解有 PBP 或 BPE（苄基苯基醚）的 1mol/L NaOH 溶液作为电解液，以石墨毡电极为阴极、RuO₂/Ti 电极为阳极，通入氧气，80℃条件下 5.0 mA/cm² 电流密度下进行恒电流电解 1h，PBP 的解聚率为 65.1%，而 BPE 的解聚率仅有 1.9%。利用乙醚萃取反应液中的小分子产物，采用气相色谱 - 质谱 (GC-MS) 联用技术分析，所得结果列于表 5-2 中。

表5-2 碱性水溶液氧阴极电解体系中PBP及BPE的电化学降解产物

项目	PBP					BPE	
	P1	P2	P3	P4	P5	P1′	P2′
名称	1,4- 对苯醌	苯甲醛	苯甲醇	苯甲酸	对苯二酚	苯酚	苯甲醇
结构式	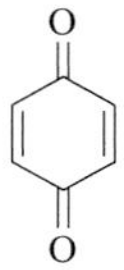	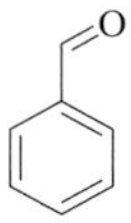	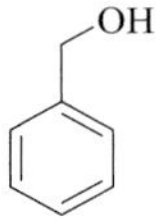	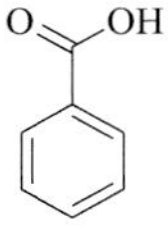		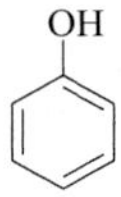	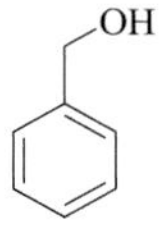

据此，推测碱性水溶液氧阴极电解体系中 PBP 解聚如图 5-11 所示：PBP 分子碱在性介质中解离，形成酚氧负离子（PBP⁻）；而 PBP⁻ 与阴极产生的、扩散在电解液中的·OH 反应得到酚氧自由基（PBP·）。随后，另一个·OH 进攻 PBP·的醌式共振结构中酚羟基对位苯环上的 C，并最终导致醚键发生断裂形成对苯二酚及其衍生物 1,4- 对苯醌和苯甲醇。所得的产物若没有及时分离，将继续氧化为苯甲醛或苯甲酸。BPE 的电化学降解率结果可以从侧面印证上述机理，由于 BPE 分子结构中不含酚羟基，因而不能经历上述反应途径实现有效断裂并实现降解。

三、非质子型离子液体中原位产生ROS及其对PBP的解聚行为

以经典的非质子型离子液体 [Bmim][BF₄] 作为支持电解质研究 ORR 电化学行为。

图 5-12 为 N₂ 或 O₂ 气氛下玻碳电极 (GCE) 在 [Bmim][BF₄] 离子液体中的 CV 曲线。N₂ 气氛下的曲线（虚线）无明显的氧化还原峰出现，而 O₂ 气氛下（实线）在 -1.0 V 和 -0.9 V 处分别观察到两个明显的还原峰 2c 及氧化峰 3a，且二者峰电流强度差异较大。可以推断 2c 峰和 3a 峰与 O₂ 的电极反应有关，其中 2c 峰为氧还原峰，3a 峰为相应的氧还原产物的氧化峰。

O₂ 气氛下不同扫描速率下的 CV 曲线，由峰电流 I_p 与电位扫描速率的平方根 ($v^{1/2}$) 成正比的事实可知，O₂ 分子在阴极表面得到电子发生还原的过程受溶解氧的扩散控制。根据 Laviron 理论有关扩散控制的不可逆电极过程转移电子数 n 的计算

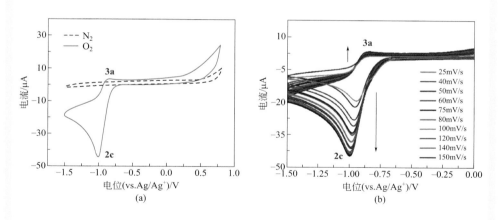

图 5-11 碱性水溶液氧阴极电解体系中 PBP 解聚反应机理示意图

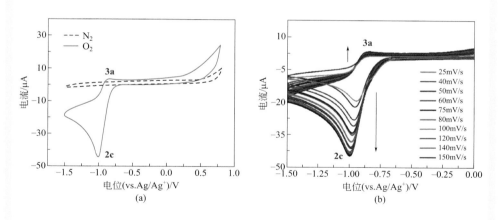

图 5-12 [Bmim][BF₄] 离子液体中 N₂ 和 O₂ 气氛下 150 mV/ s 扫描速率时 GCE 的 CV 曲线（a）以及 O₂ 气氛下不同扫描速率 (25 ~ 150 mV/ s) 时的 CV 曲线（b）

公式，计算 2c 峰相应的电极反应转移电子数 n 为 1.36。也就是说，在 [Bmim][BF₄] 离子液体中在石墨毡阴极表面氧气还原的主要产物是单电子还原产物（超氧自由基，$\cdot O_2^-$）。

图 5-13 为 N_2 或 O_2 气氛下玻碳电极在含与不含 PBP 的 [Bmim][BF$_4$] 离子液体中的 CV 曲线。与上述情形不同的是，在这种情形下总共观测到三个氧化峰（1a，2a，3a）和两个还原峰（1c，2c）。在上述讨论中已经证明 1a 峰与 1c 峰分别为 PBP 的氧化峰及相应的 PBP 氧化产物的还原峰，且 2c 峰与 3a 峰分别为氧还原峰及相应的氧还原产物的氧化峰。2a 峰的出现与 2c 的氧还原反应密切相关，而与 1c 峰 PBP 氧化产物的还原反应无关，由此说明 2a 峰为 PBP 与氧还原产物（ROS）发生反应后的生成物进一步被氧化形成的氧化峰。

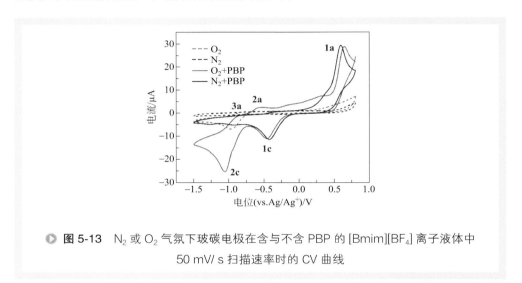

图 5-13 N_2 或 O_2 气氛下玻碳电极在含与不含 PBP 的 [Bmim][BF$_4$] 离子液体中 50 mV/ s 扫描速率时的 CV 曲线

由此可推测电极反应过程（图 5-14）如下：在 N_2 气氛下，电解液中的 PBP 分子首先解离形成酚氧负离子（PBP$^-$），所生成的 PBP$^-$ 扩散至电极表面，在 0.8V 电位附近转移 1 个电子给电极同时生成酚氧自由基（PBP·），这一过程对应于 CV 曲线中的 1a 峰；而在接下来的负向电位扫描时，PBP· 在 –0.5V 附近得到 1 个电子和 1 个质子重新生成 PBP，该过程对应于 1c 峰。

在 O_2 气氛时，除了上述 PBP 自身的电化学氧化还原过程外，还发生了一系列电化学 - 化学反应（electrochemical-chemical，EC）过程，即氧气的阴极还原产物继续与电解液中的 PBP 发生均相反应。由于 PBP 发生解离，[Bmim][BF$_4$] 离子液体中存在着少量 H$^+$，这些质子的存在，使得氧气电化学还原的主要产物 ·O$_2^-$ 质子化而得到氢过氧自由基 HO$_2$· ；随后，与另一分子 ·O$_2^-$ 相遇发生歧化反应，得到氢过氧离子 HO$_2^-$（H$_2$O$_2$ 的去质子形式）。因而，整个 EC 反应过程表现为 2 电子转移过程。

综上，在非质子型离子液体中 ORR 电极过程主要得到单电子还原产物——超氧自由基 ·O$_2^-$；但是一旦电解质中存在着一定数量的质子 (H$^+$)，则 O$_2$ 的主要还原产物转换为 H$_2$O$_2$。

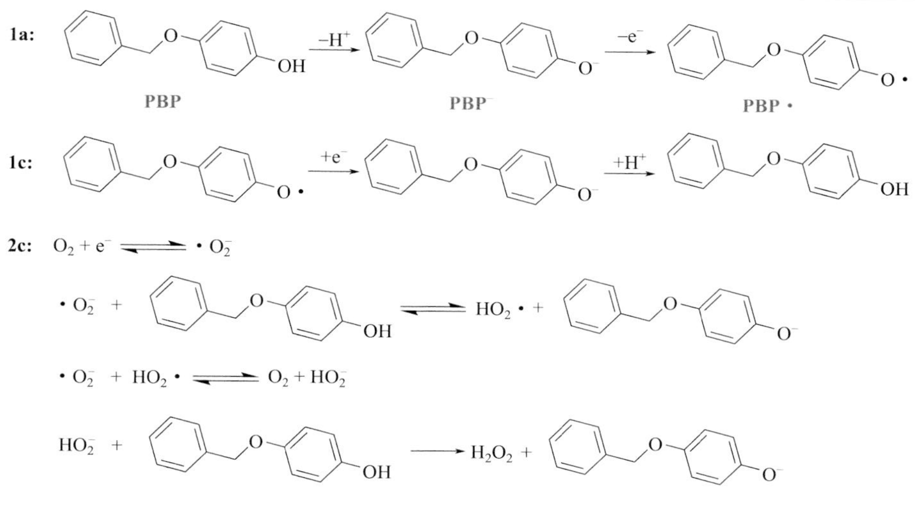

图 5-14 在含 PBP 的 [Bmim][BF₄] 离子液体中氧阴极电解体系中 EC 反应过程

四、质子型离子液体中原位产生 ROS 及其对 PBP 的解聚行为

研究中选择 [Et₃NH][HSO₄] 作为质子型离子液体，因室温下 [Et₃NH][HSO₄] 为固态，研究时配制质量比为 1：4 的 [Et₃NH][HSO₄]/乙腈溶液作为支持电解质溶液。图 5-15 为 N₂ 和 O₂ 气氛下玻碳电极在含与不含 PBP 的 [Et₃NH][HSO₄] 离子液体中的 CV 曲线。1a* 峰为 PBP 的氧化峰，1c* 峰为 PBP 氧化产物（PBP·）的还原峰，而 2c* 峰与氧气分子的还原过程有关。2c* 峰的峰电流约为 2c 峰电流的 10 倍，这种峰电流的增加现象推测与乙腈的加入降低了离子液体的黏度有关。

图 5-15（b）为 O₂ 气氛下玻碳电极在含 PBP 的 [Et₃NH][HSO₄] 离子液体中不同扫描速率的 CV 曲线。各峰的峰电流（I_p）与扫描速率的 1/2 次方（$v^{1/2}$）均表现良好的线性相关性，表明各峰相应的电极反应过程均为扩散控制。在此基础上，通过 Laviron 方程可计算出 PBP 氧化峰（1a*）及其氧化产物 PBP· 的还原峰（1c*）的转移电子数均约为 1，这与上述 [Bmim][BF₄] 非质子型离子液体体系中的结论相吻合；而氧还原峰（2c*）的转移电子数约等于 2，也与 [Bmim][BF₄] 非质子型离子液体中 ORR 转移电子数相吻合，说明质子型离子液体中的 ORR 过程中也涉及 ·O₂⁻ 的质子化以及质子化后的 HO₂· 的再氧化过程。不同的是，质子型离子液体中含有大量质子，也就是说能参与到 ORR 过程的质子的量较多，大量的 ·O₂⁻ 被质子化，因而氧还原更多地表现为 2 电子还原。而在非质子型离子液体中，如果不通过外加试剂引入质子，O₂ 则发生 1 电子氧还原过程；当通过外加试剂（如 PBP）引入少量质子时，氧还原过程则表现为 1 电子与 2 电子共存的混合过程。

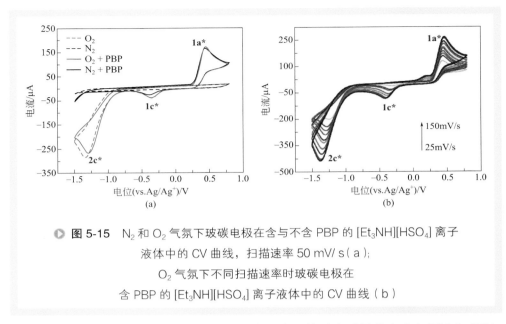

图 5-15 N₂ 和 O₂ 气氛下玻碳电极在含与不含 PBP 的 [Et₃NH][HSO₄] 离子
液体中的 CV 曲线，扫描速率 50 mV/s（a）；
O₂ 气氛下不同扫描速率时玻碳电极在
含 PBP 的 [Et₃NH][HSO₄] 离子液体中的 CV 曲线（b）

综上所述，在离子液体中 ORR 电化学行为与体系中质子的存在与否密切相关。当电解质溶液中无质子存在时，ORR 产物以单电子产物・O₂⁻为主；若电解质溶液中有质子存在，则引发单电子产物・O₂⁻发生一系列反应得到 HO₂⁻，表观上表现为 2 电子 ORR 过程。

五、离子液体强化氧还原阴极过程用于解聚木质素

离子液体体系的木质素连续电解在板框式电解单槽中进行，阳极为 Ti/RuO₂-IrO₂ 网状电极，阴极采用 MWCNT 改性气体扩散电极作氧阴极，分别采用 [Bmim][BF₄] 和 [Et₃NH][HSO₄]/CH₃CN（$m:m$=8:2）作为电解液。在 0.4 mA/cm² 的电流密度、不同温度（20～80℃）以及电解时间（6～24h）下对木质素进行电解。降解反应后的电解液采用 HPLC 进行分析。

在 [Bmim][BF₄] 中连续电解木质素结果如下：小分子产率随时间的延长而增大，而电流效率则有所降低，这可能是由解聚产物的再聚合引起的；当温度升高时，相同电量下的产率逐渐降低，说明非质子型离子液体中随着温度的升高在某种程度上抑制了 1e⁻ 氧还原反应的进行，或者由于・O₂⁻的自分解速率加快，降低了体系中・O₂⁻和 HO₂・的浓度。此外，可以看出，随着 [Bmim][BF₄] 中加入少量的水分，木质素解聚的小分子产率有所提高，再一次论证了少量质子的引入使更多的・O₂⁻被质子化为 HO₂・，从而导致更多的木质素醚键断裂。

在质子型离子液体氧阴极体系中解聚木质素的效果，小分子产物收率随时间的

延长而增大，而电流效率也与木质素在非质子型离子液体体系中的变化规律类似，再一次证实解聚产物可能存在再聚合现象。此外，研究发现，相同电量下木质素在质子型离子液体中的小分子产率和电流效率较非质子型离子液体体系有显著提高。这是因为大量质子的存在使得氧阴极表面的 ORR 反应过程变为 $2e^-$ 过程而生成大量 H_2O_2，有利于木质素分子中 β-O-4 醚键的断裂，相关机理如图 5-16 所示[33]。

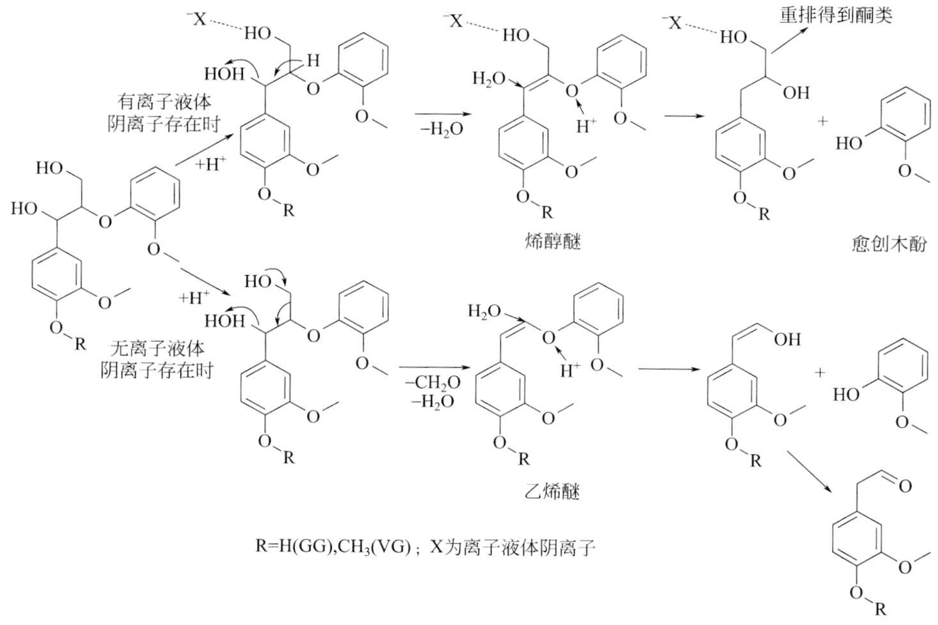

R=H(GG),CH₃(VG)；X为离子液体阴离子

▶ 图 5-16 质子型离子液体氧阴极体系下的木质素分子中 β-O-4 醚键的断键机理

然而，质子型木质素的小分子产率随温度的升高而升高，这一现象与非质子型离子液体中的变化规律截然相反。可以解释为：非质子型离子液体中存在质子时，体系中的 $HO_2 \cdot$ 和 H_2O_2 分解产生的 $\cdot OH$ 均可断裂醚键；若质子数量较少，则体系中 $\cdot O_2^-$ 和 $HO_2 \cdot$ 的浓度相对高于 H_2O_2 的浓度，因而醚键的断裂主要依靠 $HO_2 \cdot$ 的选择性进攻。而在质子型离子液体中由于存在着较多数量的质子，因而体系中产生了大量的 H_2O_2，温度升高时 H_2O_2 可分解产生更多的 $\cdot OH$，从而促进醚键的断裂和木质素的解聚[34]。

离子液体体系中解聚后的木质素小分子产物采用 GC-MS 进行分析检测，所得结果列于表 5-3 中。可以看出，质子型和非质子型离子液体体系下的解聚产物种类相似，主要为小分子芳香族醛酮化合物，这与碱性水溶液体系也相似。所不同的是，非质子型 IL 和质子型 IL 中的解聚产物分别为 4 种和 5 种，种类数量低于水溶液体系，说明 IL 中木质素的解聚反应更具选择性。

表5-3　离子液体氧阴极电解体系中解聚产物分析结果

序号	结构	化合物名称	百分含量 /%	
			APIL	PIL
1		2,3- 二氢苯并呋喃	42.4	23.5
2		4- 羟基 -3- 甲氧基苯甲醛	21.4	27.4
3		4- 羟基 -3,5- 二甲氧基苯甲醛	30.1	6.4
4		1-(4- 羟基 -3,5- 二甲氧基苯基) 乙烷 -1- 酮	6.1	29.1
5		2- 甲氧基 -4- 乙烯基苯酚	—	13.6

相同电量下不同体系中木质素电化学解聚后的小分子产率和电流效率列于表 5-4。因 IL 与碱性水溶液的电导率及 ORR 峰电位不同，反应在不同的电流密度下进行，且因各自体系的最优反应条件不同，故统一采用各自体系的最优电解条件。在不考虑阳极作用的情况下，可以看出，相同电量下水体系中的产率和电流效率最低，这是因为 ROS 在水体系中不稳定，且只有靠 H_2O_2 分解产生的 · OH 对醚键起断键作用，并可能伴随着析氢析氧等副反应的发生，从而导致其电流效率的降低。APIL 相对于碱性水体系具有更高的产率和电流效率，这是因为非质子型 IL 中少量水分的掺杂使得体系中产生的 HO_2 · 及 H_2O_2 分解产生的 · OH 都可有效断裂醚键。而质子型 IL 最高的产率和电流效率是因其质子化程度高，ORR 以 $2e^-$ 途径进行，可产生大量 H_2O_2 及相应分解生成的 · OH，且质子型 IL 本身结构中的活泼 [H] 还可催化木质素的断键解聚。

表5-4　不同电解液体系中电解木质素的小分子产率和电流效率比较

序号	$j/(mA/cm^2)$	t/h	$T/℃$	$H_2O/\%$	支持电解质	Q/C	产率 /%	$\eta/\%$
1	0.4	12	20	5	APIL	151.2	45.2	57.7

序号	$j/(mA/cm^2)$	t/h	$T/°C$	$H_2O/\%$	支持电解质	Q/C	产率/%	$\eta/\%$
2	0.4	12	80	20	PIL	151.2	64.1	81.8
3	8	0.6	80	—	水	151.2	37.2	47.5

六、离子液体的循环利用

为了探究离子液体氧阴极解聚木质素体系中离子液体的循环利用可行性，在实验规模下通过旋蒸除水对 IL 进行回收利用，并利用所回收的 IL 对木质素进行循环电解。所谓循环电解，即为产物从电解液中及时分离，电解液回收循环使用，并重新补充加入等量原料木质素进行循环电解。

图 5-17 为 [Et$_3$NH][HSO$_4$]/CH$_3$CN（m：m=8：2）多次循环使用情况的照片。可以看出，随着循环次数的增加，所回收的 PIL 颜色逐渐加深，说明有木质素或其解聚产物残留。三次循环离子液体的回收率分别达到了 98.6%、98.1% 和 97%，在第三次循环使用时，小分子收率依然可达到 53% 以上，而电流效率则保持在 68% 以上。上述结果表明，实现电解体系中离子液体的循环利用具有较高的可行性。

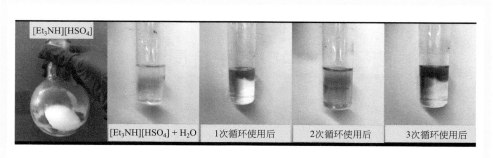

▶ **图 5-17** [Et$_3$NH][HSO$_4$] 电解前及不同循环次数电解后的照片

七、小结与展望

本研究提出利用氧还原 (ORR) 电极原位生成 ROS 解聚木质素的研究思路，在已有碱性水溶液体系研究结果的基础上，选用 [Bmim][BF$_4$] 和 [Et$_3$NH][HSO$_4$] 作为非质子型和质子型离子液体的代表研究了 ORR 电化学行为，并以对苄基苯基醚 (PBP) 为木质素模型化合物进行了 β-O-4 醚键断键机理分析，最后考察了木质素的解聚效果及离子液体的循环利用可行性。主要研究结果如下：

① 在非质子型 [Bmim][BF$_4$] 离子液体中氧气分子的阴极还原产物以单电子还原产物·O$_2^-$ 为主；当 PBP 存在时，PBP 解离出的少量质子即可使部分 ORR 产物转化为 HO$_2$·，表现为氧气 1 电子和 2 电子还原的混合过程；而在质子型 [Et$_3$NH][HSO$_4$] 离子液体中，则 ORR 更多地表现为 2 电子还原过程。

② 以 PBP 为 β-O-4 醚键模型化合物，基于解聚产物的定性定量分析结果，推测氧阴极原位产生的 ROS（如·O$_2^-$、HO$_2$·）可选择性进攻酚羟基对位的活性位点，从而引发醚键的断裂。

③ 控制相同电量的连续解聚木质素实验结果表明，在质子型离子液体中获得的小分子产物收率和电流效率最高，其次为含少量水的非质子型离子液体体系；碱性水体系中由于 ROS 的稳定性较低及可能发生的析氢析氧副反应而表现出最低的产率和电流效率。

④ 木质素解聚产物分析结果表明，离子液体氧阴极解聚体系得到的小分子产物种类与碱性水溶液氧阴极解聚体系相似，均为小分子芳香族醛酮化合物。但离子液体体系所获得的产物种类数量少于水溶液体系，说明离子液体有助于提高原位产生 ROS 以及后续解聚反应的选择性。

⑤ 实验室规模的离子液体回收实验结果表明，经三次连续回收，回收率均达到 97% 以上，且离子液体在第三次重复使用时小分子产物收率仍可达到 53%，电流效率 68%，表明离子液体回收具有一定的可行性。

第四节　离子液体中电沉积金属

在凝聚态物质表面进行金属和合金沉积的过程，例如电镀和化学镀，在电解精炼、装饰、防腐蚀和其他功能性表面处理等传统工业以及先进电子工业中都有着广泛应用。相较于气相沉积法和等离子喷涂法，电沉积法制备金属薄膜和涂层具有沉积速率快、成本低廉、薄膜厚度可控等优点。电沉积法可以通过调整电解液的组成（如溶液中金属盐的浓度、添加剂）或通过改变沉积电势和电流密度等电化学参数来调整涂层的形态和性质。然而，传统的技术、经验和工艺过程都是基于水溶液体系，由于水溶液电解质电化学窗口窄，理论上不能用来沉积还原电位负于析氢电位的金属。为此，需要选用非质子性有机电解质或熔盐体系等非水电解质体系来进行碱金属等活泼金属的电沉积。

室温离子液体（RTIL）具有低毒性、低挥发性特点，在很大的温度范围内保持液态，因此当其作为电解质时，可以升高温度从而加快结晶、成核、表面扩散的速度，这些因素都有利于金属电沉积过程。此外，RTIL 的电化学窗口（保持电化学稳定的电势范围）宽，通常有 2 ～ 6V，一般有 4.5V 左右，使得电沉积还原电位负于析氢电位的金属成为可能。

本节主要对近年来离子液体中金属电沉积研究工作进行综述，特别关注沉积电位负于析氢电位的金属以及离子液体种类、电解条件对沉积过程的影响。

（1）铝

铝的标准电极电位为 -1.67V(vs. NHE)，且遇水很快形成致密氧化膜而钝化，因此不能在水溶液体系中完成电沉积，而采用离子液体可以完美解决上述问题。有关金属铝沉积的大量报道始于 20 世纪 80 年代，彼时第一代离子液体——氯铝酸盐离子液体刚刚问世。在酸性氯铝酸盐离子液体 [氯化铝含量大于 50%（摩尔分数）] 中存在着大量的二聚氯代铝酸根阴离子 $Al_2Cl_7^-$，在随后的电沉积过程中，$Al_2Cl_7^-$ 可以发生还原反应得到金属 Al：

$$4 Al_2Cl_7^- + 3 e^- \rightleftharpoons Al + 7AlCl_4^-$$

然而，近年来研究者们更加关注如何提高铝镀层与基体之间的附着力。Tang 等研究者采用 $AlCl_3$/ 氯化 1- 乙基 -3- 甲基咪唑盐 ([Emim]Cl) 离子液体体系在 AZ91D 镁合金表面电镀铝 [35]。首先在基体表面预先镀上一层锌，再使用双向脉冲电流极化方法沉积铝，所得到的铝镀层与基体之间的结合力达到 15MPa。在相同的基体（AZ91D 镁合金）和相同的离子液体体系（$AlCl_3$/[Emim]Cl）中，Ling 等 [36] 则采用 $25mA/cm^2$ 的电流密度下电化学刻蚀 10min 的预处理方法，使得 Al 镀层与基体之间的结合力达到了 4MPa 以上。

研究者发现，在电解液体系中加入合适的添加剂可以获得平滑的铝镀层。Ueda 等 [37] 研究发现，在 $AlCl_3$/[Emim]Cl 离子液体体系中加入 0.1mol/L 聚乙烯醇，可以有效提高铝镀层的平整度，在 AZ121 镁合金基体上获得了镜面平整而致密的铝镀层。Zhang 等 [38] 研究了烟酰胺对 $AlCl_3$/[Bmim]Cl 体系中 Al 沉积的影响，研究表明，烟酰胺分子在电极表面的吸附阻碍了 Al 的电沉积过程，从而促使形成高度均匀而平滑的铝镀层。Hou 等 [39] 在 $AlCl_3$/ 三甲基氯化铵离子液体体系中同时实现了阴极铝电沉积和阳极铝的电剖光。在一层烃类物质膜的保护下，在常温下进行电解，结果阳极铝片形成了粗糙度只有几个纳米的光滑镜面，而阴极表面覆盖了约 5μm 厚度的 Al 镀层（如图 5-18 所示）。该方法的重要意义在于提供了一种铝金属闭环循环利用的方法。

另外一些研究者则利用离子液体电沉积方法获得多孔铝镀层。Sofianos 等 [40] 则利用聚苯乙烯微球为软模板剂在 $AlCl_3$/ 咪唑类离子液体中进行铝的电沉积，得到了类似 "脚手架" 结构的有序多孔状金属铝沉积层。这一结构在经过熔融 - 渗入 $LiBH_4$ 之后，表现出更快的 H_2 脱附动力学，因而被认为是有潜力的储氢材料。Yang 等研究者 [41] 发现 Al_2Mg_3 合金在离子液体中 Al 沉积过程中出现 "去合金化"

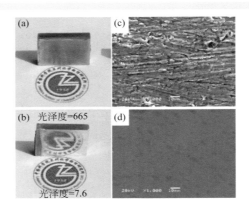

● **图 5-18**　电化学剖光前后的光学照片 [（a），（b）] 和 SEM 照片 [（c），（d）][39]

现象形成具有纳米孔结构的 Al 骨架，同时向内生长的电镀过程增加了 Al 骨架的厚度。这种向内生长的现象解释为离子液体的低扩散性和 $AlCl_4^-$ 的负电性。这种开放性多孔结构的铝镀层在锂离子电池中具有应用潜力。

（2）锌

在金属表面镀锌可以起到美化和保护的作用。由于锌的标准电极电位是 −0.76V，要实现水溶液体系电镀锌必须避免析氢反应的干扰，因此需要加入氰化物或在碱性体系中进行，易造成环境问题且电流效率低。氯化锌型离子液体中电镀锌是比较好的选择，氯化锌型离子液体具有比氯铝酸盐离子液体更高的水稳定性。在 $AlCl_3$/[Emim]Cl 离子液体体系中，Zn(Ⅱ)/Zn 的电极电位为 0.322 V，锌的存在形式为 $ZnCl_3^-$，此时使用玻碳电极约 0.8V 下可以得到金属 Zn 镀层；使用碱性 [Emi][BF$_4$]Cl-AlCl$_3$ 离子液体通过金属 Zn 的阳极溶解可以得到四氯合锌(Ⅱ)配离子 $ZnCl_4^{2-}$ 溶液，但在该离子液体的电化学电位窗口不能实现 Zn 的还原。

可以通过改变 $ZnCl_2$ 与离子液体（如 [Emim]Cl）的比例来调节路易斯酸度或碱度以及该离子液体体系的电化学窗口，从而通过调节温度和沉积电位控制沉积锌颗粒的形貌[42]。研究表明，在 $ZnCl_2$ 含量为 50% 的 $AlCl_3$/[Bmim]Cl 离子液体中金电极表面沉积得到的是纯 Zn 镀层。然而随着 $ZnCl_2$ 含量降低至 1%（质量分数），则得到 Al-Zn 共沉积镀层。随着沉积电位负移，沉积速率提高而镀层中 Zn 组分含量降低；当沉积电位为 −0.2V(vs.Al) 时可以得到单一化学组成（合金）的镀层，但若沉积电位负移则因 Al 沉积速率过快而使得组成变得不均匀[43]。在 $ZnCl_2$-NiCl$_2$/[Emim]Cl 离子液体体系中电沉积可以得到 Zn-Ni 合金，通过改变沉积电位和离子液体的组成可以获得 Ni 含量为 12.3% ～ 98.6%（摩尔分数）的 Zn-Ni 合金。

锌沉积过程中成核与生长速率不匹配就会造成晶枝的形成，Liu 研究团队[44]报道了有机配体对离子液体中电沉积 Zn 的影响。研究者将 ZnO 溶解于质子型离子液体中，在引入 2- 甲基咪唑 (2-Mim) 配体后，Zn^{2+} 的电子结合能、Zn(II) 配合物以及离子液体结构都发生了显著变化。由于配体的给电子作用，Zn^{2+} 的电正性减弱，表现为结合能减少 0.5eV。该配体与离子液体的阳离子和阴离子组分都有氢键作用，在电极表面形成致密吸附层，因而显著影响其电化学行为。循环伏安曲线表明，Zn 还原电位始终在 −1.4V，但峰电流强度随着有机配体浓度的增加而降低。在 1.5mol/L ZnO/[Eim][TfO] 中得到晶枝状 Zn，而在添加了 1.5mol/L Mim 之后可以得到无晶枝的 Zn 镀层（如图 5-19 所示）。以此研究结果为基础，该研究团队提出了锌可充电池[45]。

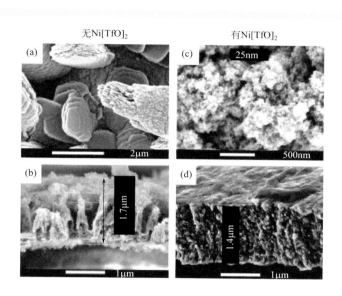

● 图 5-19　金电极在 [Emim][TfO] 离子液体中含有 0.1mol/L Zn[TfO]$_2$ [（a），（b）] 以及同时含有 0.015mol/L Ni[TfO]$_2$ [（c），（d）] 时所获得的镀层形貌[45]

研究人员还尝试利用离子液体作为液流电池介质[46]。研究者在含有 Zn(DCA)$_2$ 和 3%（质量分数）H$_2$O 的 [Emim][DCA] 的离子液体中研究了 Zn^{2+}/Zn^0 的电化学行为以及沉积 Zn 的形貌。研究发现，以 18%（摩尔分数）Zn(DCA)$_2$ 在较大的电流密度 (100mA/cm^2) 以及较正的沉积电位 [−1.33V(vs.Ag/AgTfO)] 下可以获得较好的循环效果，电流效率可达到 45% ± 3%。

（3）铜

金属铜在水溶液电解液体系中也可以方便地实现电沉积，在离子液体中电沉积铜的研究热点在于铜沉积过程的动力学参数、成核机理以及晶型的控制。Brettholle 等[47] 采用阳极溶解方式在 ([Py$_{1,4}$][NTf$_2$]) 和 [Emim][NTf$_2$] 两种离子液体中获得了含

Cu（Ⅰ）的电解液，然后为该电解液电沉积得到 Cu 纳米颗粒，XPS 测试结果表明，所得 Cu 颗粒的表面发生了氧化形成了 CuO 壳。另外的研究[48]也表明，在离子液体中 Cu(0) 发生氧化的电位下 Cu(Ⅰ) 仍可稳定存在。Zhang 等研究者研究了氯化胆碱 (ChCl)/ 聚乙烯醇离子液体体系中 80℃下 CuO 还原为 Cu 的机理为直接 2 电子还原机理，即 $CuO+2e^-=Cu+O^{2-}$。

离子液体电沉积方法被用于制备高性能半导体薄膜材料。Lian 等[49]在 [Bmim][BF$_4$] 和乙醇的混合溶液中一步法电化学沉积制备 $CuIn_xGa_{1-x}Se_2$ 薄膜，经烧结后获得具有高结晶性能、禁带宽度为 1.28eV 的 p- 型半导体材料。研究表明，离子液体的阳离子和阴离子组分与乙醇分子之间有相互作用，而混合电解液体系中乙醇含量对 Cu-In-Ga-Se 体系的电化学行为以及所制得的 $CuIn_xGa_{1-x}Se_2$ 薄膜组成及形貌有显著影响。该研究团队随后利用聚苯乙烯作为模板剂采用相同的电化学沉积法制备了三维有序多孔性 $CuIn_xGa_{1-x}Se_2$ 薄膜，该薄膜材料因 Ga 含量高而表现出良好的光化学活性和光稳定性[50]。

离子液体电沉积法还可以用于制备金属纳米离子。Suzuki 等[51] 利用在 Ar 或 N$_2$ 气氛下在 [Emim][BF$_4$] 离子液体中喷射 Au 和 Cu 的目标物喷射沉积 (sputter deposition) 的方法，制得了 AuCu 双金属合金纳米颗粒（图 5-20）。Rousse 等[52] 研究了在 [Py$_{1,4}$][NTf$_2$] 离子液体中电沉积 Cu-Zn 合金薄膜，探究了沉积电位与合金组成之间的关系。在 –1.6V (vs.Ag) 左右 Zn 开始沉积，薄膜中 Zn 含量增加；在 –1.6V (vs. Ag) 至 –2.25V (vs.Ag) 之间 Zn 含量有所减少，而在小于 –2.25V 的电位下 Zn 又有增加。

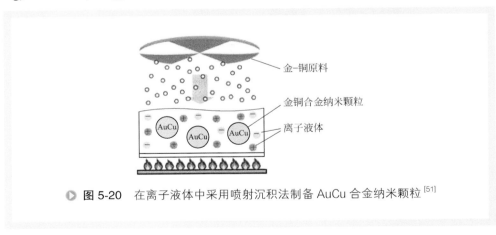

金-铜原料

金铜合金纳米颗粒

离子液体

▶ 图 5-20　在离子液体中采用喷射沉积法制备 AuCu 合金纳米颗粒[51]

（4）铁

铁的金属活动性排在氢之前（$E_{Fe^{2+}/Fe}=-0.436V$，$E_{Fe^{3+}/Fe}=-0.037V$），在水溶液体系中因析氢反应的干扰，无法实现电沉积铁。因而需要借助离子液体优异的电化学稳定性，即宽化学窗口来实现。虽然 FeCl$_2$ 能在碱性离子液体（例如 [Emim] Cl-AlCl$_3$）中以四氯合铁（Ⅱ）配离子 $FeCl_4^{2-}$ 形式溶解，但由于动力学因素观察不到铁的沉积。在酸性离子液体和中性离子液体中，可以观察到 Fe^{II} 到 Fe^0 的准可逆还原过程。FeCl$_2$ 溶解在酸性离子液体中形成某种二价铁物种，在 0.3 ~ 0.4V 附近，即在 Al 电沉积之前优先还原为金属 Fe。在酸性 [Emim]Cl-AlCl$_3$ 离子液体中，通过控制沉积电位可以制备 Fe 原子比含量为 0 ~ 61% 的 Al-Fe 合金[53]。图 5-21 所示为在 AlCl$_3$/ [Mbim]Cl 离子液体中金 (110) 电极表面电沉积获得的单分散铁纳米颗粒图像。

此外，FeCl$_2$ 可溶于 ZnCl$_2$ 的含量为 40%（摩尔分数）的离子液体（例如 [Emim]Cl-ZnCl$_2$）中，在相对于 Zn/Zn(II) 电极 0.1 V 附近发生共沉积得到 Al 或 Zn 与铁的合金[54]。但是，氯化铝（或氯化锌）型离子液体即使在 110℃ 下真空干燥 48h 后，其中水含量仍然在 4000×10^{-6}（体积分数）以上，因而在 CV 测试中仍能观察到水的氧化还原峰，这将降低铁沉积的电流效率。

> **图 5-21** 在 AlCl$_3$/ [Mbim]Cl 离子液体中金 (110) 电极表面
电沉积获得厚度 2nm × 宽度 50nm × 长度 120nm 的单分散铁纳米颗粒图像[53]

研究者尝试在 [Bmim][BF$_4$] 离子液体中进行铁沉积[55]。Au(111) 电极在含有三氯化铁的 [Bmim][BF$_4$] 离子液体中的循环伏安曲线如图 5-22（a）所示。在 0.2V 附近发生 Fe^{III}/Fe^{II} 的氧化还原反应，分别对应于还原峰 C1 和氧化峰 A1。在 −0.35V 至 −0.65V 的电位区间内可以进行欠电位沉积而得到 Fe（对应于阴极还原峰 C2），原位 STM 图像 [图 5-22（b）] 观察到宽度（1.8 ± 0.2）nm、长度 5 ~ 70nm 的条状铁单原子结晶，这些晶体主要沿着 Au(111) 的三个主要晶面生长，意味着 Fe 的还原生长与基体之间存在着某种关系。在 −0.8V 至 −0.95V 范围内进行过电位沉积，可以得到由条状晶体组成的网状结构，厚度为两个原子大小 [图 5-22（c）]。最终，研究者通过 STM 探针尖诱导纳米构建技术在 Au(111) 表面进行图案化的铁团簇沉积，探针尖电位选择在 –0.75V 至 –0.95V 之间，获得了由 48 个 Fe 团簇组成的直径为 120nm 的圆形图案 [图 5-22（d）]。

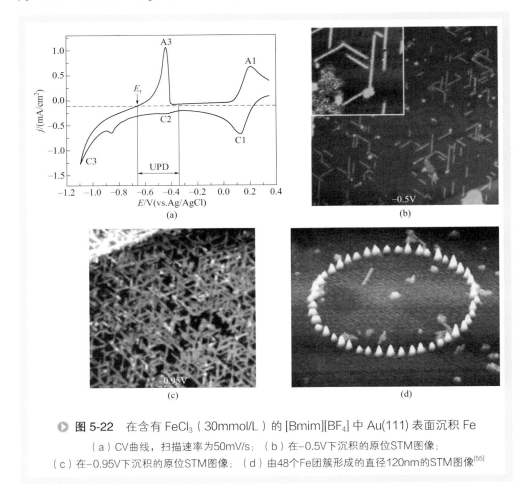

图 5-22 在含有 FeCl$_3$（30mmol/L）的 [Bmim][BF$_4$] 中 Au(111) 表面沉积 Fe

（a）CV曲线，扫描速率为50mV/s；（b）在–0.5V下沉积的原位STM图像；

（c）在–0.95V下沉积的原位STM图像；（d）由48个Fe团簇形成的直径120nm的STM图像[55]

Zhu 等 [56] 将铁粉加入三氟甲基磺酸 (HNTf$_2$) 水溶液中，在 N$_2$ 保护、70℃下反应直到 pH 值由 0 变化至 5，经过过滤除去未反应的铁粉后，160℃下真空干燥 24h 后得到无色 Fe(NTf$_2$)$_2$ 粉末，该粉末溶于 [BMP][NTf$_2$] 离子液体中可得到含铁的离子液体。Pt 电极在含有 0.05mol/L Fe(NTf$_2$)$_2$ 的 [BMP][NTf$_2$] 离子液体中，在 –1.7V 下进行恒电位阴极沉积，经 XPS（刻蚀 10s 后测试）证实为金属铁。

（5）钴

Yang 等 [57] 利用阳极氧化多孔铝薄膜为模板生长 Co 纳米线。在 [Emim]Cl 离子液体中添加了聚乙烯醇后直接电沉积钴，图 5-23 所示的电子扫描镜 (SEM) 显示得到了平均直径为 45nm 的钴纳米线结构，恰好与多孔阳极氧化铝模板的孔径一致。

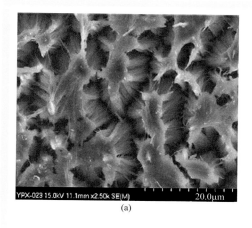
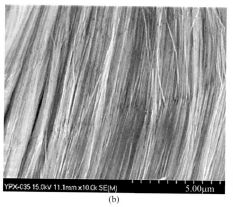

(a)   (b)

▶ **图 5-23**　利用 0.5mol/L NaOH 除去部分 Al 之后得到的
Co 纳米线表面和侧面 SEM 图像[57]

根据形貌和性质分析，从离子液体体系电沉积得到的钴纳米线比水溶液体系得到的材料具有更加平滑的表面和更好的磁学性能，主要归功于晶体结构、晶粒尺寸及缺陷数量。从离子液体体系获得的钴纳米线呈现正方形横截面，为多晶结构。

Chang 等在无模板条件下在氯化锌离子液体体系中成功制备了 Co-Zn 纳米线[58]。在 70℃、含有 5.0%（摩尔分数）$CoCl_2$ 的 40% ～ 60%（摩尔分数）$ZnCl_2$/[Emim]Cl 离子液体体系中，利用方波脉冲电位电化学沉积法制备了直径可控的 Co-Zn 纳米线。如图 5-24 所示，该纳米线呈现珍珠项链状，由"线"以及线上的"珠"组成，通过控制脉冲电位和脉冲间隔时间可以改变"线"和"珠"的直径以及"珠"与"珠"之间的距离。

钴 (Co) 还可在 [BMP][NCF$_3$SO$_2$]$_2$ 离子液体中通过电沉积得到。可通过 $CoCO_3$ 和 $HN(CF_3SO_2)_2$ 水溶液的反应制备 $Co[N(CF_3SO_2)_2]_2$：

$$CoCO_3+ 2HN(CF_3SO_2)_2 \longrightarrow Co[N(CF_3SO_2)_2]_2+H_2O+CO_2$$

$Co[N(CF_3SO_2)_2]_2$ 可溶于离子液体中，Co(Ⅱ) 被认为是 $N(CF_3SO_2)_2^-$ 的八面体配位。在 200℃下由 Co(Ⅱ) 的阴极还原得到的 Co 沉积已经被证实。然而，在低温下获得的电沉积物是 X 射线无定形的。据报道，加入少量丙酮，可影响 Co(Ⅱ) 还原的过电势。

（6）镍

镍 (Ni) 可以在酸性离子液体中通过电沉积得到。含 Ni(Ⅱ) 的离子液体溶液通过溶解二氯化镍 ($NiCl_2$) 或 Ni 金属的阳极溶解而得到。在酸性 [Emi]Cl-AlCl$_3$ 离子液体中，Ni(Ⅱ) 在 0.38 V 附近发生还原生成金属镍。在酸性 BPCl-AlCl$_3$ 离子液

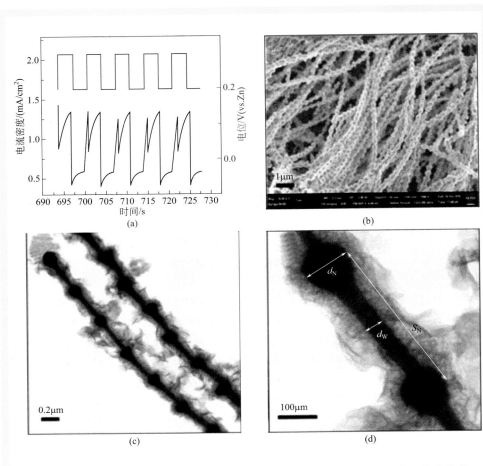

▶ **图 5-24** （a）时间分辨脉冲沉积电位及 Co-Zn 纳米线生长过程中观察到的电流值；
　　　　（b），（c），（d）在含有 5.0%（摩尔分数）CoCl$_2$ 的 40% ~ 60%（摩尔分数）
　　　　ZnCl$_2$/[Emim]Cl 离子液体中获得的 Co-Zn 纳米线 SEM 和 TEM 图像

体中，Ni（Ⅱ）/Ni 的电极电位为 0.800 V。当在负于 Ni（Ⅱ）/Ni 电极电位的电位上进行电沉积时，将得到 Al-Ni 合金。分别在 [Emi]Cl-AlCl$_3$ 离子液体中的玻碳电极和 [Emi]Cl-AlCl$_3$ 离子液体中的单晶金电极上研究了 Ni 和 Al-Ni 合金的成核和生长过程。在中性 [Emi]Cl-AlCl$_3$ 离子液体中，Ni 发生阳极氧化产生不溶于该离子液体的 NiCl$_2$。NiCl$_2$ 溶解在碱性 BPCl-AlCl$_3$ 离子液体中形成四氯合镍（Ⅱ）配离子 NiCl$_4^{2-}$，但不能还原为金属 Ni。

镍（Ni）还可在含有 Ni[N(CF$_3$SO$_2$)$_2$]$_2$ 的 [BMP][N(CF$_3$SO$_2$)$_2$] 离子液体中通过电沉积得到。Ni[N(CF$_3$SO$_2$)$_2$]$_2$ 可以通过 NiCO$_3$·Ni(OH)$_2$·4H$_2$O 与 HN(CF$_3$SO$_2$)$_2$ 水溶液的反应来制备，其可溶于离子液体中，并得到八面配位的镍配合物。通过阴极

还原 Ni(Ⅱ) 可以电沉积 Ni 金属，通过 XRD 验证在 70℃ 以上获得的电沉积物为 Ni 金属。

第五节　离子液体的电化学应用

　　离子液体是一种低温熔融盐，具有蒸气压低、电导率高、不易燃、热稳定、电化学窗口宽及电化学稳定性高等优点，成为目前新型绿色电解质研究的热点，已被广泛地应用在各类电化学储能器件所需的新型电解质研究中，如电沉积、超级电容器，及锂离子电池和新型有机电解质合成等方面。

一、离子液体在锂离子电池中的应用

　　锂离子电池因为具有能量密度高、体积小、无记忆效应等优点，被广泛应用于电脑、手机、相机等便携式电子产品[59]，然而，传统有机电解液易挥发、泄漏、可燃等安全问题限制了其在动力汽车以及大规模储能方面的应用[60]。

1. 液态电解质

　　目前锂离子电池主要采用碳酸酯类电解液，大规模应用时存在巨大安全隐患，尤其是在高电压、高能量密度电池体系中。离子液体因具有电化学稳定性高、电化学窗口宽、难挥发、安全性高且易回收等优点，应用于锂离子电池电解液表现出诸多优势，因而可作为新型的溶剂或添加剂来取代或者部分取代传统的碳酸酯类溶剂。研究应用于电解液中的离子液体可根据阳离子种类分为：咪唑盐类离子、季铵盐类和季鏻盐类等几种离子液体，如图 5-25 所示[61]。

　　咪唑类离子液体因具有黏度小、电导率高、难挥发等优点，成为最早应用于锂离子电池电解液研究中的离子液体。但早期咪唑类离子液体以 [AlCl$_4$]$^-$ 为阴离子，其电化学稳定窗口较窄、腐蚀性强，不能较好地维持锂的稳定性。为此研究人员开发出 [BF$_4$]$^-$、[PF$_6$]$^-$、[NTf$_2$]$^-$ 等阴离子基团取代 [AlCl$_4$]$^-$，并应用于咪唑类电解液，

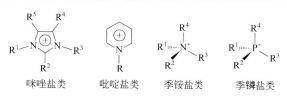

　　咪唑盐类　　　吡啶盐类　　　季铵盐类　　　季鏻盐类

▶ 图 5-25　常见离子液体阳离子的结构示意图[61]

极大地提高了咪唑环的稳定性。Seki 等[62, 63]以 LiCoO₂ 为正电极，Li 为负极，分别以 3- 丙基 -1,2- 二甲基咪唑二亚胺盐（[DMPim][NTf₂]）离子液体和 1- 乙基 -3- 甲基咪唑二亚胺盐（[Emim][NTf₂]）离子液体作为电解液溶剂，他们发现 2 位碳上甲基的引入和 1 位碳上烷基链长度的增长都能使咪唑类离子液体阳离子的还原稳定性得到提高，提高了电池的循环性能。在 [NTf₂]⁻ 阴离子中，因氟取代基对负电荷的强离域作用减弱了 [NTf₂]⁻ 与阳离子的作用力，因而 NTf₂ 类离子液体通常具有低黏度、低熔点、高导电性等优点。[NTf₂]⁻ 与咪唑阳离子组合而成的离子液体综合了两者的优点。孙等[64]合成了 1- 甲基 -3- 乙基咪唑二亚胺（[Emi][NTf₂]）和 1- 丁基 -3- 乙基咪唑二亚胺（[Bmi][NTf₂]）两种离子液体作为电解液，并以 LiCoO₂、LiFePO₄ 为正极材料组装半电池。研究发现，两种离子液体具有不同的电化学窗口（分别为 4.8V 和 4.6V），LiCoO₂ 与两种电解质的相容性较差，而采用 LiFePO₄ 时组装的半电池具有较高的比容量，经过 20 次充放循环（0.1C），放电比容量仍保持在 120mA · h/g 以上，这表明不同的电池体系需要调配不同的离子液体电解液。Wang 等[65]设计合成了乙烯基功能化咪唑离子液体，并将其作为电解液添加剂应用于高电压锂离子电池体系中。他们发现，在咪唑阳离子上引入乙烯基或者烯丙基后，在 5.0V 的高电压下，该类离子液体能对正极材料 LiNi₀.₅Mn₁.₅O₄ 表面上的碳酸酯类电解质起到稳定作用而不被分解。通过电池性能测试发现，当添加 1- 烯丙基 -3- 乙烯基咪唑双（三氟甲烷磺酰基）酰亚胺 ([AVim][NTf₂]) 后，电池的循环寿命和倍率性能均得到较大提升，添加量为 3%（质量分数）时，电池的放电容量达到 130mA · h/g 以上。

季铵类离子液体的电化学稳定性好，其电化学窗口通常为 0 ~ 5V（vs.Li/Li⁺），能承受锂的电化学沉积和溶解而自身不发生还原分解，同时在正极表面也不易发生氧化分解。但相比于咪唑类离子液体，季铵盐类离子液体黏度较高，电导率较低，可通过在离子液体中引入某些特定基团来提高其电化学性能。Sakaebe 等[66]利用 Li/LiCoO₂ 半电池，对季铵类离子液体和传统咪唑类离子液体进行了比较，发现季铵类离子液体 N- 甲基 - 正丙基哌啶双（三氟甲基磺酰基）酰亚胺比 1- 乙基 -3- 甲基咪唑离子液体具有更优异的电化学性能，该电解质体系放电容量达到 130mA · h/g，0.1C 充放电效率大于 97%，0.5C 倍率下 50 次循环后充放电效率仍保持在 85% 左右。Fang 等[67]合成了含有 3 ~ 4 个醚基官能团的季铵阳离子和 NTf₂⁻ 阴离子的新官能化离子液体，并对黏度、热稳定性、电导率和电化学稳定性等进行了评价。他们发现以 Li/LiFePO₄ 组装电池时，以该类离子液体为电解质而不添加其他成分时，在 0.1C 倍率下电池具有较好的容量和循环性能。

当季铵型离子液体的中心原子 N 被 P 取代后，也同样具有较好的电化学稳定性，但其黏度较大，随着室温低黏度含醚基官能团季鏻类离子液体的出现，季鏻类离子液体也开始被应用于锂离子电池电解液体系的研究中。Katsuhiko Tsunashima 等[68]设计并合成了一种季鏻盐类的离子液体 P222(2ol)-NTf₂，与季铵类离子液体

DEME-NTf$_2$ 相比，该类离子液体具有较低的黏度和较高的离子传导性，表现出更优异的电化学性能，将其应用到 Li/LiCoO$_2$ 电池体系中，发现电池初始容量为 141mA·h/g (0.05C)，50 次循环后容量保持率为 85%。

吡咯类离子液体具有良好的电化学稳定性、较低的黏度和离子电导率，Wongittharom 等[69] 合成了 PYR14-NTf$_2$ 离子液体，并以 LiNTf$_2$ 为锂盐制备出用于磷酸铁锂半电池的电解液。他们发现 20℃下，因 PYR14-NTf$_2$ 黏度较大，电池的循环性能和容量保持率均较低。但随着温度升高，离子液体的黏度降低，其导电性增强，在 50℃、0.1C 下，电池的首次放电比容量达到 140mA·h/g，在 5C 倍率下，电池的容量保持率仍能达到 45%。吡咯类也存在着阳离子共嵌行为的问题，通过加入成膜添加剂使石墨负极表面形成稳定的 SEI 膜可减少共嵌现象的发生。Reiter 等[70] 合成了 LiNTf$_2$/PP13NTf$_2$ 电解质，由于 NTf$_2^-$ 可以使石墨负极表面上形成稳定的 SEI 膜，抑制了阳离子共嵌现象的发生。当应用于石墨/LiCo$_{1/3}$Mn$_{1/3}$Ni$_{1/3}$O$_2$ 电池进行测试时，发现在 0.1C 倍率下石墨负极的放电比容量可达到 340～345mA·h/g，NMC(111) 的放电比容量也达到 160mA·h/g，经过 25 次循环后，电池比容量无明显衰减。

性能优异的电解质是制备高能量密度、长循环寿命和高安全性锂离子电池的关键材料，目前以传统有机溶剂为电解质的锂离子电池已实现商业化，但以碳酸酯类为基础的有机溶剂仍存在易挥发、易燃、耐受高压差等安全问题。离子液体由于电化学稳定性高、电化学窗口宽、难挥发、安全性高、易回收等优点，在电解液应用方面表现出巨大潜力。将其与有机溶剂按一定比例混合，将其作为电解液添加剂或者复配电解液，在解决离子液体黏度大、成本高的问题的同时也改善了纯有机溶剂安全性差的问题。但离子液体在锂离子电池电解液中应用仍处于研究阶段，其部分性能仍无法满足商业化的要求，因此开发出综合性能更加优异的新型离子液体电解质仍然任重而道远。

2. 固态电解质

与液体电解质相比，聚合物电解质可同时实现传统的隔膜和电解液的功能，节省耗材成本；可避免液态电解液容易泄漏的问题，安全性得到了很大的提高；聚合物电解质尺寸、形状可控，便于电池多样化和轻薄型的设计；可有效地抑制锂枝晶的生长，极大地降低电池内短路发生的概率。然而传统聚合物电解质电导率低，离子液体因具有蒸气压低、热稳定性好及可设计性强等特点，可成功转移到聚合物链中，形成聚合离子液体，有效提高聚合物电解质的电导率。离子液体提高聚合物电解质的电导率的主要因素是在聚合电解质中离子液体单体的正负离子特性。阴离子对聚合离子液体电导率的影响取决于阴离子的离域能力、离子尺度和与聚合电解质形成氢键的能力。能提供高电导率的阴离子应具有体积小、移动性强、有离域电荷和与骨架相互作用弱等特点。在阳离子中引入具有超大位阻的取代基，可降低离子液体聚合后的堆积密度，进而提高聚合物电解质的电导率，除此之外，非质子化的阳离子也具有较高的电导率。

例如，Vygodskii 等[71]曾报道了独立嵌入丙基膦酸后，聚合离子液体的电导率提高了四个数量级。离子的质子化特性也会影响其聚合体的电导率，虽然其中的机理尚不甚清晰，但在不特别考虑纯度和分子量的前提下，通过大量文献对比仍可以发现非质子化的阳离子具有较高电导率。在对比吡咯离子液体的阴离子时发现决定聚合离子液体电导率的两个因素分别是离域能力和离子尺度，其中磺酸带来的强大质子化作用可使相应聚合物的电导率达到 1.1×10^{-4} S/cm，且修饰后的磺酸阴离子对电导率的提高作用明显高于普通磺酸基[72]。

近年来聚合离子液体的研究日益增多，聚合离子液体在锂电池方面也有较为广泛的应用。Li 等[73]通过合成胍类离子液体单体与丙烯酸甲酯形成聚合离子液体，聚合离子液体与 $LiNTf_2$、纳米 SiO_2 复合形成的凝胶电解质在 80℃与锂金属仍然有很好的相容性、较高的离子电导率、宽的电化学窗口，以及很好的锂溶解/沉积性能。

类似于聚合物固态电解质，凝胶电解质是利用有机物的矩阵结构固定有机溶剂的，可有效提高有机固态电解质的电导率，但大量的有机溶剂会降低固态电解质的力学性能使有机聚合物的结构坍塌造成电解液泄漏等安全问题。离子液体与有机固态电解质复合可有效提高电解质的电导率并减少安全隐患。离子液体在凝胶电解质中起增塑剂的作用，降低了聚合物电解质的玻璃化转变温度，从而提高电解质的离子电导率。凝胶电解质的离子导电机理与液态电解质的导电机理相似，但又与液态电解质的传输机理有所不同。凝胶电解质通过有机固态电解质溶胀吸收液态电解质，在电解质膜内部形成许多溶液腔，溶液腔边缘有机链末端的运动也会因为液态电解质的存在而加快[74]，因此凝胶电解质的电导率一般高于有机固态电解质，甚至可以达到 10^{-3}S/cm。例如，K. Karuppasamy 等[75]利用新型的全氟阴离子的离子液体 [Bmim][TfO] 与 LiTfO、PVDF-HFP 进行混合，通过溶液浇铸法制备凝胶电解质，该方法不仅使电解质的电化学窗口增宽，且电导率也有明显的提高，在100℃时电导率可达到 10^{-2} S/cm，在低电流密度下 $Li/LiCo_2$ 电池放电容量最高可达138mA·h/g。离子液体在凝胶电解质方面的应用不仅可以解决传统有机溶剂的安全问题，而且能够使离子电导率有着较宽的电化学窗口以及较好的热稳定性，因此离子液体在锂电池的应用会越来越广泛，在柔性储能设备中发挥了很大的作用，所以基于离子液体的固态电解质是未来储能行业的一个大的发展前景。

二、离子液体在超级电容器中的应用

本节主要介绍离子液体在超级电容器中电极材料的合成和电解液方面的应用及其对超级电容器电化学性能的影响及作用。

1. 离子液体作为超级电容器支持电解液

超级电容器按原理可以分为两类，即双电层电容和法拉第电容，它们的工作原理分别是通过高比表面积的电极/界面双电层吸附和存储电荷以及电极和电解液之间发生快速的电荷转移反应，如：电化学吸附/解吸附和氧化还原反应的法拉第过程。超级电容器是一种介于传统电容器与电池之间的新型储能元件，具有可快速充放电、比物理电容器更高的能量密度及比电池具有更高的功率密度和更长的循环寿命等特点。图 5-26 呈现了双电层电容器的机构及工作原理[76]。

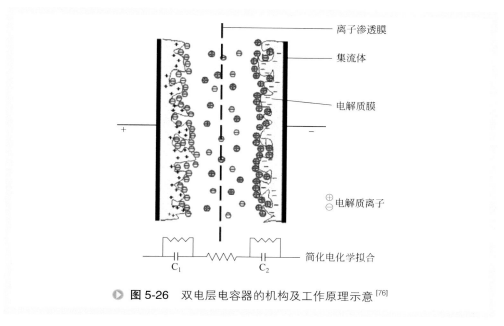

离子渗透膜
集流体
电解质膜
⊕ 电解质离子
⊖
简化电化学拟合
C_1 C_2

● 图 5-26 双电层电容器的机构及工作原理示意[76]

充电时，与正负极相连的电极带有相应电极的电荷，电解液中的阴阳离子在电场的作用下向带相反电荷的电极移动，充电过程中电解液离子定向排列在带相反电荷的电极材料的界面处，形成双电层储存电荷。充电结束后，静电力维持电极材料和电解液的双电层结构。放电时，电极材料和电解液之间的静电力消失，带有电荷的离子返回电解液溶液中，电子由负极向正极移动。电容器的电容可由如下方程来计算：$C=Q/U=\varepsilon A/d$，其中 C 为电容（F），Q 为电量（C），U 为施加电压（V），ε 为电解质的介电常数，A 为电极比表面积，d 为电极间距。超级电容器以高比表面积的多孔材料或者具有氧化还原反应能力的材料作为电极材料，因此具有较高的比电容。超级电容器的这种工作原理，使得其具有比功率大于蓄电池、比能量优于传统电容器、循环寿命长等优点。

传统超级电容器的电解液由季铵盐溶解于丙烯碳酸酯（PC）或乙腈（ACN）组成，这种传统的超级电容器的工作电压范围在 2.3 ～ 2.7V。随着人们对电化学电容器功率密度和能量密度的要求不断提高，传统的电解液如水系电解液和有机电解液越来越难以满足需求。因此高性能电解液的研发是超级电容器研究的重要方向，研究目标是获得电化学性能优越，如高能量和高功率、安全性高以及环境友好型电解质。

超级电容器的能量（ E ）和功率（ P ）计算公式分别是式（5-9）和式（5-10）：

$$E=(1/2)CV \tag{5-9}$$

$$P=4V^2/\text{ESR} \tag{5-10}$$

式中，C 是电容；V 是有效电压；ESR 是超级电容器的等效电阻。其中 ESR 是超级电容器的内阻，与其功率密度和实际应用密切相关。由上述两式可以得出，提高超级电容器的工作电压窗口和电导率是提升其能量密度和功率密度的有效方法。

离子液体由阴阳离子组成，作为超级电容器的电解质具有蒸气压低、电导率高、不易燃、热稳定、宽化学窗口及电化学稳定性高等优点，可有效提升超级电容器的能量密度和安全性。离子液体提升电容器能量密度的主要原因是离子液体的添加可有效提高电解液的电化学窗口，其电压窗口大小主要取决于离子液体阴阳离子的电化学稳定性，其中，阳离子主要影响还原电位，阴离子决定氧化电位。常见离子液体的阳离子稳定性顺序是：吡啶＜吡唑＜咪唑＜硫盐＜季铵盐，阴离子的稳定性顺序是：卤素离子＜氯铝酸离子＜氟化离子＜磺酰胺离子，通常大部分离子液体的电化学窗口在 4～6 V。

除此之外，离子液体完全由正负离子组成，具有较高的电导率。其电导率常温下变化范围较大，一般在 0.1～18mS/cm。离子液体的电导率与有机电解液相当，如 $LiPF_6$ 的碳酸乙酯和碳酸二甲酯电解液电导率为 16.6mS/cm。然而离子液体因本身具有较高的黏度，且其电导率受体系黏度影响较大，因此使纯离子液体用于超级电容器电解质的应用性降低。为了降低电解液的黏度，提高电解液的电导率，研究者主要采用的方法是加入有机溶剂，离子液体作为导电盐在有机溶剂的作用下阴阳离子分开，浓度变小，离子化程度变高，离子的自由迁移率变高，电导率提高。同时，一些研究者采用溶胶-凝胶的方法将离子液体与聚合物材料聚合制备固态电解质可进一步提电解质的电导率及超级电容器的安全性。不同的离子液体改善超级电容器的电化学性能起到不同的作用。例如，吡咯型离子液体具有更高的电压窗口而咪唑基离子液体呈现出较高的电导率和较低的黏度，为了实现能量密度和功率密度的协同输出，有效结合不同离子液体的各自优势，制备由不同离子液体组成的混合电解液可进一步提升超级电容器的电化学性能。在室温下，引入具有高电导率、低黏度以及高电压窗口的新型离子液体是实现高能量密度和功率密度协同输出以及高安全性超级电容器的理想解决方案。

超级电容器主要在电极材料与电解液的界面存储电荷，因此超级电容器的电容值与电极的孔径分布和结构以及电解液离子的尺寸有关。电解液离子在不同尺寸的孔内呈现不同的电化学性能，电解液的离子尺寸和电极材料的孔尺寸匹配度直接影响电容值和其他电化学性能，因此进一步探索电解液离子尺寸对超级电容器的容量的影响是提升超级电容器能量密度的有效途径。而离子液体通常具有较大的离子半径，因此为提高电极材料与离子液体的接触面积，需考虑离子液体中离子尺寸和电极材料的匹配性。

2. 离子液体用于制备超级电容器电极材料

超级电容器电容值不仅与电解液离子 / 分子的尺寸和电极材料的孔径有关，与电极材料的表面性质也密切相关，例如，电极材料的亲疏水性质直接影响电解液与电极材料的界面电阻。而离子液体不仅可以作为超级电容器的电解液，还可用于制备超级电容器的电极材料。例如，C.Arbizzani 及其合作者采用 [Emin][NTf$_2$] 为溶液制备了聚合离子液体作为电极，得到了较高的比电容值[77]。离子液体也可作为炭前驱体直接制备性能优异的碳材料，制备过程简便、环保。由离子液体直接碳化制备多功能碳材料具有以下特点：①离子液体的低蒸气压和高热稳定性决定碳材料产率高；②离子液体的可设计和调控性指导制备具有不同结构性能的碳材料；③ 离子液体的亲疏水基团使其可以溶解于不同试剂；④离子液体本身带有的杂原子可在制备的碳材料骨架中引入磷、硫、氮等杂原子，杂原子掺杂可以增加碳材料与电解液的浸润性，同时增加碳材料结构中的缺陷和活性位点。因此离子液体作为前驱体可制备具有高导电性、可调控孔径及表面结构的碳材料。

离子液体除了直接碳化制备碳材料外，还可以作为离子热合成法的溶剂制备纳米碳材料。以离子液体为溶剂的离子热法制备碳材料的过程高效、绿色环保、简单，避免了传统水热或者溶剂热的高温高压条件。在离子热合成碳材料中离子液体不仅作为溶剂，同时还是调控纳米碳材料结构的软模板和稳定剂，可以通过设计不同种类的离子液体调控所制备的材料的形貌。同时，在制备石墨烯基多孔碳材料的过程中，离子液体还可以作为稳定剂防止石墨烯层的再堆积 / 叠加，制备高比表面积的石墨烯基碳材料[78, 79]。

三、离子液体在液流电池中的应用

在各种化学储能电池系统中，液流电池具有活性物质与电堆分开、易于规模放大、循环寿命长、长期运行成本低、不受地理位置限制等诸多优点，是有效利用可再生能源的首选储能系统[80]。目前研究的液流电池主要包括锌溴液流电池、多硫化钠 - 溴液流电池、全钒液流电池、锂离子液流电池及锂硫液流电池等。液流电池由反应电堆、电解质溶液、电解质储藏罐、泵、充放电控制系统等组成，其中电堆由多个单电池经串联、并联组成，是电能和化学能相互转换的场所，是液流电池储能系统的关键组成部分。液流电池根据流动模式以及结构的不同，又可以分为全液流电池、混合液流电池、单液流电池以及半固态液流电池，如图 5-27 所示 [80, 81]。全液流电池正负极都是可流动的液体电极，如图 5-27（a）所示，典型的是全钒液流电池；混合液流电池一般正极是流体电极，负极是金属电极或空气电极 [图 5-27(b)]，如锌 - 溴液流电池、氢 - 溴液流电池；单液流电池只有一个流动电极 [图 5-27（c）]，如锌 - 氢氧化镍液流电池、锂 - 硫液流电池；半固态液流电池的正负极是活性材料悬浮液 [图 5-27（d）]，主要是锂离子液流电池。氧化还原液流电池的活性物质与电堆分开，电池容量由储液罐的大小和活性物质的浓度决定，而系统的功率由反应电堆的大小确定，因此液流电池可以根据需要对系统能量和功率进行单独优化，这也使得液流电池的应用更加广泛。

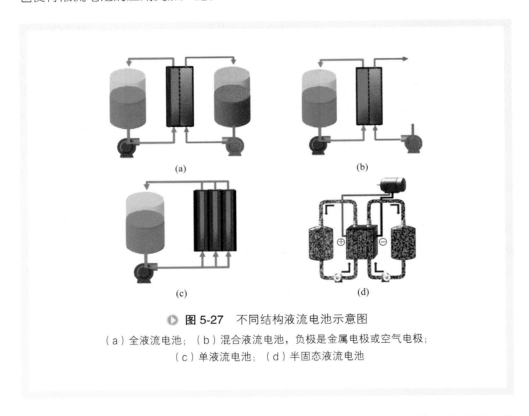

▶ **图 5-27** 不同结构液流电池示意图

（a）全液流电池；（b）混合液流电池，负极是金属电极或空气电极；
（c）单液流电池；（d）半固态液流电池

水系电解液具有安全性高、电导率高、成本低等优势，因此传统的液流电池一般都是采用水系电解液，最典型的是已经商业化的全钒液流电池。然而水系电解液的电化学窗口一般都低于 2V，这样就大大限制了液流电池的能量密度，如全钒液流电池的能量密度一般都在 50 W·h/kg 以下 [82]。为了提高液流电池的工作电压，进而提升液流电池的能量密度，一些有机溶剂被应用到液流电池中，例如乙腈 (CH_3CN)，可以使电化学窗口达到 5.0V，大大提高了电池的能量密度 [83]。然而，有机溶剂的易挥发性、可燃性和毒性阻碍了它们的实际应用。与有机溶剂相比，离子液体具有不挥发、不易燃烧、电化学窗口宽等优良特性，与熔盐相比，离子液体具有更低的液态温度，这些特性使其作为电解液溶剂或者添加剂在多种电池体系中得到应用，用在传统离子电池中可以提高电池的工作电压和安全性[84]。在锂金属电池中抑制锂枝晶，提高电池的循环性能和安全性[85]，在锂硫电池中作为电解液溶剂或者添加剂可以有效阻止多硫化物溶解，提高循环性能[86]。离子液体特殊的性质也为液流电池的研究提供了新的思路和大量可供选择的材料。

1. 离子液体在水系液流电池中的应用

全钒液流电池的正负极是不同价态的钒盐溶液，然而水的电化学窗口 (通常为1.5V) 严重限制了钒液流电池的能量密度，因此开发能够在高电位下稳定的钒水溶液体系是非常重要的。通过调节电解质溶液的 pH 值，可以提高水分解产生 H_2 和 O_2 的电极电位[87]，但这会影响钒离子在电解液中的溶解度、稳定性以及电化学动力性能。在水系全钒液流电池中添加离子液体，可有效提高全钒液流电池的工作电压并保持较高的活性物质浓度，如 Chen 等[88] 报道的非电化学活性的离子液体 1-丁基 -3- 甲基咪唑氯 ([Bmim]Cl) 与水组成的混合体系，具有较高的水分解电压。其中，Cl⁻ 可以作为电荷载体提高活性物质离子的迁移能力，通过减少电解液中游离水的浓度，H_2 和 O_2 的析出反应可以被显著抑制，从而扩大电化学窗口。在全钒液流电池体系中，离子液体的作用主要表现为提高钒离子在电解液中的稳定性；抑制钒离子的交叉污染，进而提高充放电效率；提高电解液的电化学窗口，提高液流电池的能量密度。离子液体种类繁多，我们可以通过功能化设计，挑选或者制备合适的离子液体，作为液流电池溶剂或者电解液添加剂，进一步解决全钒液流电池存在的上述问题，促进全钒液流电池的发展。

锌溴液流电池是另一种水系液流电池，它以溴化锌水溶液作为电解液，充电过程中，锌沉积在碳 - 塑料电极表面，正极溴则形成络合物，储存在正极电解液的底部。锌溴液流电池理论能量密度高达 430 W·h/kg，电池开路电压可以达到 1.82V，电池循环寿命长，达几千次。锌溴液流电池可以在近常温下工作，不需复杂的热控制系统，正负极以及电解液材料便宜，制造费用低，因此锌溴液流电池无论在能量密度还是在制造成本上都具有竞争力，是一个非常有竞争力的储能技术。但是由于锌电极在充放电过程中会产生枝晶，溴电极不稳定，易迁移到负极与锌反应，引起较大的自放电，这些问题抑制了锌溴液流电池的发展[89]。Gobinath P. Rajarathnam 等[90] 评估了六种离子液体作为溴电极的稳定剂的作用，其中 [BPy]Br、[Emim]Br 和 [BOHPy]Br 这三种离子液体能显著提高锌电极的电化学性能，同时对锌枝晶的生长也有缓解作用。

目前，关于离子液体在锌溴液流电池体系中的研究较少，主要集中于抑制锌枝晶的增长及稳定溴电极，研究空间巨大，相信今后将会有更多的学者关注离子液体在锌溴液流电池及锌混合液流电池中的应用。

2.有机体系液流电池

在有机体系锂硫液流电池和锂离子液流电池中添加离子液体,可以提高电解液的高低温性能及安全性能。锂硫液流电池和锂离子电池分别是锂硫电池和锂离子电池与液流电池相结合的新型储能电池,它们同时具有高能量密度、高功率密度以及液流电池的灵活可控、易于放大的特点,又称为半固态液流电池,是一项非常有前景的储能技术。

锂硫电池体系存在的问题,如多硫化物的穿梭效应、锂枝晶生长等在锂硫液流电池中依然存在。Zhang 等 [91] 报道了一种基于哌啶类的离子液体纳米颗粒作为正极流体的添加剂,如图 5-28 所示,该离子液体纳米颗粒在硫 / 多硫化物与碳负载材料之间搭建了的一座桥梁,使多硫化物固定在正极区域,穿梭效应得到了很大控制;同时离子液体在液流体系中提高了锂离子迁移数,抑制了锂枝晶生长;锂硫液流电池加入该离子液体纳米颗粒后循环寿命达到 1000 次以上。

离子液体作为溶剂或者电解液添加剂已经在锂离子电池及锂硫电池中得到了广泛的研究,结合离子液体的很多优良特性,通过对离子液体进行功能化设计,相信离子液体将会对锂离子液流电池及锂硫液流电池的发展起到巨大的推动作用。

以离子液体作为支持电解质进行电化学研究时,需要事先了解其电化学稳定性,也就是通过电化学方法估算其自身能承受的、不发生电化学反应的最大电势范

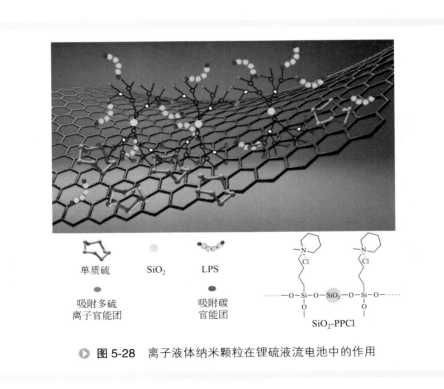

图 5-28 离子液体纳米颗粒在锂硫液流电池中的作用

围。某种支持电解质自身还原电势与氧化电势之间的差值称为该电解质的"电化学窗口"(electrochemical window, EW)。电化学窗口的拓展也是离子液体发展史的重要标志之一,即电化学稳定性更好的离子液体不断被研发出来。

与传统支持电解质类似,离子液体的电化学窗口通常也是利用循环伏安法和线性扫描伏安法进行测定。然而,即使是同一种离子液体,在不同的研究报道中其伏安曲线也会有所不同。其原因除了内在因素(如:溶液电阻造成的压降)之外,测量条件如工作和/或参比电极、电位扫描速率以及决定阴极和阳极极限电位的截止电流密度等的不同,都有可能影响循环伏安曲线。此外,离子液体的纯度也会影响伏安曲线,例如,离子液体中少量水的存在,即使只有 100×10^{-6}(体积分数)也不容忽视,因为电化学测量通常对杂质非常敏感。尽管存在着上述问题,电化学窗口的测定依然为寻找电化学稳定的离子液体提供了重要信息。

━━━━━ 参考文献 ━━━━━

[1] Zhang X, Kar M, Mendes T C, et al. Supported ionic liquid gel membrane electrolytes for flexible supercapacitors[J]. Adv Energy Mater, 2018, 8: 1702702.

[2] Al-Masri D, Yunis R, Hollenkamp A F, et al. A symmetrical ionic liquid/Li salt system for rapid ion transport and stable lithium electrochemistry[J]. Chem Commun, 2018, 54: 3660-3663.

[3] Zhang X, Wang T, Qin X, et al. Large-area flexible, transparent, and highly luminescent films containing lanthanide (Ⅲ) complex‐doped ionic liquids for efficiency enhancement of silicon-based heterojunction solar cell[J]. Prog Photovolt Res Appl, 2017 , 25: 1015-1021.

[4] Dziedzic R, Waddington M A, Lee S E, et al. Reversible silver electrodeposition from boron cluster ionic liquid (BCIL) electrolytes[J]. ACS Appl Mater Interfaces, 2018, 10(8): 6825-6830.

[5] Manoj D, Theyagarajann K, Saravanakumar D, et al. Aldehyde functionalized ionic liquid on electrochemically reduced graphene oxide as a versatile platform for covalent immobilization of biomolecules and biosensing[J]. Biosensors & Bioelectronics , 2018 , 103 (30):104-112.

[6] Asadi M, Kim K, Liu C, et al. Nanostructured transition metal dichalcogenide electrocatalysts for CO_2 reduction in ionic liquid[J]. Science, 2016, 353: 467-470.

[7] Schroder U, Wadhawan J D, Compton R G, et al. Water-induced accelerated ion diffusion: voltammetric studies in 1-methyl-3-[2,6-(S)-dimethylocten-2-yl]imidazolium tetrafluoroborate, 1-butyl-3-methylimidazolium tetrafluoroborate and hexafluorophosphate ionic liquids[J]. New J Chem, 2000, 24: 1009-1015.

[8] Sahami S, Osteryoung R A. Anal Chem, 1983, 55:1970.

[9] Wang L, Chen Y, Liu S, et al. Study on the cleavage of alkyl-O-aryl bonds by in situ generated

hydroxyl radicals on an ORR cathode[J]. Rsc Advances, 2017, 7(81):51419-51425.

[10] 欧阳鹏 , 张正富 , 彭金辉 , 等 . 空气电极用氧还原催化剂的研究现状 [J]. 昆明理工大学学报 (自然科学版), 2003, 28(5):35-39.

[11] Zakzeski J, Bruijnincx P C A, Jongerius A L, et al. The catalytic valorization of lignin for the production of renewable chemicals[J]. Chemical Reviews, 2013, 110(6):3552-3599.

[12] Narron R H, Hoyong K, Chang H M, et al. Biomass pretreatments capable of enabling lignin valorization in a biorefinery process[J]. Current Opinion in Biotechnology, 2016, 38:39.

[13] Bjoersvik H R, Liguori L. Organic processes to pharmaceutical chemicals based on fine chemicals from lignosulfonates[J]. Cheminform, 2002, 33(47):831-832.

[14] Wright M M, Daugaard D E, Satrio J A, et al. Techno-economic analysis of biomass fast pyrolysis to transportation fuels[J]. Fuel, 2010, 89(1, supplement):S2-S10.

[15] Hanson S K, Baker R T, Gordon J C, et al. Aerobic oxidation of pinacol by vanadium(V) dipicolinate complexes: evidence for reduction to vanadium(Ⅲ)[J]. Journal of the American Chemical Society, 2009, 131(2):428-429.

[16] Deuss P J, Barta K. From models to lignin: Transition metal catalysis for selective bond cleavage reactions[J]. Coordination Chemistry Reviews, 2015, 306:510-532.

[17] Nguyen J D, Matsuura B S, Stephenson C R. A photochemical strategy for lignin degradation at room temperature[J]. Journal of the American Chemical Society, 2014, 136(4):1218-21.

[18] Lancefield C S, Ojo O S, Tran F, Westwood N J. Isolation of functionalized phenolic monomers through selective oxidation and C—O bond cleavage of the β-O-4 linkages in lignin[J]. Angewandte Chemie, 2015, 54(1):258-62.

[19] Bailey A, Brooks H M. Electrolytic oxidation of lignin[J]. Journal of the American Chemical Society, 1946, 68:445.

[20] Wasserscheid P, Keim W. Ionic liquids-new "solutions" for transition metal catalysis[J]. Angewandte Chemie International Edition, 2000, 39(21):3772.

[21] Chen M Y, Huang Y B, Pang H, et al. Hydrodeoxygenation of lignin-derived phenols into alkanes over carbon nanotubes supported Ru catalysts in biphasic systems[J]. Green Chemistry, 2015, 17(3):1710-1717.

[22] Binder J B, Gray M J, White J F, et al. Reactions of lignin model compounds in ionic liquids[J]. Biomass & Bioenergy, 2009, 33(9):1122-1130.

[23] Chatel G, Rogers R D. Review: Oxidation of lignin using ionic liquids: An innovative strategy to produce renewable chemicals[J]. Acs Sustainable Chemistry & Engineering, 2016, 2(3):322-339.

[24] Jiang N, Ragauskas A J. Vanadium-catalyzed selective aerobic alcohol oxidation in ionic liquid [Bmim]PF$_6$[J]. Cheminform, 2007, 38(16):273-276.

[25] Prado R, Brandt A, Erdocia X, et al. Lignin oxidation and depolymerisation in ionic

liquids[J]. Green Chemistry, 2016, 18(3):834-841.

[26] Movil-Cabrera O, Rodriguez-Silva A, Arroyo-Torres C, et al. Electrochemical conversion of lignin to useful chemicals[J]. Biomass & Bioenergy, 2016, 88:89-96.

[27] Barrosseantle L E, Bond A M, Compton R G, et al. Voltammetry in room temperature ionic liquids: comparisons and contrasts with conventional electrochemical solvents[J]. Chemistry An Asian Journal, 2010, 5(2):202.

[28] Hossain M M, Aldous L. Ionic liquids for lignin processing: dissolution, isolation, and conversion[J]. Australian Journal of Chemistry, 2012, 65(11):1465-1477.

[29] Chen A, Rogers E I, Compton R G. Abrasive stripping voltammetric studies of lignin and lignin model compounds[J]. Electroanalysis, 2010, 22(10):1037-1044.

[30] Reichert E, Wintringer R, Volmer D A, et al. Electro-catalytic oxidative cleavage of lignin in a protic ionic liquid[J]. Physical Chemistry Chemical Physics, 2012, 14(15):5214-5221.

[31] Shiraishi T, Takano T, Kamitakahara H, et al. Studies on electro-oxidation of lignin and lignin model compounds. Part 2: N-Hydroxyphthalimide (NHPI)-mediated indirect electro-oxidation of non-phenolic lignin model compounds[J]. Holzforschung, 2012, 66(3):311-315.

[32] Holton O T, Stevenson J W. The role of platinum in proton exchange membrane fuel cells[J]. Platinum Metals Review, 2013, 57(4):259-271.

[33] Singh S K, Dhepe P L. Ionic liquids catalyzed lignin liquefaction: mechanistic studies using TPO-MS, FT-IR, RAMAN and 1D, 2D-HSQC/NOSEY NMR[J]. Green Chemistry, 2016, 18.

[34] Wang L, Chen Y, Liu S, et al. Study on the cleavage of alkyl-O-aryl bonds by in situ generated hydroxyl radicals on an ORR cathode[J]. RSC Adv, 2017, 7, 51419.

[35] Tang J, Azui K. Improvement of Al coating adhesive strength on the AZ91D magnesium alloy electrodeposited from ionic liquid[J]. Surf Coat Tech, 2012, 208:1-6.

[36] Xu B, Zhang M, Ling G. Electrolytic etching of AZ91D Mg alloy in AlCl3-EMIC ionic liquid for the electrodeposition of adhesive Al coating[J]. Surf Coat Tech, 2014, 239:1-6.

[37] Ueda M, Hari yama S, Ohtsuka T. Al electroplating on the AZ121 Mg alloy in an EMIC-AlCl$_3$ ionic liquid containing ethylene glycol [J]. J Solid State Electrochem, 2012, 16(11): 3423-3427.

[38] Wang Q, Chen B, Zhang Q, et al. Aluminum deposition from lewis acidic 1-butyl-3-methylimidazolium chloroaluminate ionic liquid ([Bmim]Cl/AlCl$_3$) modified with methyl nicotinate[J]. ChemElectroChem, 2015, 2(11): 1794-1798.

[39] Hou Y, Li R, Liang J. Simultaneous electropolishing and electrodeposition of aluminum in ionic liquid under ambient conditions [J]. Applied Surface Science, 2018, 434: 918-921.

[40] Sofianos M, Sheppard D, Silvester D, et al. Electrochemical synthesis of highly ordered porous Al scaffolds melt-infiltrated with LiBH$_4$ for hydrogen storage[J]. J electrochem Soc, 2018, 165(2): D37-D42.

[41] Yang W, Zheng X, Wang S, et al. Nanoporous aluminum by galvanic replacement: Dealloying and inward-growth plating. J Electrochem Soc, 2018, 165(9): C492-C496.

[42] Hsiu S, Huang J, Sun I, et al. Lewis acidity dependency of the electrochemical window of zinc chloride-1-ethyl-3-methylimidazolium chloride ionic liquids[J]. Electrochim Acta, 2002, 47:4367-4372.

[43] Pan S, Tsai W, Chang J, et al. Co-deposition of Al-Zn on AZ91D magnesium alloy in $AlCl_3$-1-ethyl-3-methylimidazolium chloride ionic liquid[J]. Electrochim Acta, 2010, 55: 2158-2162.

[44] Liu Z, Li G, Cui T, et al. Tuning the electronic environment of zinc ions with a ligand for dendrite-free zinc deposition in an ionic liquid [J]. Phys Chem Chem Phys, 2017,19: 25989-25995.

[45] Liu Z, Cui T, Pulletikurthi G, et al. Dendrite-free nanocrystalline zinc electrodeposition from ionic liquid containing nickel triflate for rechargeable zinc-based batteries[J]. Angew Chem Int Ed, 2016, 55(8): 2889-2893.

[46] Periyapperuma K, Zhang Y, MacFarlane D, et al. Towards higher energy density redox-flow batteries: Imidazolium ionic liquid for Zn electrochemistry in flow environment[J]. Chem Electro Chem, 2017, 4(5): 1051-1058.

[47] Brettholle M, Hofft O, Klarhofer L, et al. Plasma electrochemistry in ionic liquids: deposition of copper nanoparticles[J]. Phys Chem Chem Phys, 2010, 12: 1750-1755.

[48] Murase K, Nitta K, Hirato T, et al. Electrochemical behaviour of copper in trimethyl-*n*-hexylammonium bis((trifluoromethyl)sulfonyl)amide, an ammonium imide-type room temperature molten salt [J]. J Appl Electrochem, 2001, 31: 1089-1094.

[49] Lian Y, Liu A, Ma X, et al. A mixture of ionic liquid and ethanol used for galvanostatic electrodeposition of $CuIn_xGa_{1-x}Se_2$ thin film[J]. J Eletrochem Soc, 2017, 164(14): D969-D977.

[50] Lian Y, Zhang J, Ma X, et al. Synthesizing three-dimensional ordered microporous $CuIn_xGa_{1-x}Se_2$ thin films by template-assisted electrodeposition from modified ionic liquid [J]. Ceramics International, 2018, 44(2): 2599-2602.

[51] Suzuki S, Tomita Y, Kuwabata S, et al. Synthesis of alloy AuCu nanoparticles with the L10 structure in an ionic liquid using sputter deposition [J]. Dalton Trans, 2015, 44(9): 4186-4194.

[52] Rousse C, Beaufils S, Fricoteaux P. Electrodeposition of Cu-Zn thin films from room temperature ionic liquid [J]. Electrochim Acta, 2013,107: 624-631.

[53] Aravinda C, Freyland W. Electrodeposition of monodispersed Fe nanocrystals from an ionic liquid[J]. Chem Commun, 2004: 2754-2755.

[54] Huang J, Sun I. Nonanomalous electrodeposition of zinc-iron alloys in an acidic zinc

chloride-1-ethyl-3-methylimidazolium chloride ionic liquid[J]. J Electrochem Soc, 2004, 151: C8-C15.

[55] Wei Y, Zhou X, Wang J, et al. The creation of nanostructures on an Au111 electrode by tip-induced iron deposition from an ionic liquid[J]. Small, 2008, 4(9):1355-8.

[56] Zhu Y, Katayama Y, Miura T. Electrochemistry of Fe(II)/Fe in a hydrophobic amide-type ionic liquid[J]. J Electrochem Soc, 2012, 159(12): D699-D704.

[57] Yang P, An M, Su C, et al. Fabrication of cobalt nanowires from mixture of 1-ethyl-3-methylimidazolium chloride ionic liquid and ethylene glycol using porous anodic alumina template[J]. Electrochim Acta, 2008, 54: 763-767.

[58] Chang C, Sun I. Template-free fabrication of diameter-modulated Co-Zn/oxide wires from a chlorozincate ionic liquid by using pulse potential electrodeposition[J] .J Electrochem Soc, 2017, 164: D425-D428.

[59] Armand M, Endres F, MacFarlane D R, Ohno H, Scrosati B. Ionic-liquid materials for the electrochemical challenges of the future[J]. Nature Materials, 2009, 8 (8): 621-629.

[60] Finegan D P, Scheel M, Robinson J B, Tjaden B, Hunt I, Mason T J, Millichamp J, Di Michiel M, Offer G J, Hinds G, Brett D J L, Shearing P R. In-operando high-speed tomography of lithium-ion batteries during thermal runaway[J]. Nature Communications, 2015, 6: 6924.

[61] 王欢 , 赵平 , 程弯弯 . 锂离子电池离子液体型电解质的研究进展 [J]. Chinese Battery Industry, 2014, 19 (4): 211-214.

[62] Seki S, Ohno Y, Kobayashi Y, Miyashiro H, Usami A, Mita Y, Tokuda H, Watanabe M, Hayamizu K, Tsuzuki S, Hattori M, Terada N. Imidazolium-based room-temperature ionic liquid for lithium secondary batteries[J]. Journal of the Electrochemical Society, 2007, 154(3):A173-A177.

[63] Seki S. Lithium secondary batteries using modified-imidazolium room-temperature ionic liquid[J]. Phys Chem B, 2006, 110 (21): 10228-10230.

[64] 孙珊珊 , 安茂忠 , 崔闻宇 , 等 . 锂离子电池用离子液体电解质的研究 [J]. 电源技术 , 2010, 34(1): 55-58.

[65] Wang Z, Cai Y, Wang Z, Chen S, Lu X, Zhang S. Vinyl-functionalized imidazolium ionic liquids as new electrolyte additives for high-voltage Li-ion batteries[J]. Journal of Solid State Electrochemistry, 2013, 17 (11): 2839-2848.

[66] Sakaebe H, Matsumoto H. N-methyl-N-propylpiperidinium bis(trifluoromethanesulfonyl) imide (PP13-TFSI) - novel electrolyte base for Li battery[J]. Electrochemistry Communications, 2003, 5 (7): 594-598.

[67] Fang S, Jin Y, Yang L, Hirano S-I, Tachibana K, Katayama S. Functionalized ionic liquids based on quaternary ammonium cations with three or four ether groups as new electrolytes for lithium battery[J]. Electrochimica Acta, 2011, 56 (12): 4663-4671.

[68] Tsunashima K, Yonekawa F, Sugiya M. A lithium battery electrolyte based on a room-temperature phosphonium ionic liquid[J]. Chemistry Letters, 2008, 37(3): 314-315.

[69] Wongittharom N, Lee T C, Hsu C H, Ting-Kuo Fey G, Huang K P, Chang J K. Electrochemical performance of rechargeable Li/LiFePO$_4$ cells with ionic liquid electrolyte: Effects of Li salt at 25℃ and 50℃ [J]. Journal of Power Sources, 2013, 240: 676-682.

[70] Reiter J, Nádherná M, Dominko R. Graphite and LiCo$_{1/3}$Mn$_{1/3}$Ni$_{1/3}$O$_2$ electrodes with piperidinium ionic liquid and lithium bis(fluorosulfonyl)imide for Li-ion batteries[J]. Journal of Power Sources, 2012, 205: 402-407.

[71] Vygodskii Y S, Mel′nik O A, Lozinskaya E I, Shaplov A S, Malyshkina I A, Gavrilova N D, Lyssenko K A, Antipin M Y, Golovanov D G, Korlyukov A A. The influence of ionic liquid's nature on free radical polymerization of vinyl monomers and ionic conductivity of the obtained polymeric materials[J]. Polymers for Advanced Technologies, 2007, 18(1): 50-63.

[72] Ohno H, Yoshizawa M, Ogihara W. Development of new class of ion conductive polymers based on ionic liquids[J]. Electrochimica Acta, 2004, 50 (2-3): 255-261.

[73] Li M, Yang L, Fang S, Dong S, Hirano S-I, Tachibana K. Polymerized ionic liquids with guanidinium cations as host for gel polymer electrolytes in lithium metal batteries[J]. Polymer International, 2012, 61 (2): 259-264.

[74] Saito Y, Kataoka H, Stephan A M. Investigation of the conduction mechanisms of lithium gel polymer electrolytes based on electrical conductivity and diffusion coefficient using NMR[J]. Macromolecules, 2001, 34 (20): 6955-6958.

[75] Karuppasamy K, Reddy P A, Sriniyas G, Tewari A, Sharma R, Shajan X S, Gupta D. Electrochemical and cycling performances of novel nonafluorobutanesulfonate (nonaflate) ionic liquid based ternary gel polymer electrolyte membranes for rechargeable lithium ion batteries[J]. Journal of Membrane Science, 2016, 514: 350-357.

[76] Pandolfo A G, Hollenkamp A F. Carbon properties and their role in supercapacitors [J]. Journal of Power Sources, 2006, 157: 11-27.

[77] Arbizzani C, Soavi F, Mastragostino M. A novel galvanostatic polymerization for high specific capacitance poly(3-methylthiophene) in ionic liquid[J]. J Power Sources, 2006, 162: 735-737.

[78] Bag S, Samanta A, Bhunia P, et al. Rational functionalization of reduced graphene oxide with imidazolium-based ionic liquid for supercapacitor application [J]. International Journal of Hydrogen Energy, 2016, 41(47): 22134-22143.

[79] Kim T Y, Lee H W, Stoller M, et al. High-performance supercapacitors based on poly(ionic liquid)-modified graphene electrodes [J]. ACS Nano, 2011, 5(1): 436-442.

[80] Soloveichik G L. Flow batteries: current status and trends[J]. Chemical Reviews, 2015, 115

(20): 11533-11558.

[81] Duduta M, Ho B, Wood V, Limthongkul P, Brunini V, Carter W, Chiang Y M. Sem-Solid Lithium Rechargeable Flow Battery[J]. Advanced energy materials, 2011,1: 511-516.

[82] Skyllas-Kazacos, M H, Chakrabarti M, Hajimolana Y S, Mjalli F, Saleem M. Progress in Flow Battery Research and Development. Journal of the electrochemical society, 2011, 158: R55-R79.

[83] Sleightholme A E S, A A Shinkle, Liu Q H, Li Y D, Monroe C W, Thompson L T. Non-agueous manganese acetylacetonate electrolyte for redox flow batteries[J]. Journal of Power Sources, 2011, 196, 5742-5745.

[84] Huie M M, DiLeo R A, Marschilok A C, Takeuchi K J, Takeuchi E S. Ionic liquid hybrid electrolytes for lithium-ion batteries: A key role of the separator-electrolyte interface in battery electrochemistry[J]. ACS Applied Materials & Interfaces, 2015, 7 (22): 11724-11731.

[85] Lu Y, Korf K, Kambe Y, Tu Z, Archer Lynden A. Ionic-liquid-nanoparticle hybrid electrolytes: Applications in lithium metal batteries[J]. Angewandte Chemie International Edition, 2013, 53 (2): 488-492.

[86] Wang J, Chew S Y, Zhao Z W, Ashraf S, Wexler D, Chen J, Ng S H, Chou S L, Liu H K. Sulfur-mesoporous carbon composites in conjunction with a novel ionic liquid electrolyte for lithium rechargeable batteries[J]. Carbon, 2008, 46 (2): 229-235.

[87] Gu S, Gong K, Yan E Z, Yan Y. A multiple ion-exchange membrane design for redox flow batteries[J]. Energy & Environmental Science, 2014, 7 (9): 2986-2998.

[88] Chen R, Hempelmann R. Ionic liquid-mediated aqueous redox flow batteries for high voltage applications[J]. Electrochemistry Communications, 2016, 70: 56-59.

[89] 周德璧, 于中一. 锌溴液流电池技术研究 [J]. 电池, 2004 (6): 442-443.

[90] Rajarathnam G P, Easton M E, Schneider M, Masters A F, Maschmeyer T, Vassallo A M. The influence of ionic liquid additives on zinc half-cell electrochemical performance in zinc/bromine flow batteries[J]. RSC Advances, 2016, 6 (33): 27788-27797.

[91] Xu S, Cheng Y, Zhang L, Zhang K, Huo F, Zhang X, Zhang S. An effective polysulfides bridge builder to enable long-life lithium-sulfur flow batteries[J]. Nano Energy, 2018, 51: 113-121.

第六章

离子液体纳微结构强化材料合成

第一节 引言

离子液体（ionic liquid，IL）因其与众不同的性质已广泛应用于有机化学合成、生物医药、催化等领域。在过去的十几年里，基于对纳米材料、多孔材料和催化材料的广泛应用和深入研究，采用离子液体合成多孔材料、纳米材料和催化剂等无机杂化材料也受到越来越多研究者的关注[1,2]。下面，我们将从合成方法本身，以及离子液体纳微结构在强化材料合成中的作用来进行详细的讨论。

离子液体作为物理性质可以"量身定制"的离子型溶剂，其本身具有一定的极性，可以确保无机前体具有良好的溶解性。同时，许多 IL 具有良好的热稳定性，使得它们能够在较高的温度下使用。因此其可作为水或有机溶剂的替代品，由此产生的离子热合成法就是用离子液体代替水或有机物作溶剂或结构导向剂合成固体材料的方法。

2007 年，英国圣安德鲁斯大学的 Morris 等[2]在离子液体中合成了具有新型结构的分子筛，并提出了离子热概念。离子热法的提出对无机杂化材料的合成具有重要意义。首先，由于离子液体与一般的水或有机溶剂的理化性质不同，具有高热稳定性、电化学窗口宽、强极性和蒸气压几乎为零的特点[3]，因此离子热法的反应环境也有别于传统水热/溶剂热法的反应环境。离子液体在反应中几乎不产生蒸气压却能提高反应物的溶解性，使反应能在常压下进行，增强了反应的效率和安全性。其次，通常离子液体本身配位能力较差，不会如水热合成中的水分子那样参与配位并可以通过氢键最终形成超分子结构，也不会如溶剂热合成中溶剂分子参与配位而使生成的骨架中有较多的溶剂分子，从而增强了反应物和配体的配位作用，因此也易得到晶型好、维数高的新型骨架材料。最后，在酸碱性不同的离子液体作用下，有机配体的去质子化程度不同，进而会影响配体的配位模式，合成出结构和性能多样的产物。

众所周知，离子液体在水中或有机溶剂中的溶解性可以通过调节离子液体的阴、阳离子的结构来改变。同时，离子液体结构的变化也会影响其作为结构导向剂和反应物的作用。因此，使用种类和结构不同的离子液体将会获得与水热或溶剂热法不同的具有新型拓扑结构的功能材料，如分子筛、类分子筛型多孔材料和无机-有机杂化材料等。由于离子液体在开放骨架材料合成过程中能够同时担任溶剂、模板剂、结构导向剂以及电荷补偿等多重角色，因此离子液体的使用减少了其他有机物的添加，与单一有机配体相比，更有助于合成出结构新颖和性质独特的功能材料。但由于目前离子液体的成本较高，阻碍了其大规模的应用。除此之外，离子液体作为新兴人工合成的离子型化合物对其结构与性能之间关系的研究也不够深入，造成了目前利用离子法合成无机杂化材料的种类还不是很多的现状。

目前，离子液体在合成功能材料领域方面的应用，可以依据离子液体在其中所起的作用，大致分为以下三种类型：①离子液体主要起溶剂作用，也就是作为水或常规有机溶剂的替代溶剂，离子热方法即由此发展起来，用于合成分子筛、类分子筛以及金属-有机配合物材料等；②离子液体在材料合成过程中，除了起到溶剂作用外，还可以起到结构导向剂的作用，甚至参与到材料外围结构的形成过程中；③ 离子液体在合成过程中除了作溶剂外，还作为反应物参与到材料的合成过程中，形成材料主体骨架的重要组成部分。下面，将依据离子液体在无机杂化材料合成中所起的作用，来分别介绍离子液体强化材料的合成与应用。

第二节　离子液体强化配位聚合物的合成

2002 年，KunJin 等 [4] 利用离子液体 [Bmim][BF$_4$]（Bmim=1- 丁基 -3- 甲基咪唑）作为溶剂首次报道合成出第一个金属 - 有机配合物（metal organic frameworks，MOFs）[Cu(bpp)]BF$_4$[bpp=1,3- 二（4- 吡啶）丙烷]。在此反应过程中 [Bmim][BF$_4$] 不单作为溶剂，其阴离子 [BF$_4$]$^-$ 作为电荷补偿剂进入到金属骨架起平衡电荷的作用，阳离子则没有参与配合物的形成（图 6-1）。在 2004 年，Kimoon 等 [5] 利用离子热法合成出了首例三维金属配合物。随后离子热合成金属配合物的报道逐年增加，在过去十八年，已经有很多课题小组利用离子热法合成出了一系列金属 - 有机配位聚合物 [6]。

IL 具有一些独特的物理性能，如低界面张力、高黏度、强极性。所有这些特点

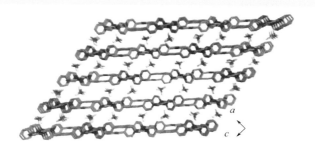

图 6-1　[BF$_4$]$^-$ 作为电荷补偿剂存在于 [Cu(bpp)] 的二维层状骨架结构中

都可以在材料合成中发挥作用。由大量离子热合成配合物的报道，根据离子液体在配合物合成中所起的作用，可以将离子热法合成配合物分成以下三种情况：

一、离子液体的电荷补偿和结构导向剂作用

　　Xu Ling 等 [7] 的报道中，采用离子热反应合成了三维金属锰的配合物，[Rmim] [Mn(btc)] [R = 乙基，丙基]，其中 [Rmim]X (Rmim = 1- 烷基 -3- 甲基咪唑；R = 乙基或丙基，X = Cl, Br 或 I）作为溶剂和电荷补偿剂以及结构导向剂。在 [Rmim][Mn(btc)] 中，[Emim]$^+$ 或 [Pmim]$^+$ 阳离子作为客体，通过分子间作用力——氢键与骨架原子相互作用，稳定地存在于配合物的孔道中，并且对带有负电荷的三维金属骨架结构起到电荷补偿和加强配合物热稳定性的作用。由于 IL 阳离子 [Emim]$^+$ 或 [Pmim]$^+$ 取代基的大小不同，存在于孔道中的空间取向也有所不同，导致上述三种配合物的孔道大小有所不同。因此，在这里阳离子 [Emim]$^+$ 或 [Pmim]$^+$ 同时发挥了配合物合成过程中的模板剂作用。IL 在配合物合成中的这种作用在其他文献中也有体现。例如，Liu Qing-Yan 等 [8] 利用 1- 乙基 -3- 甲基咪唑溴盐为反应溶剂，通过 DyCl$_3$ • 6H$_2$O 与对苯二甲酸的反应合成出三维稀土金属镝配合物 {(Emim)[Dy$_3$(BDC)$_5$]}$_n$。该配合物与之前文献报道的水热或溶剂热合成的金属 - 对苯二甲酸配合物结构有很大区别。其中阳离子 [Emim]$^+$ 作为电荷补偿剂和结构导向剂进入骨架的空穴中，但是没有与骨架结构形成化学成键，而只有静电作用。还是在 Xu Ling 等 [9] 的研究报道中，以碘化 1- 丁基 -3- 甲基咪唑 [Bmim]I 为反应溶剂，离子热法首次合成了新型四核锌 - 均苯三酸配合物，第一次在锌的配合物中发现了四核锌单元 "Zn$_4$(μ_3-O)$_2$-(μ_1-O)$_{12}$-core"，[Bmim]$^+$ 作为电荷补偿剂通过静电作用存在于带负电荷的金属骨架结构中。同时又讨论了离子液体阴离子——卤素离子 (X$^-$) 半径大小和咪唑取代基的长度对配合物骨架的孔道尺寸产生的调节作用。同样起电荷补偿和结构导向剂作用的离子液体也出现在配合物 (Bmim)$_2$[Cd$_3$(BDC)$_3$Br$_2$]（Bmim = 1- 丁基 -3- 甲基咪唑，BDC = 1,4- 对苯二酸）[10] 的合成中。在该配合物中，[Bmim]$^+$

主要通过静电引力与 2D 阴离子骨架相互作用而存在于骨架的空穴中，这里不再赘述。

在有些配合物的离子热合成中，由离子液体阴离子作为电荷补偿剂，并且主要通过静电作用占据二维层状结构的间隙 [4]。在离子热合成的首例三维金属配合物 $[Cu_3(tpt)_4](BF_4)_3 \cdot (tpt)_{2/3} \cdot 5H_2O^{[5]}$ 中，离子液体 [Bmim][BF$_4$] 作为溶剂，也是阴离子部分 [BF$_4^-$] 作为电荷补偿剂，存在于三维阳离子骨架的直径大约有 5Å 的孔道中。又如，配合物 $(C_4C_1py)[Cu(SCN)_2]$，(C_4C_1py=1- 丁基 -4- 甲基 - 吡啶) 中 [11]，以离子液体硫氰化 1- 丁基 -4- 甲基 - 吡啶为溶剂，其阳离子未配位，起到了平衡金属离子骨架结构电荷的作用，并首次发现了硫氰酸根作为配体的 $\mu_{1,3}$-SCN 配位模式，这是在其他合成方法中从未出现的情况。

二、混合离子液体作溶剂合成配位多孔材料

一般来说，离子液体在合成多孔材料如沸石或金属 - 有机配合物时，通常采用其阳离子作为模板剂或结构导向剂，并可能参与到最终的产物结构中。而阴离子发挥模板或结构导向作用在配位聚合物材料的制备中不太常见，但仍能产生有趣的结构。2007 年，Morris 等 [12] 合成了阴离子控制的金属钴的配位聚合物 $(Emim)_2[Co_3(TMA)_2(OAc)_2]$、$(Emim)[Co(TMA)]$、$[Co_5(OH)_2(OAc)_8](H_2O)_x$ 和 (Emim) $[Co_2(TMA)_4H_7(2,2'\text{-}bpy)_2]$ (TMA= 均苯三酸，2,2'-bpy=2,2'- 联吡啶)。当溶剂为极性较强的 [Emim]Br 时，反应产物为 $(Emim)_2[Co_3(TMA)_2(OAc)_2]$，其中 Co 离子形成了八面体的配位环境。保持 IL 阳离子不变，通过改变阴离子种类，调节 IL 的极性，即对反应物的溶解性，发现 IL 溶剂的极性对金属原子的配位行为有很大的影响：当极性较差的 [Emim]Br/[Emim]NTf$_2$[n([Emim]Br) ： n([Emim]NTf$_2$)=1：1] 混合物代替 [Emim]Br 作溶剂时，钴离子由八面体的配位环境变为四面体的配位环境。完全采用 [Emim]NTf$_2$ 作溶剂时，IL 的极性进一步下降，反应物的溶解度也进一步下降，产物中仅有均苯三酸和无机物 $[Co_5(OH)_2(OAc)_8](H_2O)_x$。出现极性差的 IL 溶剂中金属离子与有机配体反应性也差，不易形成金属 - 有机配合物的现象。在加入 2,2'- 联吡啶来改变 [Emim]NTf$_2$ 溶剂的极性后，得到了配合物 $(Emim)[Co_2(TMA)_4H_7(2,2'\text{-}bpy)_2]$，钴离子又重新形成了八面体的配位环境。可见，离子液体作为溶剂合成配合物过程中，不仅离子液体阳离子可以作为结构导向剂，阴离子对结构的形成也起到了关键作用。而且以两种离子液体 [Emim]Br 和 [Emim][NTf$_2$] 按 n([Emim]Br) ： n([Emim]NTf$_2$)=1：1 混合作溶剂，则产生了与之前两种离子液体分别作溶剂时得到的两种结构不同的第三种结构，这开辟了混合离子液体作溶剂的可能性，从而实现对溶剂性质更大控制的可能。在上述钴配合物中，[Emim]$^+$ 的存在高度无序，位于配合物的三维空穴或二维层间，起到电荷补偿作用。离子液体作溶剂的同时，还可以通过 IL 阴离子控制 IL 中水的含量。[Emim]Br 是吸水的，即使在适度的干燥过程之后也含有大量的水。痕量水的存在可以起矿化剂的

作用，这对这些反应中配位聚合物的结晶来说是必不可少的。而在合成 MOFs 时，所用的 IL 越疏水，IL 阳离子越不可能被封闭。当然，随着体系化学性质的改变（例如制备不同类型的无机材料），溶剂和 IL 模板行为之间的平衡也会发生变化。然而，IL 阴离子本身一般不被封闭在结构中，因此这是一个诱导效应，而不是一个模板剂的结构导向效应。这个例子也向人们充分展示了离子热合成的另一个特别有趣的特征，就是通过混合两种不同的混溶性离子液体来制备具有特定性质的新溶剂，使用混合的 IL 作溶剂，可以使溶剂适合特定的反应化学。

三、离子液体溶剂在稀土配合物合成中的作用

离子热合成方法不仅应用于过渡金属元素配合物的合成，还广泛应用于稀土金属配合物的合成。2010 年，Farida Himeur 等 [11] 采用离子液体氯化胆碱 /1,3- 二甲基脲共熔混合物作溶剂，合成出三种含有镧系金属的配合物。1,3- 二甲基脲不仅作为反应溶剂，其分解产生的铵盐或烷基阳离子作为反应中的结构导向剂，占据 Cu 离子的配位点参与到配合物的结构中。离子热合成最重要的特点就是溶剂从分子型变为了离子型，溶剂化学性质的改变通常会导致反应产物的变化。在配合物合成中，水分子强烈的氢键作用会使其比其他含量类似的有机溶剂的反应性降低。使用 IL 作为溶剂，即使存在浓度很低的水时，也能降低水在最终产物中的参与度。这种离子型溶剂效应非常强，以至于某些高度易水解的化合物如 PCl_3 可以在离子液体中存在相当长的时间，而这类易水解物质在其他"湿"溶剂中则迅速反应，而且经常会发生剧烈反应。而离子液体这种特殊的离子性就是由此可以获得性质特殊的配合物的原因。例如一种铝磷酸钴材料 SIZ-13，它具有与沸石密切相关的层状结构，但具有 Co—Cl 键。通常这种键是易水解而不稳定的，在水热条件下，这种材料也不太可能是稳定的 [12]。同样，在配合物 Ln(TMA)(DMU)$_2$ [Ln(C$_9$O$_6$H$_3$) [(CH$_3$NH)$_2$CO]$_2$；Ln=La，Nd，Eu；TMA ：均苯三酸；DMU ： 二甲基脲] 中 [11]，离子液体也有类似的作用，从而导致尿素组分保持完整（或至少不完全分解），因此二甲基脲通过配位键结合金属离子存在于最终的骨架材料中。另外一个一维稀土配位聚合物 Gd[(SO$_4$)(NO$_3$)(C$_2$H$_6$SO)$_2$]，它是以布朗斯特酸性离子液体 [Hbim] [HSO$_4$] 作为溶剂得到的，而在该合成过程中，离子液体仅起到溶剂的作用 [13]。

在 IL 作为溶剂及结构导向剂合成上述配合物的过程中，咪唑及其衍生物类离子液体作为配合物结构中孔道或空穴的填充物，意味着离子液体的体积和几何结构决定了所获得的配合物结构。通常，尺寸较大的咪唑离子液体及其衍生物应该导致具有较大孔道或孔穴配合物的形成，同时也增加了金属 - 有机骨架材料的热力学稳定性。改变 IL 阳离子的大小确实对结构有一定的影响，较大的阳离子形成更大的开放框架，需要额外的空间来容纳大模板。然而，在这种离子热合成金属 - 有机配合物的方法中，结构导向剂即模板的作用也并非非常具体和规范地引导或精确地控

制模板和骨架结构的相互作用，更多的情况是简单的"空间填充"。

第三节　离子液体反应介质合成纳米级金属化合物

在 Joulia Larionova 等的工作中 [14]，通过离子热方法合成出来多种可溶性金属氰基配合物纳米颗粒。IL 在合成这些纳米配合物材料的过程中，由于其优异的热稳定性和化学稳定性，除了作为反应介质以外，还表现出优异的稳定反应体系的能力，能有效防止纳米颗粒的团聚。同时，也发现反应温度、离子液体性质（N- 取代烷基链长度和阴离子种类调节）、含水量以及微波的使用对不同球状纳米粒子的合成也起到重要作用。这些配位聚合物纳米颗粒与 IL 胶体形成的体系是非常稳定的，不需要再加入其他有机物，仅 IL 就可以起到稳定剂的作用。离子液体在合成纳米材料时具有以上特点，是由其独特的性质决定的。首先，IL 的低界面张力有利于稳定反应物粒子。其次，离子液体结构是可设计的，可以容易地制备具有疏水性或亲水性的 IL。再次，IL 由阳离子和阴离子组成，它们可以被吸附在颗粒上并起到稳定剂的作用。最后，IL 与所形成的材料相互作用，使 IL 作为结构可调的导向剂或封端剂来控制材料的形态 [14]。而 IL 本身的微结构（例如胶束、乳剂、微乳剂、囊泡、凝胶和液晶）也可以使其作为模板形成孔穴或控制材料的形态。

第四节　羧基功能化离子液体合成金属-有机骨架材料

随着对离子液体需求的提高及其应用范围的扩大，具有特殊结构和性能的离子液体受到广泛关注。大多数基于二烷基化咪唑阳离子的 IL 没有配位点，不会以与水分子类似的方式与金属配位。通过在常规离子液体的阴、阳离子中引入一个或多个官能团，就得到能满足专一性要求的功能化离子液体，而离子液体组分的有机性质也通过这种方式将更多的功能引入最终合成的金属有机配合物中。根据离子液体结构的不同，功能化离子液体的合成方法有所不同。最常见的是选用带有特定基团的原料，经由类似合成常规离子液体的反应过程得到。而一般羧基功能化离子液体是由带酯基的离子液体水解得到的，具有一定的酸性和配位功能。

羧基功能化离子液体的合成已经有文献进行了报道 [15]，以这些布朗斯特酸性离子液体为桥连配体，合成了一系列新型金属 - 有机配位聚合物。Pierre Farger 等 [16] 通过溶剂 - 离子热反应得到了氯化 1,3- 二（羧甲基）咪唑（[Mim(COOH)$_2$]Cl）的

Co 和 Zn 的二维配合物，其中 IL 上的羧基氧原子作为配位原子与金属形成了配位键，而作为 IL 阴离子的 Cl⁻ 则没有出现在最终产物中，既不与之前得到的配合物一样起电荷补偿作用而存在于骨架的孔穴中，也没有和金属离子形成配位键。2006年，Zhaofu Fei 等[17] 合成出了一系列卤代羧基功能化咪唑类离子液体，并将羧基功能化离子液体——溴代 1,3- 二（羧甲基）咪唑 { [Mim(COOH)₂]Br（H₂A）} 引入过渡金属配位聚合物，利用配体的酸性与金属单质 Zn 和 Co 反应，得到了咪唑羧酸配位聚合物 {[ZnCl(H₂O)A](H₂O)} ∞ 和 {[Co(H₂O)₄A]Br(H₂O)} ∞。通过改变离子液体的阴离子研究对其结构的影响。将阴离子分别为 F⁻、Cl⁻、Br⁻、ClO₄⁻ 的咪唑羧酸离子液体进行对比可以发现，IL 阴离子的大小是决定离子液体宏观结构的重要因素。当阴离子为体积较小的 F⁻、Cl⁻ 时，F⁻ 和 Cl⁻ 整齐地排列在两个有机阳离子间并与其形成氢键成为聚合的链状结构。而当阴离子变为较大体积的 Br⁻、ClO₄⁻ 时，其在晶体中存在时则需要更大的空间，因此与阳离子间的排列变得不在一条线上，不易形成长链结构。其中两种金属 Zn(Ⅱ) 配合物具有由配位键和 π-π 堆积构成的螺旋形孔道结构，并有大量的水分子通过较强的氢键占据螺旋孔道内部，形成类似蛋白质的结构（图 6-2）。在高温下将晶体中的水分子去除，晶体骨架也随着坍塌，因此可以说明通道中的水与配位原子存在化学键，是晶体中不可缺少的一部分。证明了在离子液体存在的金属配合物合成过程中，离子液体中的阴阳离子均参与配合物的合成过程，IL 阴离子在合成中往往起到至关重要的作用。

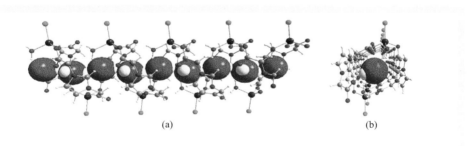

(a)   (b)

▶ **图 6-2   以咪唑羧酸为配体得到的新型过渡金属的 Zn 配位聚合物的螺旋形孔道**
红色代表水分子中的氧原子

在 (C₇H₇N₂O₄)₂Sr·4H₂O 中，Zhaofu Fei 等[18] 采用水热方法将离子液体阳离子 1,3- 二（羧甲基）咪唑（[Mim(COOH)₂]⁺）作为配位体引入锶的配合物骨架中。用同样的方法将咪唑二羧酸盐离子液体（H₂A）和第Ⅰ、Ⅱ主族金属的氧化物 BaO 或碳酸盐 CaCO₃、SrCO₃ 反应得到一系列主族金属的配位聚合物 Ba[ABr]、Ca₂[A₃Br] 和 Sr[ABr][19]。

2007 年，Wang Xianwen 等合成了第一个由 1,3- 二羧甲基咪唑离子液体为配体的手性配合物 [PbCl(C₇H₇N₂O₄)]（C₇H₇N₂O₄=1,3- 二羧甲基咪唑离子）[20]。这个化合物具有右手螺旋形矩形孔道，是在没有任何手性溶剂参与下，仅由对称的柔性离子液体配体构成的第一个二重互穿三维配合物。这充分说明，在合理设计的前提下，采用离子液体前驱体或功能离子液体合成新型功能材料的巨大潜力。2007 年，Morris 等 [21] 以 1- 甲基 -3- 丁基咪唑（Bmim）阳离子与 L- 天门冬氨酸作为阴离子组合得到了手性离子液体，合成了手性结构配合物 (Bmim)₂[Ni(TMA-H)₂(H₂O)₂] 和 (Bmim)₂[Ni₃(TMA-H)₄(H₂O)₂]（TMA= 均苯三甲酸）。尽管 IL 阴离子没有在最终的配合物结构中有所体现，但是阴离子的结构诱导潜力却是非常引人注目的。人们希望在不久的将来，能更深入地探索和利用离子热合成的这一特点，将 IL 阴离子的一些特殊性质引入无机 - 有机杂化材料的合成中。类似的，Wang Xuan 等 [22] 也利用 1- 烷基 -3- 乙酸咪唑、1,3- 二羧甲基咪唑离子液体，合成出了五个咪唑基羧酸两性配体的 Mn(Ⅱ) 配位聚合物，探讨了离子液体的手性特征对合成手性金属配合物的结构和性质的影响。Brendan F. Abrahams 等 [23] 利用氯代 1,3- 二乙酸咪唑 ([H₂imdc] Cl) 离子液体，通过改变条件合成出了 5 种含有金属 Cu(Ⅱ) 不同结构类型的金属配位聚合物。当溶剂甲醇分子参与配位时，配合物为配位键形成的二维双向网状结构，相邻层间由阴离子 BF_4^- 连接。但当去除配位及晶格中溶剂分子甲醇时，该配合物结构及组成发生有趣的改变，BF_4^- 参与配位，并且 F⁻ 与配体上的 H 形成氢键。说明在溶剂热环境下培养出的晶体小分子溶剂往往参与配位及占据孔道，离子液体可以同时扮演溶剂及配体等多重角色。2010 年，Zhaofu Fei 等 [24] 获得了 1,3- 二羧甲基咪唑盐离子液体的锌配合物，Zn 与 1,3- 二羧甲基咪唑离子配位后通过咪唑环的 π-π 堆积作用形成一维螺旋形孔道，其中水分子通过氢键作用填入孔道中。每一个具有一维螺旋孔道的链状结构之间通过氢键形成三维结构。Nicolas P. Martin 等 [25] 采用水热法以 1,3- 二乙酸咪唑阳离子为配体合成出以 UO_2 为单元的配合物，在低 pH 值范围 (0.8 ～ 3.1) 时，得到了 [(UO₂)₂(imdc)₂(ox)・3H₂O] (imdc=1,3- 二乙酸咪唑，ox= 草酸)；反应中的草酸根是由咪唑环在酸性条件下分解而产生的。同样的，以 1,3- 二乙酸咪唑盐为配体，Chai Xiao-chuan 等 [26] 合成了一系列 Ln 系金属配合物并测定了化合物

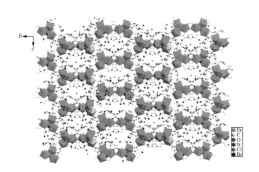

▶ 图 6-3　沿 *a* 轴，$C_{28}H_{42}Br_{2.90}Cl_{1.10}Er_4N_8O_{26.50}$ 中的六边形孔道结构

为清晰起见，忽略所有氢原子。

的荧光性质和热稳定性。采用 1,3- 二乙酸咪唑盐作桥连配体，张锁江课题组合成了首例镧系金属配合物——$C_{28}H_{42}Br_{2.90}Cl_{1.10}Er_4N_8O_{26.50}$ 和 $C_7H_{17}BrClN_2O_7Pr$，1,3- 二乙酸咪唑离子采用不同的配位模式与 Pr 和 Er 两种金属配位 [27]。金属 Er 配合物具有三维结构，三维骨架中形成了六边形微孔结构，在这些孔道中水分子、无序的 Br⁻ 和 Cl⁻ 通过氢键与主体结构相互作用（图 6-3）。而在金属 Pr 配合物中，Pr(Ⅲ) 通过配体连接形成了一维链状结构，Br⁻ 作为电荷补偿离子位于咪唑阳离子的附近，与晶格水分子及配体相互作用，将一维链状结构连接形成了二维网状的配合物（图 6-4）。

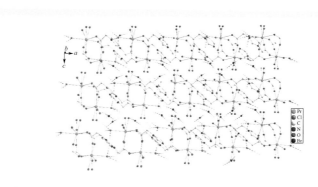

🔘 **图 6-4** 平行于 ac 平面，$C_7H_{17}BrClN_2O_7Pr$ 中的二维网状结构
为清晰起见，忽略所有氢原子，虚线代表氢键

第五节　离子液体强化分子筛材料的合成

　　随着材料科学领域的交叉和快速发展，多孔材料在高新技术领域得到深入发展。近十多年来，随着对主客体组装的研究，科学家们研究了在多孔物质内部制备量子点阵、量子线、分子导线、电子传输链以及具有特定性质的化学个体，为微电子学中的微型器件、分子线路、光晶体管开关等提供了基础。由于分子筛结构中存在十二、十四、十六、十八、二十、二十四元环的大孔道与超大微孔以及由二维或三维大孔道交叉形成的笼或孔穴，这些具有较大体积笼或穴的微孔化合物可以作为优良的主体，用于主客体组装复合材料。目前，分子筛作为主体在主客体组装方面越来越受到人们的关注。随着分子筛类型和品种的不断扩充与发展，在分离提纯、生物材料、化学工业、信息通信、环境能源、新型组装材料等领域会发挥更重要的作用。

　　我们知道，离子热方法在合成无机材料方面有很多优势，如避免了高压反应，增强了实验的安全性和效率。在合成无机 - 有机杂化材料时，离子热方法最初的使用目的就是将溶剂和结构导向剂用同一种物质来充当，以此消除模板剂与溶剂之间在形成骨架结构时产生的竞争作用[28]。以离子液体为反应介质或结构导向剂合成多孔开放骨架磷酸盐，减少了溶剂 - 骨架结构作用和结构导向剂 - 骨架结构作用的相互竞争，而使用同一离子液体介质来充当双重角色会有助于更好地控制结构导向的效果，进而更容易得到目标产物。磷酸盐骨架的孔道大小也可以通过改变离子液体的种类或是骨架中不同金属的比例来调节。因此，离子热合成方法的提出对分子筛的合成具有重要意义[28]。

Russell E. Morris[1] 首次在离子液体 [Emim]Br 中合成了 $Al_8(PO_4)_{10}H_3 \cdot 3C_6H_{11}N_2$ 等五种分子筛（图 6-5），其中 Al 具有 4 配位和 5 配位两种配位模式，而且具有与众不同的 P—O 键模式。由此开创了分子筛、类分子筛多孔材料的新型合成方法。

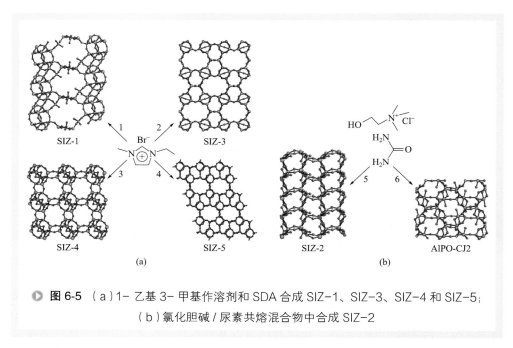

> **图 6-5** （a）1- 乙基 3- 甲基作溶剂和 SDA 合成 SIZ-1、SIZ-3、SIZ-4 和 SIZ-5；
> （b）氯化胆碱 / 尿素共熔混合物中合成 SIZ-2

在离子热合成分子筛过程中，首先，IL 作为离子型溶剂，在反应温度下几乎完全溶解了起始原料，表明分子筛的合成机理是固体产物从溶液中的结晶析出，而不是固 - 固转变；其次，[Emim]Br 离子液体是亲水性的，其中少量水分子会与离子液体的阴离子强烈作用，在这种离子型溶剂的作用下，会阻碍反应物中 Al 和 P 原子间的相互作用；再次，离子液体阳离子与分子筛的骨架结构之间具有一定的相互作用，体现出离子液体阳离子对有序的分子筛结构形成的强模板效应，同时，模板剂阳离子的不对称性对分子筛骨架结构的形成具有一定影响；最后，氟离子的加入有助于在离子液体中溶解含 Al 和 P 物种，甚至通过在溶液中形成氟氧化物阴离子来溶解反应物，并进一步催化分子筛结晶所必需的 Al—O—P 键的形成，即分子筛晶化过程。在反应过程中，水分子在分子筛合成中的矿化作用与其在配合物合成中的作用也是非常相似的。在首次离子热合成分子筛的基础上，Morris 课题组[29] 系统地研究了增加结构导向剂离子液体烷基链 [C$_n$mim]Br（n=2～5）长度从 2～5 个碳对分子筛结构的影响。同时，F$^-$ 作为矿化剂在反应中起到结构导向剂和溶解反应物的作用。将过渡金属引入离子热合成体系得到了过渡金属钴取代的磷酸铝分子筛，在离子液体 [Emim]Br 中得到三种 CoAlPOs 的结构[30]。由上述文献可以看出，在研究离子热法合成分子筛的初期阶段，多数采用 [Emim]Br 作为溶剂和结构导向剂。众所周知，[Emim]Br 具有强烈的吸湿性，体系中少量水分子会充当矿化剂促进分子筛的晶化过程。因此 Morris 研究小组以憎水的离子液体 [Emim][NTf$_2$] 为溶剂[31] 来作比较，HF 为矿化剂得到了新型链状磷酸铝结构 Al(H$_2$PO$_4$)$_2$F，其中离子液体阳离子 [Emim]$^+$ 不存在于分子筛结构中，与强烈吸水的 [Emim]Br 作结构导向剂相比[1]，显然后者导致 [Emim]$^+$ 掺入所形成的分子筛材料中。在广义的离子液体体系即低共熔点溶剂中离子热合成分子筛，主要包括胆碱和直链或环状结构尿素及其衍生物系列[32]，胆碱和羧酸系列包括丁二酸、戊二酸、柠檬酸[33]。在这些低共熔点溶剂中采用离子热法得到新型结构的磷铝分子筛和过渡金属钴取代的磷铝分子筛。Tian 等[34] 又研究了有机胺的添加对离子热合成分子筛的影响。研究结果表明，少量胺的添加影响分子筛晶化过程，提高了反应过程的选择性。

2006 年，Xu 等[35] 研究了微波加热对离子热合成分子筛的影响。实验证明，微波方法加快了反应晶化速率，提高了反应的选择性。微波技术的使用也促进了离子液体在合成功能材料领域的发展。微波辅助技术具有加热快、反应时间短、节能、反应选择性高等优点。在离子热反应过程中，IL 作为溶剂、微波吸收剂和保护剂，可以控制纳米颗粒的生长，结合了微波和离子液体的优点，使其成为一种新的材料制备方法。

2008 年，张锁江研究组[36] 合成了一系列咪唑类离子液体，以这些离子液体为溶剂和结构导向剂得到了应用广泛的磷酸铝系列的分子筛。优化了 SOD 型磷酸铝分子筛的合成条件，得到 SOD 型磷酸铝分子筛及其过渡金属取代的分子筛 Co(Fe)AlPO$_4$-SOD。在反应组成为 Al$_2$O$_3$：5.0P$_2$O$_5$：3.6HF：3.0CoCl$_2$·6H$_2$O：40[Emim]Br 的条件下，得到具有菱形十二面体的钴取代的磷酸铝（CoAlPO$_4$）晶体，其扫描电镜图如图 6-6（a）所示。在反应组成为 Al$_2$O$_3$：3.0P$_2$O$_5$（或 5.0P$_2$O$_5$）：3.6HF：3.0Fe(NO$_3$)$_3$·9H$_2$O：40[Emim]Br 的条件下，合成铁取代的磷酸铝（FeAlPO$_4$-SOD）晶体，样品的形貌如图 6-6（b）所示。同时通过大量实验，证明了离子热合成过程中离子液体可循环使用。一般来说，在分子筛合成过程中，反应条件如原料摩尔组成 n(P$_2$O$_5$)：n(Al$_2$O$_3$)、n(HF)：n(Al$_2$O$_3$)，反应温度、模板剂的种类等对分子筛的晶相，晶体的大小、形状等具有很大的影响。一系列反应实验条件及相应的产物性状如表 6-1 所示。

(a) 菱形十二面体　　　　　　　　　　(b) 多面体

▶ **图 6-6** SOD 型磷酸铝分子筛晶体的 SEM 图

表6-1　SOD型磷酸铝分子筛的合成条件和产物性状

编号	反应物摩尔比	$T/^\circ C$	产物性状
1	$Al_2O_3：1.8P_2O_5：3.6HF：3.0Fe(NO_3)_3 \cdot 9H_2O：40[Emim]Br$	170	无定形相
2	$Al_2O_3：2.0P_2O_5：3.6HF：3.0Fe(NO_3)_3 \cdot 9H_2O：40[Emim]Br$	170	无定形相
3	$Al_2O_3：2.8P_2O_5：3.6HF：3.0Fe(NO_3)_3 \cdot 9H_2O：40[Emim]Br$	170	棕色椭球体产物性状
4	$Al_2O_3：3.0P_2O_5：3.6HF：3.0Fe(NO_3)_3 \cdot 9H_2O：40[Emim]Br$	170	棕色菱形多面体
5	$Al_2O_3：5.0P_2O_5：3.6HF：3.0Fe(NO_3)_3 \cdot 9H_2O：40[Emim]Br$	170	棕色多面体
6	$Al_2O_3：6.0P_2O_5：3.6HF：3.0Fe(NO_3)_3 \cdot 9H_2O：40[Emim]Br$	170	无定形相
7	$Al_2O_3：8.0P_2O_5：3.6HF：3.0Fe(NO_3)_3 \cdot 9H_2O：40[Emim]Br$	170	无定形相
8	$Al_2O_3：5.0P_2O_5：3.6HF：3.0CoCl_2 \cdot 6H_2O：40[Emim]Br$	150/160	无定形相
9	$Al_2O_3：5.0P_2O_5：3.6HF：3.0CoCl_2 \cdot 6H_2O：40[Emim]Br$	170/180	蓝色椭球体
10	$Al_2O_3：5.0P_2O_5：3.6HF：3.0CoCl_2 \cdot 6H_2O：40[Emim]Br$	190	棕色菱形多面体
11	$Al_2O_3：5.0P_2O_5：3.6HF：3.0CoCl_2 \cdot 6H_2O：40[Emim]Br$	200	蓝色椭球体
12	$Al_2O_3：3.0P_2O_5：3.6HF：3.0CoCl_2 \cdot 6H_2O：40[Emim]Br$	190	棕色菱形多面体
13	$Al_2O_3：3.0P_2O_5：3.6HF：3.0CoCl_2 \cdot 6H_2O：40[Bmim]Br$	190	棕色菱形多面体
14	$Al_2O_3：3.0P_2O_5：3.6HF：3.0CoCl_2 \cdot 6H_2O：40[Bmim][BF_4]$	180/190	蓝色椭球体
15	$Al_2O_3：3.0P_2O_5：3.6HF：3.0CoCl_2 \cdot 6H_2O：40[Bmim][PF_6]$	190	无定形相
16	$Al_2O_3：3.0P_2O_5：3.6HF：40[Emim]Br（或 [Bmim]Br）$	190	无色透明菱形多面体

表 6-1（编号 1 ～ 7）中 $n(P_2O_5)$: $n(Al_2O_3)$ = 1.8 时样品结晶度较低，随着摩尔组成 $n(P_2O_5)$: $n(Al_2O_3)$ 的增大而升高，$n(P_2O_5)$: $n(Al_2O_3)$= 2.8 时出现产物相，在 $n(P_2O_5)$: $n(Al_2O_3)$=3.0 时得到较好的菱形十二面晶体，在 $n(P_2O_5)$: $n(Al_2O_3)$=5.0 时得到多面体晶体；随着摩尔组成 $n(P_2O_5)$: $n(Al_2O_3)$ 继续增大，样品结晶度又降低，在 6.0 时已经出现无定形杂相。分析结果发现，反应过程中 $n(P_2O_5)$:$n(Al_2O_3)$ 摩尔比的变化影响体系的 pH 值，从而引起样品结晶度的变化。在 HF 含量一定的条件下，体系的酸度主要取决于加入的 H_3PO_4 的含量。而加入的 H_3PO_4 引入的少量水控制异丙醇铝的水解，影响 Al-O-P 键及分子筛骨架结构的形成。但是过量 H_3PO_4 的加入会引入大量的水，从而影响离子热合成条件，因此体系中存在最合适的 $n(P_2O_5)$: $n(Al_2O_3)$ 摩尔组成以形成完美的晶体。因此，在 $n(P_2O_5)$: $n(Al_2O_3)$= 3.0 ～ 5.0 时有利于离子热合成纯度高、结晶度好的 SOD 型磷酸铝分子筛。在 150℃ 的较低温度时样品结晶度很低，主要为无定形相；随反应温度升高，样品结晶度增加，在 190℃ 时出现完美的菱形十二面体晶体。随反应温度继续升高，样品结晶度下降，在 200℃ 得到扁球形晶体。说明较高的反应温度可以降低离子液体的黏度，提高晶体的生长速率，有利于离子热合成磷酸铝分子筛。在相同的摩尔组成下，离子液体为 [Emim]Br、[Bmim]Br 和 [Bmim][BF_4] 时能得到相应的磷酸铝 CoAlPO_4，而在 [Bmim][PF_6] 中没有得到相应的产品相，这可能是由离子液体的性质决定的。一般来说，离子液体 [Emim]Br、[Bmim]Br 和 [Bmim][BF_4] 具有亲水性，而 [Bmim][PF_6] 具有憎水性；但在出现极少量水的情况下，$[PF_6]^-$ 极易水解产生 HF 和 $[PO_4]^{3-}$。而在反应过程中需要加 H_3PO_4（85% 水溶液）和 HF（40% 水溶液），会带入极少量的水。因此在 [Bmim][PF_6] 体系，反应过程中会产生 HF，体系的 pH 值很难控制，过量的 HF 会破坏体系的合成条件。Morris 等在实验中也观察到与上述相似的现象 [37]。离子液体的特点之一是几乎无蒸气压、可循环使用。这一特点使离子热法成为一种安全有效的合成途径。以组成为 Al_2O_3 : $5.0P_2O_5$: $3.6HF$: $3.0CoCl_2 \cdot 6H_2O$: $40[Emim]Br$（表 6-1，编号 9）的合成反应为例，研究离子液体的循环利用。通过核磁（^1H NMR）和热量分析（TGA）对循环使用的离子液体结构进行表征分析可知，反应前后离子液体的结构没有发生改变，尽管反应后离子液体的分解温度有所降低，但在反应温度范围内离子液体非常稳定，没有发生降解现象；而且在整个温度范围内使用 1 次和使用 4 次后离子液体的 TGA 曲线变化是一致的。即在离子热合成过程中，在相应的反应温度范围内离子液体没有发生降解，可以循环使用；而且在循环使用的离子液体中可以得到相同结构的分子筛。

通过类似的实验过程，张锁江研究组 [38] 也得到了 LTA 型磷酸铝和磷酸镓分子筛。在合成 LTA 型分子筛的过程中得到石英相，分别为石英型的磷酸铝盐 AlPO_4-quartz、石英型的磷酸镓盐 GaPO_4-quartz、LTA 型磷酸铝 AlPO_4-LTA 和磷酸镓 GaPO_4-LTA。当反应物摩尔组成为 Al_2O_3 : xP_2O_5 : $3.6HF$: $40[Emim]Br$（x= 0.8 ～ 3.5，T= 180℃，t= 3d）时，在不同的 $n(P_2O_5)$: $n(Al_2O_3)$ 条件下，样品结

晶度随 $n(P_2O_5)$ ： $n(Al_2O_3)$ 的变化而变化，这表明在一定的反应温度下，相变对 $n(P_2O_5)$ ： $n(Al_2O_3)$ 比较敏感，而且通过优化体系 H_3PO_4 的浓度可以形成完美的磷酸铝晶体。这说明优化反应物的组成，用离子热合成方法可以得到纯度较高的样品相。同时不添加或加入过量的 HF 都不利于 LTA 型磷酸铝分子筛的晶化。因此，HF 作为离子热合成分子筛中的一个重要因素，直接影响分子筛的晶化过程。可能是由于分子筛在含氟离子体系中晶化时，氟离子易与原料中的铝、磷等原子结合，形成 $[AlF_6]^{3-}$ 和 $[PF_6]^-$，由于形成骨架的活性物种 Al 和 P 由含氟的配离子逐渐水解释出，结果使反应物的过饱和度降低；限制成核速率，减慢了晶体生长速度，有利于完美晶体的形成。然而过量 HF 的加入形成大量可溶的氟化物，不利于分子筛骨架的形成；同时过量 HF 影响反应的 pH 值，也引入了过量的水破坏离子热合成条件。因此合成过程中需要优化 HF 的用量。Zones 等最早将 F^- 代替 OH^- 作为矿化剂引入沸石分子筛的晶化过程[39]。在氟离子体系中合成分子筛，其特点是允许反应在近中性或酸性条件下完成。由于氟离子可以平衡模板剂的正电荷，而在无氟离子的体系中，模板剂的正电荷多由骨架缺陷造成的负电荷来平衡，因此在氟离子体系中可以得到几乎完美或很少缺陷的分子筛，而在常规强碱体系中得到的分子筛往往缺陷较多。

与磷酸铝晶化过程不同的是，在 $n(P_2O_5)$ ： $n(Ga_2O_3)$ = 2.5 时形成结晶度较好的 LTA 相；随 $n(P_2O_5)$ ： $n(Ga_2O_3)$ 增大，LTA 相消失，石英相形成，$n(P_2O_5)$ ： $n(Ga_2O_3)$ 为 3.1 时得到石英相；继续增大 $n(P_2O_5)$ ： $n(Ga_2O_3)$，结晶度降低，$n(P_2O_5)$ ： $n(Ga_2O_3)$ 为 5.5 时出现无定形相。磷酸镓分子筛结晶过程分析结果进一步表明，H_3PO_4 浓度对晶体的相变具有十分重要的影响。最初较低温度 (140℃) 时样品结晶度很低；随反应温度升高，样品结晶度增加，在 170℃时出现结晶度较高的多面立方体晶体。随反应温度继续升高，样品结晶度下降，在 200℃出现无定形杂相。

综上所述，在咪唑类离子液体体系中离子热合成得到 SOD 型和 LTA 型两种结构的分子筛及石英型的磷酸铝和磷酸镓盐。LTA 型和石英型结构转变过程中反应原料 H_3PO_4 的含量起主要作用；同时在一定的组成范围内，调节 $n(P_2O_5)$ ： $n(Al_2O_3)$ 和 $n(HF)$ ： $n(Al_2O_3)$，有利于形成完美的晶体。

为了更深入地理解不同离子液体在分子筛晶化过程中的作用，张锁江课题组将醇胺类离子液体引入离子热合成体系，考察了各反应参数对分子筛晶化过程的影响规律。以乙醇胺乙酸盐离子液体（HEA）离子热合成具有十元环孔道的 AEL 型磷酸铝分子筛。发现反应温度、反应时间、原料组成和离子液体用量对分子筛晶化过程都具有较大的影响。同时当离子液体含量较少时，没有分子筛相生成；当离子液体用量稍有增加时可得到结晶度较高的样品相；随着离子液体用量的进一步增加，样品的结晶度反而有所降低。这可能是由于在离子热合成过程中需要一定量的离子液体溶解原料，同时离子液体中的阴离子与体系中的溶胶羟基形成氢键也需要一定量的离子液体，而少量的水作为矿化剂可以促进分子筛结晶过程的进行；然而过多的离子液体会增大体系的黏度，影响原料中异丙醇铝的水解和 H_3PO_4 的缩聚，从而影响反应的晶化过程。因此，反应过程中需要优化 IL 的用量。上述的一系列实验反映了不同反应条件对分子筛晶化过程的影响。其中 $n(P_2O_5)$ ： $n(Al_2O_3)$ 对反应体系的 pH 值有很大的影响；HF 的引入影响成核速率和体系的 pH 值；因而反应过程中 H_3PO_4 和 HF 的浓度直接影响分子筛的晶化过程。

同时，在乙醇胺乳酸盐离子液体（HEL）体系中采用离子热法合成 AlPO-14A 型磷酸铝分子筛。在 HEA 体系离子热合成的基础上，通过优化反应条件，考察了 HEL 体系中各反应参数对离子热合成磷酸铝分子筛晶化过程的影响。在离子液体 THEAL 体系离子热合成得到 AFI 型和 GIS 型两种不同结构的磷酸铝分子筛。两种结构的转变过程中，反应温度起主要作用，H_3PO_4 和 HF 的含量对结构的转变没有太大影响，但是在一定的温度下，不同的摩尔组成 $n(P_2O_5)$ ： $n(Al_2O_3)$ 和 $n(HF)$ ： $n(Al_2O_3)$ 可以调节体系的 pH 值，有利于形成完美的晶体。

离子热法合成分子筛是一条简单、安全的制备途径。离子液体在离子热合成中起溶剂和结构导向双重作用，不同的离子液体体系容易产生不同结构的分子筛。通过在一系列咪唑类和醇胺类离子液体中合成分子筛的实验，考察反应过程中各反应参数对分子筛晶化过程和相变的影响，我们发现：①在咪唑类离子液体中，优化合成条件，得到 SOD 型磷酸铝分子筛及过渡金属取代的分子筛 Co(Fe)AlPO₄-SOD，其中过渡金属取代的分子筛具有反铁磁性。反应前后离子液体的结构不变，在反应温度范围内离子液体没有降解，离子液体可循环使用。②在咪唑类离子液体体系中，$n(P_2O_5)$ ： $n(Al_2O_3)$[或 $n(P_2O_5)$ ： $n(Ga_2O_3)$] 的变化导致反应过程中出现 LTA 型和石英型磷酸铝（磷酸镓）盐的相变。③在醇胺类离子液体 HEA、HEL 和 THEAL 体系分别得到 AEL 型、AlPO₄-14A 和 AFI 型 /GIS 型磷铝酸分子筛。在相应合成条件下，离子液体的结构对分子筛的形成具有一定的结构导向作用；在离子液体 THEAL 体系得到不同结构的分子筛，结构转变过程中反应温度起主要作用，反应的 $n(P_2O_5)$ ： $n(Al_2O_3)$ 和 $n(HF)$ ： $n(Al_2O_3)$ 可以调节体系的 pH 值，有利于形成结晶度较高的晶体。

作为最常规的离子液体，咪唑类离子液体合成方法简单，性质稳定。目前，离子热合成分子筛过程中主要使用的是咪唑类离子液体。因此考察咪唑类离子液体体系中各反应参数对分子筛晶化过程的影响以及反应过程中离子液体的循环使用，对深入理解离子热合成分子筛具有十分重要的意义。王轶博等 [40] 以 1- 丁基 -3- 甲基咪唑溴盐（[Bmim]Br）作为反应介质和结构导向剂，通过优化合成条件，得到 $n(Fe)$ ： $n(Co)$ 过渡金属取代的新型磷酸镓骨架材料 $NH_4[Ga_2Fe(PO_4)_3(H_2O)_2]$ 和 $NH_4[Ga_2Co(PO_4)_3(H_2O)_2]$（图 6-7）。研究了反应参数对分子筛晶化过程的影响。反应条件如原料摩尔组成 $n(P_2O_5)$ ： $n(Ga_2O_3)$、$n(HF)$ ： $n(Ga_2O_3)$，反应温度、模板剂的种类等对分子筛的晶相，晶体的大小、形状等具有很大的影响。离子液体体系各反应参数对分子筛晶化过程的影响可以通过一系列不同实验条件（表 6-2）进行研究。

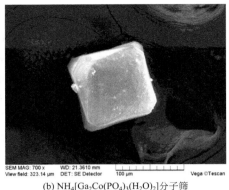

(a) NH$_4$[Ga$_2$Fe(PO$_4$)$_3$(H$_2$O)$_2$]分子筛

(b) NH$_4$[Ga$_2$Co(PO$_4$)$_3$(H$_2$O)$_2$]分子筛

图 6-7 NH$_4$[Ga$_2$M(PO$_4$)$_3$(H$_2$O)$_2$] (M=Fe, Co) 的扫描电镜图

表6-2 NH$_4$[Ga$_2$Co(PO$_4$)$_3$(H$_2$O)$_2$]的合成条件和产物性状

编号	反应物的摩尔组成	产物性状
1	Ga$_2$O$_3$: 1P$_2$O$_5$: 3.6HF : 3Co salt[①] : 40[Bmim]Br	紫色粉末
2	Ga$_2$O$_3$: 2P$_2$O$_5$: 3.6HF : 3Co salt : 40[Bmim]Br	紫色粉末
3	Ga$_2$O$_3$: 3P$_2$O$_5$: 3.6HF : 3Co salt : 40[Bmim]Br	紫色粉末
4	Ga$_2$O$_3$: 4P$_2$O$_5$: 3.6HF : 3Co salt : 40[Bmim]Br	紫色块状无定形多晶
5	Ga$_2$O$_3$: 5P$_2$O$_5$: 3.6HF : 3Co salt : 40[Bmim]Br	紫色块状无定形多晶
6	Ga$_2$O$_3$: 6P$_2$O$_5$: 3.6HF : 3Co salt : 40[Bmim]Br	紫色菱形块状晶体
7	Ga$_2$O$_3$: 7P$_2$O$_5$: 3.6HF : 3Co salt : 40[Bmim]Br	紫色菱形粒状晶体
8	Ga$_2$O$_3$: 8P$_2$O$_5$: 3.6HF : 3Co salt : 40[Bmim]Br	紫色块状无定形多晶和少量粉末
9	Ga$_2$O$_3$: 9P$_2$O$_5$: 3.6HF : 3Co salt : 40[Bmim]Br	无色透明无定形多晶和少量粉末

① Co salt 代表 Co(NO$_3$)$_2$ · 6H$_2$O。

在反应组成Ga$_2$O$_3$: P$_2$O$_5$: HF : Fe(NO$_3$)$_3$·9H$_2$O : [Bmim]Br 为 0.0623 : 0.1973 : 0.0386 : 0.4182 : 2.5（质量比）的条件下，得到棕色透明的块状晶体，为铁取代的磷酸镓化合物 NH$_4$[Ga$_2$Fe(PO$_4$)$_3$(H$_2$O)$_2$] [（图 6-7（a）]。反应组成为 Ga$_2$O$_3$: 6P$_2$O$_5$: 3.6HF : 3Co(NO$_3$)$_2$·6H$_2$O : 40[Bmim]Br（摩尔比）（表6-2，编号 6）的条件下，得到紫色透明方块形晶体，为钴取代的磷酸镓化合物 NH$_4$[Ga$_2$Co(PO$_4$)$_3$(H$_2$O)$_2$][图 6-7（b）]。这两个磷酸镓化合物的结构是相同的，在它们的三维骨架结构中存在孔道，其中 NH$_4^+$ 存在于孔道中，起电荷补偿作用。磁性测试表明，晶体中金属 Co(II)-Co(II) 间存在反铁磁的相互作用。进行氩气等温吸附 - 脱附测试，其等温吸附脱附曲线属于Ⅲ型等温线，发生了多分子层吸附。并对其进行 BET 方法的分析，BET 方法分析的 $NH_4[Ga_2Co(PO_4)_3(H_2O)_2]$ 的比表面积为 6.872 m^2/g。$NH_4[Ga_2Co(PO_4)_3(H_2O)_2]$ 沿 c 轴方向的堆积图如图 6-8 所示。

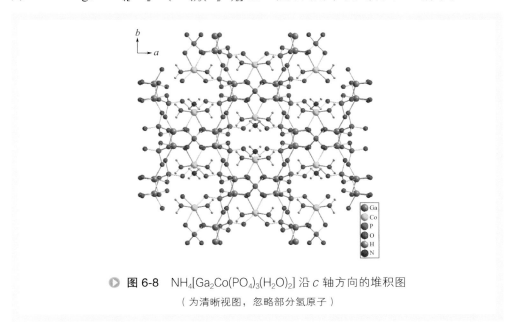

图 6-8　$NH_4[Ga_2Co(PO_4)_3(H_2O)_2]$ 沿 c 轴方向的堆积图

（为清晰视图，忽略部分氢原子）

　　上述磷酸盐化合物的晶化受到多种条件的影响，如原料摩尔组成 $n(P_2O_5)$：$n(Ga_2O_3)$、反应温度、模板剂的种类等，这些条件影响产物结晶的程度、形状和大小。研究了原料摩尔组成 $n(P_2O_5)$：$n(Ga_2O_3)$ 对磷酸镓化合物晶化条件的影响。随着 $n(P_2O_5)$：$n(Ga_2O_3)$ 的增大，结晶度也提高。在 $n(P_2O_5)$：$n(Ga_2O_3)$=4.0 时出现产品相，在 $n(P_2O_5)$：$n(Ga_2O_3)$ 为 5.0 时，得到较好的紫色菱形晶体，随着 $n(P_2O_5)$：$n(Ga_2O_3)$ 继续增大，晶体逐渐变小，并出现无定形的杂相和未取代钴原子的透明晶体。反应过程中 $n(P_2O_5)$：$n(Ga_2O_3)$ 的变化影响反应体系的 pH 值，在 HF 加入量一定的情况下，H_3PO_4 的加入决定了反应体系总体的 pH 值。H_3PO_4 中少量的水使得 Ga_2O_3 溶解，影响 Ga-O-P 键及磷酸镓骨架结构的形成。但是过量 H_3PO_4 中会带来较多水，影响离子热的合成环境，因此合成体系中适宜的 $n(P_2O_5)$：$n(Ga_2O_3)$ 有利于形成纯度高、结晶度好的磷酸镓骨架化合物。

　　与离子热合成配合物相似，离子液体中水的浓度太大是不利于分子筛形成的，大量水分子的存在只会形成致密相分子筛。水分子的微观状态与其在离子液体中的浓度有关，在低浓度下，水与阴离子通过氢键较强烈地相互作用，并作为孤立的水分子或非常小的团簇存在。然而，随着水的浓度增大，开始出现较大的水分子团簇和由水分子构成的氢键网络，显著地改变了溶剂的性质。最后，随着越来越多的水被加入，水成为溶剂中的主导成分，该反应体系也随之变成了水热而不是离子热体系[41]。因此，少量水在离子热合成分子筛过程中的存在是至关重要的，它与氟化物或氢氧根离子一样，除了帮助在反应条件下溶解反应物质之外，还起矿化剂的作用。如果反应的过程中排除尽可能多的水，分子筛的结晶会变得非常缓慢[42]。而氟化物本身可以发挥结构导向作用，并且在某些材料中参与模板有序化，在确定反应的相选择性方面也发挥重要作用。

目前，多数分子筛的合成还都是以咪唑及其衍生物类离子液体作为溶剂和结构导向剂，因此在合成新型分子筛方面，咪唑及其衍生物类离子液体是有着巨大应用前景的化合物。据文献报道，有近50种不同的咪唑衍生物阳离子用来合成多种分子筛类材料。在离子热合成中，咪唑及其衍生物可作为空间填料、模板剂和结构导向剂。采用结构类似但烷基链长度不同的咪唑衍生物类离子液体可以得到骨架密度或孔穴体积相似的分子筛。在一定程度上，有可能通过设计咪唑环上的取代基并进行结构导向剂的构象分析来预测和控制分子筛结构，确定咪唑类衍生物与分子筛类型之间的关系将会更好地合成和控制最终产物。由于咪唑及其衍生物类离子液体在合成分子筛过程中替代了某些有机溶剂的使用，并且有可能回收和再利用，因此，从这一点看，离子热合成分子筛也被认为是一种绿色化学过程。当然，离子液体作为可以替代有机溶剂合成无机 - 有机杂化材料的合适溶剂，它的使用肯定不仅限于咪唑及其衍生物类型。与分子型有机溶剂相比，上百万种离子液体的数量是庞大的，离子液体性质可调控的特点为其在除了无机 - 有机杂化材料合成外的其他领域，包括有机固体合成、纳米材料和无机材料合成等诸多领域开辟了更广阔的天地。

第六节　离子液体在合成光电催化材料方面的应用

光催化反应是利用光能进行物质转化的一种方式，是光和物质之间相互作用的多种方式之一，是物质在光和催化剂同时作用下所进行的化学反应。光催化是催化化学、光电化学、半导体物理、材料科学和环境科学等多学科交叉的研究领域。光电催化是旨在提高光利用率发展起来的一种催化过程。其融合了光化学和电化学氧化法，大致可以分为光催化电芬顿工艺和半导体光电极辅助降解两种。光电催化技术能够有效将污水中的有机污染物化解成为无机小分子，或将有机污染物转化成其他有用的物质。

一、光电催化的基本原理

（1）光催化基本原理

自从光催化剂发现以来，很多物理学家、化学家对光催化剂的作用机理进行了研究。材料的性质决定功能，半导体材料也是如此，半导体的光催化活性与它自身的能带结构有关，半导体的能带由价带和导带构成，价带是能量最高的能带，导带是能量最低的能带，导带底和价带顶之间的能量差就是禁带，禁带是一个不连续的区域。禁带宽度是半导体的一个重要特征变量，其大小主要决定于半导体的能带结构，这与晶体结构和原子的结合性质等有关。当照射在光催化剂的光的能量大于或者等于其禁带宽度时，价带上的电子就会跃迁到导带上，在价带上形成相应的空穴。价带上的空穴具有强氧化性，导带上的电子具有强还原性，因此，受到外界因素影响而产生的电子空穴对在催化剂材料中形成了一个很强的氧化还原体系。

当光照在光催化剂上的能量高于或者等于其禁带宽时，催化剂价带上的电子（e^-）就会被激发到导带上，进而在价带上形成相应的空穴（h^+），之后具有强氧化性的 h^+ 与具有强还原性的 e^- 与吸附在催化剂表面的 H_2O、O_2 等发生氧化还原反应生成 $\cdot OH$、O_2^- 等具有强氧化性与还原性的高活性基团，利用这些基团来降解污染物[43]。以 TiO_2 为例，机理如下：

$$TiO_2 \longrightarrow h^+ + e^-$$

$$e^- + H_2O \longrightarrow H^+ + \cdot OH$$

$$e^- + O_2 \longrightarrow O_2^- \longrightarrow HO_2 \cdot$$

$$HO_2 \cdot + O_2^- \longrightarrow \cdot OH + OH^- + O_2$$

$$h^+ + e^- \longrightarrow h\nu \text{ 或热}$$

（2）光电催化机理

光催化剂的外层电子结构较为特殊，一般具有很深的价带能级。当它们接收到能量超过带隙能量的光照时，在其外部需要施加一定的偏压，将价带上的电子激发到导带上，使得导带上形成一种活性较强的电子，价带上形成带正电荷的空穴，以此构建出一个氧化还原系统。溶解氧及水分别与二氧化碳中的电子与空穴发生反应，使得产生活性较强且氧化性也较强的 HO·，以此氧化降解有机废水中的难降解的有机物。但是因为光催化剂的导带捕捉活性强的电子能力不足，因此很容易使活性强的电子和光生空穴发生再复合的现象。光电催化就是通过在外部施加电场阳极，捕捉活性强的电子，以此避免其与光生空穴再复合的现象，将电子转移至电场阴极上，光生空穴则留在半导体的表面。以此提高光量子的反应效率[44]。离子液体在光电催化反应中的强化作用主要体现在两个方面：一方面是促进光电催化剂的合成，另一方面是作为电解液促进光电反应的进行。

二、基于离子液体构筑多金属氧酸盐及其催化应用

多金属氧酸盐 (polyoxometalates，POMs) 是一类多核配位聚合物，在催化、气体储存与分离、材料科学、纳米技术、化学传感、环境处理、医药等诸多领域都具

有巨大的应用价值。因此，POMs 是一类发展迅速的无机 - 有机杂化材料，它们的设计与合成也引起了化学家广泛的关注。近年来，随着化学合成手段的进步和多元化，以及物理化学测试手段的多样化，越来越多具有新颖结构和独特性质的多金属氧酸盐陆续被合成出来。在此基础之上，研究人员还对多金属氧酸盐的表面进行修饰，得到的化合物往往具备多金属氧酸盐和修饰单元两者共同具有的性质。如前所述，离子热方法与传统的水 / 溶剂热法相比较，在合成配位聚合物（MOFs）和分子筛时展示出与众不同的优势与特点，如离子液体对无机前体的高溶解性、对骨架结构的弱配位能力，IL 中痕量水分子和卤素阴离子具有的矿化剂作用，IL 阴、阳离子的模板剂作用，以及 IL 可调节的酸碱性等等，促使人们将这种有效的合成方法更迫不及待地应用于其他功能材料的合成当中。

POMs 作为金属 - 氧团簇，显示了良好的光催化活性，同时具有高稳定性、强修饰性、低腐蚀性、可重复性好以及环境友好等优点，成为理想的光催化剂之一。Fu Hai 等[45] 采用离子热法合成了第一个含有过渡金属 Cu 取代的八钼酸根阴离子化合物，并在紫外线照射下的光催化析出 H_2 实验中表现出较好光催化活性。其中 [Bmim]Br 在合成中仅起到溶剂溶解反应前体的作用。2011年，Fu Hai 等[46] 以 [Bmim]Br 作为溶剂，合成了第一个二维和三维 Dawson 型多金属氧酸盐 - 金属 - 有机化合物（POMs），其中 [Bmim]Br 并未参与 POMs 骨架的结构中。在光催化实验中，将合成的 POMs 加入罗丹明 B（RhB）水溶液中，分别使罗丹明 B 在 6h 内从 100% 降解至 28.4% 和 37.8%，以及在 4h 内降至 13.8%，降解速率分别约为 12%/h、10.4%/h 和 21.53%/h，表现出了较好的光催化效果。2012年，Fu Hai 等[47] 以 [Emim]Br 为溶剂，合成了三种多孔 PMOFs，其中 $(TBA)_2[CuII(BBTZ)_2(x-Mo_8O_{26})]$[TBA= 四丁基铵阳离子，BBTZ=1,4- 二 (1,2,4- 三唑 -1- 甲基)- 苯] 作为光催化剂，在紫外线的照射下持续生成 H_2，H_2 的平均转化率为 0.78mmol/h，具有明显的光催化活性。类似的，用 [Emim]Br 作溶剂，合成了 $[Dmim]_2Na_3[SiW_{11}O_{39}Fe(H_2O)] \cdot H_2O$ (Dmim=1,3- 二甲基咪唑)，$[Emim]_9Na_8[(SiW_9O_{34})_3\{Fe_3(\mu_2\text{-}OH)_2(\mu_3\text{-}O)\}_3(WO_4)] \cdot 0.5H_2O$(Emim=1- 乙基 -3- 甲基咪唑) 和 $[Dmim]_2[Mim]Na_6[(AsW_9O_{33})_2\{Mn^{III}(H_2O)\}_3] \cdot 3H_2O$(Mim=1- 甲基咪唑)[48]，其中 IL 阳离子 $[Dmim]^+$、$[Emim]^+$ 和 $[Mim]^+$ 通过氢键与杂多阴离子骨架相互作用，进而形成 3D 结构。用光催化降解罗丹明 B（RhB）实验对三种化合物的光催化活性进行了研究。当 $[Emim]_9Na_8[(SiW_9O_{34})_3\{Fe_3(\mu_2\text{-}OH)_2(\mu_3\text{-}O)\}_3(WO_4)] \cdot 0.5H_2O$ 作为光催化剂时，照射后 RhB 的紫外 - 可见光强度明显降低，在 200min 的辐照时间下，RhB 转化率分别为 66.4%、90.6% 和 69.2%。

多金属氧酸盐（POMs）含有金属氧簇阴离子，可以通过适当选择组分元素和反荷阳离子控制其氧化还原性和酸性。这种设计思路与离子液体结构的可设计性不谋而合，人们可以依据设计者的需要设计离子液体的阳离子和 POMs 的阴离子去构建新型功能材料。2018年，王轶博小组[49] 利用功能化离子液体合成了 POMs-IL

复合材料，该化合物阳离子为功能化咪唑离子，阴离子为多金属氧酸盐阴离子，并作为催化剂进行染料废水的降解研究。在 0.24mol/L 甲基红溶液中，不加光催化剂时，甲基红可以发生直接光解，其完全光解所需时间为 220min。当催化剂用量为 0.02～0.10g 时，其对有机染料甲基红的光降解效率随催化剂用量的增加而显著提高；并且加入 0.08g 催化剂后，紫外线照射 60min 即可使甲基红溶液完全降解，其降解效率可达未加入催化剂时的 3 倍。该光催化反应属于发生在催化剂表面的多相催化，降解所需时间短，催化剂用量少，催化效率高，并且与传统杂多酸催化剂相比，该催化剂为固体，克服了磷钨酸高水溶性的缺点，而且在非均相体系中易回收分离，具有很好的再生利用前景。后期的催化剂循环使用实验也证明，回收催化剂的光催化效果没有发生变化。

三、离子液体为金属源强化合成纳米金属氧化物

金属氧化物纳米材料是当前应用前景较为广泛的功能无机材料。由于其颗粒尺寸的细微化，比表面积急剧增加，表面分子排布、电子结构和晶体结构都发生变化，具有表面效应、小尺寸效应、量子尺寸效应和宏观量子隧道效应等，从而使纳米金属氧化物具有一系列优异的物理、化学、表面和界面性质，在磁、光、电、催化等方面具有一般氧化物无法比拟的特殊性能和用途[50]。

离子液体的可设计性非常适用于多变的无机纳米材料合成过程。由此产生一个合理的构想：根据无机纳米材料的组成、晶体结构和晶体生长规律可以量身定做有特殊阳阴离子的离子液体，可有目的地合成具有新颖结构和良好性能的无机纳米材料。

王平等[51]采用水热法，在离子液体型表面活性剂 $C_{12}mimBr$ 存在的条件下，以 $FeCl_3 \cdot 6H_2O$ 和 NaOH 为原料成功得到了粒径均匀的立方体形 $\alpha\text{-}Fe_2O_3$ 纳米颗粒，离子液体增强了 $\alpha\text{-}Fe_2O_3$ 纳米颗粒的稳定性和分散性，起到了模板、结构导向剂和表面活性剂的作用。李娟等[52]利用液相沉淀法在离子液体 [Bzmim]BF_4 中制备出纳米氧化镧白色粉末。用此方法制备出的纳米氧化镧在透射电镜下为不规则长条形，平均粒径在 22.7nm，粒子分散性好，分布窄，粒子团聚程度较小，粒径分布在 14～50nm 之间，比表面积为 $53.793m^2/g$。徐丽[53]利用疏水基离子液体 $[(C_8H_{17})_2(CH_3)_2N]FeCl_2$，与水形成液液界面，从而形成一个液液界面反应体系。在水热条件下，通过该液液界面反应体系制备得到尺寸均一的 $\alpha\text{-}Fe_2O_3$ 立方体，疏水性离子液体在合成过程中还作为反应源和模板剂，有助于立方体的形成。$\alpha\text{-}Fe_2O_3$ 立方体修饰电极具有极佳的光电化学信号，具有良好的稳定性，且对葡萄糖具有较强的光电催化能力，可将其用于葡萄糖检测中。因此，基于 $\alpha\text{-}Fe_2O_3$ 立方体，能成功构建光电化学传感器，实现对葡萄糖的快速、灵敏检测，且在葡萄糖浓度区间为 0.2～2mmol/L 时，葡萄糖浓度与光电流响应强度呈现良好的线性关系，检测下限为 0.015mmol/L（S/M=3）。

四、离子液体在TiO₂合成中的强化作用

离子液体因为其具有导电性强、较宽的电化学窗口等优点，非常适合作为电解质在电化学反应中使用。以离子液体为电解质制备的 TiO_2 纳米材料不仅拓宽了可见光效应范围，还表现出良好的光电催化性能[54]。

Shiny 等[55]观察到在 [Bmim]BF_4 离子液体电解质中形成有序的自组织 TiO_2 纳米管层，通过改变电位和阳极氧化时间，获得的最大厚度约为 650nm，并且获得最大直径约为 43nm 的 TiO_2 纳米管层。Zhang Yanzong 等[56]以离子液体 [Bmim]BF_4 为有机电解液的主要成分，采用超声辅助阳极氧化法在铁基底上制备了复合结构 TiO_2 薄膜电极。改变电解液成分组成（离子液体种类及浓度、H_2O 含量、有机电解质类型）、氧化电压、氧化时间、超声功率等条件参数，调控 TiO_2 氧化膜的形貌结构，对比分析了不同氧化条件下氧化膜的扫描电镜形貌图。在 0.6%（质量分数）[Bmim]BF_4-10%（体积分数）H_2O-EG 电解液中，施加 60V 氧化电压，在 480W 超声功率条件下氧化 20min 制备得到复合结构 TiO_2 薄膜电极。此 TiO_2 薄膜表面为不规则纳米棒组成的珊瑚状结构，下层为短的双壁纳米管，这种复合结构与铁基底结合非常牢固，而且具有光吸收强和光生电子传递快的优点。以偶氮染料的代表甲基橙染料作为降解对象，考察了复合结构 TiO_2 薄膜电极的光电催化性能。实验结果表明，复合结构 TiO_2 氧化膜对偶氮染料具有优异的光电催化降解效果，施加 2.0V 偏电压，光电催化降解 40mL 的 20mg/L 甲基橙染料 5h 后脱色率达 95% 以上，总有机碳（TOC）去除率达 75% 以上，并具有良好的稳定性。R.G. Freitas 等[57]通过改变离子液体电解质的浓度合成了两种不同孔径的 TiO_2 纳米管，两种 TiO_2 纳米管均表现出了良好的催化水分解的活性。

五、离子液体在光电化学传感器上的强化作用

Jin Dangqin 等[58]利用 1- 丁基 -3- 甲基咪唑六氟磷酸盐 [Bmim]PF_6，利用其具有非常高的化学和热稳定性、良好的导电性、较宽的电位窗口、不需要额外的支持电解质和良好的溶解能力的优势，构建了 TiO_2- 聚（3- 己基噻吩）- 离子液体光电化学传感器。二氧化钛 - 聚（3- 己基噻吩）悬浮液分散在二甲基甲酰胺溶液中，然后向 1mL 二氧化钛 - 聚（3- 己基噻吩）悬浮液中加入 1μL 的 1- 丁基 -3- 甲基咪唑六氟磷酸盐（[Bmim]PF_6）离子液体。涂覆在玻碳电极上室温下干燥，得到 TiO_2-P_3HT-IL-GCE 电极，并研究在可见光下对乙草胺的光电催化活性，光电降解乙草胺的降解速度加快。

六、离子液体在电沉积膜上的强化作用

俞丽霞[59] 利用 FePc 易溶于 1- 辛基 3- 甲基咪唑三氟乙酸离子液体 [Omim]TA 的特性，采用循环伏安电沉积技术，制得了具有纳米结构的 FePc 电沉积膜。在该电沉积体系中，[Omim]TA 既是 FePc 的溶剂，也是电沉积体系的电解质。文中还考察了电沉积时间、温度、扫描速度和浓度等条件对纳米电沉积膜的影响，其中浓度对电沉积膜形貌影响最大。进一步考察了抗坏血酸在制备的纳米电沉积膜的电催化氧化行为，发现氧化峰电位负移了，且峰电流明显增大，表明纳米膜具有较好的催化活性。

七、离子液体电极电催化降解双酚 A 的强化作用

Ju Peng 等[60] 将处理好的钛基体电极置于含有 0.5mol/L Pb(NO$_3$)$_2$、0.1mol/L HNO$_3$，0.02 mol/L NaF 和一定浓度的离子液体 [Bmim][BF$_4$] 的电解液中，先在 20mA/cm^2 的电流密度下电镀 10min，然后在 50mA/cm^2 电流密度下电镀 20min，标记为 PbO$_2$-IL(c)/Ti。结果表明，电沉积制得的二氧化铅粒径随着离子液体浓度的增大而逐渐减小；随着二氧化铅粒径的逐渐减小，电极的比表面积逐渐增大，也就为电活性产物的生成提供了更多的活性位点。与纯的二氧化铅电极相比，加入离子液体的二氧化铅电极表面的每个晶体单元之间看起来有一些细小的空隙，这些细小的空隙可以增大电极的表面积，增大电极与有机物的接触面积，从而可加速电极表面的氧化反应。同时，这种结构可以有效地阻止 Ti 氧化成 TiO$_2$，并能够有效地提高该电极的抗腐蚀性和稳定性。在离子液体电解液中电镀得到的 PbO$_2$ 层更加紧密，与基体结合更加牢固，可有效地防止镀层的脱落或 Pb^{2+} 的溶出而引起的二次污染。实验结果表明，制备的电极有良好的电催化性能，并且在使用过程中对环境危害很小。电沉积时离子液体的引入极大地增加了电极的导电性，而且更小的晶体结构也增大了电极的表面积，增加了 OH$^-$ 的生成量，加速了双酚基丙烷（BPA）的氧化。掺入离子液体的 PbO$_2$ 电极比单纯的 PbO$_2$ 电极在氧化降解污染物上有更好的效果，可以产生更多的·OH，而反应中生成的 OH$^-$ 在降解反应中起主要的作用。最终氧化产物为 CO$_2$ 和 H$_2$O，对环境无污染，反应进行迅速、高效，电极催化活性高，适合用于酚类污染物的降解。

──── 参考文献 ────

[1] Cooper E R, Andrews C D, Wheatley P S, et al. Ionic liquids and eutectic mixtures as solvent and template in synthesis of zeolite analogues[J]. Nature, 2004, 430(7003): 1012-1016.

[2] Parnham E R, Morris R E. Ionothermal synthesis of zeolites, metal-organic frameworks, and

inorganic-organic hybrids[J]. Acc Chem Res, 2007, 40(10): 1005-1013.

[3] Seddon K R. Ionic liquids: a taste of the future[J]. Nature Materials, 2003,2 (6):363-365.

[4] KunJin, Xiaoying Huang, Long Pan, et al. [Cu(Ⅰ)(bpp)]BF₄: the first extended coordination network prepared solvothermally in an ionic liquid solvent[J]. Chemical Communications, 2002, 23(23): 2872-2873.

[5] (a) Danil N Dybtsev, Hyungphil Chun, Kimoon Kim. Three-dimensional metal-organic framework with (3,4)-connected net, synthesized from an ionic liquid medium[J]. Chemical Communications, 2004, 14(14): 1594-1595; (b) Drylie E A, Wragg D S, Parnham E R, et al. Ionothermal synthesis of unusual choline-templated cobalt aluminophosphates [J]. Angewandte Chemie International Edition, 2010 , 46 (41): 7839-7843.

[6] (a) Parnham E R, Morris R E. The ionothermal synthesis of cobalt aluminophosphate zeolite frameworks[J]. Journal of the American Chemical Society, 2006, 128 (7): 2204-2205; (b) Parnham E R, Wheatley P S, Morris R E. The ionothermal synthesis of SIZ-6——a layered aluminophosphate[J]. Chemical Communications, 2006, 4(4): 380-382; (c) Taubert A, Li Z. Inorganic materials from ionic liquids[J]. Dalton Trans, 2006, 7(7): 723-727; (d) Han L, Zhang S, Wang Y, et al. Synthesis, characterization, and 1,3-butadiene polymerization studies of Co(Ⅱ), Ni(Ⅱ), and Fe(Ⅱ) complexes bearing 2-(N-arylcarboximidoylchloride)quinoline ligand [J]. Journal of Molecular Catalysis A Chemical, 2014, 391(52): 25-35.

[7] Ling Xu, Kwon Young-Uk, De Castro B, et al. Novel Mn(Ⅱ)-basedmetal-organic frameworks isolated in ionic liquids[J]. Crystal Growth & Design, 2013, 13(3): 1260-1266.

[8] Qing-Yan Liu, Yi-Lei Li, Yu-Ling Wang, et al. Ionothermal synthesis of a 3D dysprosium-1,4-benzenedicarboxylate framework based on the 1D rod-shaped dysprosium-carboxylate building blocks exhibiting slow magnetization relaxation[J]. Crystengcomm, 2014, 16(3): 486-491.

[9] Ling Xu, Eun-Young Choi b, Young-Uk Kwon. Ionothermal synthesis of a 3D Zn–BTC metal-organic framework with distorted tetranuclear [Zn(μ-O)] subunits[J]. Inorganic Chemistry Communications, 2008, 11(10): 1190-1193.

[10] Ju-Hsiou Liao, Wei-Chia Huang. Ionic liquid as reaction medium for the synthesis and crystallization of a metal-organic framework: (BMIM)₂[Cd₃(BDC)₃Br₂] (BMIM = 1-butyl-3-methylimidazolium, BDC = 1,4-benzenedicarboxylate)[J]. Inorganic Chemistry Communications, 2006, 9(12): 1227-1231.

[11] Himeur F, Stein I, Wragg D S, et al. The ionothermal synthesis of metal organic frameworks, Ln(C₉O₆H₃)[(CH₃NH)₂CO]₂, using deep eutectic solvents[J]. Solid State Sciences, 2010, 12(4): 418-421.

[12] Lin Z J, Wragg D S, Warren J E, Morris R E, et al. Anion control in the ionothermal synthesis of coordination polymers[J]. Am Chem Soc, 2007, 129(34): 10334-10335.

[13] Qianqian Luo, Ying Han, Hechun Lin, et al. Formation of Gd coordination polymer with 1D chains mediated by Bronsted acidic ionic liquids[J]. Journal of Solid State Chemistry, 2017, 247: 137-141.

[14] (a) Clavel G, Larionova J, Guari Y, et al. Synthesis of cyano-bridged magnetic nanoparticles using room-temperature ionic liquids[J]. Chemistry, 2010, 12(14): 3798-3804; (b) Larionova J, Guari Y, Sayegh H, et al. Synthesis of soluble coordination polymer nanoparticles using room-temperature ionic liquid[J]. Inorganica Chimica Acta, 2007, 360(13): 3829-3836; (c) Larionova J, Guari Y, Tokarev A, et al. Coordination polymer nano-objects into ionic liquids: Nanoparticles and superstructures[J]. Inorganica Chimica Acta, 2008, 361(14): 3988-3996.

[15] (a) Zhaofu Fei, Dongbin Zhao, Tilmann J Geldbach, et al. Brønsted acidic ionic liquids and their zwitterions: Synthesis, characterization and pK_a determination[J]. Chem Eur J, 2004, 10(19): 4886-4893; (b) Prashant S K, Luís C B, João G C, et al. Comparison of physicochemical properties of new ionic liquids based on imidazolium, quaternary ammonium, and guanidinium cations[J]. Chem Eur J, 2007, 13(30): 8478-8488.

[16] Farger P, Guillot R, Leroux F, et al. Imidazolium dicarboxylate based metal-organicframeworks obtained by solvo-ionothermal reaction[J]. Eur J Inorg Chem, 2016, 2015(32): 5342-5350.

[17] Zhaofu Fei, Ang W H, Geldbach T J, et al. Ionic solid-state dimers and polymers derived from imidazolium dicarboxylic acids[J]. Chem Eur J, 2006, 12(15): 4014-4020.

[18] Zhaofu Fei, Geldbach T J, Zhao D, et al. A nearly planar water sheet sandwiched between strontium-imidazolium carboxylate coordination polymers[J]. Inorganic Chemistry, 2005, 44(15): 5200-5202.

[19] Zhaofu Fei, Tilmann J Geldbach, Scopelliti R, et al. Metal-organic frameworks derived from imidazolium dicarboxylates and group Ⅰ and Ⅱ salts[J]. Inorganic Chemistry, 2006, 45: (16): 6331-6337.

[20] Wang X, Han L, Cai T, et al. A novel chiral doubly folded interpenetrating 3D metal-organic framework based on the flexible zwitterionic ligand[J]. Crystal Growth & Design, 2007, 7(6): 1027-1030.

[21] Lin Z, Slawin A M Z, Morris R E. Several factors affecting the popularity process of higher learning education in china [J]. Journal of Huazhong Agricultural University, 2007, 129 (16): 4880-4881.

[22] Xuan Wang, Xiu Bing Li, Ren He Yan, et al. Diverse manganese(Ⅱ) coordination polymers derived from achiral/chiral imidazolium-carboxylate zwitterions and azide: structure and magnetic properties[J]. Dalton Trans, 2013, 42(27): 10000-10010.

[23] Brendan F A, Helen E Maynard-Casely, Robson R, et al. Copper(Ⅱ) coordination polymers

of imdc-(H$_2$imdc$^+$ = the 1,3-bis(carboxymethyl)imidazolium cation): unusual sheet interpenetration and an unexpected single crystal-to-single crystal transformation[J].Cryst Eng Comm, 2013, 15: 9729-9737.

[24] Zhaofu Fei, Dongbin Zhao, Tilmann J G,et al. A synthetic zwitterionic water channel: Characterization in the solid state by X-ray crystallography and NMR spectroscopy[J]. Angewandte Chemie, 2010, 117(35): 5866-5871.

[25] Martin N P, Falaise C, Volkringer C, et al. Hydrothermal crystallization of uranyl coordination polymers involving an imidazolium dicarboxylate ligand: Effect of pH on the nuclearity of uranyl-centered subunits[J]. Inorg Chem, 2016, 55(17): 8697-8705.

[26] Chai Xiao Chuan, Sun Yan Qiong, Lei Ran, et al. A series of lanthanide frameworks with a flexible ligand, N,N'-diacetic acid imidazolium, in different coordination modes[J]. Crystal Growth & Design, 2010, 10(2): 658-668.

[27] Lijun Han, Suojiang Zhang, Yibo Wang, et al. A strategy for synthesis of ionic metal-organic frameworks[J]. Inorganic Chemistry, 2009, 48(3):786-788.

[28] Parnham E R, Morris R E. Ionothermal synthesis of zeolites, metal-organic frameworks, and inorganic-organic hybrids[J]. Acc Chem Res, 2007, 40(10): 1005-1013.

[29] Parnham E R, Morris R E. 1-alkyl-3-methyl imidazolium bromide ionic liquids in the ionothermal synthesis of aluminium phosphate molecular sieves[J]. Chem Mater, 2006, 18(20): 4882-4887.

[30] Parnham E R, Morris R E. The ionothermal synthesis of cobalt aluminophosphate zeolite frameworks[J]. J Am Chem Soc, 2006, 128(7): 2204-2205.

[31] Parnham E R, Morris R E. Ionothermal synthesis using a hydrophobic ionic liquid as solvent in the preparation of a novel aluminophosphate chain structure[J]. J Mater Chem, 2006, 16(37): 3682-3684.

[32] Parnham E R, Drylie E A, Wheatley P S, et al. Ionothermal materials synthesis using unstable deep-eutectic solvents as template-delivery agents[J]. Angew Chem Int Ed, 2006, 45(30): 4962-4966.

[33] Drylie E A, Wragg D S, Parnham E R, et al. Ionothermal synthesis of unusual choline-templated cobalt aluminophosphates[J]. Angewandte Chemie International Edition, 2010, 46 (41): 7839-7843.

[34] Wang L, Xu Y P, Tian Z J, et al. Structure-directing role of amines in the ionothermal synthesis[J]. J Am Chem Soc, 2006, 128(23): 7432-7433.

[35] Xu Y P, Tian Z J, Wang S J, et al. Microwave-enhanced ionothermal synthesis of aluminophosphate molecular sieves[J]. Angew Chem Int Ed, 2006, 45: 3965-3970.

[36] Lijun Han, Yibo Wang, Suojiang Zhang, et al.Simple and safe synthesis of microporous aluminophosphate molecular sievesbyionothermal approach[J]. AIChE Journal, 2008, 54(1):

280-288.

[37] Parnham E R, Slawin A M Z, Morris R E. Ionothermal synthesis of β-NH$_4$AlF$_4$ and the determination by single crystal X-ray diffraction of its room temperature and low temperature phases[J]. J Solid State Chem, 2007, 180(1): 49-53.

[38] Han Lijun, Wang Yibo, Zhang Suojiang, et al.Ionothermal synthesis of microporous aluminum and gallium phosphates[J]. Journal of Crystal Growth, 2008, 311(1): 167-171.

[39] Zones S I, Hwang S J, Elomari S, et al. The fluoride-based route to all-silica molecular sieves: A strategy for synthesis of new materials based upon closed-packing of guest-host products[J]. ComptesRendusChimie, 2005, 8: 267-282.

[40] Fu Xiao-Fang, Lei Lian-Cai, Wang Yibo, et al. The ionothermal synthesis and properties of new gallium phosphates substituted by Co and Fe[J]. Polyhedron, 2018, 155: 129-134.

[41] Morris R E. Ionothermal synthesis: ionic liquids as functional solvents in the preparation of crystallinematerials[J]. Chem Commun, 2009, 40(21): 2990-2998.

[42] Ma H J, Tian Z J, Xu R S, et al. Effect of water on the ionothermal synthesis of molecular sieves[J]. J Am Chem Soc, 2008, 130(26): 8120-8121.

[43] 张文韬，殷彤蛟，田鹏．二氧化钛的结构和光催化机理研究 [J]. 山东化工，2017, 46(5): 34-35.

[44] 王欣．光电催化技术在有机废水处理中的应用 [J]. 化工管理，2016 (21)：142.

[45] Fu Hai, Lu Ying, Wang Zhenli, et al. Three hybrid networks based on octamolybdate: Ionothermal synthesis, structure and photocatalytic properties[J]. Dalton Trans, 2012, 41(14): 4084-4090.

[46] Fu Hai, Li Yangguang, Lu Ying, et al. Polyoxometalate-based metal-organic frameworks assembled underthe ionothermal conditions[J]. Crystal Growth & Design, 2011, 11(2): 458-465.

[47] Fu Hai, Qin Chao, Lu Ying, et al. An ionothermal synthetic approach to porous polyoxometalate-based metal-organic frameworks[J]. Angew Chem, 2012, 124(32): 8109 -8113.

[48] Chen Wei-Lin, Chen Bao-Wang, Tan Hua-Qiao, et al. Ionothermal syntheses of three transition-metal-containing polyoxotungstate hybrids exhibiting the photocatalytic and electrocatalytic properties[J]. Journal of Solid State Chemistry, 2010, 183(2): 310-321.

[49] 刘云竹，符晓芳，高丽华，王轶博，等 . 1, 3- 二乙酸咪唑磷钨酸盐的制备及其对甲基红的光催化降解性能研究 [J]. 过程工程学报,2018: 146-152.

[50] 赵海丽，尤景汉，张庆国，等 . 离子液体在制备金属氧化物纳米材料中的应用 [J]. 化学通报，2009, 72(12): 1065-1071.

[51] 王平，徐英明，程晓丽，等 . 离子液体辅助合成 α-Fe$_2$O$_3$ 纳米立方体及其低温气敏性能研究 [J]. 黑龙江大学自然科学学报，2014, 31(6): 778-783.

[52] 李娟, 陈力, 陈永娴, 等 . 离子液体辅助液相沉淀法制备纳米 La$_2$O$_3$[J]. 广东化工 , 2016, 43(8): 185-187.

[53] 徐丽 . 金属基离子液体中过渡金属氧化物的设计及其光电性质研究 [D]. 江苏 : 江苏大学 , 2014.

[54] Paramasivam I, Macak J M, Selvam T,et al. Electrochemical synthesis of self-organized TiO nanotubular structures using an ionic liquid (BMIM-BF$_4$)[J]. Electrochimica Acta, 2009, 54(2): 643-648.

[55] John S E, Mohapatra S K, Misra M. Double-wall anodic titania nanotube arrays for water photooxidation[J]. Langmuir, 2015, 25(14): 8240-8247.

[56] Zhang Yanzong, Xiong Xiaoyan, Han Yue, et al. Photoelectrocatalytic degradation of recalcitrant organic pollutants using TiO$_2$ film electrodes: An overview[J]. Chemosphere, 2012, 88(2): 145-154.

[57] Freitas R G, Santanna M A, Pereira E C. Preparation and characterization of TiO$_2$ nanotube arrays in ionic liquid for water splitting[J]. Electrochimica Acta, 2014, 136(8): 404-411.

[58] Jin Dangqin, Xu Qin, Wang Yanjuan, et al. A derivative photoelectrochemical sensing platform for herbicide acetochlor based on TiO$_2$–poly (3-hexylthiophene)–ionic liquid nanocomposite film modified electrodes[J]. Talanta, 2014, 127(4): 169-174.

[59] 俞丽霞 . 金属酞菁纳米材料的制备及光 / 电催化性能 [D]. 江苏 : 江苏大学 , 2009.

[60] Ju Peng, Hai Fan, Doudou Guo, et al. Electrocatalytic degradation of bisphenol A in water on a Ti-based PbO$_2$–ionic liquids (ILs) electrode[J]. Chemical Engineering Journal, 2012, 179(4): 99-106.

第七章

未来展望

　　离子液体引起学术界和工业界的重视始于 20 世纪 90 年代，当时每年在国际期刊上约有 20 ～ 30 篇离子液体科研论文发表。进入 2000 年后开始以 100 篇 / 年的速度增加，并于近些年开始了爆发性的增长。从 90 年代开始兴起到现在，离子液体的研究已由初步探索走向深入研究，并开始向实际的工业应用进发。

　　早在 2003 年，国际离子液体著名专家 Robin D. Rogers 和 Kenneth R. Seddon 教授就在 *Science* 上发文指出：离子液体代表了未来溶剂的发展方向 [1]。离子液体具有许多独特的物理化学性质，如非挥发性、热稳定性、熔点低及可设计性，这些特点拓展了离子液体的功能和应用领域，使其成为新型功能材料和介质，具有巨大的工业应用潜力。作为新型介质，离子液体已越来越多地应用在不同反应领域和工艺过程上，为节能减排提供了新的途径，有望成为清洁过程工业节能技术发展的关键。在化学反应过程方面，作为新一代催化和溶解性能共有的介质，离子液体将带来传统催化过程的革新，在反应热力学和动力学方面带来新突破，在资源、能源、环境、材料等领域实现大规模工业应用。

　　然而，正如 Kenneth R. Seddon 教授 [2] 所指出的："各个孤立的化学反应已经被大量的研究。……然而，我们对结果和工程过程的预测能力却有限……离子液体要对整个绿色化学领域产生影响，需要从理论和实验上对离子液体有更多的了解。"面对广泛的适用领域，离子液体实际应用过程出现了很多亟待解决的新问题。究其根本，离子液体作为有别于常规化合物的较新体系，人们对其本质和规律的认识还不够深入。缺乏对离子液体体系微观本质的了解，已成为离子液体设计和工业化应用发展的瓶颈问题。而如何发展用于离子液体的新理论体系，成为离子液体科研工作者需要面对的挑战。

　　目前对离子液体在分子层次已经具备了一定的认识，也初步建立了系统层次宏观性能的研究方法，然而对离子液体体系的科学本质认识不深入，反应调控只能依赖于宏观经验数据和现象观察。对离子液体介质中化学反应行为与常规溶剂中的差异、离子液体催化反应性能的非线性变化、反应传递性能的尺度效应、反应/传递控制因素等都无法采用现有理论进行解释。导致上述问题的根本原因是缺乏对离子液体体系内部特殊纳微结构、调控机制及其与反应性能关系的深入认识。

在科技飞速发展进步的时代，如何加快离子液体发展和应用的步伐，深入理解微观结构与物质性能的关系，高效地设计新结构高性能离子液体，是我们需要长期面对的艰难课题。目前，团簇等纳微结构已渐渐进入科研工作者的视线，作为高于原子/分子/离子、介于宏观和微观物质之间的介尺度物质层次，团簇及各类纳微结构可能存在于金属等固体、溶液和纯液体、气体及气液固混合物等体系，涉及范围非常广泛。理论上来说，纳微结构可以自由进行构筑，具有独特的体系和界面性质，并可通过内部分子/离子等基本单元和界面、外部条件的改变来进行性质和功能调控，获得单个分子/离子无法实现的耦合性能，为新型反应和工艺过程的开发创造机遇、提供无尽的可能性，具有美好的应用前景。

国际学术界如美欧等也于近期逐渐开始了离子液体纳微结构的探索性研究[3~7]，离子液体纳微结构及其相关的衍生研究有望成为离子液体未来研究的重要和关键性课题。近期Dupont教授、Bica等[7]对离子液体介质中材料合成和反应过程的调控也进行了一些研究，发现纳微结构对材料形貌和反应选择性具有重要影响。但总体来说，这方面的研究才刚刚起步，相关工作极少，且零散片面，尚未从介尺度和系统理论的视角认识到纳微结构的科学意义和应用价值。

对物质结构-性质关系的规律性研究是化学基础科研的长期主题，理论和技术突破往往孕育其中，并可能带来化学和化工学科的发展和变革。目前对离子液体的构效关系研究实验工作占据了主要部分，而对离子液体的模拟研究多集中于较小的单一微观结构上。离子簇等纳微结构对离子液体的影响和作用已成为认识离子液体性质所必不可少的部分，但这方面的研究还刚刚起步，使得离子液体进一步研究和应用受到极大限制。对纳微结构的研究，前提是需要对离子间作用力，包括特殊氢键、静电相互作用、范德华力等及其影响进行深入分析。离子液体构效关系研究的核心问题不仅是正、负离子结构与物化性能的关系，还要认识氢键、静电等作用力在微观结构方面的特殊体现，以及纳微结构与物化及化学反应性能的关系。在未来的科研工作中，采用实验与模拟相结合是必然的发展趋势，系统地研究离子间相互作用和离子簇等纳微结构，将可从多层次揭示离子液体结构的微观本质、宏观表象和构效关系。

作为新型介质，离子液体正处于从实验室向工业应用的推广阶段，由于客观条件限制，多局限于常规表观研究，系统层次的研究非常缺乏。近年来，在系统层次，中国科学院过程工程研究所离子液体研究团队对离子液体纳微结构介观问题、相关气液等两相传递/反应过程以及过程系统集成中的科学问题开展了初步探讨，结合一些重要离子液体化工工艺，如重要化学品乙二醇/碳酸酯的环加成反应过程等，对离子液体中离子簇等纳微结构及其介尺度作用机制和性能进行了探索研究。逐步认识到按照传统的思路和模式难以阐明离子液体反应过程和突破其效率极限，需深入到介尺度层次，对纳微结构及其现象进行研究，方能揭示其科学本质，奠定其产业化应用的科学基础。

离子液体体系纳微结构研究将主要可从以下两方面着手：一是指由于氢键、静电等特殊作用力所形成的离子簇等纳微结构本身；二是指反应过程离子液体体系中存在的离子簇纳微结构群。这两方面包括离子液体反应中连续相和分散相过程，最终目的是为离子液体工业反应装置的设计提供普适性的多尺度科学基础。为此，需要聚焦离子液体纳微结构和界面，揭示离子液体反应过程纳微尺度和介尺度作用机制，获得纳微结构调控规律，形成系统的理论认识和设计基础。为实现上述目标，未来将需要重点解决如下三个方面的问题。

第一节　纳微结构的特性和动态稳定机理

如前文所说，离子液体所呈现的特殊性质是离子液体复杂的微观结构和相互作用的外在表象。传统的观点认为，离子液体特殊性质的本质原因在于阴阳离子静电的相互作用。然而，随着科研的发展、检测手段的升级和模拟计算方法的引入，对离子液体的结构和性质进行深入研究后，离子液体中的氢键作用已越来越受到重视。实际上，离子液体中的阴阳离子相互作用是由多种作用力，如静电力、氢键、范德华力等共同作用的结果。宏观上呈现均相液体状态的离子液体，在各类作用力的平衡作用下，在微观上存在多种尺度结构的动态变化，单一离子、离子对及离子簇等纳微结构[7, 8]，这些不同尺度的结构及其相互作用对体系/过程起着控制作用。

目前氢键被认为是离子液体中最重要的相互作用之一[7, 9, 10]。经过大量研究和分析，例如通过核磁共振等检测方法对离子液体的氢键和阴阳离子连接方式的研究；CPMD 和分子动力学模拟对离子间氢键的结合方式、电子转移方向及其对扩散和能量分布的研究等，揭示了离子液体中广泛存在的氢键及其影响规律。对常规和功能离子液体的量化计算表明，离子液体中广泛存在着氢键网络及其形成的离子簇纳微结构。离子液体内部特殊的氢键网络结构决定了离子液体的高级功能和其特殊的挥发性；而 X 射线衍射和 Raman 光谱等实验研究也进一步证实了离子液体中氢键网络结构的广泛存在。氢键网络结构的存在从分子水平上解释了很多离子簇纳微结构的形成机理，而实验结果表明这些通过氢键连接形成的纳微结构在很大范围内存在。离子液体的氢键离子簇结构，是其特殊功能的决定因素之一，使得离子液体具有周期性规律分布的网络结构，呈现出"液体分子筛"的特性。例如，多个阴阳离子间形成氢键网络和大量的"空穴"，使得离子液体在纳米材料制备方面展示了明显的优势，也大幅增强了离子液体吸收 CO_2、SO_2 等气体的能力。

除了特征性的氢键外，范德华力、静电等分子间作用力在离子液体结构和性质方面也发挥着重要的作用。2005 年，Gregory A.Voth 采用分子动力学方法对咪唑类等离子液体进行模拟时发现，具有烷基侧链 C>4 阳离子的纯离子液体中存在着明显的团簇不均质结构，并称为聚集体 aggregation。而 X 射线衍射及电喷雾离子化质谱（ESI-MS）等实验也对团簇的存在加以证实。目前相关的研究多为对团簇的观测或结构测定，团簇的成因有待深层次地剖析。对离子的结构进行深入探讨后目前可以获得以下观点：离子液体阳离子是由带净电荷的极性中心如咪唑环与非极性的烷基链构成的，对于具有短链烷基阳离子的离子液体，烷基链受咪唑环等极性中心的影响存在明显的电荷，静电相互作用使得阳离子之间互相排斥，体系呈现均匀分布。而对于具有较长碳链阳离子的离子液体，末端烷基受咪唑环的影响减小，电荷基本可以忽略不计，在范德华力作用下基团逐渐聚集形成团簇结构。当离子液体中阴阳离子含有非极性基团和较长的碳链时，碳链之间的范德华吸引作用与极性中心之间的排斥作用相互竞争，形成了极性中心和非极性中心的局域分相，导致团簇现象出现。

在特殊氢键、静电和范德华力等的共同作用下，不同种类离子液体的纳微结构也分别呈现了复杂性：通过氢键形成的各类网络结构和离子簇将以不同的形式存在；短链的离子液体将可能存在明显的离子聚集体效应；而长链离子液体中范德华力将可能占据重要的地位，烷基链之间相互吸引形成各种形态的团簇结构。多种作用力、不同特征基团以及多个氢键离子簇和团簇之间的竞争与协调，将使离子液体体系中出现各类大小形态各异、特征性质和表观作用力不同的纳微结构。

离子液体中的纳微结构不是孤立和静止的，由于涉及多种相互作用的竞争和协同、各类不同成因的聚集结构，并易受到外界条件的影响，会表现出非常复杂的动态变化。在离子液体体系分离和反应等过程中，上述各种因素都将可能随时发生变化，想要获得离子纳微结构的分布形态和动态变化规律将会十分困难。离子液体中普遍存在的氢键离子簇和团簇等纳微结构，意味着不能将离子液体简单地看作完全电离的离子体系，也不能简单地将其视为缔合的离子体系。离子液体在分子层次上具有不同于分子型介质（有机溶剂）或电解质溶液的微观本质。因此，离子液体结构-性质关系研究的核心问题不仅包括阴阳离子或离子对的结构与性质的关系，也包括离子簇等纳微结构及其动态变化与宏观性质的关系。如果缺乏对纳微结构形成机理、动态稳定性和其影响规律的系统认识，将无法深入理解离子液体不同于以往常规体系的新型构效关系，遑论实现对其纳微结构及离子液体表观性能的有效调控。然而，目前国际上对离子液体中纳微结构的研究尚处于起步阶段，对离子簇等纳微结构形成机理的研究也很少有报道，而纳微结构动态稳定性机制的研究更是处于空白的状态。

上述分析表明，离子液体纳微结构的组成、形貌等微观特质主要受阴阳离子种类、结构、各类作用力及不同作用方式等的影响，而纳微结构稳定性则受到内外不同因素的影响。内部因素是阴离子由于体积一般较小，可相对集中地提供可形成氢键的亲核性质及具有较强的静电作用，在氢键网络和离子团簇的形成过程中都起到了非常关键的作用；而不同长短链的阳离子具有的极性基团与非极性基团在形成团簇的过程中，分子间作用力使其在一定条件下可以稳定存在。外部因素是时间、温度、压力、电磁场及 pH 值等条件发生变化时，将导致离子间相互作用、连接方式及运动状态发生变化，短暂的平衡将有可能被打破，链与链的聚集开始解散，随着不同纳微结构表面之间新的静电吸引作用和氢键形成，分子间作用力也发生变化，各类作用力的竞争与协调将导致纳微结构的碰撞和重组，直到新的平衡建立。因此，离子液体纳微结构的稳定性是相对的、动态的，随着内部作用和外界条件的变化而发生变化，对纳微结构动态稳定性和其影响规律的研究将处于十分重要的地位。

在离子液体与其他物质的混合体系中纳微结构也普遍存在，例如在与水或有机溶剂的混合体系中，存在着具有复杂结构的离子簇等纳微聚集体 [11, 12]。而随着水等溶剂的持续增加，离子簇纳微结构将缩小，加入物种达到一定量时，纳微结构则可能消失并释放出自由离子。由于混合体系中其他组分的引入，相互作用不仅由离子液体本身决定，而且与溶剂分子结构、特征作用力、聚集状态和溶剂效应密切相关，对离子液体混合体系的研究将更为困难和艰巨 [13～15]。离子液体混合体系在实际应用中占到了很大比例，例如离子液体水溶液、离子液体共溶剂以及 Lewis 酸离子液体体系等，因此需要在对纯离子液体纳微结构研究的基础上对混合体系相互作用、纳微结构及其动态过程进行深入研究。

目前对离子液体体系中纳微结构的研究分为实验和模拟两个方面来进行，实验上多利用热力学参数法及核磁、红外、质谱等谱学技术进行检测，模拟上多采用分子动力学、量子化学方法来模拟离子簇的形成并获得其作用特征。但总的来说，研究大多集中在对纳微结构现象的观测，缺乏对纳微结构形成及变化机理的深刻认识，仍然存在许多空白和疑问。因此，除了采用现有的原位实验、波谱分析研究和分子模拟等方法相结合，对纳微结构进行深入研究，还需发展可准确观测氢键等作用的新型检测手段、开发特定的适用于离子液体独特相互作用的算法和模拟软件，对离子簇等纳微结构内部和表面结构特征进行分析表征，对纳微结构的形成机理、稳定性条件、突变的临界点等进行系统研究，探索静态和动态条件下离子纳微结构的变化规律。以期揭示离子液体纳微结构介尺度的作用本质及影响规律，为进一步推进离子液体在反应、分离等方面的应用提供科学理论基础。

近些年来，离子液体被广泛用于化学反应的介质及催化剂、分离过程的溶剂等，在各类反应/分离过程中表现出优异的性能，如缩合、氧化、羰基化、环加成等反应过程以及吸收、萃取等分离过程，推动了化学反应工程多个领域的创新和发展。而深入认识离子液体的多层次、多尺度构效关系是设计开发功能化离子液体、开发新型反应器和新工艺的基础。离子液体在分子、纳微、流场尺度上可能呈现的静态或动态的不均匀结构，将可能影响离子液体的宏观物理化学性质以及在催化和分离等过程中的性能。

纳微结构通常会在离子液体体系内阻碍阴阳离子的自由运动，对其性能产生很大影响[16, 17]。并且在实际应用过程中，离子液体纳微结构会表现出非常复杂的变化，随外界条件变化而发生其性质和功能的突变。显然，纳微结构能否稳定存在对其应用起到决定作用，无疑也将直接影响离子液体的宏观性能。在不同的实际应用过程中，离子液体的纳微结构将可能起到截然不同的作用。如当离子液体用作反应催化剂时，纳微结构的存在可能会影响离子液体在反应物中的分散性，降低反应的效率，也可由于簇集作用而影响体系的酸碱性和作用位点等性质，从而增强离子液体催化效率。在涉及传递、需要均相环境的分离及反应过程中，纳微结构将可能阻碍离子的自由运动，造成黏度等性质的改变，引起传质、传热问题，对离子液体在吸收、分离甚至化学反应等过程中发挥足够效用造成阻碍；在离子液体用作制备和合成新型材料的模板剂及原料时，纳微结构可能影响产物的形貌及性质，规则的聚集结构将是离子液体具有的独特优势。

在离子液体与其他化合物的混合体系中，离子液体的引入将对体系的微观结构和离子、分子分布造成很大的影响，从而不仅改变体系的宏观物理化学性质，也会改变体系的化学作用及性能，例如表面活性剂水溶液，离子液体的加入能提高溶液的表面活性和聚集能力；离子液体与 Brønsted 酸混合催化体系，由于氢键等作用力引起的纳微结构改变了化学活性中心结构和体系酸性[17,18]。由于微观结构、作用力和性质的多种变化，可能带来分离和催化作用原理的根本性改变和革新，对混合体系在化学过程中的作用机理进行研究将是十分困难的，并且需要长期大量的工作及系统深入的钻研。

总的来说，纳微结构的作用视应用过程的具体情况而定，当用作反应或分离介质时，可能造成传质过程的不均匀分布，影响流动和传递，但也可能对体系反应/分离过程具有正面的促进作用，在特定的境况下，也可能发挥独特的优势，获得出人意料的成果。因此，研究离子液体纳微结构在吸收分离、催化反应等方面的作用机理和调控规律具有重要的意义，是离子液体实际应用过程中亟待解决的关键问题之一。

　　离子液体本身阴、阳离子组合的特点使其性能调控具有特殊性，迄今为止，阴阳离子如何控制反应和分离性能仍然不清楚。在较早的观点中，有人认为阳离子主要影响离子液体的物理化学性质，如黏度、密度等，而阴离子对离子液体的化学性质和反应性能具有主导的作用。但对离子液体纳微基团来说，由于氢键、静电力组成了簇集结构，其各种结构单元如何影响离子液体的性能，纳微簇如何控制和协调分离、反应和过程，将是科研工作者面临和需要解决的更为复杂的情况和难题。

　　例如，纳微结构是具有复杂结合方式的三维结构，这种类似"液体分子筛"的性质为其在分离、萃取和吸收 CO_2 等气体方面的应用创造了基础条件，但如果要达到选择性地分离目标的目的，需要对纳微离子簇进行微观结构明晰和性质调控；纳微结构的动力学行为是影响体系黏度等影响反应和传递性质的关键因素，但对其运动是否遵循规律、怎样的规律目前很少有相关报道，需要对阴阳离子以及离子内各原子的运动进行系统研究，来探索纳微结构运动的普适性规律，从而达到对反应传递性质进行调控的目的。

　　离子液体纳微结构调控是实现反应过程强化不可或缺的基础，目前的研究基本上针对的都是静态纳微结构的研究，虽然国内外文献研究对纳微结构有了一定的认识，但尚未研究纳微动态结构形成机制及变化规律，更未对纳微结构离子簇及其纳微表面电荷、活性位等特殊性质，以及各个纳微结构的聚并、分裂、转化等动态过程开展研究。而对离子液体这类簇结构特征显著甚至有可能起决定性作用的体系来说，传统的调控手段将很难实现对纳微结构及其分布的定量、定向调控。只有探索内外因素对纳微结构内部阴阳离子分布的作用规律，深入认识纳微结构在体系内的作用机制和变化规律，实现对离子取向、纳微结构非均分布等的定向调控，才可能实现对离子液体相关过程的定性和定量调控。离子液体纳微结构对反应和工艺过程的影响犹如一把双刃剑，我们需要努力发挥其优势，减轻其劣势，在深入理解其作用机理、掌握规律的基础上来思考如何强化其相应过程，而对纳微结构的深入研究也必将为离子液体开拓更加广阔的应用领域。

第三节　离子液体纳微结构化工过程的应用和发展

　　在科学发展日新月异，新技术层出不穷的当代，基于传统化工原理的工艺和技术创新已难以实现根本突破，只有在多尺度理论的基础上进一步探索化工反应过程，形成介尺度调控机制，构建过程工程的新方法，才能从根本上为我国乃至世界化工工业过程的革新和可持续发展提供支撑。离子液体纳微结构及其独特的表观物理化学性质，为开发新型的化工过程和现有化学工艺的革新提供了极其广阔的发展空间。然而迄今为止，大多数离子液体的应用仍局限于实验室或者小试阶段。

目前离子液体工业应用项目较少，其中具有代表性的离子液体催化的碳酸二甲酯联产乙二醇新技术进行了工业化和产业化的研发。离子液体固载催化联产碳酸二甲酯/乙二醇新技术解决了离子液体工业催化剂的规模化制备问题，获得了关键反应器的模拟和设备选型参数，解决了酯交换法生产DMC原料转化率低、催化剂难分离、能耗高等问题，使能耗降低30%以上，并已建成3万吨/年的工业装置。

另一项具有代表性的技术是复合离子液体催化及离子液体协同催化生产异辛烷绿色烷基化新技术。目前设计合成的有复合离子液体催化体系和多功能离子液体协同催化体系，极大降低了酸耗，有效抑制副反应发生，提高了反应产率和选择性。离子液体烷基化相关技术已进入工业化应用和工业示范工程阶段，收率和性能均优于现有技术，具有显著的经济和环保优势。

功能化离子液体电池电解液技术也具有很好的工业应用前景。相比于传统电池电解液，离子液体电化学和热稳定性更佳，具有拓展的电压范围、能量密度和更好的安全性。此外，离子液体电解液技术还可拓展到超级电容器，实现高压超电容制备。目前已在林州科能建成5000t/a生产线，产品的经济和社会环境效益明显，市场潜力巨大。

在上述离子液体工业应用过程中，离子液体纳微结构发挥了重要作用。离子簇等纳微结构不仅导致体系催化、导电性质的改变，也可能导致体系内新型功能结构的形成。而对离子液体纳微结构进行调控，将可能提高体系的特定性能，如催化性能、导电性能等，以催化反应为例，纳微结构将可能改变催化反应进行的方式，提高反应选择性和整个催化链条的活性，从而达到调控离子液体催化反应及其工艺过程的目的。

如前文所述，近年来，国内外已围绕离子液体非常规介质及其相关过程开展了大量研究，目前在分子层次对离子液体已经具备了一定的认识，在系统层次和宏观性能的研究已初步建立，但在分子和系统之间的介尺度层次的认识却处于刚起步的阶段，对纳微结构及其相关现象的本质和规律了解不深入。离子液体相关反应和过程调控仍然主要依赖于宏观经验数据和现象观察，成为离子液体大规模工业化应用亟待解决的瓶颈问题之一。要想真正获得离子液体的规模化应用，还必须解决工程放大的问题，其核心就是要研究离子液体体系的反应/传递规律，而目前这方面的研究几乎空白。如果不理解离子液体介质中反应、分离及传递等过程的本质和规律，则很难建立真正意义上的创新性技术。

离子液体作为新型介质，种类繁多、结构多样，体系中存在电离、缔合以及复杂的簇集行为，纳微结构在其宏观性质和表观现象中所起作用尚未清楚，常规分子型溶剂的相关理论模型很难适用于离子液体体系中各类行为的描述，而目前关于离子液体反应及传递过程中纳微结构行为的相关研究十分匮乏，获得此类复杂体系的传递规律是离子液体过程强化和实际工业应用的必要条件和基石，也是科研及工程人员所要面对的难题之一。离子液体纳微聚集结构的组成、性质和行为等都将随着外界参数发生复杂的时空变化，而目前对离子液体相关过程的描述还依赖于传统的简单流体经验或者半经验模型（如 Whitman 膜理论[19]、Higbi 溶质渗透理论等[20]），这些已具有半个多世纪历史的适用于常规液体的规律显然已远远跟不上离子液体等新型介质和过程革新的步伐。目前研究发现，传统的模型如适用于高黏度有机溶剂的 Rodrigue 模型和气液界面追踪 VOF（volume of fluid）模型，对离子液体气液两相体系不适用并产生了明显的误差[21]；只有考虑离子液体的静电和缔合作用力，建立新型气液传质模型，才能获得与实验相吻合的结果。

离子液体体系的传递规律与常规分子型介质体系有显著的不同，氢键、静电等多种作用力及纳微结构等协同作用的结果，将会带来反应和传递过程规律的根本变化。并且，离子液体纳微结构的大小、形状及其运动规律也是影响其流动特性的重要参数，实际过程中常涉及多个纳微结构的群体行为，包括离子簇的变形、聚并及界面湍动等复杂行为，这些特征也是反应和过程设备等设计和操作的重要依据。需要在对离子液体体系中的纳微结构及其群体分布、相互作用及耦合机制研究的基础上，对多种因素进行深入分析，才能最终获得适用于离子液体复杂体系的工业过程放大规律。

目前对有关离子液体介质中反应 - 传递耦合规律缺乏研究，很少有相关报道。传统化工过程的调控主要依赖于温度、压力、内构件等手段，基本局限于"三传一反"理论基础上的调控机制。而对离子液体这类具有显著纳微结构特征的非常规流体来说，传统的调控手段很难实现对纳微结构的定量、定向调控，或者难以实现对纳微结构和宏观表象跨尺度关联的统一调控。更为复杂的是，由于离子液体存在静电或磁性，通过电场、磁场等外场的变化可以调变离子液体的相密度，实现离子液体的可控分布和固定化。外场强化将使离子液体体系更具优势，是未来反应和传递过程调控的发展方向之一。但是，在电场、磁场等外场作用下的放大规律将更为特殊和复杂。需要系统地研究在包括外场在内的多种外部因素影响下，离子液体纳微结构在反应器和工业设备中的反应、相变及传递调控规律，为离子液体相关工艺过程的工程放大提供科学依据。

在科学技术高速发展的今天，化工领域也面临着新的挑战和变革。化学科学思想不再拘泥于旧有的概念和既定范畴。纳微结构作为介于微观和宏观间的特殊物质层次，自进入科研工作者视野以来，展现了令人振奋的科学价值和应用前景，绽放着越来越炫目的光彩。我国科学家在介尺度及纳微结构研究领域，走在了国际的前沿。通过纳微尺度结构的研究，架起物质微观结构与宏观性质之间的又一座桥梁。在可以预见的未来，基于纳微结构调控的反应过程强化新理论和新方法将孕育成型，促进离子液体构效关系 - 工程放大 - 工业应用研发链的形成，为离子液体清洁过程的创新奠定科学基础，推动基于离子液体非常规介质产业化技术的升级换代和重大变革。

参考文献

[1] Rogers R D, Seddon K R. Ionic liquids: Solvents of the future? Science. 2003, 302: 792-793.

[2] Seddon K. Ionic liquids[J]. Green Chemistry, 2002, 4: G25-G27.

[3] McCrary P D, Beasley P A, Cojocaru O A, Schneider S, Hawkins T W, Perez J P L, McMahon B W, Pfeil M, Boatz J A, Anderson S L, Son S F, Rogers R D. Hypergolic ionic liquids to mill, suspend, and ignite boron nanoparticles[J]. Chemical Communications, 2012, 48: 4311-4313.

[4] Foreiter M B, Gunaratne H Q N, Nockemann P, Seddon K R, Srinivasan G. Novel chiral ionic liquids: physicochemical properties and investigation of the internal rotameric behaviour in the neat system[J]. Physical Chemistry Chemical Physics, 2014, 16: 1208-1226.

[5] Ueno K, Tokuda H, Watanabe M. Ionicity in ionic liquids: correlation with ionic structure and physicochemical properties[J]. Physical Chemistry Chemical Physics, 2010, 12: 1649-1658.

[6] Apperley D C, Hardacre C, Licence P, Murphy R W, Plechkova N V, Seddon K R, Srinivasan G, Swadźba-Kwaśny M, Villar-Garcia I J. Speciation of chloroindate(Ⅲ) ionic liquids[J]. Dalton Transactions, 2010, 39: 8679-8687.

[7] Stoimenovski J, MacFarlane D R, Bica K, Rogers R D. Crystalline vs. ionic liquid salt forms of active pharmaceutical ingredients: A position paper[J]. Pharmaceutical Research, 2010,27: 521-526.

[8] Dong K , Zhang S, Wang D, Yao X. Hydrogen bonds in imidazolium ionic liquids[J]. The Journal of Physical Chemistry A, 2006, 110: 9775-9782.

[9] Na L , Fang L, Haoxi W, Yinghui L, Chao Z, Ji C. One-step ionic-liquid-assisted electrochemical synthesis of ionic-liquid-functionalized graphene sheets directly from graphite[J]. Advanced Functional Materials, 2008, 18: 1518-1525.

[10] Deetlefs M , Hardacre C, Nieuwenhuyzen M, Padua A A H, Sheppard O, Soper A K. Liquid structure of the ionic liquid 1,3-dimethylimidazolium bis{(trifluoromethyl)sulfonyl} amide[J]. The Journal of Physical Chemistry B, 2006, 110: 12055-12061.

[11] Shi L, Li N, Yan H, Gao Y a, Zheng L. Aggregation behavior of long-chain *N*-aryl imidazolium bromide in aqueous solution[J]. Langmuir, 2011, 27: 1618-1625.

[12] Singh T, Kumar A. Aggregation behavior of ionic liquids in aqueous solutions: Effect of alkyl chain length, cations, and anions[J]. The Journal of Physical Chemistry B, 2007, 111: 7843-7851.

[13] Goodchild I, Collier L, Millar S L, Prokeš I, Lord J C D, Butts C P, Bowers J, Webster J R P, Heenan R K. Structural studies of the phase, aggregation and surface behaviour of 1-alkyl-3-methylimidazolium halide + water mixtures[J]. Journal of Colloid and Interface Science, 2007, 307: 455-468.

[14] Dupont J. On the solid, liquid and solution structural organization of imidazolium ionic liquids. Journal of the Brazilian Chemical Society, 2004, 15: 341-350.

[15] Wang H, Wang J, Zhang S, Xuan X. Structural effects of anions and cations on the aggregation behavior of ionic liquids in aqueous solutions[J]. The Journal of Physical Chemistry B, 2008, 112: 16682-16689.

[16] Rey-Castro C, Vega L F. Transport properties of the ionic liquid 1-ethyl-3-methylimidazolium chloride from equilibrium molecular dynamics simulation[J]. The Effect of Temperature. The Journal of Physical Chemistry B, 2006, 110: 14426-14435.

[17] Borodin O, Smith G D. Structure and dynamics of N-methyl-N-propylpyrrolidinium bis(trifluoromethanesulfonyl)imide ionic liquid from molecular dynamics simulations[J]. The Journal of Physical Chemistry B, 2006, 110: 11481-11490.

[18] El Seoud O A, Pires P A R, Abdel-Moghny T, Bastos E L. Synthesis and micellar properties of surface-active ionic liquids: 1-alkyl-3-methylimidazolium chlorides[J]. Journal of Colloid and Interface Science, 2007, 313: 296-304.

[19] Lewis W K, Whitman W G. Principles of gas absorption[J]. Industrial & Engineering Chemistry, 1924, 16: 1215-1220.

[20] Danckwerts P V. Significance of liquid-film coefficients in gas absorption[J]. Industrial & Engineering Chemistry, 1951, 43: 1460-1467.

[21] Denis R. Drag coefficient—reynolds number transition for gas bubbles rising steadily in viscous fluids[J]. The Canadian Journal of Chemical Engineering, 2001, 79: 119-123.

本书离子液体速查表

序号	离子液体简称	中文全称	结构式
1	[APbim][BF₄]	1-胺丙基-3-丁基咪唑四氟硼酸盐	
2	[APbim]I	1-胺丙基-3-丁基咪唑碘盐	
3	[AP₄₄₄₃][AA]	氨基丙基三丁基季鏻氨基酸盐	
4	[Avim][NTf₂]	1-烯丙基-3-乙烯基咪唑双三氟甲磺酰亚胺盐	
5	[B3mpy][BF₄]	1-丁基-3-甲基吡啶四氟硼酸盐	
6	[B3mpy][N(CN)₂]	1-丁基-3-甲基吡啶双氰胺盐	
7	BAO	丁胺辛酸盐	
8	BAOF	丁胺全氟辛酸盐	
9	[Bim][NTf₂]	1-丁基咪唑双三氟甲磺酰亚胺盐	

离子液体纳微结构与过程强化

序号	离子液体简称	中文全称	结构式
10	[Bim][HSO₄]	1- 丁基咪唑硫酸氢盐	
11	[Bim]Cl	1- 丁基咪唑氯盐	
12	[Bmim][BF₄]	1- 丁基 -3- 甲基咪唑四氟硼酸盐	
13	[Bmim][CF₃BF₃]	1- 丁基 -3- 甲基咪唑三氟甲基三氟硼酸盐	
14	[Bmim][CF₃SO₃]/[Bmim][TfO]	1- 丁基 -3- 甲基咪唑三氟甲磺酸盐	
15	[Bmim][CH₃CO₂]	1- 丁基 -3- 甲基咪唑醋酸盐	
16	[Bmim][CH₃SO₃]	1- 丁基 -3- 甲基咪唑甲磺酸盐	
17	[Bmim]Cl	1- 丁基 -3- 甲基咪唑氯盐	
18	[Bmim]Cl-AlCl₃	1- 丁基 -3- 甲基咪唑氯铝酸盐	
19	[Bmim][DCA]/[Bmim][N(CN)₂]	1- 丁基 -3- 甲基咪唑双氰胺盐	
20	[Bmim][FeCl₄]	1- 丁基 -3- 甲基咪唑四氯铁酸盐	
21	[Bmim][HSO₄]	1- 丁基 -3- 甲基咪唑硫酸氢盐	

序号	离子液体简称	中文全称	结构式
22	[Bmim][Lactate]	1-丁基-3-甲基咪唑乳酸盐	
23	[Bmim][NTf₂]	1-丁基-3-甲基咪唑双三氟甲磺酰亚胺盐	
24	[Bmim][NO₃]	1-丁基-3-甲基咪唑硝酸盐	
25	[Bmim][PF₆]	1-丁基-3-甲基咪唑六氟磷酸盐	
26	[Bmim][Sacc]	1-丁基-3-甲基咪唑糖精盐	
27	[Bmim][TFA]	1-丁基-3-甲基咪唑三氟乙酸盐	
28	[Bmmim][BF₄]	1-丁基-2,3-二甲基咪唑四氟硼酸盐	
29	[Bmmim][PF₆]	1-丁基-2,3-二甲基咪唑六氟磷酸盐	
30	[Bmmim][NTf₂]	1-丁基-2,3-二甲基咪唑双三氟甲磺酰亚胺盐	
31	[Bmpyr][H₂PO₄]	N-丁基-N-甲基吡咯磷酸二氢盐	
32	[Benmim][PF₆]	1-苄基-3-甲基咪唑六氟磷酸盐	
33	[Benmim][NTf₂]	1-苄基-3-甲基咪唑双三氟甲磺酰亚胺盐	

序号	离子液体简称	中文全称	结构式
34	[Bpy][BF₄]	N-丁基吡啶四氟硼酸盐	
35	[Bpy]Cl	N-丁基吡啶氯盐	
36	[Bpy]Cl-AlCl₃	N-丁基吡啶氯铝酸盐	
37	[Bpy][HSO₄]	N-丁基吡啶硫酸氢盐	
38	[Btma][NTf₂]	丁基三甲基铵双三氟甲磺酰亚胺盐	
39	[C₁imCH₂CH₂COOH][HSO₄]	1-甲基-3-丙酸咪唑硫酸氢盐	
40	[C₁OC₂OC₁mim][NTf₂]	1-(甲氧基乙氧基甲基)-3-甲基咪唑-双三氟甲磺酰亚胺盐	
41	[C₂epyr][BF₄]	N,N-二乙基吡咯四氟硼酸盐	
42	[C₂epyr][NTf₂]	N,N-二乙基吡咯双三氟甲磺酰亚胺盐	
43	[C₂H₅NH₃][NO₃]	乙胺硝酸盐	
44	[C₂OHPy]Br	N-羟乙基吡啶溴盐	

序号	离子液体简称	中文全称	结构式
45	[C₂Py]Br	1- 乙基吡啶溴盐	
46	[C₃(C₁₀im)₂]Br₂	双 (1- 癸基咪唑) 丙烷二溴盐	
47	[C₃mim]Br	1- 甲基 -3- 丙基咪唑溴盐	
48	[C₃mim]Cl	1- 甲基 -3- 丙基咪唑氯盐	
49	[C₃SO₃HCP][H₂PO₄]	1-(3- 磺丙基) 己内酰胺磷酸氢盐	
50	[C₃SO₃HCP][HSO₄]	1-(3- 磺丙基) 己内酰胺硫酸氢盐	
51	[C₃SO₃HCP][PTSA]	1-(3- 磺丙基) 己内酰胺对甲苯磺酸盐	
52	[2(C₃SO₃H-MOR)-(OEt) ₂₀₀][2MeSO₃]	双丙磺酸基吗啉聚乙二醇（200）醚甲磺酸盐	
53	[2(C₃SO₃H-MOR)-(OEt)₄₀₀][2MeSO₃]	双丙磺酸基吗啉聚乙二醇（400）醚甲磺酸盐	
54	[C₄Py][NTf₂]	正丁基吡啶双三氟甲磺酰亚胺盐	
55	[C₄mpyr][BF₄]	N- 丁基 -N- 甲基吡咯四氟硼酸盐	

序号	离子液体简称	中文全称	结构式
56	[C₄mpyr][eFAP]	N-丁基-N-甲基吡咯三氟三(五氟乙基)磷酸盐	
57	[C₅mim][PF₆]	1-戊基-3-甲基咪唑六氟磷酸盐	
58	[C₆mim][HSO₄]	1-己基-3-甲基咪唑硫酸氢盐	
59	[C₆mim][PF₆]	1-己基-3-甲基咪唑六氟磷酸盐	
60	[C₇mim][PF₆]	1-庚基-3-甲基咪唑六氟磷酸盐	
61	[C₁₀Py][NTf₂]	正癸基吡啶双三氟甲磺酰亚胺盐	
62	[C₁₂mim]Br	1-甲基-3-十二烷基咪唑溴盐	
63	[C₁₂Py][NTf₂]	N-十二烷基吡啶双三氟甲磺酰亚胺盐	
64	[(C_F)₆C₂C₁im]Br	1-全氟正己基乙基-3-甲基咪唑溴盐	

序号	离子液体简称	中文全称	结构式
65	[C$_n$mim]Cl	1-烷基-3-甲基咪唑氯盐	
66	[C$_n$mim][NTf$_2$]	1-烷基-3-甲基咪唑双三氟甲磺酰亚胺盐	
67	[C$_n$mim][PF$_6$]	1-烷基-3-甲基咪唑六氟磷酸盐	
68	[Deme][NTf$_2$]	二乙基甲基-(2-甲氧乙基)铵双三氟甲磺酰亚胺盐	
69	[Dme][OAc]	N,N-二甲基乙醇胺醋酸盐	
70	[Dmim]$^+$	1,3-二甲基咪唑阳离子	
71	[Dmpim][NTf$_2$]	1,2-二甲基-3-丙基咪唑双三氟甲磺酰亚胺盐	
72	EAC	乙基氯化铵盐	
73	[Emim]+	1-乙基-3-甲基咪唑阳离子	
74	[Emim][BF$_4$]	1-乙基-3-甲基咪唑四氟硼酸盐	
75	[Emim]Br	1-乙基-3-甲基咪唑溴盐	
76	[Emim]Cl	1-乙基-3-甲基咪唑氯盐	
77	[Emim]Cl-AlCl$_3$	1-乙基-3-甲基咪唑氯铝酸盐	

序号	离子液体简称	中文全称	结构式
78	[Emim][CF₃SO₃]/ [Emim][TfO]	1-乙基-3-甲基咪唑三氟甲磺酸盐	
79	[Emim][EtSO₄]	1-乙基-3-甲基咪唑乙基硫酸盐	
80	[Emim][HSO₄]	1-乙基-3-甲基咪唑硫酸氢盐	
81	[Emim][NTf₂]	1-乙基-3-甲基咪唑双三氟甲磺酰亚胺盐	
82	[Emim][OAc]	1-乙基-3-甲基咪唑醋酸盐	
83	[Emim][SCN]	1-乙基-3-甲基咪唑硫氰胺盐	
84	[Emim][TFA]	1-乙基-3-甲基咪唑三氟乙酸盐	
85	[Eim]Cl	1-乙基咪唑氯盐	
86	[Et₃NH]Cl−AlCl₃	盐酸三乙胺氯铝酸盐	
87	[Et₃NH]Cl-2AlCl₃	盐酸三乙胺二氯铝酸盐	
88	[Et₃NH][HSO₄]	三乙基硫酸氢铵盐	
89	[Et₃NH][TfO]	三乙基三氟甲磺酸氢铵盐	
90	[EtNH₃][NO₃]	硝酸乙铵	

序号	离子液体简称	中文全称	结构式
91	[EtOHNMe₃][Me₂PO₄]	(2-羟乙基)三甲基铵二甲基磷酸盐	
92	[H₂imdc]Cl	1,3-二乙酸咪唑氯盐	
93	[Hmim][NTf₂]	1-己基-3-甲基咪唑双三氟甲磺酰亚胺盐	
94	[Hnmm][Im]	N-丁基-N-甲基吗啉盐	
95	[HO₃SPmmim][TfO]	1,2-二甲基-3-丙基磺酸咪唑三氟甲磺酸盐	
96	[HOEtMe₃N][H₂PO₄]	(2-羟乙基)三甲基铵磷酸二氢盐	
97	[HSO₃-bmim][CF₃SO₃]	1-(丁基-4-磺酸基)-3-甲基咪唑三氟甲磺酸盐	
98	[HSO₃-bmim][H₂PO₄]	1-(丁基-4-磺酸基)-3-甲基咪唑磷酸二氢盐	
99	[HSO₃-bmim][HSO₄]/[Mimbs][HSO₄]	1-(丁基-4-磺酸基)-3-甲基咪唑硫酸氢盐	
100	[HSO₃-bmim][P-TSA]/[Mimbs][PTSA]	1-(丁基-4-磺酸基)-3-甲基咪唑对甲苯磺酸盐	
101	[HSO₃-b-N(CH₃)₃][HSO₄]	N,N,N-三甲基-N-磺丁基铵硫酸氢盐	
102	[HSO₃-Pmim][HSO₄]	1-甲基-3-(3-磺酸基丙基)咪唑硫酸氢盐	

序号	离子液体简称	中文全称	结构式
103	[HSO₃-Ppy][HSO₄]	1-（3-磺酸基丙基）吡啶硫酸氢盐	
104	Li[NTf₂]	双三氟甲磺酰亚胺锂盐	
105	[4-mbp][BF₄]	4-甲基-1-丁基吡啶四氟硼酸盐	
106	[Me₃NCH₂C₆H₅]Cl·2ZnCl₂	三甲基苄基铵氯锌酸盐	
107	[Me₃NH]Cl−AlCl₃	盐酸三甲基胺氯铝酸盐	
108	[Me(OEt)₁-MOR-C₃SO₃H][MeSO₃]	N-乙二醇甲醚基-丙磺酸基吗啉甲磺酸盐	
109	[Me(OEt)₂-MOR-C₃SO₃H][MeSO₃]	N-二乙二醇甲醚基-丙磺酸基吗啉甲磺酸盐	
110	[Mim]⁺	1-甲基咪唑阳离子	
111	[Mim]Cl/H₂C₂O₄	甲基咪唑盐酸盐/草酸型酸性低共熔溶剂	
112	[Mim][HSO₄]	N-甲基咪唑硫酸氢盐	
113	[Mim(COOH)₂]X	1,3-二乙酸咪唑卤盐	
114	[MMep][CH₃SO₃]	1-(2-甲氧乙基)-1-甲基吡咯甲磺酸盐	
115	[MMep][NO₃]	1-(2-甲氧乙基)-1-甲基吡咯硝酸盐	

序号	离子液体简称	中文全称	结构式
116	[MMep][CH₃CO₂]	1-(2-甲氧乙基)-1-甲基吡咯醋酸盐	
117	[Mmim]Cl	1-3-二甲基咪唑氯盐	
118	[Mmim][CF₃SO₃]	1,3-二甲基咪唑三氟甲磺酸盐	
119	[Mmim][MeSO₄]	1,3-二甲基咪唑硫酸甲酯盐	
120	[Mmim][NTf₂]	1,3-二甲基咪唑双三氟甲磺酰亚胺盐	
121	[Moemim][BF₄]	1-甲氧基乙基-3-甲基咪唑四氟硼酸盐	
122	[Moemim]Br	1-甲氧基乙基-3-甲基咪唑溴盐	
123	[Moemim]Br-AlCl₃	1-甲氧基乙基-3-甲基咪唑溴氯铝酸盐	
124	[Moemim]Cl	1-甲氧基乙基-3-甲基咪唑氯盐	
125	[MTBDH][Im]	7-甲基-1,5,7-三氮杂双环咪唑盐	
126	[MTBDH][TFES]	7-甲基-1,5,7-三氮杂双环1,1,2,2-四氟乙烷磺酸盐	
127	[N₁₁₁,₁₀₂]Br	N,N,N-三甲基-N-甲氧乙基溴化铵	
128	[N₂₂₂,₁₀₂]Br	N,N,N-三乙基-N-甲氧乙基溴化铵	

序号	离子液体简称	中文全称	结构式
129	[N$_{6,2,2,2}$][NTf$_2$]	三甲基 - 正己烷铵双三氟甲磺酰亚胺盐	
130	[N(HE)$_4$]Br	四羟乙基溴化铵	Br$^-$
131	[NEt(HE)$_3$]Br	乙基 - 三羟乙基溴化铵	Br$^-$
132	[NEt$_2$(HE)$_2$]Br	二乙基 - 二羟乙基溴化铵	Br$^-$
133	[NEt$_3$(HE)$_3$]Br	三乙基羟乙基溴化铵	Br$^-$
134	[NH$_{2p}$-Bim][BF$_4$]	1- (1- 氨丙基)-3- 丁基咪唑四氟硼酸盐	C$_4$H$_9$ (CH$_2$)$_3$ NH$_2$ F—B—F
135	[(OH)C$_2$C$_1$im][BF$_4$]	1- 羟乙基 -3- 甲基咪唑四氟硼酸盐	OH F—B—F
136	[OMA][NTf$_2$]	甲基三正辛基铵双三氟甲磺酰亚胺盐	
137	[Omim][BF$_4$]	1- 辛基 -3- 甲基咪唑四氟硼酸盐	F—B—F
138	[Omim]Br	1- 辛基 -3- 甲基咪唑溴盐	Br$^-$
139	[Omim]Cl	1- 辛基 -3- 甲基咪唑氯盐	Cl$^-$
140	[Omim][PF$_6$]	1- 辛基 -3- 甲基咪唑六氟磷酸盐	F—P—F

序号	离子液体简称	中文全称	结构式
141	[Omim][NTf₂]	1-辛基-3-甲基咪唑双三氟甲磺酰亚胺盐	
142	[Opy][NTf₂]	正辛基吡啶双三氟甲磺酰亚胺盐	
143	[P₆₆₆₁₄][Met]	三己基十四烷基季鏻蛋氨酸盐	
144	[P₆₆₆₁₄][Pro]	三己基十四烷基季鏻脯氨酸盐	
145	[Pmim]⁺	1-丙基-3-甲基咪唑阳离子	
146	[PP₁₃][NTf₂]	N-甲基-N-丙基哌啶双三氟甲磺酰亚胺盐	
147	[Ppmim][PF₆]	1-(3-苯基丙基)-3-甲基咪唑六氟磷酸盐	
148	[PyH]Cl-AlCl₃	吡啶盐酸氯铝酸盐	

序号	离子液体简称	中文全称	结构式
149	[PYR14][NTf₂]	*N*- 甲基 -*N*- 丙基吡咯双三氟甲磺酰亚胺盐	
150	[Rmim] [*p*-CH₃C₆H₄SO₃]	1- 烷基 -3- 甲基咪唑对甲苯磺酸盐	
151	[Rmim]X	卤代 1- 烷基 -3- 甲基咪唑盐	
152	[Smim]Cl	1- 磺基 -3- 甲基咪唑氯盐	
153	[Smim][FeCl₄]	1- 磺基 -3- 甲基咪唑四氯铁酸盐	
154	[SO₃H(CH₂)₄Vim] [CF₃SO₃]	1- 磺酸丁基 -3- 乙烯基咪唑三氟甲磺酸盐	
155	[TMG][Lactate]	1,1,3,3- 四甲基胍乳酸盐	

索　引